交通事件下的高速公路限速技术

于仁杰　梁国华　邓亚娟　编著
马荣国　主审

人民交通出版社股份有限公司
China Communications Press Co.,Ltd.

内 容 提 要

本书由作者主持的科研项目和博士学位论文的研究成果汇总而成。主要讲述高速公路交通事件的类型与特性,交通事件下交通运行安全与效率的关系及其表征指标,交通事件下平直路段、长大下坡路段、匝道处、隧道处以及平曲线路段限速值的计算方法,交通事件下层级限速方案、层级限速标志设置位置方案。为了指导工程实践,本书将限速方案以图例形式展现出来。

本书可供高等院校交通工程专业教师及研究生使用,也可供高速公路管理者、公安交通管理部门以及工程设计人员参考。

图书在版编目(CIP)数据

交通事件下的高速公路限速技术 / 于仁杰,梁国华,邓亚娟编著. —北京:人民交通出版社股份有限公司,2015.3

ISBN 978-7-114-12088-6

Ⅰ.①交… Ⅱ.①于…②梁…③邓… Ⅲ.①高速公路—速度—限制—技术 Ⅳ.①U412.36

中国版本图书馆 CIP 数据核字(2015)第 040284 号

书　　名:交通事件下的高速公路限速技术
著 作 者:于仁杰　梁国华　邓亚娟
责任编辑:潘艳霞　张　鑫
出版发行:人民交通出版社股份有限公司
地　　址:(100011)北京市朝阳区安定门外外馆斜街3号
网　　址:http://www.ccpress.com.cn
销售电话:(010)59757973
总 经 销:人民交通出版社股份有限公司发行部
经　　销:各地新华书店
印　　刷:化学工业出版社印刷厂
开　　本:787×980　1/16
印　　张:22.5
字　　数:436千
版　　次:2015年3月　第1版
印　　次:2015年3月　第1次印刷
书　　号:ISBN 978-7-114-12088-6
定　　价:99.00元
(有印刷、装订质量问题的图书由本公司负责调换)

前言 Qianyan

交通事件是指非周期性发生、影响交通的正常运行且使道路通行能力下降或交通需求不正常升高的各类事件或事故。例如，常发性的道路维修、恶劣天气等，偶发性的交通事故、车辆抛锚、货物散落等。交通事件的性质视事件的类型不同而有所不同，常发交通事件的特性主要有可预测性、普遍性、常见性和高概率性；偶发交通事件的性质主要是时间和空间的不确定性、种类繁多、分布广等。

交通运输部"十二五"发展规划目标中指出，要显著提升公路的运输效率、服务水平和安全保障能力，加强应急反应能力。因此，高速公路管理者需要提高应对各种交通事件的能力；制订交通事件影响区限速方案和限速标志设置位置方案，进而营造安全的通行环境，有效地减少交通事件的影响程度，降低由于交通事件产生的交通拥挤度，减少时间延误所造成的经济损失。

高速公路一旦发生交通事件，一般会形成"瓶颈"路段，车辆在"瓶颈"路段进行合流并道，驾驶人由正常路段驶入事件区内，一般会经过多次地减速、制动、变道、加速等复杂反复的驾车行为，不但造成驾驶人的驾车疲劳，也给行车安全带来隐患。过高的限速值易使整个影响区内车速分布不均，离散性增大，行车危险性提高；过低的限速值易使影响区内车辆的行驶速度缓慢，形成排队并向上游不断增长甚至波及临近道路，造成整个路网瘫痪。因此，为保证车辆安全通过事件影响区，同时考虑影响区的通行效率，合理的限速显得尤为重要。

本著作主要内容包括：交通事件下的速度与安全、效率问题研究；交通事件下平直路段限速；交通事件下长大下坡路段限速；交通事件下匝道、隧道及平曲线路段限速；交通事件下层级限速标志设置基础理论；交通事件下不同路段限速标志设置位置；结论。

本著作是根据作者主持的内蒙古自治区科技计划项目《交通事件下的高速公路限速问题研究》，结合工程实践分析，综合整理而成。在编写过程中，交通运输部公路科学研究院周伟教授、北京交通大学邵春福教授、北京工业大学胡江碧教授、人民交通出版社韩敏总编辑、长安大学马荣国教授对本著作提出了大量宝贵的意见；在出版过程中，人民交通出版社给予了大力支持；项目课题组孙建民、吴焱、钱国敏、柴广、李瑞、陈志乾、杨纯国、张旭、贾果玲、韩海、朱宏、冯堃、莫晓华、王俊凌等成员付出辛勤努力，在此一并表示衷心感谢！同时也对本著作参考文献的各位作者一并表示诚挚谢意！

本著作可供高等院校交通工程专业教师和硕士研究生使用，也可供高速公路管理单位和设计单位参考。限于作者水平，书中难免有不足和疏漏之处，敬请读者批评指正。

作　者

2014 年 12 月

目录 Mulu

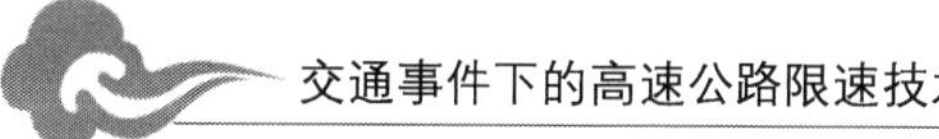

1 概　述

1.1 背景及意义

交通事件是指非周期性发生、影响交通的正常运行且使道路通行能力下降或交通需求不正常升高的各类事件或事故。例如，常发的道路维修、恶劣天气等，偶发性的车辆抛锚、撞车、坠车、货物散落等。交通事件的性质视事件的类型不同而有所不同，常发性交通事件的特性主要有可预测性、普遍性、常见性和高概率性；偶发交通事件的性质主要是时间和空间的不确定性、种类繁多、分布广等。

高速公路一旦发生交通事件，一般会形成"瓶颈"路段，车辆在"瓶颈"路段进行合流并道，驾驶人由正常路段驶入事件区内，一般会经过多次减速、制动、变道、加速至合流、分流等复杂反复的驾车行为，不但造成驾驶人的驾车疲劳，也给行车安全带来隐患。通常情况下，上游到达率会大于下游离去率，车辆为尽快驶离事件区而在过渡段寻找插入间隙强制变道驶过"瓶颈"，过渡段车流密度几近饱和，车辆行驶速度不高，整个事件区内车辆的通行效率较低；同时，上游驶来的车辆由正常行驶速度降到限速值需要一定的时间，过高的限速值易使整个影响区内车速分布不均，速度差距过大，车速变化的频率及驾驶人驾车的难度增加，车速离散性增大，行车危险性增高；过低的限速值使影响区内车辆的行驶速度缓慢，路段车辆排队长度向上游不断增长，甚至波及临近道路造成整个路网瘫痪，车辆排队等待和延误的时间变长，造成整个高速公路路段通行效率低下。因此，为保证车辆安全通过事件影响区而不降低整个影响区的通行效率，合理的限速显得尤为重要。

内蒙古自治区地势较高，地域辽阔，自2004年实行国家"十一五"高速公路重点规划建设项目，计划修建8横9纵8支8环的"8988"高速公路网后，截至2013年年末，公路总里程已达15.7万km，其中，高速公路2365km，基本实现了各个盟市之间的交通连接，打通了与外界联系的通道。兴安盟境内珲乌高速公路（G12）起于石头井子（吉蒙界），止于乌兰浩特，与G302相邻。新建路段全长32.892km，为双向四车道沥青路面高速公路，设计速度为100km/h，设计交通量为28100辆/日，交通负担比较大；京藏高速公路（G6）内蒙古段为双向四车道高速公路，福生庄和卧佛山隧道由于交通量大、货运车辆多等，路面破损严重，道路及洞内设施施工改造次数频繁；京新高速公路（G7）内蒙古段为双向四车道高速公路，且呼和浩特市至临河段四扩八改造中，临河至额济纳旗甘界段规划旗下营中长隧道和坝底两条隧道已建成通车，苏木山隧道（将成为内蒙古最长隧道）和金盆湾两条隧道正在有序修建中；荣乌高速公路（G18）内蒙古段为双向四车道高速公路，设计速度为80km/h，桦树墕隧道也于2013年7月6日贯通。此外，京藏高速公路内蒙古乌兰察布段和京新高速公路北京山区段坡多弯多，大型货车容易因制动失效发生事故或故障，因缺少应急出口，交通拥堵和交通事故现象时有发生，2011年高速公路发生的交通事故达4476起，致1216人死亡，直接财产损失达2463.20万元；由于G6高速公路呼包段整体改扩建，路面施工段大幅度增加，G6高速公路内蒙古包头段共发生交通事故45起，经济损失103.2万元。内蒙古自治区高速公路大多为双向四车道设计，作为重要的货物运输通道，承担的交通运输任务繁重，且随着各大隧道的建成通车，吸引的交通量会越来越多，高速公路通行能力将逐渐不能满足通行需求，高速公路改扩建工程将纳入内蒙古高速公路管理日程。

因此，通过交通事件下高速公路限速方案的提出以及限速标志设置位置研究，可以为协调交通事件下高速公路交通管制策略及安全运行机制提供理论基础，为安全运行管理提供技术支撑。

1.2 国内外技术现状

1.2.1 国外技术现状

1）限速值确定研究

针对非交通事件下的高速公路限速问题，国外做了很多研究。美国的限速标准基本上采用85%位车速，采用可变限速方式实施车速控制，一般晴朗天气高速公路限速标准为130km/h，阴雨天气限速标准降低为110km/h；法国进行的LAVIA计划准备依靠GPS定位来确定车辆所在道路的最大允许运行车速，使车辆按照限速标准行驶；新西兰根据道路条件、周边环境、交通量等因素将道路分为若干安全等级，作为限速依据；德国由于道路设计等级较高，配套设施完善以及车辆较为先进，大部分高速公路不限速，但是考虑到安全、环保等因素，法律条文建议限速130km/h。Youngtae等提出了可变限速（VSL）演算法，并运用VISSIM仿真软件，验证了VSL能够使速度差降低14.2%，平均最大速度差降低20.1%；Chris Lee等提出了实时可变限速理论，表明实时可变限速理论能够使事故率降低5%～17%，并指出当可变限速值等于过渡区速度平均值时，能够达到最大安全效益。

针对交通事件下的高速公路限速问题，国外学者针对作业区与车速相互影响作了一定的研究。Pain等进行了关于作业区车辆运行速度的研究，得到作业区的车速取决于交通量、封闭车道的位置、交通控制方式和作业区地点；Rouphail和Tiwari研究了作业强度和地点对作业区车辆平均运行速度的影响，结果得出作业区车辆平均运行速度随作业强度的增加而减小，作业区越靠近行车道，车辆平均运行速度越小；Rouphail等分析了作业区车速的平均值和方差，发现较小的交通流量对作业区的平均运行速度影响不大；Richard 和 Dudek 进一步确定了在作业区内减速行驶的必要性及作业区应通过实施限速来提高行车安全性这一指导方针；Virginia P. Sisiopiku 和 Richard W. Lyles 研究了公路作业区的车速特性，分析了作业区的车速分布以及车道数、车道关闭形式和施工人员对车速的影响，认为在作业区处车辆的运行车速通常要高于限速值，并与通车的车道数有关；James Migletz 和 Jerry L. Graham 等研究了作业区的车速特性及车速—事故率之间的关系，认为将设计车速降低 16km/h 并作为限速值，可达到最佳效果；Bai Ying Shi 等提出了可变限速理论（VSL）并应用于施工区，采用 MSDE 作为评价指标，运用 VISSIM 软件验证，发现 VSL 能够有效减少冲突提高安全性；美国《统一交通控制设施手册》（MUTCD）中指出，施工区与平直路段车速降幅较大（如 50km/h）时，增加交通流运行速度的波动性，车辆易出现碰撞，而降幅小于 16km/h 时车速波动较小。一般情况下限速降幅应不超过 16km/h，若在实际情况需要降幅大于 16km/h 时，应在最低限速点前适当位置区域内设置限速标志逐步降低限速值。

2）限速标志的设置研究

针对高速公路限速标志设置问题，国外大多是借鉴其他各类交通标志设置研究成果。Drory 和 Shinar 研究了在正常环境以及较为恶劣环境下交通标志的可视性和清晰水平，交通标志在白天和夜晚的照明性和亮度；Ells 和 Dewar 根据驾驶人期望的速度不同，评价了具有象征性的交通标志和文字标志；Purduski 和 Rys 通过对一种改进的施工警告标志的现场与仿真研究，得出新标志的设置使驾驶人的车速平均降低了 14%，并指出驾驶人对警告标志的理解与标志的设计有关；Johansson 考虑驾驶人在不同的社会和心理背景影响下，测量了限速标志在不同的速度下的可视性和驾驶人的识别能力；Aberg 等研究者发现，驾驶人的速度调节除受到限速标志等设施的影响外，周围驾驶人的速度对其也是一个重要的影响因素，他们通过试验得出了其他驾驶人对其行驶速度的影响规律，并且计算了驾驶人估计速度与其他驾驶人的估计速度之间的相关性以及驾驶人自身实际速度和其他驾驶人估计速度的相关性；Hashim 综合考虑多种因素从对驾驶人理解交通标志的调查中得出，能够正确识别指示标志和警告标志的驾驶人分别约为 55% 和 56%。

1.2.2 国内技术现状

1）限速值确定研究

针对非交通事件下的限速问题，我国高速公路限速标准的设置多遵循《中华人民共和国道路交通安全法》，将高速公路最高限速值规定为 120km/h，或直接采用高速公路的设计速度或降低 10km/h 左右作为其最高限速值的标准；交通运输部公路科学研究院在综合分析了三福高速公路交通事故数据、运行速度调查、公路线形指标协调性等因素后，提出了分路段、分车型、分车道的限速管理方案；针对诸多高速公路弯道多、桥隧比例高、地形条件差等特点，提出了全线统一限速、局部路段设置建议限速值以及分车道、分车型、分路段管理的限速方案；针对同三高速公路存在平面线形良好而竖曲线视距普遍不足的问题，提出了分区段限速和加竖曲线建议限速的限速方案，并创造性地提出了竖曲线处的视觉标线限速标志；《公路养护安全作业规程》（JTG H30—2004）提出采用经验值或 v_{85} 确定限速值；戴彤宇等将驾驶人在高速公路施工区接触到的各种交通信息与施工区的限速值结合起来，提出了基于驾驶人信息处理能力的高速公路作业区车速限制的计算模型；黄凯等运用 VISSIM 仿真软件，建立了大中小三个交通量条件下不同限速值和位置的限速方案，并用安全效率指标评价各限速方案的好坏；王薇、杨兆升等提出了基于强化学习和有限阶段马尔可夫决策的高速公路主线可变限速控制模型，并运用 Paramics 仿真软件对长吉高速公路全程进行仿真，结果表明，在平均限速值低于设计速度 6.25% 的情况下，平均流量不仅没有降低反而增加了 3.2%；李海远、邓卫等通过对限速法和事故率的分析，提出了高等级公路事故率限速法，并编制了事故率限速法模型流程，结果表明，算法具有较好的实用性；梁新荣、刘智勇等根据高速公路车辆群状态、路面天气条件等建立了交通流速度限制模糊神经网络模型，并进行了仿真验证，结果表明，网络训练速度快、精度高，适合交通流限速控制的在线建模；王文群从隧道群交通事故分布和空间运行速度方面分析，提出了高速公路隧道群可变限速模型，并运用 VISSIM 仿真软件对限速模型进行了验证。

针对交通事件下的限速问题，吴新开和吴兵认为，行车速度控制对提高作业区的安全性起着巨大的作用，并分析了适用于作业区的各种车速控制方法；周茂松、吴兵等利用 VISSIM 仿真，研究了作业区影响通行能力的各种因素及其影响，为作业区通行能力研究提供了依据；熊辉和史其信分析了公路作业区前警告标志对车速的影响，通过对作业区不同距离标志的前后车速进行检测，并计算车速的平均值和标准差，发现在作业区前 100m 设置警告标志可有效地降低车速，且标志离作业区越远车速值越离散，对车速控制的效果越不明显；钟连德等研究了施工区三种限速设施的减速效果，发现设置单一限速标志效果有限，设置减速垄的效果较好；张丰焰和周伟提出了在公路改建工程实施期间，应对交通流进行路径诱导和疏散，并提出了改扩建工程交通组织设计的原则和方法；何小洲和过秀成在大量交通调查的基础上，对施工区行车道、超车道和合流车道的车头时距分布，各控制区的地点车速的频率分布和空间分布，车道占有率以及车辆汇入特征进行了分析，为作业区的交通安全研究和管理提供了一定的依据。

2）限速标志的设置研究

针对高速公路限速标志设置问题，曹鹏对高速公路上限速标志设置的有效性进行了分析，提出限速标志设置有效性应综合考虑道路环境、交通流等多种因素，并建立了驾驶人在限速标志影响下的速度选择模型和基于驾驶人认知心理的车辆跟驰模型；王强等依托 VISSIM 仿真软件构建不同交通量条件下的限速方案，并运用安全效率指标，得出了较优的限速标志设置位置;张文会将控制区的布置和驾驶人的视认过程结合,提出了事故条件下限速标志的位置设置方法;徐婷等在基于驾驶人短期记忆的限速标志合理间距研究中,采用室内试验的方法,对驾驶人的短期记忆衰减规律进行研究,建立了驾驶人短期记忆衰减规律指数模型,并将此结果应用于高速公路限速标志的设置过程中,根据高速公路的不同限速值,定量给出高速公路限速标志的合理设置间距;徐婷,孙晓端等采用模拟舱试验方法对单义交通标志进行驾驶人短期记忆试验,根据试验结果建立驾驶人短期记忆衰减指数模型,并根据驾驶人的不同运行速度,给出了公路单义交通标志重复距离模型;叱诚、潘晓东从超速驾驶行为特征和道路线性特征出发,得出在通过限速标志1～5min 后驾驶人有超速冲动,并对限速标志视读过程进行分析,提出了高速公路不同限速值下限速标志重复设置间隔建议值和建议设置位置;陈建阳等在研究可变限速标志的作用及控制方面,根据高速公路交通流的特点,分析了影响交通运行安全的外部因素,并从改善安全的角度,提出了可变限速标志的限速相关制约模型及控制算法;陆建等通过研究驾驶人的认知过程,提出了路侧限速标志的最小最大前置距离模型,确定了路侧限速标志的最佳设置位置;管连荣在对驾驶人动态视觉的研究中发现,不同车速下驾驶人对同一标志的判读距离是不一样的,车速愈高,驾驶人判读标志的距离愈短,同步行相比,车速达到 100km/h,驾驶人对标志的判读距离可降低35%～45%;郑安文、牛倬民等人对高速公路上交通标志的设置进行了科学性分析。

对国内外研究现状进行汇总分析如下:

(1)针对限速问题,国内外大多只针对非事件下的高速公路进行研究,虽然已经形成了一套比较成熟的限速方法理论,但限速值的选取大多是采用规范内的推荐值或在其基础上对推荐值进行一定的折减,不适用于交通事件下的高速公路限速值。

(2)国内外对施工区的限速研究,一般都是从通行能力、封闭车道、交通量等角度对行车的安全性进行分析,给出施工区内速度降幅程度和安全性,但是并未针对高速公路不同平直路段及不同交通事件,进行系统的分析研究,提出系统、具体的限速值计算方法。

(3)对于限速标志的研究,国内外大多是从非事件条件下的交通标志设置着手,运用驾驶人短期记忆理论,研究交通标志设置方法;而交通事件下高速公路交通流特性复杂,限速标志的设置应该综合考虑交通流状态、综合高速公路道路和交通条件给出交通事件下限速标志位置设置方法。

本书针对特定交通事件,从高速公路不同路段特性着手,系统性地提出一套在交通事件下的高速公路限速值和限速标志设置位置理论和方法,对完善高速公路安全策略方法具有重要的意义。

1.3 主要内容及目标

1.3.1 主要内容

在交通事件影响区划分的基础上,从交通管理控制角度对交通事件下的限速问题进行研究。主要包含六方面的内容:交通事件下的速度与安全、效率问题研究;交通事件下平直路段限速问题研究;交通事件下长大下坡路段限速问题研究;交通事件下匝道、隧道及平曲线处限速问题研究;交通事件下层级限速标志设置基础理论研究;交通事件下不同路段限速标志设置位置研究。

1)交通事件下的速度与安全、效率问题研究

交通事件下高速公路会发生部分道路堵塞,引起通行能力下降,在保证安全的前提下,提出合理、有效的速度限制方案,因此,首先需要明确交通事件的特性和影响区域划分,并分析不同影响区内车速对安全和效率的影响。

(1)交通事件类型及其特性分析:以高速公路交通事件为研究对象,从人、车、路等角度分析施工区和交通事故的基本特性,给出两类事件特征的异同点。

(2)交通事件影响区划分:从交通流变化的角度划分交通事件影响范围,并给出计算交通事件影响范围的概念模型。

(3)交通事件影响区车辆行驶速度与安全和通行效率的关系:探讨速度大小、速度差、限速值及不同影响区内车速与安全及通行效率的关系。

2)交通事件下平直路段限速

以双向四车道和双向八车道平直路段为主要研究对象,分析在交通事件下的交通流特性,通过仿真方法,研究其限速取值。

(1)双向四车道高速公路限速:通过分析交通安全指标、交通效率指标以及交通冲突的位置和数量的变化,研究交通事件下的交通流变化;在既满足交通安全又保障通行效率的前提下,运用元胞自动机仿真模型,研究封闭最外侧车道情况下的四车道高速公路限速值。

(2)双向八车道高速公路限速:车道高速公路的通行能力、交通量、车道数等与四车道有极大的不同,交通流受交通事件影响后的变化情况相当复杂。本部分运用元胞自动机仿真模型,研究封闭中间两车道及外侧两车道情况下的双向八车道高速公路限速值。

3)交通事件下长大下坡路段限速

根据交通事件发生地点的不同,把长大下坡路段发生交通事件时的情况分为长大下坡上游、下游、中段,分析事件区距长大下坡路段的距离对车辆及交通流的影响,并进一步划分影响范围;运用数学建模等手段,对交通事件下长大下坡路段危险段进行交通特性分析,主要包括通行能力、速度变化、变道安全性、坡度对车辆的影响,大车比例及制动

性对安全的影响;最后,根据货车制动毂温度模型研究长大下坡货车限速问题,并和仿真限速值进行比较,得出货车推荐限速值。

4)交通事件下匝道、隧道及平曲线路段限速

在确定平直路段交通事件下限速问题后,还需对高速公路特殊点段在交通事件下的限速问题进行研究,根据行车环境的不同,把特殊点段分为匝道、隧道和平曲线路段。

(1)匝道处限速:根据交通事件发生地点的不同,把匝道处发生的交通事件分为7种情况,分析事件区距匝道的距离对交通流造成的影响,并进一步划分影响范围;运用交通仿真、数学建模等手段,对交通事件下匝道处危险段进行交通特性分析,主要包括通行能力、速度变化、变道安全性和车辆分合流对车速的影响;最后,考虑行车效率和安全因素,建立多目标函数,获取最优解。

(2)隧道处限速:根据线形条件的不同,可将隧道分为直隧道和平曲线隧道,在线形条件的基础上,再根据因交通事件发生地点的不同而引起驾驶人的视距不同,把隧道处发生交通事件时的情况分为隧道入口处、出口处和隧道内,分析事件区距隧道的距离对驾驶人及交通流的影响,并进一步划分影响范围;运用交通仿真、数学建模等手段,对交通事件下隧道处危险段进行交通特性分析,主要包括通行能力、速度变化、变道安全性和隧道内驾驶人反应衰减造成的影响;最后,在保证行车效率和安全的条件下,建立多目标函数,获取最优解。

(3)平曲线路段限速:根据不同半径下平曲线路段的停车视距和驾驶员视线距离与平曲线半径的关系,研究平曲线半径与速度之间的关系,分析事件区距平曲线起点的距离;运用数学建模的手段,对平曲线路段的安全极限速度值、基于停车视距下的安全速度值和基于驾驶员视线距离下的速度值进行比较分析,得出交通事件下的平曲线限速值。

5)交通事件下层级限速标志设置基本理论

在交通事件下各种情况的限速值范围确定的基础上,首先提出了限速标志的分类,然后通过分析层级限速标志的作用机理和驾驶人行为确定层级限速标志的设置方法。

(1)层级限速标志作用机理:从驾驶人自适性、车辆易控性和层级限速递减安全性角度,分析层级限速标志对交通事件下高速公路行车安全的影响,指出层级限速标志的设置对于交通事件下高速公路行车安全的重要性。

(2)层级限速标志设置原理分析:通过对驾驶人视认性的分析,结合警告区和上游过渡区长度计算方法,研究限速标志的前置距离、后置距离和重复距离计算方法,为限速标志布置提供理论基础。

(3)限速标志纵向和横向分布设置分析:通过对警告区和上游过渡区限速降幅适用

性的分析,确定层级限速标志设置的条件,进而研究警告区和过渡区内一级、二级和三级限速标志的纵向和横向设置方法。

6)交通事件下不同路段限速标志设置位置

在层级限速标志设置方法研究的基础上,结合事件影响区长度计算方法,考虑平直路段和特殊点段道路特性对行车安全的影响确定影响指标,分别针对不同车道封闭形式下的高速公路平直路段、长大下坡路段、匝道处、隧道处及平曲线路段,建立限速标志设置位置模型。

1.3.2 技术目标

通过对交通事件影响区进行划分,确定影响区内速度与安全的关系,制订交通事件下高速公路限速方案,提高交通事件下高速公路运行效率。在保证高速公路安全运行的条件下,尽可能实现高速公路高效、经济、快速运行,为以后交通安全研究提供技术支持。

(1)分析研究交通事件下高速公路上平直路段和特殊点段的交通流运行特性,运用VISSIM软件探寻基于事件影响区的速度与安全和效率之间的关系,为限速方案的提出提供理论指导。

(2)运用数学模型选取冲突率和排队长度等安全和效率评价指标,结合元胞自动机模型,确定交通事件下双向四车道和八车道高速公路平直路段合理的限速值范围。

(3)运用元胞自动机模型,兼顾安全和效率等因素,结合长大下坡路段道路特性,确定不同坡度下的双向四车道高速公路限速值的合理阈值。

(4)运用多目标函数等数学方法,分析交通事件下匝道和隧道内车速、通行能力等影响因素,考虑效率和安全等因素,确定交通事件下匝道处和隧道内合理的限速值。

(5)运用制动减速安全间距理论、交通流理论,结合驾驶人视认性等数学模型,辅以VISSIM仿真软件,提出基于事件影响区划分的双向四车道和八车道基本路段和特殊点段的限速标志位置设置方法,并对限速值和限速标志的位置进行有效性验证。

1.4 技术路线

本书主要研究交通事件下高速公路的限速问题,确定高速公路基本路段以及长大下坡、匝道和隧道等特殊路段的限速值,并通过对驾驶人行为的研究确定限速标志的设置位置。主要技术路线如图1.1所示。

事件特性分析
影响区划分
交通事件下速度与安全和效率问题研究
速度大小
速度离散模型
VISSIM仿真分析
匝道交通事件类型划分
匝道交通特性分析
匝道限速值确定
匝道限速
四车道高速公路限速值确定
基于Matlab的元胞自动机仿真
八车道高速公路限速值确定
基于坡度值的长大下坡路段限速值确定
平直路段限速
长大下坡路段限速
匝道、隧道及平曲线路段
隧道事件交通类型划分
隧道交通特性分析
隧道限速值确定
隧道处限速
平曲线路段安全极限速度值
停车视距下的安全速度
平曲线处限速值确定
平曲线路段限速
层级限速作用机理
层级标志前置后置距离分析
限速标志横向分布
层级限速标志设置
不同路段下的限速标志设置位置
限速标志设置位置应用与验证

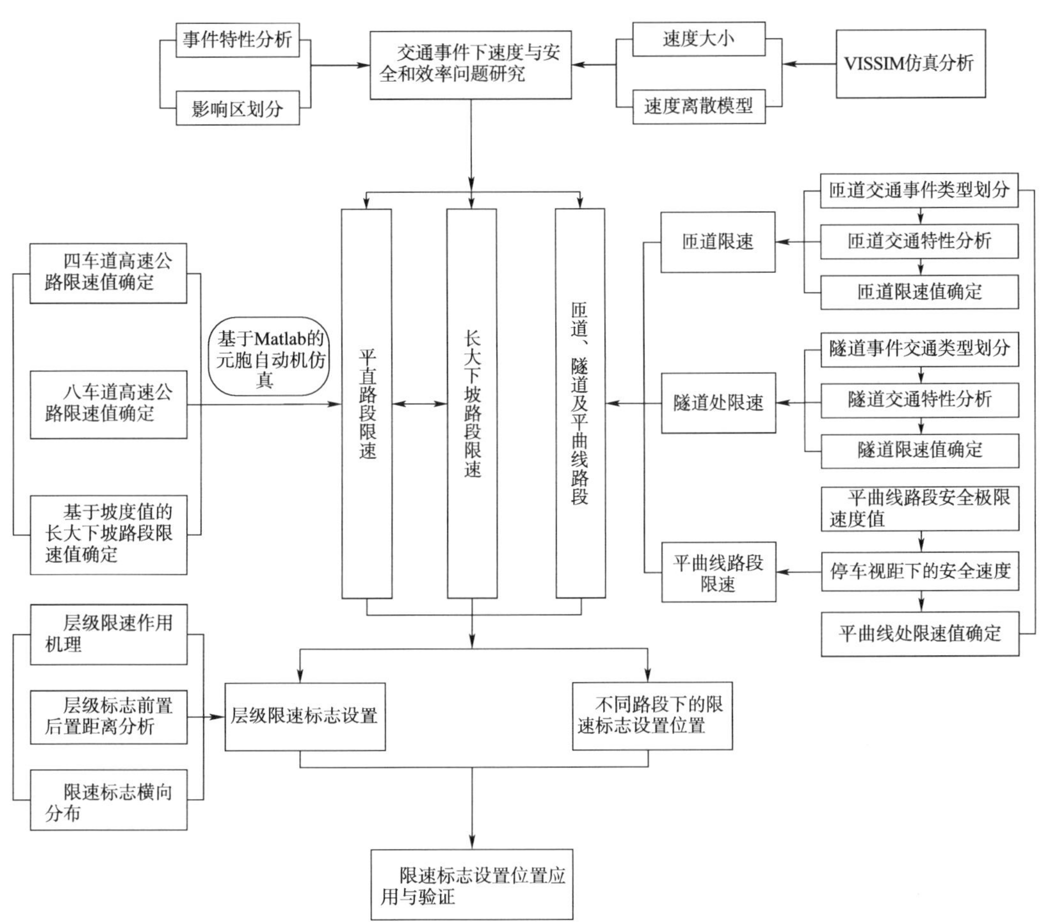

图 1.1 技术路线

2 交通事件下的速度与安全效率问题研究

2.1 交通事件类型及特性分析

2.1.1 交通事件的类型

高速公路上所有可能引起路网通行能力下降或交通需求突增的事件,如车车相撞、车辆抛锚、道路养护、交通事故、灾害天气、地质灾害等影响交通的不正常运行等都可称为交通事件。而交通事故和养护施工作业作为高速公路上较为常见的交通事件,一般都会造成车道局部封闭,在交通组织形式和交通流运行特点上具有一定的相似性和对比性,故本书只针对交通事故和施工作业两种交通事件进行分析研究。

交通事故是指车辆在道路上因过错或者意外造成的人身伤亡或者财产损失的事件,比如车车相撞、人车相撞、撞隔离带、车辆爆炸等。由于其具有随机突发性、持续性和不平衡性的特点,交通事故率和死亡率都占据着很大的比例,对高速公路交通安全有重要的影响。

道路的修筑和养护是道路施工作业的主要内容,具有周期性和固定性特点。道路施工作业是在保持交通运行的条件下进行的,施工期间由于车道封闭或改道极易造成交通紊乱,导致通行能力下降,对高速公路行车安全产生巨大安全隐患。

2.1.2 交通事件特性分析

1)交通事故特性分析

(1)交通事故的随机突发性:高速公路交通事故往往是由多种因素共同作用或相互作用引发的结果。其中,许多因素本身具有随机性,如天气变化、操作失误等,而这些因素相互作用有可能产生更大的随机性,使得交通事故具有随机性。同时,交通事故的发生通常没有任何征兆,具有一定的突发性。驾驶人从感知危险至事故发生的时间很短,并且驾驶人也会产生一系列的生理和心理变化,出现紧张和肌肉紧绷现象,驾驶人很难做出准确的判断和采取正确的制动驾驶行为,从而极易引发交通事故。

(2)交通事故的时间持续性:根据交通事故的严重性不同,其处理时间会在一小时到几小时甚至更长时间中波动。影响交通事故持续时间的主要因素有受伤死亡人数、发生时间地点、处理时间和占用车道数等因素。研究表明,死亡人数两人以上且封闭车道数量较大的高速公路平直路段,事故的持续时间较久。

(3)交通事故的路段分布不均性:交通事故常发段主要与道路的几何线形、车辆性

能、驾驶人的反应及操作等因素有关。研究资料表明,平直路段发生交通事故概率较高,长大下坡、隧道和匝道交通事故率次之,这主要是由于驾驶人在平直路段行驶时,干扰性相对较少且速度相对较高,驾驶人放松了警惕性所致。

2)道路施工作业特性分析

(1)施工作业的强干扰性:高速公路施工作业是在不中断交通的条件下进行的,而高速公路具有高速、全封闭的特点。由于施工作业区通常需要较多的施工人员和机械设备,对高速公路车道占用情况比较严重。施工作业不仅出现了大量人流、车流的窜动的现象而且车道突然变窄,出现瓶颈,对交通造成了一定的干扰。如不采取适当的安全防护措施和管制策略,让驾驶人尽快适应新的环境,很容易发生意外情况,对行车安全构成威胁。

(2)夜间施工的危险性:道路施工作业的竣工通常需要几周甚至几个月的时间,夜间施工对行车安全造成的影响是巨大的。驾驶人在夜间行车的警惕性和反应灵敏性都较白天有所下降,施工区如果没有设置比较醒目且视认性良好的安全防护与警告设施,驾驶人难以看清合流和分流路锥、导向、警告和限速标志等警示设施。一旦发生意外,驾驶人很难做出准确的反应判断,并及时地控制车辆,从而引发交通事故。

3)交通事故与施工作业特性对比分析

交通事故与施工作业对高速公路行车安全都会产生重大的影响。故将这两种基本事件特性对比如下。

(1)相同点

①路网影响方面:在交通量比较大的高速公路上发生交通事件,由于"瓶颈"的产生,其附近车流密度发生改变,产生与车流方向相反的集散波向后传播,排队长度向上游延伸;随着排队长度的增长,延误和排队等待时间也随之增加,后续到来车辆有可能选择临近的道路提前驶离高速公路,造成临近道路交通量和车流密度增大,使得临近道路发生拥堵,严重时,甚至会波及下一个路口,造成整个路网瘫痪。

②路段影响方面:高速公路发生交通事件产生路段交通拥堵后,车辆处于跟驰状态,驾驶人会根据限速标志、警告标志等采取一系列的减速、合流、分流及加速等操作,在此过程中,车辆速度不断降低,车速离散性也会增大,车头时距随着速度大小的变化而不断改变,车道变换频数不断增加,行车危险性也逐渐上升。当车队达到新的稳定状态并安全驶离事件区时,车辆又逐渐恢复到正常行驶状态。

(2)不同点

交通事故具有随机突发和频发等特点,事故本身具有不可预测性,高速行驶的车辆很难对突发的交通事故做出及时的反应,发生二次事故的危险性比较大;交通事故处理时间相对较短,对附近车辆拥堵和延误产生的影响相对较短。养护施工作业具有周期性,作业区具有完全封闭的特点,对行车可能产生的影响是可以预测的;施工作业区所需的人力和机械设备比较多，作业区环境比较复杂且施工安全标志设置比较多，驾驶人需要更大的信息获取能力和更高的反应能力以应对复杂的行车环境；同时，由于施工有时需在夜间进行，对夜间行车的驾驶人带来的危险性更大。

综合以上两种事件特性的相同点和不同点，对其不同指标总结如表2.1和表2.2所示。

交通事故与施工作业影响特性相同点 表2.1

路网特性	交通量大时，"瓶颈"段的产生，导致附近车流密度改变，排队随时间持续而增长，拥挤向上游传播甚至波及临近道路，严重时使整个路网瘫痪
路段特性	"瓶颈"段附近车辆减速—加速—合流—分流行为频繁，换道次数增加，车头时距无规律变化，整个事件区内车速离散性大，区内行车危险性大
驾驶人行为特性	事件区内频繁的驾驶行为变化，过多的标志内容输入使得驾驶人视认性下降，对车辆的控制性下降；过长的排队等待时间，驾驶人易产生焦躁、烦乱情绪，给行车安全带来隐患

交通事故与施工作业不同点 表2.2

交通事故	
不可预测性	交通事故一般不存在人为目的性的干扰，而是在正常的高速行驶的时候，由于外在或内在因素，导致驾驶人猝不及防的驾驶行为的发生，诱发事故
随机、突发性	交通事故的产生往往由多种因素共同作用，故其随机性大，而大部分事故是由于驾驶人操作失误或车辆机械故障突然引起等，使得驾驶人无法迅速反应，导致事故突发性大
事故频率高	由于交通事故非人为目的性的诱发，故交通事故可以发生在高速公路的任何路段，且造成交通事故的因素很多，故交通事故发生的频率高
处理时间短	交通事故的处理按事故严重的程度不同，其处理时间在一小时至几小时不等，一般情况下不会超过几天甚至几周
施工作业	
预测性强	施工作业是有针对性的道路改造和其他设施施工，一般是事先按照既定的程序和工作安排好的。故对施工作业比较危险的路段一般会设置醒目标志，作为提醒，故其具有可预测性
夜间施工危险性	有些施工作业会在夜间进行，而夜间驾驶人驾车的生理和心理行为都会有所下降，一旦遇到意外情况，驾驶人很难做出准确的回应，从而导致事故发生
作业环境复杂性	施工作业区内机械设备多，作业区内人员较多，施工组织形式复杂多样，驾驶人的行车危险性也增加
施工周期持续性	大部分施工作业的周期时间一般为几个月至几年不等，施工周期长，持续时间久

通过对交通事故和施工作业特性对比分析知，发生这两种交通事件后，都会在事件区内形成"瓶颈"段，事件区内的车道封闭形式、车流的交通组织形式、交通流运行特性、驾驶

人的生理心理特性都具有的一定的相似性，故本书综合考虑这两种交通事件的相似性和不同性，将交通事故和施工作业统称为交通事件，针对交通事件特性进行综合分析研究。

2.2　事件影响区划分及长度计算

发生交通事件后，由于“瓶颈”段的出现，事件区不同路段车辆速度离散性和交通流状态不同，造成事件影响区不同路段内车辆运行的安全性不同，故需综合考虑区段特性和交通流动态过程，合理划分交通事件影响区并计算各影响区段长度。

2.2.1　事件影响区区段划分

由于发生交通事故或施工作业形成“瓶颈”段后，车道的封闭形式及交通流运行特性具有相似性，本书将交通事故和施工作业影响区范围按照统一方法进行划分，简称为“事件影响区”。发生交通事件后，为保证给道路使用者和事件处理人员提供最大安全保护，结合传统的事件影响区划分方式，本书充分考虑交通事件下车辆的动态交通行为变化特性、事件发生的车道位置、道路自身的断面组成形式、所处道路线形特征及地理环境特征等，将事件影响区主要划分为六个部分：警告区、上游过渡区、缓冲区、工作区、下游过渡区和终止区。以双向四车道高速公路为例，交通事件影响区划分示意图如图 2.1 所示。

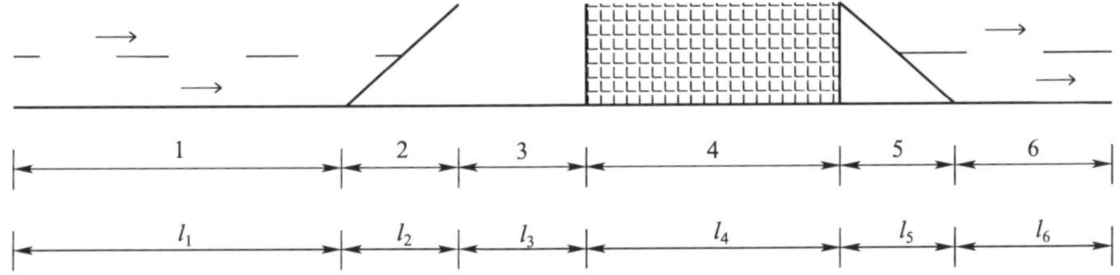

图 2.1　交通事件影响区划分示意图

1-警告区；2-上游过渡区；3-缓冲区；4-工作区；5-下游过渡区；6-终止区

$l_1 \sim l_6$-影响区长度

(1) 警告区：提示驾驶人前方发生交通事件，使驾驶员注意交通变化情况，及时采取相应措施。警告区内要设置限速标志、提示标志、前方车道变窄标志、禁止通行标志等。在警告区内交通流状态逐渐由自由流转变为限制流。

(2) 上游过渡区：主要为行驶于封闭车道方向的车辆提供变换车道的空间。此区域内的交通流紊乱，车辆强制变道行为显著，是影响行车安全的主要区段。

(3) 缓冲区：是过渡区到工作区之间的一段空间，为驾驶人操作失误行为和施工人员提供一个缓冲保护。缓冲区开始点应设置路障，一般在缓冲区开始点设置视线诱导标和闪光灯信号。

(4) 工作区：作为交通事件处理的区段，一般通过渠化设施或障碍物将作业活动与道路使用者隔离，车道与工作区设立隔离装置且为车辆提供进出口。驶入该区段的车辆不能超车，只能跟驰行驶直至驶离工作区。

(5)下游过渡区:车辆恢复行驶的过渡区,起导流作用而引导车辆改变方向及变换车道,逐渐驶入正常车道。

(6)终止区:工作区结束和限速标志解除区段,此阶段后交通流逐渐恢复正常行驶状态。

2.2.2 事件影响区长度计算

1)警告区长度算法

当车辆遇到第一个标志牌时,意味着车辆已进入事件影响区内,一般情况下,警告区长度由三部分组成:车辆在警告区内从正常车速降到限制车速所需距离 S_1;车辆到达工作区地段附近排队尾部时的最小安全距离 S_2;和在作业区发生拥挤所产生的拥挤排队长度 S_3。因此,警告区长度可由下式计算:

$$L = S_1 + S_2 + S_3 \tag{2.1}$$

车辆从正常行驶车速降到所限制车速行驶的距离,用下式计算:

$$S_1 = \frac{v_1}{3.6}t + \frac{v_1^2 - v_2^2}{2g(\varphi \pm i) \times 3.6^2} \tag{2.2}$$

式中:v_1——正常行驶车速,km/h;

v_2——减速后车速,km/h;

g——重力加速度,9.8m/s^2;

i——道路纵坡,上坡取"+",下坡取"-";

φ——道路纵向摩阻系数,取值范围为0.25~0.44;

t——驾驶人反应时间,通常取2.5s。

S_2是以 v_2行驶的车辆,为不使前方车辆发生碰撞所需的最小安全距离,用下式计算:

$$S_2 = \frac{v_2}{3.6}t + \frac{v_2^2}{2g(\varphi \pm i) \times 3.6^2} \tag{2.3}$$

式中符号意义同前。

S_3是作业区附近由于"瓶颈"而产生的拥挤排队长度,用下式计算:

$$S_3 = \frac{Q \cdot l}{n}t \tag{2.4}$$

式中:Q——发生在车道上的交通事件引起交通拥挤的最小流量,辆/h;

l——平均车头间距,m;

n——单向车道数;

t——拥挤时间,s。

2)上游过渡区长度算法

上游过渡区的设置是为将车辆从正常的行车道引到其他车道上,以使车辆能够顺利通过工作区。上游过渡区的长度要满足车道变换的最小横向安全间距,车道封闭时所需要的上游过渡区长度 L_1的最小值按如下公式计算:

$$L_1 = \begin{cases} v^2 W/155 & (v \leqslant 60\text{km/h}) \\ 0.625vW & (v > 60\text{km/h}) \end{cases} \tag{2.5}$$

式中：L_1——上游过渡区长度，m；

W——所关闭车道的宽度，m；

v——工作区路段车速，km/h。

对隧道内的事件影响区，由于隧道内的光线较暗，为提高隧道内行车的安全性，将隧道内的上游过渡区长度增加0.5倍，即：隧道内上游过渡区长度按$1.5L_1$长度计算。

3）缓冲区长度算法

缓冲区长度计算主要考虑车辆在到达工作区之前能够及时采取制动措施而避免发生事故。缓冲区的长度L_2取其车辆制动距离的最小长度，用下式计算：

$$L_2 = \frac{v}{3.6}t + \frac{v^2}{2g(\varphi \pm i) \times 3.6^2} \tag{2.6}$$

式中：t——驾驶人反应时间，通常取2.5s；

v——警告区内平均速度，km/h；

其他符号意义同前。

《公路养护安全作业规程》（JTG H30—2004）中推荐的缓冲区长度值最小为50m。

4）工作区长度算法

工作区长度L_3是考虑实际工作长度的需要，在满足最小费用的原则下，根据实际情况具体确定其长度值。

5）下游过渡区长度算法

下游过渡区长度计算，主要考虑为保证车辆有足够的距离，调整行车状态，其长度L_4取车辆变换车道所需要的最短距离，用下式计算：

$$L_4 = \frac{v}{3.6} \times (t + t_b) \tag{2.7}$$

式中：L_4——下游过渡区长度，m；

v——工作区内车辆平均速度，km/h；

$t + t_b$——反应时间与变道时间之和，按3s取值。

一般下游过渡区长度值在15～30m之间，《公路养护安全作业规程》（JTG H30—2004）中推荐取30m。

6）终止区长度算法

终止区主要是为车辆调整行车状态而设置的。《公路养护安全作业规程》（JTG H30—2004）中推荐终止区最小长度取30m。

2.2.3 VISSIM仿真软件简介

VISSIM是一种微观、时间驱动、基于驾驶行为的仿真建模工具，用以建模和分析各种交通条件下（车道设置、交通构成、交通信号和公交站点等）城市交通和公共交通的运行状况,是评价交通工程设计和城市规划方案的有效工具。它是一个离散的、随机的、以 10^{-1}s 为时间步长的微观仿真模型,系统将驾驶人的驾驶行为分为自由行驶、接近前方车辆行驶、跟驰行驶和制动四种状态,VISSIM 采用的核心模型是 Wiedemann 于 1974 年建立的生理—心理驾驶行为模型(图 2.2)。该模型的基本思路是:一旦后车驾驶人认为他与前车之间的距离小于其心理(安全)距离时,后车驾驶人开始减速。由于后车驾驶人无法准确判断前车车速,后车车速会在一段时间内低于前车车速,直到前后车间的距离达到另一个心理(安全)距离时,后车驾驶人开始缓慢地加速,由此周而复始,形成一个加速、减速的迭代过程。

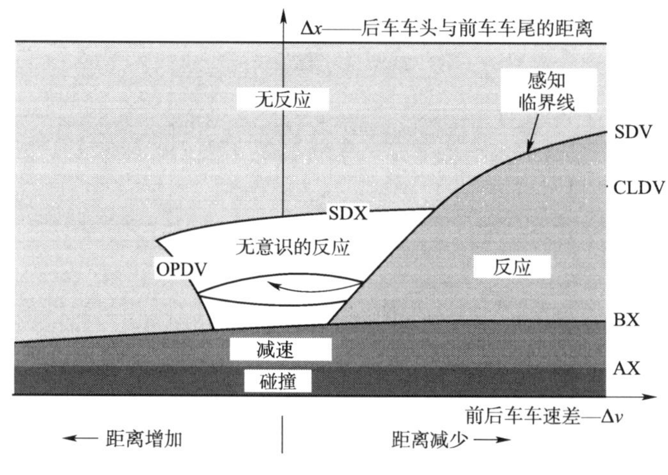

图 2.2　跟车模型

车速和空间阈值的随机分布能够体现出驾驶人的个体驾驶行为特性。德国 Karlsruhe 工业大学进行了多次实地测试,以校准该模型的参数。定期进行的现场测试和模型参数更新能够保证驾驶行为的变化和车辆性能的改善在该模型中得到充分地反映。

在多车道路段上,VISSIM 允许驾驶人不仅考虑本车道上前面的车辆(默认为两辆),也可以考虑两边邻近车道的车辆。此外,在距离交叉口停车线 100m 处,驾驶人警惕性会提高。

在 VISSIM 中,通过在路网中移动“驾驶人—车辆—单元”来模拟交通流。具有特定驾驶行为的驾驶人被分配到特定的车辆,驾驶人的驾驶行为与车辆的技术性能一一对应。VISSIM 采取三种分类来描述“驾驶人—车辆—单元”的特征属性:

(1)车辆的技术参数

①车辆长度。

②最大车速。

③可能的加速度。

④路网中的当前位置。

⑤实际车速和加速度。

(2)“驾驶人—车辆—单元”的行为

①驾驶人的生理—心理反应阈值(估计能力,冒险接受力)。

②驾驶人的记忆力。

③取决于当前车速和驾驶人期望车速的加速度。

(3)“驾驶人—车辆—单元”的内在联系

①本车道和邻近车道的前车和后车的关系。

②当前车辆所在路段和下一个交叉口的信息。

③下一个交通信号信息。

VISSIM 通过参数来模拟现实中的各种情况,常见的有交通组成、流量输入、径路选择、车辆的期望速度、加减速特性曲线、模型分布和驾驶人行为参数设置,这些参数都可以根据实际情况输入。另外,VISSIM 还可以通过车辆行驶规则的设置来控制道路上车辆的运行规则,包括速度控制规则、改变期望车速规则、优先规则、停让规则和信号灯控制规则。因此,用 VISSIM 进行仿真具有可靠性。

2.3 速度值与安全的关系

发生交通事件后,警告区、过渡区和缓冲区作为驶入车辆的速度控制区和提示区,区段内车辆行驶速度的大小对其行驶安全产生重要影响。评价交通安全的方法有很多,如事故率法、模糊评价法、灰色评价法、层次分析法、交通冲突法、成因分析法等。由于本书所研究的对象、研究范围、范围内的交通流运行特性及所采用技术方法的局部性和特殊性,结合各种评价方法的适用性,本书选取交通冲突技术作为交通安全的评价方法,以冲突率(数)作为安全的评价指标,研究警告区、过渡区和缓冲区域内车辆的行驶速度大小对行车安全影响。

2.3.1 交通冲突与交通安全的关系

交通冲突的实质是不安全行为的表现形式,其发展可能导致交通事故的发生,也可能因采取的避险行为得当而避免事故发生,事故与冲突的关系可用冲突的严重性进行描述。冲突严重性是指交通冲突导致交通事故发生的可能性程度。

显然,交通冲突的发生量要比交通事故多得多。类似于交通事故,交通冲突也可表述为两个交通行为者在空间运动时相互作用的结果。就一定意义而言,交通事故同属于交通冲突范畴,交通事故与交通冲突的成因及发生过程完全相似,两者之间的唯一区别在于是否存在损害后果。换言之,凡造成人员伤亡或车物损害的交通事件称为交通事故,否则称为交通冲突,所以,从某种意义上说,交通冲突可以作为交通安全的安全评价指标。

2.3.2 速度值对安全影响分析

运用 VISSIM 仿真软件建立模型,模拟不同速度情况下车辆的行驶状态,以冲突率为

指标,评价速度影响下的不同影响区内行车安全性。冲突率定义为单位长度上的冲突数,即:

$$R = TC/L$$

式中:R——冲突率,次/m;

TC——冲突数,次;

L——路段长度,m。

冲突率越大,安全性越差。

1)模型参数选取

以某双向四车道高速公路封闭最外侧车道为研究对象,根据《公路工程技术标准》(JTG B01—2003)不同设计速度下的高速公路最大服务交通量最小值为500辆/(h),最大值为2200辆/(h)。故本书以1200辆/h为起点,以后逐次增加300辆/h,即仿真交通量分别为1200辆/h、1500辆/h、1800辆/h、2100辆/h、2400辆/h、2700辆/h、3000辆/h、3300辆/h、3600辆/h,车型比为Car: HGV = 8: 2。具体仿真方案如表2.3所示。

仿真方案一览表　　表2.3

交通组成	Car: HGV = 8:2														
交通量(辆/h)	1200			1500			1800			2100			2400		
初速度值(km/h)	120	110	100	120	110	100	120	110	100	120	110	100	120	110	100
	90	80	70	90	80	70	90	80	70	90	80	70	90	80	70
	60	50	40	60	50	40	60	50	40	60	50	40	60	50	40
交通量(辆/h)	2700			3000			3300			3600			—		
初速度值(km/h)	120	110	100	120	110	100	120	110	100	120	110	100			
	90	80	70	90	80	70	90	80	70	90	80	70			
	60	50	40	60	50	40	60	50	40	60	50	40			

2)仿真模型构建

交通事件发生后要占用一定道路空间,双向四车道高速公路一般会占用硬路肩或封闭一条车道。本书以双向四车道封闭最外侧车道为例,模拟3.5km事件影响区范围内的高速公路平直路段,其中,警告区1.6km,过渡区100m,缓冲区100m。运用VISSIM仿真软件中SSAM模型进行交通冲突分析,并记录事件影响区内警告区、上游过渡区和缓冲区内的交通冲突数。

3)仿真试验结果分析

通过对1200~3600辆/h交通量仿真结果进行分析,1200~1500辆/h时,事件区内车辆运行速度较快,交通运行顺畅;3000~3600辆/h时,事件区内车辆产生严重的拥挤

排队,事件区路段过度饱和,车流密度接近于阻塞密度,故本书对于交通畅通接近于自由流状态和严重过饱和状态不予研究,故只对 1800 ~ 2700 辆/h 交通量进行研究,且后文研究也同样针对上述交通量。通过仿真结果知,1800 ~ 2100 辆/h 和 2400 ~ 2700 辆/h 的仿真结果分别具有一定的相似性,故将 1800 辆/h 和 2400 辆/h 条件下的仿真结果列于图 2.3 和表 2.4。

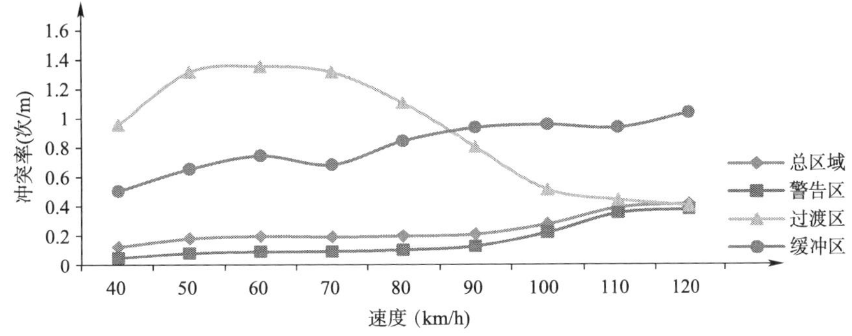

图 2.3　速度值与冲突率关系(1800 辆/h)

速度值与冲突率关系(2400 辆/h)　　表 2.4

速度(km/h)	总区域(次/m)	警告区(次/m)	过渡区(次/m)	缓冲区(次/m)
40	0.267778	0.125625	1.77	1.0
50	0.325	0.17375	1.81	1.2
60	0.362222	0.215625	1.88	1.1
70	0.470556	0.3325	1.94	1.2
80	0.532222	0.403125	2	1.1
90	0.596667	0.45875	2.11	1.2
100	0.636111	0.493125	2.22	1.3

事件影响下的高速公路不同影响区内冲突率与速度值存在一定的关系,由图 2.3 和表 2.4 可以看出:当交通量较小时,随着车辆速度的增加,车队的排队长度减小,拥挤延误时间变短,过渡区冲突率随着速度的增加而减小,并且由于车辆在过渡区要进行变道合流行为,冲突率较其他影响区最大;随着速度的增大,进入缓冲区的车辆增多,缓冲区的交通量增大,缓冲区的冲突率随着速度的增大呈线性增加,且缓冲区的交通量为两车道之和,故缓冲区的冲突率较警告区大;总区域的冲突关系和警告区相似,速度超过 90km/h,车辆间最小安全时距变大,冲突率变化明显。且交通量增大接近于通行能力时,随着速度增加,集结波传播速度大于消散波速度,车队排队长度不断增加,速度越大,冲突率越高,车辆的安全性越差,整个影响区、警告区和过渡区内速度值与冲突率呈现直线型增长趋势,随着速度超过 100km/h,过渡区车辆降速较大,冲突率变化明显,缓冲区因速度相对较小,冲突率随路段速度变化不明显。通过对比两图可知,随着交通量的增加,

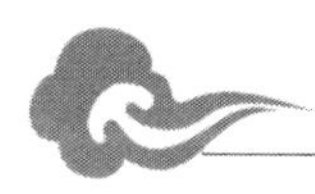

事件影响下的高速公路不同影响区内冲突率增加明显。

综上所述,速度值对事件影响下的高速公路行车安全存在一定的影响,随着交通量和速度值增加,行车安全性逐渐降低。因此,限速对提高交通事件下的高速公路行车安全有重要的作用。

2.3.3 交通事件下速度值与交通事故严重性的关系

1)车辆冲进施工区之前的安全极限速度

当车辆通过交通事件影响区时,因驾驶员操作不当或者没有看见警告标志,在上游过渡区没有完成变道,从而驶入缓冲区,这时,车辆和施工区的作业人员有发生交通事故的风险。《公路养护安全作业规程》(JTG H30—2004)中推荐缓冲区最小长度值是50m。根据缓冲区长度的计算公式(2.6)知,当 $L_2 = 50$m 时,对应的速度值 $v = 40$km/h,该速度值是车辆在冲进施工区之前能够及时采取制动措施而避免发生事故的安全极限速度。

2)施工区交通事故的严重程度和冲进施工区的速度变化之间的关系

当车速超过40km/h时,车辆会冲进施工区产生交通事故。施工区交通事故的严重程度和冲进施工区的速度变化有关。根据Joksch在1993年提出的速度变化与伤亡概率的关系:

$$y = \left(\frac{x}{71}\right)^4 \tag{2.8}$$

式中:y——伤亡率;

x——速度变化,km/h。

施工区交通事故的严重程度和冲进施工区的速度变化如图2.4所示,速度变化越大,伤亡概率就越大,交通事故的严重程度就越高。

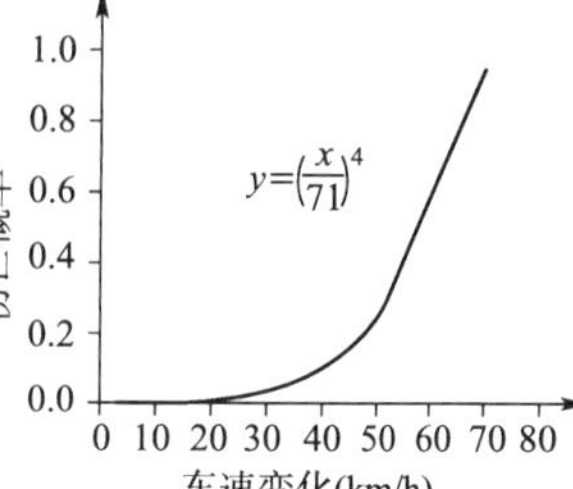

图2.4 施工区交通事故的严重程度和冲进施工区的速度变化

3)交通事件下限速值上限的确定

根据伤亡概率与速度变化的关系知,当冲入施工区的速度 $v_{施} \leqslant 20$km/h 时,伤亡概率很小,发生交通事故的严重程度很低。车辆通过缓冲区冲进施工区的运行示意图如图2.5所示。

车辆在驶入缓冲区时刻的速度 v_0 与冲入施工区时刻的速度 $v_{施}$ 之间有如下的关系:

$$v_0 = \sqrt{{v_{施}}^2 - 2as} \tag{2.9}$$

式中:v_0——驶入缓冲区时刻的速度,km/h;

$v_{施}$——冲入施工区时刻的速度,km/h;

a——停车时所采用的减速度,取3.4m/s²;

s——缓冲区的长度,取50m。

根据车辆在上游过渡区的速度 v_0 与冲入施工区的速度 $v_{施}$ 之间的关系知,当 $v_{施} \leqslant$

20km/h 时，$v_0 \leqslant 70$km/h，即在上游过渡区的车速不能超过 70km/h。因此，在交通事件下的限速值不能超过 70km/h。

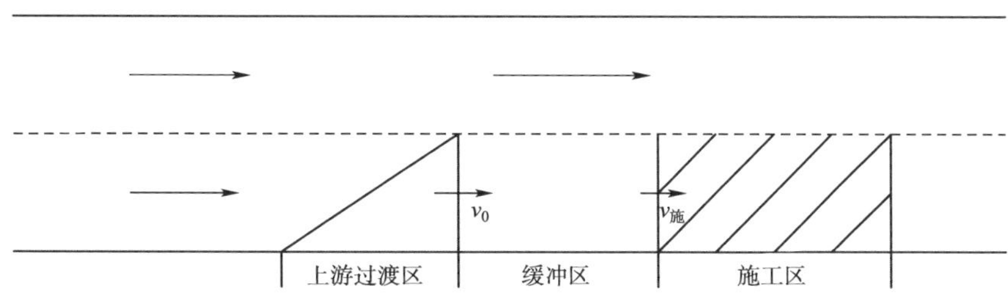

图 2.5　车辆通过缓冲区冲进施工区的运行示意图

2.4　车速离散性与安全的关系

2.4.1　离散性与事故率关系

Solomon 在 1964 年通过对 970km 的路段上对 10000 名驾驶人调查，研究车速与平均车速的差值与事故率的关系，得出一条 U 形曲线，表明车辆速度无论是高于还是低于平均车速，其车速差值越大，事故率越高。具体模型为：

$$I = 10^{0.000602\Delta v^2 - 0.006675\Delta v + 2.23} \tag{2.10}$$

式中：I——10 万车公里事故率，次/10 万公里；

Δv——车速与平均速度之差，km/h。

根据我国部分高速公路车速标准差与事故率的统计数据（表 2.5），对速度标准差和亿车公里事故率进行回归分析，研究表明车速标准差与亿车公里事故率存在如下关系：

$$AR = 9.5839e^{0.0553\sigma} \tag{2.11}$$

式中：σ——车速标准差，km/h；

AR——亿车公里事故率，次/亿车公里。

我国高速公路速度标准差与事故率统计表　　表 2.5

高速公路	车速标准差（km/h）	事故数量（次/年）	交通量（辆/年）	里程（km）	亿车公里事故率
成渝高速（重庆段）	17.16	206	7708800	114	23
石太高速	20.32	244	3972470	213.4	29
广佛高速	13.01	145	42223200	16	21
沪宁高速（上海段）	26.63	1062	8719852	269.6	45
深大高速	14.22	194	12511608	74.08	21
京津塘高速（北京段）	22.57	140	12859680	35	31

通过绘图对比式(2.9)和式(2.10)关系趋势,得出结论:当速度差 $\Delta v \leq 10\text{km/h}$ 时,用十万车公里事故率与车速标准差表示的 U 形曲线预测结果更准确;当速度差 $\Delta v > 10\text{km/h}$ 时,用亿车公里事故率与车速标准差表示的指数型曲线预测效果更准确。

2.4.2 不限速下影响区内车速离散性分析

以双向四车道为例,针对高速公路不同路段,从安全角度出发,研究交通事件下不同影响区(警告区、上游过渡区和缓冲区)内,车速离散性与安全的关系。运用 VISSIM 仿真软件对其进行仿真研究。

假设双向四车道高速公路由于交通事件封闭外侧车道,交通量值的选取仍按上文介绍方法,采用 VISSIM 仿真软件研究交通事件下不同影响区的速度离散性与行车安全性的关系。

1)仿真样本量选取

统计学原理计算最小车速抽样样本量计算公式如下:

$$n = \left(\frac{\sigma K}{E}\right)^2 \tag{2.12}$$

式中:σ——估计样本标准差,可采用 8km/h 作为估计值;

K——置信水平系数,取置信水平 95% 计,则 K 为 1.96;

E——观测的车速允许误差,可取 2km/h 作为估计值。

按照式中给值,得到最小抽样样本量 $n=62$,故可取样本量 $n=100$。

2)仿真试验

运用 VISSIM 仿真软件建立仿真路网并构建仿真方案,记录警告区、上游过渡区和缓冲区内同一时间内的不同车辆的行驶速度并计算行驶速度的速度标准差。仿真路段长度为事件影响区 3.5km 范围内,根据上文研究,交通量仍为 1800~2700 辆/h,梯度为 300 辆/h。具体仿真模型参数和仿真结果如表 2.6 和图 2.6、图 2.7 所示。

仿真模型参数 表 2.6

车型比	Car: HGV = 8: 2			
交通量(辆/h)	1800	2100	2400	2700

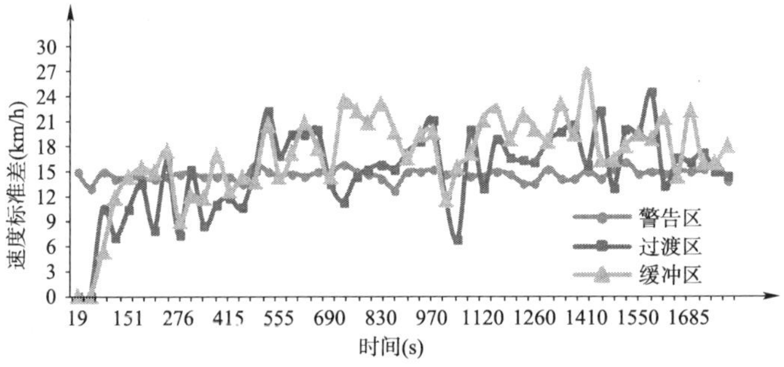

图 2.6 不同影响区速度标准差变化(1800 辆/h)

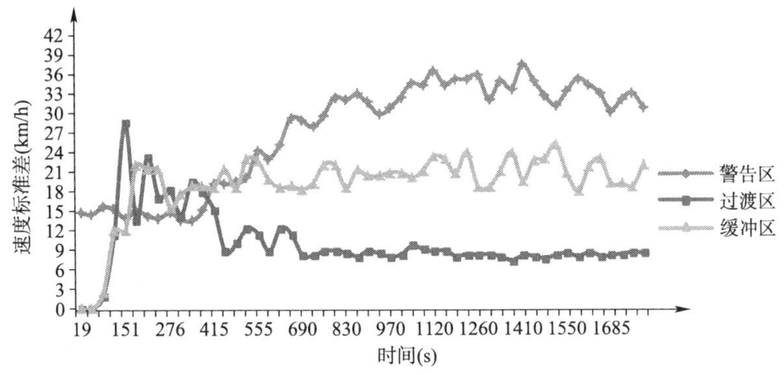

图 2.7 不同影响区速度标准差变化(2400 辆/h)

3)仿真结果分析

针对以上不同影响区内的速度标准差在不同时刻的离散变化趋势,绘制各影响区速度标准差累计频率曲线图,选择 85% 速度标准差值作为不同影响区内的合理标准差值,根据事故率与标准差关系式,探寻不同影响区速度离散性与安全的关系。

从累计频率图中得到 1800 辆/h 条件下,警告区 85% 速度标准差值为 15.0km/h,亿车公里事故率为 22.0 次/亿车公里;上游过渡区 85% 速度标准差值为 19.7km/h,亿车公里事故率为 28.5 次/亿车公里;缓冲区 85% 速度标准差值为 21.5km/h,亿车公里事故率为 31.5 次/亿车公里。2400 辆/h 条件下,警告区 85% 速度标准差值为 34.7km/h,亿车公里事故率为 65.3 次/亿车公里;上游过渡区 85% 速度标准差值为 13.9km/h,亿车公里事故率为 20.7 次/亿车公里;缓冲区 85% 速度标准差值为 22.8km/h,亿车公里事故率为 33.8 次/亿车公里。

将不同交通量下不同影响区内的 85% 速度标准差值和对应事故率值列于表 2.7。

不同交通量下亿车公里事故率与 85%速度标准差关系 表 2.7

1800 辆/h			
	警告区	过渡区	缓冲区
85% 速度标准差(km/h)	15.0	19.7	21.5
亿车公里事故率(次/亿车公里)	22.0	28.5	31.5
2400 辆/h			
	警告区	过渡区	缓冲区
85% 速度标准差(km/h)	34.7	13.9	22.8
亿车公里事故率(次/亿车公里)	65.3	20.7	33.8

通过比较不同交通量下不同影响区的速度标准差值的离散性,得出结论:当交通量较小时,排队长度较小且消散速度快,警告区、上游过渡区和缓冲区内的速度离散性差别不大,速度离散性对于行车安全产生安全隐患小;当交通量增大到接近于通行能力时,产

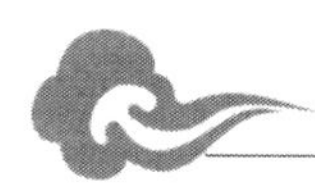

生严重的拥挤排队且排队长度向上游延伸，警告区内速度离散性明显大于其他影响区，缓冲区后车辆的消散速度快，离散性相对于过渡区大，事故安全隐患：警告区 > 缓冲区 > 上游过渡区。故当交通量较大，降低警告区内速度离散性，即速度标准差，对降低交通安全隐患将产生重要作用。

2.4.3 限速下影响区内车速离散性分析

上文研究发现，交通事件下不同影响区内车速离散性对行车安全产生不同的影响，为降低不同影响区内的行车安全隐患，本书采用限速方法来研究限速对降低车速离散性的有效性。

1）仿真方案确定

样本量大小的确定和交通量的选取方法与上文相同，交通量仍为 1800 ~ 2700 辆/h，梯度为 300 辆/h。为研究限速对降低离散型的影响，故以任意速度值（小于平均运行速度即可）作为限速值（以 60km/h 为例），警告区端点设置 60km/h 限速标志，其他具体仿真参数与上文相同，仿真结果如图 2.8 和图 2.9 所示。

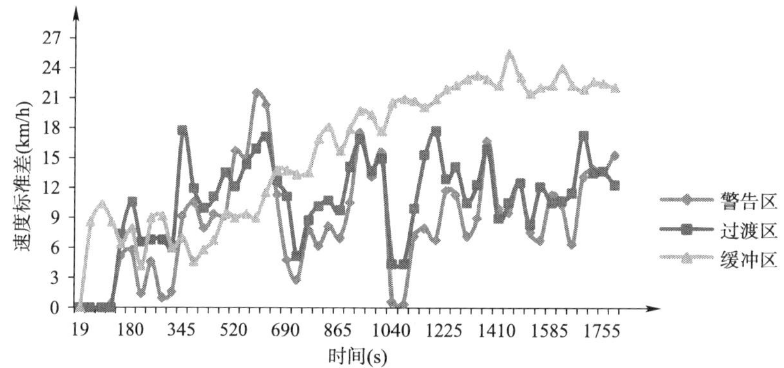

图 2.8　不同影响区速度标准差变化图（1800 辆/h）

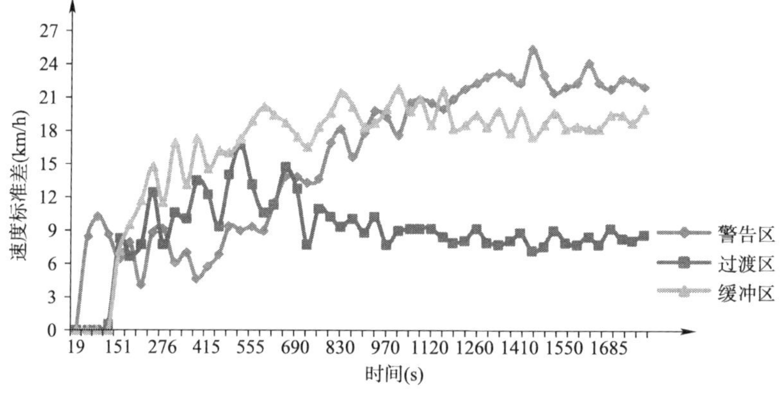

图 2.9　不同影响区速度标准差变化图（2400 辆/h）

2)仿真结果分析

对不同影响区内速度标准差在不同时刻的离散变化趋势,绘制各影响区速度标准差累计频率曲线图,选择85%速度差值作为不同影响区内的合理标准差值,根据事故率与标准差关系式,探寻限速条件下的不同影响区速度离散性与安全的关系。

从累计频率图中得到:1800辆/h下,警告区内85%速度标准差值为8.2km/h,亿车公里事故率为15.1次/亿车公里;上游过渡区85%速度标准差值为14.7km/h,亿车公里事故率为21.6次/亿车公里;缓冲区85%速度标准差值为15.0km/h,亿车公里事故率为22.0次/亿车公里。2400辆/h下,警告区内85%速度标准差值为22.4km/h,亿车公里事故率为33.1次/亿车公里;上游过渡区85%速度标准差值为11.9km/h,亿车公里事故率为18.5次/亿车公里;缓冲区85%速度标准差值为19.9km/h,亿车公里事故率为28.8次/亿车公里。

为确定限速条件对降低车速离散性有效性的影响,将限速和不限速条件下不同交通量的速度标准差值与事故率值列于表2.8。

限速和不限速条件下亿车事故率和85%标准差对比 表2.8

1800辆/h				
		警告区	过渡区	缓冲区
限速	85%速度标准差(km/h)	8.2	14.7	15.0
	亿车公里事故率(次/亿车公里)	15.1	21.6	22.0
不限速	85%速度标准差(km/h)	15.0	19.7	21.5
	亿车公里事故率(次/亿车公里)	22.0	28.5	31.5
2400辆/h				
		警告区	过渡区	缓冲区
限速	85%速度标准差(km/h)	22.4	11.9	19.9
	亿车公里事故率(次/亿车公里)	33.1	18.5	28.8
不限速	85%速度标准差(km/h)	34.7	13.9	22.8
	亿车公里事故率(次/亿车公里)	65.3	20.7	33.8

通过对表2.8对比分析:与不限速相比,限速情况下车速标准差和事故率明显降低。同时,两种情况下警告区、上游过渡区、缓冲区车速离散性变化趋势基本相同;当交通量较大,限速对于降低警告区内的车速离散性效果尤为显著。

综上所述得出结论:限速能够有效降低影响区内车速标准差,降低事故率,保证行车安全性。

2.5 速度值与运行效率的关系

速度值作为影响高速公路同行效率的重要影响因素,尤其是发生交通事件后,合理的运行速度对提高高速公路通行效率具有至关重要的作用。评价运行效率的指标主要有延误、排队长度、拥挤时间、消散时间等。由于本书的研究对象、研究范围、区域内交通流特点以及研究所采用的技术方法的局部性和特殊性,结合效率各评价指标的适用性,本书采用排队长度作为效率的评价指标研究警告区、过渡区和缓冲区内车辆运行速度对运行效率的影响。

1)排队长度与运行效率关系

高速公路产生排队是由于到达率大于离去率和"瓶颈"段通行能力降低,使得车队在"瓶颈"等特定路段产生车辆跟驰和换道等。排队是交通流状态变化产生的结果,排队长度越长,单个车辆的平均延误越大,路段的通行效率越低。因此,排队长度的大小可以从一定程度反映此"瓶颈"段的通行效率。

2)速度值对运行效率的影响分析

假设高速公路由于交通事件而封闭车道,形成"瓶颈"段,事件处理时间为 T_0;拥挤前上游需求量为 Q_1,平均速度为 v_1;事件发生段由于闭道通行能力下降为 C_2,缓慢运行平均速度为 v_2;下游疏散的通行能力为 C_3,加速行驶速度为 v_3。当集结波和消散波相遇时,集结波运行的距离即是最大的排队长度,设集结波和消散波相遇的时刻为 T,集结波速为 $w_{1,2}$,消散波速为 $w_{2,3}$;则根据两波传播的距离相等的关系,得到如下关系式:

$$w_{1,2} \times T = w_{2,3} \times (T - T_0) \tag{2.13}$$

由格林希尔茨(Greenshields)模型知:

$$k = k_j(1 - u \mid u_f) \tag{2.14}$$

由式(2.13)和式(2.14)得集结波和消散波速为:

$$w_{1,2} = \left|\frac{C_2 - Q_1}{k_2 - k_1}\right| = |v_1 + v_2 - u_f| \qquad w_{2,3} = \left|\frac{C_3 - C_2}{k_3 - k_2}\right| = |v_2 + v_3 - u_f| \tag{2.15}$$

式中:$w_{1,2}$——集结波波速,km/h;

$w_{2,3}$——消散波波速,km/h;

u_f——路段畅行速度,km/h。

则集结波和消散波相遇时刻 T 为:

$$T = \left|\frac{v_2 + v_3 - u_f}{v_3 - v_1}\right| \times T_0 \tag{2.16}$$

最大排队长度 X 为:

$$X = w_{2,3} \times (T - T_0) = \left|\frac{(v_1 + v_2 - u_f)(v_2 + v_3 - u_f)}{v_3 - v_1}\right| \times T_0 \tag{2.17}$$

假设在事件影响区内,车辆按照特定的限速值安全行车,即认为 v_2 和 v_3 为特定的限速值,则最大排队长度公式可简化为:

$$X = \left| \frac{b(v_1 + a)}{c - v_1} \right| \times T_0 \tag{2.18}$$

式中：a、b 和 c——不相等的常数；

v_1——正常行驶速度。

由式(2.18)可以看出，运行速度与排队长度存在以下关系，事件影响区内排队长度值以常数 c 为界，随着速度的增加，呈现先增大后减小的趋势，影响区内车辆的运行效率随着速度值改变而变化。即限制速度值能够改变整个事件影响区内的车辆通行效率。因此，限速能够有效改变整个路段的通行效率。

2.6 安全和效率因素分配原则

安全和效率因素作为高速公路行车所需考虑的两个重要因素，道路使用者一方面要求行车安全最大化，另一方面也想追求效率最大化。然而，在大多数情况下，选择安全最大化必定要放弃效率最高化。因此，本书根据研究对象的道路和交通条件对速度产生的影响程度不同，运用加权平均的方法将安全和效率两因素按照一定的原则进行分配，尽量使安全和效率因素达到一个最佳的平衡。

(1)平直路段，将效率和安全评价指标转化为无量纲值，采用内插方法，同一封闭形式下，随着交通量的增加，安全因素所占权重成线性增加；相同交通量下，封闭车道数越多，安全因素所占权重越大。

(2)长大下坡路段，将效率和安全评价指标转化为无量纲值，采用内插方法，交通量一定情况下，随着坡度增加，安全因素所占权重逐次增加，当坡度达到一定值后，只考虑安全因素；同一坡度情况下，随着交通量增加，安全因素所占权重逐次增加。

根据后面的研究，我们发现这样的一个规律，高速公路上发生交通事件后，在施工影响区内，随着交通量的增加，交通冲突次数逐渐增加，排队长度也逐渐增加，见图2.10；同时，随着影响区内速度的增大，交通冲突次数和排队长度的变化却呈现相反的趋势，交通冲突次数随着速度的提高逐渐增加，排队长度随着速度的提高，车辆的消散速度增快，排队长度逐渐减小，见图2.11。但在不同交通量状态下，随着速度的提高，冲突次数增加速度与排队长度的减小速度却不一样，交通量越大，随着事件影响区速度的增大，冲突次数的增加越快。

安全是人们出行考虑的首要因素，因此，对影响区进行限速首先考虑安全因素，根据冲突次数与交通量的关系，在交通量较大时，冲突次数较大，且冲突次数随速度变化的越明显。同时，运行效率也和交通量紧密相关，根据以上分析，我们得出以下安全与效率的分配原则：

(1)首先确定一个合理的交通量 Q，当实际中交通量 $Q_{实} \geq Q$ 时，冲突次数较大，超出人们可接受范围，我们仅考虑安全因素，此时选择的限速值使冲突次数最小。

(2)当 $Q_{实}<Q$ 时,冲突次数较小,确定限速值时要同时考虑安全与效率两个指标,将效率和安全评价指标转化为无量纲值,采用内插方法,对安全和效率条件下分别确定的最优限速值进行加权平均,确定安全与效率最优的限速值。

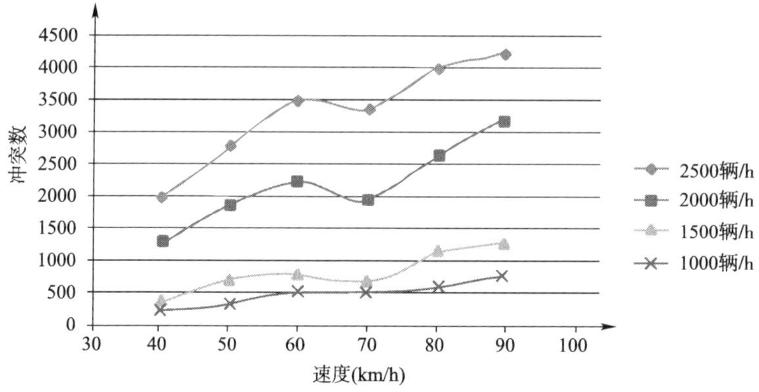

图 2.10　不同交通量在不同限速值下的冲突数变化示意图

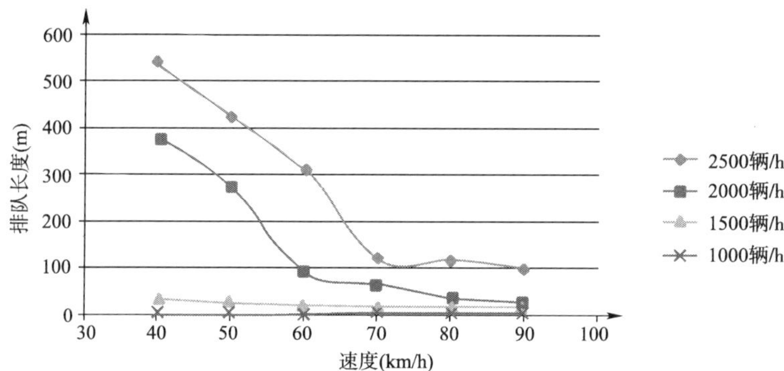

图 2.11　不同交通量在不同限速值下的排队长度变化示意图

3　交通事件下平直路段限速

高速公路平直路段一般在高速公中占据较高的比例，所以研究高速公路平直路段的限速问题就成了本书的核心问题。基于目前的高速公路一般为双向四车道以及未来扩建为双向八车道的趋势，将这两种形式的高速公路作为研究主体。

本章首先分析了交通事件下几种常见的交通组织形式，然后针对车流由于交通事件而产生不同程度的扰动，着重分析了交通事件下通行能力和变道特性等交通特性的变化，最后建立基于 Matlab 的元胞自动机微观仿真模型，对各种情况进行仿真模拟，最终得出理想的限速值。

3.1　交通事件下高速公路平直路段交通组织形式

3.1.1　高速公路双向四车道交通组织形式

双向四车道中，大型车辆主要靠外侧行驶，内侧车道一般作为高速车道使用。通常情况下，两条车道遵循共同的限速值，一般为最低 80km/h，最高 120km/h。在交通事件下，高速公路双向四车道的交通组织形式一般分为仅封闭一车道、封闭两车道利用对向车道和一侧全封闭禁止车辆通行三种情况。而最后一种一侧全封闭禁止车辆通行不存，故不在本书研究范围之内，且非紧急情况下，严禁在应急车道行驶或者停车，高速公路发生交通堵塞时，严禁占用应急车道，应急车道只能供故障车辆、救援车辆、警用车辆使用，违法占道将按照规定进行处罚，故也不考虑封闭内侧车道外侧车道和硬路肩通行。

1）封闭一车道

在平直路段中，两侧车道发生事件的概率均等，在仅封闭一车道的情况下，本书考虑如下两种组织形式，如图 3.1a）和图 3.1b）所示，由于这两种组织形式车辆的运行特征具有很强的相似性，都是在警告区进行降速，在上游过渡区进行合流，且封闭内侧车道时，影响区内小汽车的降速幅度较大，车速离散性比影响区内货车大，封闭内侧车道比封闭外侧车道要更加危险，故本书着重研究事件发生在内侧车道这一种情况，事件影响区内未采取限流，主要依靠限速来保障车流运行的交通组织形式，即图 3.1b）中的情况。

2）封闭两车道利用对向车道

当交通事件发生需封闭半幅路或封闭内侧车道排队较长时，可以考虑利用中央分隔带活动开口引导交通流的方向，从而改善事件区的车辆运行状况。采用此种方式应具备以下条件：

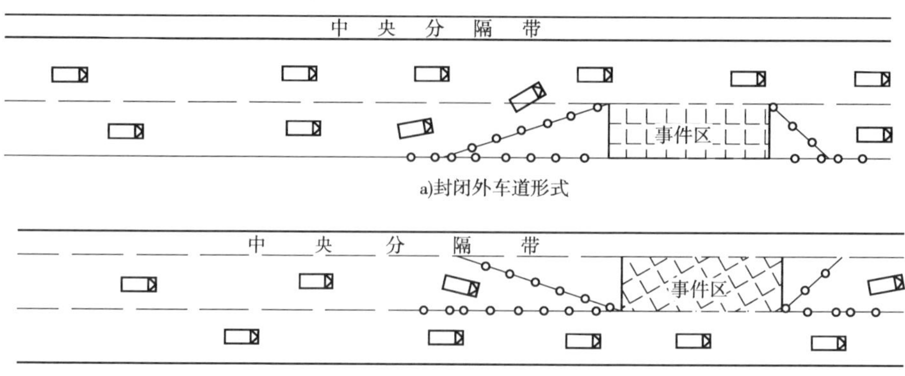

图 3.1 封闭车道形式

(1)事件发生区域覆盖半幅路或封闭靠中央分隔带的车道。

(2)本方向车辆排队现象严重。

(3)反方向车辆交通量不大,在封闭相应车道后不会造成严重延误。

在开口处的交通组织形式有两种,如图 3.2a)和图 3.2b)所示。

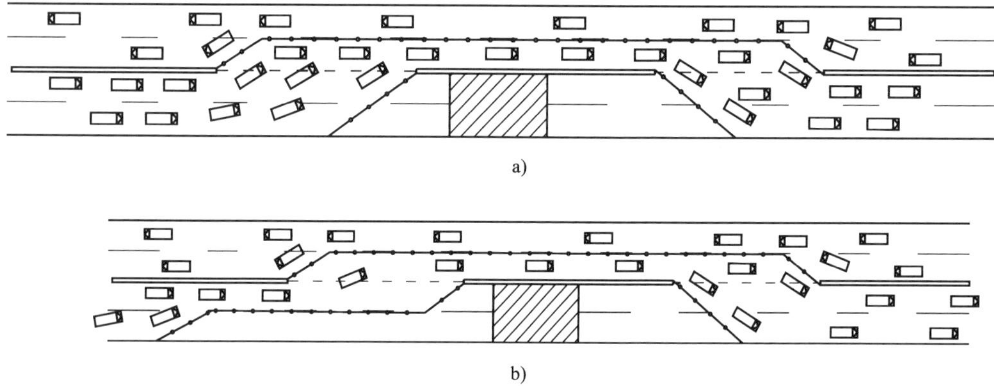

图 3.2 封闭两条车道利用对向车道形式

在这种交通组织形式下,限速已经不再作为预防事故的主要手段,其研究内容已经超出本书研究范围,将不再提及。

3.1.2 高速公路双向八车道交通组织形式

目前,双向八车道主要是在原有的双向四车道基础上改扩建而来,许多方面和双向四车道有着相同之处,但仍有很多方面有着独特之处。

双向八车道中,每车道的限速值不同,这里我们约定车道数序号最内侧为第 1 车道,最外侧为第 4 车道,小车主要行驶在内侧两条高速车道,即 1、2 车道上,大车主要行驶在外侧两条较低速车道,即 3、4 车道上。最外侧的应急车道在非紧急情况下禁止车辆驶入。

通常情况下，双向八车道同侧4条车道限速从左到右依次为：

小客车道：最高限速120km/h、最低限速110km/h；

小客车道：最高限速120km/h、最低限速90km/h；

客货车道：最高限速100km/h、最低限速80km/h；

客货车道：最高限速100km/h、最低限速60km/h；

应急车道：非紧急情况下，严禁在应急车道行驶或者停车。高速公路发生交通堵塞时，严禁占用应急车道，应急车道只能供故障车辆，救援车辆，警用车辆使用，违法占道将按照规定进行处罚。

通常情况下，大、小型货车，大客车只能在右侧两条车道上行驶，禁止占用小客车车道行驶。而事件情况下，依照事件大小影响的车道数不同，行驶规则可能发生一些变化，通常有以下几种常见的交通组织形式：

1）封闭中间两车道中的一条车道

封闭一条中间车道的交通组织形式通常有三种设置形式，如图3.3所示。

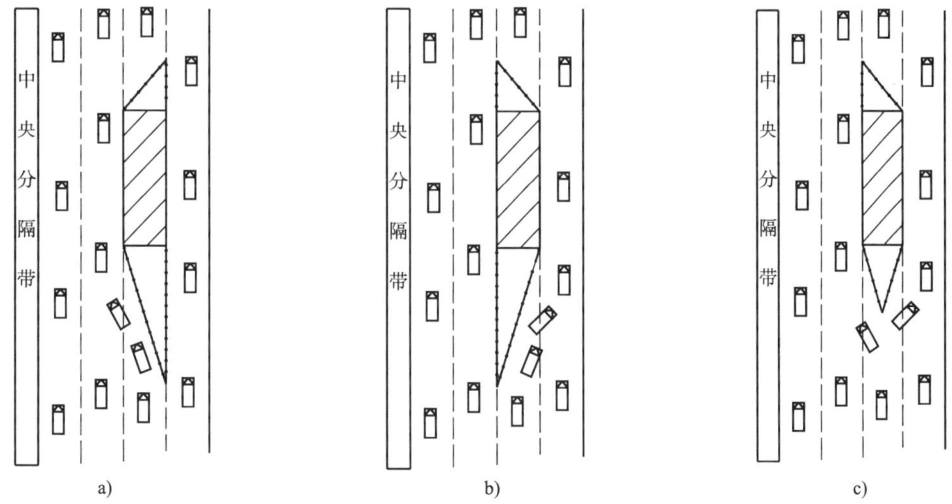

图3.3　封闭中间一条车道的三种组织形式

第一种组织形式利用上游过渡区的导向装置将封闭车道的车辆向两条紧邻车道上引导；第二种组织形式利用上游过渡区导向装置将封闭车道的车辆向仅有一条车道的方向引导；第三种组织形式是采用双导向的过渡区，可将封闭车道的车辆引向左右两侧车道。第 、第二种组织形式的情况和双向四车道封闭一车道情况类似，限速值的研究可以借鉴双向四车道，第三种组织形式较少出现，故不做讨论。

2）封闭中间两条车道

封闭中间两条车道时，考虑车辆合流之前在各个车道上均匀分布，中间车道上的车辆可以向左右两侧车道合流。这种情况是八车道所特有的、在一般的双向四车道高速公路上不会采取的交通组织形式，故将这种情况作为研究高速公路双向八车道在交通事件下的特例进行深入研究，见图3.4。

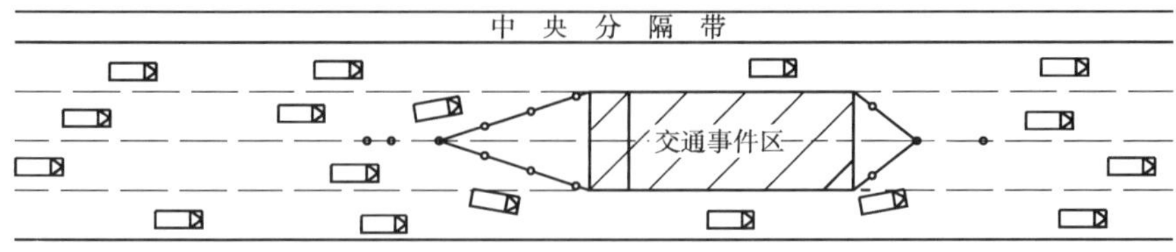

图3.4 封闭中间两条车道组织形式示意图

3）封闭外侧两条车道

封闭外侧两车道的组织形式是一种常见的交通组织形式，在这种组织形式下，八车道中的3、4车道封闭，低速车辆经由高速车道驶过交通事件区。此种形式的示意图如图3.5所示。

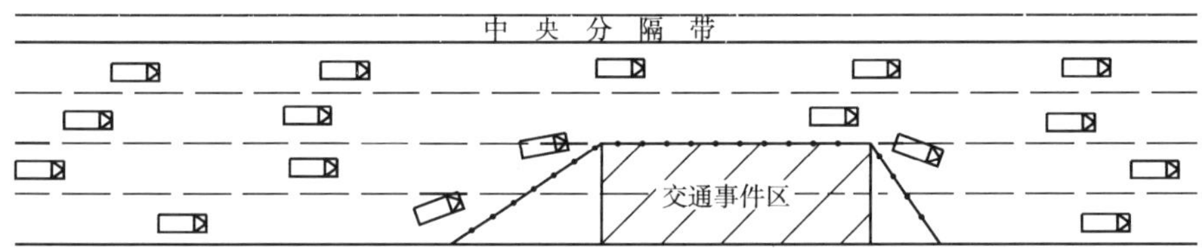

图3.5 封闭外侧两条车道示意图

4）封闭紧邻的三条车道

在封闭三车道此种交通组织形式下，仅开放一条车道，道路通行能力大大折减，所以采取此种交通组织形式会大大降低道路通行效率，是发生重大事故但又不能全面封闭高速公路而不得已采取的交通组织形式。

在这种交通组织形式下，限速已经不再作为预防事故的主要手段，其研究内容已经超出本课题研究范围，将不再提及。

通常采用将封闭车道车流分多次合流和分流的交通组织形式，如图3.6所示。

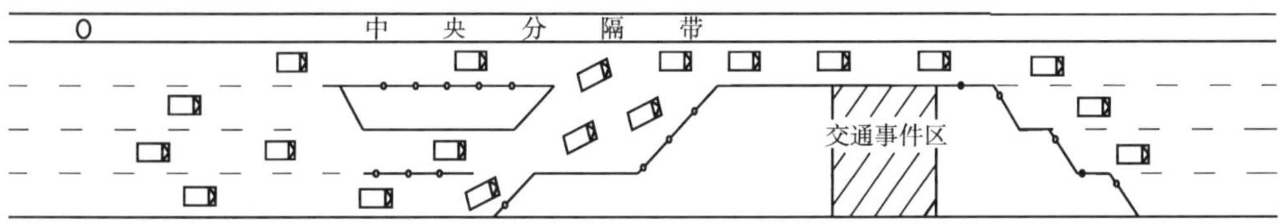

图3.6 封闭三条车道交通组织形式示意图

5）全封闭利用对向车道

此种组织形式是将四车道交通流首相两两合流而后再合流到一条车道，最后将合流后的车辆利用活动护栏开口过渡到对向车道，再在事件结束后，在活动开口处将车流过渡回顺向车道。

在这种交通组织形式下，由于通行能力、服务水平的大大降低，限速已经不能再作为

预防事故的主要手段，其研究内容已经超出本书研究范围，将不再提及。

此种交通组织形式是发生重大或特大交通事故采取的常见的一种交通组织形式，如图 3.7 所示。

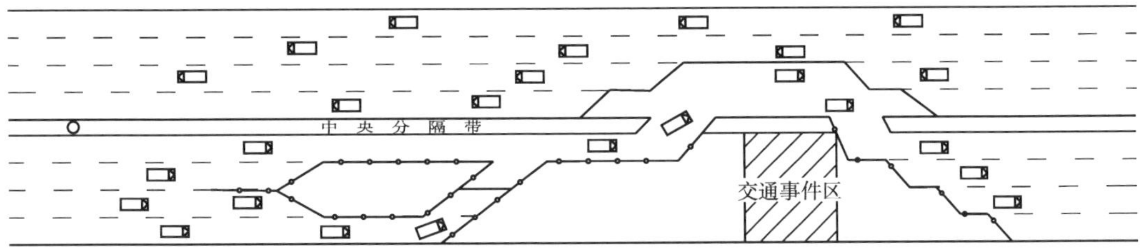

图 3.7 全封闭利用对向车道交通组织形式示意图

3.2 交通事件下平直路段交通特性分析

在交通事件下，交通流受到不同程度影响，路段的交通特性呈现出不同于常态的交通特性。本节着重对通行能力的变化，合流区车辆变道特性，车辆换道的安全间隙等方面进行分析，为接下来进一步研究的仿真模型参数与仿真方案的建立提供理论依据和分析基础。

通过对合流区车辆变道特性分析，根据换道意图产生的原因和紧迫性，把车辆的换道需求分为三种状态：强制换道、期望换道和不需要换道，建立车辆变道安全距离模型，分别表示出车辆换道过程中车辆的纵向加速度、横向速度、纵向位移、横向加速度、横向位置，分别求得换道车辆与前后车产生影响的时刻，并表示出最小纵向安全距离的算法。通过对车辆换道安全间隙的分析，分别表示出换道车辆与目标车道前后车产生影响时的速度关系以及最小安全距离，为元胞自动机模型速度效应规则、双车道换道规则的分析界定换道条件。

3.2.1 交通事件下通行能力

交通事件发生在平直路段时，由于部分道路的堵塞，会影响其通行能力，而剩余通行能力的大小将影响着车辆的最大通行量，所以应对交通事件下平直路段通行能力进行分析估计。

由于高速公路是全部控制出入、全立交的，因此，受路侧干扰的影响较小，故影响平直路段通行能力的主要因素为道路条件和交通条件。具体来说，包括道路几何条件（车道宽、侧向净空和坡度）、交通组成（大小车比）。而在平直路段，道路纵坡坡度一般较小，因此，不考虑其坡度影响。

未发生交通事件下实际的通行能力为：

$$C_{实} = C_B \cdot f_W \cdot f_{HW} \cdot f_{HV} \tag{3.1}$$

式中：$C_{实}$——未发生交通事件下实际的通行能力，辆/h；

C_B——基本通行能力，辆/h；

f_W ——车道宽度修正系数,如表 3.1 所示;

f_{HW} ——侧向净空修正系数,如表 3.2 所示;

f_{HV} ——大型车修正系数。

高速公路行车道宽度对通行能力的修正系数 f_W 表 3.1

设计速度(km/h)	通行能力修正系数	
	车道宽 3.75m	车道宽 3.5m
120	1.0	0.98
100	1.0	0.97
80	1.0	0.97
60	1.0	0.97

侧向净空对通行能力的修正系数 f_{HW} 表 3.2

通行能力修正系数				
左侧路缘带宽(m)		右侧路肩宽(m)		
0.25	0.5	1.0	1.5	2.0
0.98	0.99	0.98	0.99	1.00

大型车修正系数 f_{HV} 可按大车所占比例按下式计算:

$$f_{HV} = \frac{1}{1 + P_{HV}(E_{HV} - 1)} \tag{3.2}$$

式中:P_{HV} ——大型车占总交通量的百分比;

E_{HV} ——大型车换算成小客车的车辆换算系数,见表 3.3。

高速公路车辆换算系数 E_{HV} 表 3.3

车型	平原微丘	重丘	山岭
大型车	1.7	2.5	3.0
小客车	1.0	1.0	1.0

在确定未发生交通事件下的可能通行能力行后,下一步应对交通事件对通行能力的影响进行分析研究。对于高速公路的一般路段在交通事件下通行能力折减问题,美国《通行能力手册》(HCM2000)进行了研究,确定的交通事件下的剩余可利用通行力比例,如表 3.4 所示。

交通事件下可利用通行能力比例 表 3.4

高速公路单向车道路	堵塞一车道	堵塞二车道	堵塞三车道
2	0.35	0	—
3	0.49	0.17	0
4	0.58	0.25	0.13

则事件区的通行能力为：

$$C_a = C_{实} f \tag{3.3}$$

式中：C_a——事件区实际通行能力，辆/h；

$C_{实}$——未发生交通事件的路段实际通行能力，辆/h；

f——交通事件下通行能力可利用比例。

3.2.2 合流区车辆变道特性分析

车辆在行驶过程中，交通流状况、道路条件和交通管理控制等都在不断变化，就会产生换道需求。根据换道意图产生的原因和紧迫性，一般把车辆的换道需求分为三种状态：强制换道、期望换道和不需要换道。

强制性换道是指车辆必须在到达下游某一关键点之前完成其换道行为，不换道就无法完成出行目的；期望换道一般是为了追求更快的速度和自由度，满足驾驶的舒适性、经济性而发生的换道行为。与"强制性换道"不同的是，即使车辆不换道也能达到其驾驶目的，因此，换道不是必需的。不需要换道就是在当前的交通状况下满足于当前的驾驶状态，并且按当前的车道行驶可以有效地到达驾驶目的地。

在交通事件影响下，管理人员采取管理措施之后，当驾驶人未发现换道指示牌时，是为追求更快的速度而进行的换道，即期望换道，在这一过程内，当目标车道两车的间隙满足安全条件，且车辆换道后能更加快地行驶，则车辆将以一定的概率进行换道；当驾驶人发现换道指示牌后，车辆进行的是强制换道，驾驶人开始考虑换道，目标车道出现安全间隙时，车辆换道，当目标车道不满足安全条件时，车辆将一定的概率进行换道，目标车道后车减速以配合换道，且随着车辆行驶距离的增加，车辆换道的需求将会越大，在合流区末端时需求最大。

建立车辆变道的安全距离模型如图 3.8 所示。

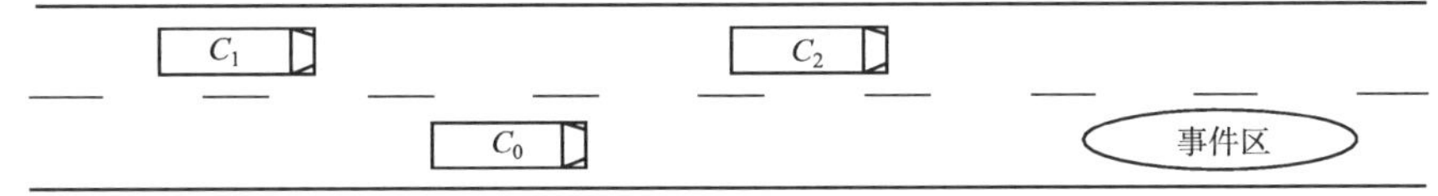

图 3.8 车辆换道示意图

建立如车辆换道坐标系，a_{xi}、v_{xi}、x_i、a_{yi}、v_{yi}、y_i 分别代表车辆纵向加速度、纵向速度、纵向位置、横向加速段、横向速度、横向位置，其中，$i \in \{C_0, C_1, C_2\}$，且 x_i、y_i 指 i 车辆的右上角。

车辆在换道过程中，横向加速度可用下式表示：

$$a_{yi}(t) = \begin{cases} \dfrac{2\pi D}{t_c^2}\sin\dfrac{2\pi t}{t_c} & (0 \leqslant t \leqslant t_c) \\ 0 & (t < 0 \text{ 或 } t > t_c) \end{cases} \tag{3.4}$$

积分后可得车辆换道过程的横向速度和位移：

$$v_{yi}(t)=\begin{cases}-\dfrac{D}{t_c}\cos\dfrac{2\pi t}{t_c}+\dfrac{D}{t_c} & (0\leqslant t\leqslant t_c)\\ 0 & (t<0\text{或}t>t_c)\end{cases}\tag{3.5}$$

$$y(t)=\begin{cases}D & (t>t_c)\\ -\dfrac{D}{2\pi}\sin\dfrac{2\pi t}{t_c}+\dfrac{Dt}{t_c} & (0\leqslant t\leqslant t_c)\\ 0 & (t<0)\end{cases}\tag{3.6}$$

式中：D——车辆变道所需的位移，一般可认为是车道宽；

t_c——车辆变道所需时间，一般为3s。

另一方面，汽车在变换车道过程中，横向加速度来自行进方向加速度的横向分量。设t时刻汽车行进轨迹切线方向与道路纵向的夹角为$\theta(t)$，则有：

$$\tan[\theta(t)]=\frac{\partial y(t)}{\partial x(t)}=\frac{\partial y(t)/\partial t}{\partial x(t)/\partial t}=\frac{v_y(t)}{v_x(t)}\tag{3.7}$$

在得出车辆右上角点的情况下，可求其与其他点的关系：

$$y_{iP_2}=y_{iP_1}-L_i\sin\theta\tag{3.8}$$

$$y_{iP_3}=y_{iP_1}-L_i\sin\theta-w_i\cos\theta\tag{3.9}$$

$$y_{iP_4}=y_{iP_1}-w_i\cos\theta\tag{3.10}$$

式中：L——车辆长度；

w——车辆宽度；

θ——车辆对称轴和x轴的夹角。

(1)C_0车C_2车之间的最小纵向安全距离。

当C_0车开始可能与C_2车产生影响时(图3.9)，其横向位移满足：

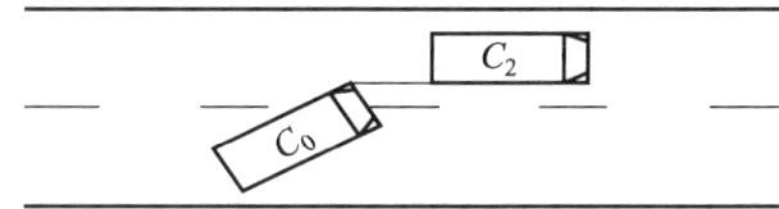

图3.9　C_0车开始可能与C_2车产生影响时的空间图

$$y(t_2)=-\frac{D}{2\pi}\sin\frac{2\pi t_2}{t_c}+\frac{Dt_2}{t_c}=D-w_{C_2}\tag{3.11}$$

可求得在C_0车开始可能与C_2车产生影响时的时刻t_2。C_0车换道时，其可能与目标车道C_2车发生斜向碰撞和追尾碰撞，为保证C_0车不与C_2发生碰撞，应满足如下条件：

$$S_2(0)\geqslant S_{C_0}-S_{C_2}+w_{C_0}\sin\theta+l_{C_2}+l_{安}\quad t\in[t_2,t_c]\tag{3.12}$$

式中：$S_2(0)$——换道开始时C_0车车头与C_2车车头之间的纵向距离；

S_{C_0}、S_{C_2}——在t时间内，C_0车、C_2车行驶的纵向距离；

$l_{安}$——车辆间需要保持的最小安全距离。

(2)C_0车C_1车之间的最小纵向安全距离。

当C_0车开始可能与C_1车产生影响时(图3.10)，其横向位移满足：

$$y(t_2) = -\frac{D}{2\pi}\sin\frac{2\pi t_1}{t_c} + \frac{Dt_1}{t_c} - L_{C_0}\sin\theta = D - w_{C_0} \tag{3.13}$$

可求得在 C_0 车开始可能与 C_1 车产生影响时的时刻 t_1。C_0 车换道时,其可能与目标车道 C_1 车发生斜向碰撞和追尾碰撞,为保证 C_0 车不与 C_1 发生碰撞,应满足如下条件:

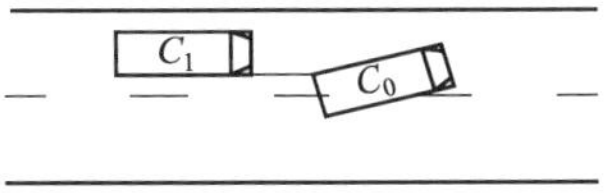

$$S_1(0) \geqslant S_{C_1} - S_{C_0} + l_{C_0}\cos\theta + l_{安} \quad t \in [t_1, t_c] \tag{3.14}$$

图 3.10　C_0 车开始可能与 C_1 车产生影响时的空间图

式中:$S_1(0)$ ——换道开始时 C_0 车车头与 C_1 车车头之间的纵向距离;

S_{C_0} 、S_{C_1} ——在 t 时间内, C_0 车、C_1 车行驶的纵向距离。

3.2.3　车辆换道安全间隙分析

1)换道车辆与目标车道前车最小距离

对于与前车的距离 $S_2(0)$,保证在换道过程中会相互影响时出现的最小距离大于最小相对安全距离即可。

换道所需最小安全距离为:

$$\min\{S_2(0)\} = \min\{S_{C_0} - S_{C_2} + w_{C_0}\sin\theta + l_{C_2} + l_{安}\} \tag{3.15}$$

当 $v_{C_0} \leqslant v_{C_2}$ 时, C_0 车刚会对 C_2 车有影响,即 t_2 时刻两车距离最小。

$$S_2(0) = (v_{C_0} - v_{C_2})t_2 + w_{C_0}\sin\theta + l_{C_2} + t_{反} v_{C_0} = (t_2 + t_{反})v_{C_0} - v_{C_2}t_2 + w_{C_0}\sin\theta + l_{C_2}$$

当 $v_{C_0} > v_{C_2}$ 时, C_0 车换道后,与 C_2 车距离最小,即 t_c 时刻两车距离最小。

$$S_2(0) = (v_{C_0} - v_{C_2})t_c + w_{C_0}\sin\theta + l_{C_2} + t_{反} v_{C_0} = (t_c + t_{反})v_{C_0} - v_{C_2}t_c + w_{C_0}\sin\theta + l_{C_2}$$

即换道车与目标车道前车最小安全距离为:

$$S_2(0) = \begin{cases} (t_2 + t_{反})v_{C_0} - v_{C_2}t_2 + w_{C_0}\sin\theta + l_{C_2} & (v_{C_0} \leqslant v_{C_2}) \\ (t_c + t_{反})v_{C_0} - v_{C_2}t_c + w_{C_0}\sin\theta + l_{C_2} & (v_{C_0} > v_{C_2}) \end{cases} \tag{3.16}$$

式中:t_2——C_0对 C_2车产生影响的时间,s;

其他符号意义同前。

2)换道车辆与目标车道后车最小距离

对于与前车的距离 $S_1(0)$,同 $S_2(0)$ 相似,保证在换道过程中会相互影响时出现的最小距离大于最小相对安全距离即可认为换道安全。

换道所需最小安全距离为:

$$\min\{S_1(0)\} = \min\{S_{C_1} - S_{C_0} + l_{C_0}\cos\theta + l_{安}\} \tag{3.17}$$

当 $v_{C_0} > v_{C_1}$ 时, C_0 车刚会对 C_1 车有影响,即 t_1 时刻两车距离最小。

$$S_1(0) = (v_{C_1} - v_{C_0})t_1 + l_{C_0}\cos\theta + v_{C_1}t_{反} = (t_1 + t_{反})v_{C_1} - v_{C_0}t_1 + l_{C_0}\cos\theta$$

当 $v_{C_0} \leqslant v_{C_2}$ 时, C_0 车换道后,与 C_1 车距离最小,即 t_c 时刻两车距离最小。

$$S_1(0) = (v_{C_1} - v_{C_0})t_c + l_{C_0}\cos\theta + v_{C_1}t_{反} = (t_c + t_{反})v_{C_1} - v_{C_0}t_c + l_{C_0}\cos\theta$$

即换道车与目标车道后车最小安全距离为:

$$S_1(0)=\begin{cases}(t_1+t_{反})v_{C_1}-v_{C_0}t_1+l_{C_0}\cos\theta & (v_{C_0}>v_{C_1})\\(t_c+t_{反})v_{C_1}-v_{C_0}t_c+l_{C_0}\cos\theta & (v_{C_0}\leqslant v_{C_1})\end{cases} \tag{3.18}$$

式中符号意义同前。

3.3 基于 Matlab 的元胞自动机仿真模型确定

元胞自动机模型具有时空离散性,适用于研究复杂空间系统的时空动态。交通元素从本质上来说也是离散的,而元胞自动机又是一个完全离散化的模型,所以用元胞自动机模型来研究交通问题具有其独特的优越性。该模型能够仿真当前方发生交通拥堵时,车辆较为平顺的减速。交通冲突数与车速标准差也可以通过元胞自动机模型运用 Matlab 软件仿真得到。本节结合目前八车道建设的实际成果和前文的分析,将换道和追尾冲突相加的冲突数作为安全指标,排队长度作为运行效率指标,通过元胞自动机模型,运用 Matlab 软件仿真得到,因此,与传统的交通微观仿真模型相比较,元胞自动机具有以下优点:该模型较为简单,且能够在计算机上进行操作。

(1)能揭示出交通流的非线性行为。

(2)时空及状态变量均是离散的,计算机可实现元胞状态进行并行局部的更新。因而,可以高速地在计算机上对进行并行数值进行模拟。

(3)元胞自动机模型具有极大的灵活性,可以考虑各种真实交通条件的影响。

鉴于以上各种优点,本节选用元胞自动机模型对各个路段交通事件下的交通流进行微观模拟,并给出合理的限速值。

3.3.1 元胞自动机基本原理

元胞自动机(Cellular Automata,简写为 CA)是冯·诺依曼在 20 世纪 50 年代研究自我复制的自动机器时提出的。元胞自动机模拟交通系统的基本思想是:在整个交通网络中,每条道路被分成有限的元胞,一辆机动车可占用一个元胞,在每个时间步,通过使用简单的规则集,可以把车辆从一个元胞移到另一个元胞处,即实现了机动车的运行状态的变化,因而从整体上可以模拟出交通系统中交通流的变化特性。

经典的元胞自动机原理如图 3.11 所示。元胞长度为 7.5m,宽 1m。虽然形式上在仿真软件中,车道仍以两条线段相夹来表示,但在实际的程序处理过程中,车道代表的是这两条线段所包含的网格,车道的走向,也就是网格序号递增的方向,车速用车辆每秒驶过的网格点速表示,由于仿真步通常取 1s,所以为了与实际相符,元胞宽度取 1m 是为了简化表示车辆换道所需时间,在程序处理上也可以更简便,并非车辆实际所占有车道宽度仅为 1m。

车道的网格处理可为车辆运行时判断本车道前方道路状况,相邻车道状况提供便利,即判断搜索网格状态为 1(被其他车辆占据)或 0(空)。每一车道(Lane)所包含:车道

序号(LaneIndex),网格(元胞)。

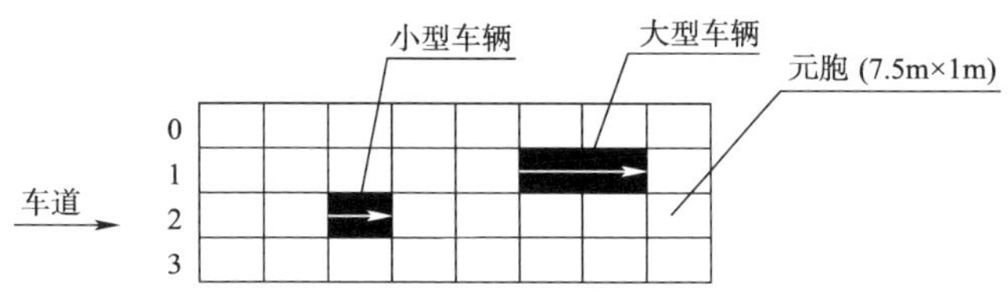

图 3.11 经典元胞自动机

3.3.2 模型规则确定

1)单车道跟车规则

经典的 NaSch 模型中用车辆的确定性加速、确定性减速、随机减速、位置更新四个步骤描述了单车道车辆跟驰行驶的基本现象。

NaSch 模型的演化规则是:

(1)确定性加速,即 $v_i = \min(v_i + 1, v_{max})$ 。

(2)确定性减速,即 $v_i = \min(v_i - 1, d)$ 。

(3)随机减速,即 $v_i = \text{randslow}(v_i)$。

(4)位置更新,即 $v_{1,i} = 0; v_{2,i} = 1$ 。

2)速度效应规则

在传统模型中,有一个共同特征,在 $t \to t+1$ 的时间步中,车辆速度更新规则只考虑了同时刻两车的距离,而没有记入前车运动的影响,即都把前车作为静止的粒子处理。这造成车辆时间车头距大于等于 1s,然而,比较分析普遍元胞自动机模型演化规则与实测驾驶行为,尤其是在自由流状态下,实测数据显示,小于 1s 的车头时距是存在的。因此,在实际车辆运行过程中,会考虑到前车运动的影响。车辆的速度不仅取决于当前车头间距,还与前车的速度有关,车辆以大于车头间距的速度行驶也能够保证安全。

同 Nasch 模型相比,对减速条件做了改进,加入了前车速度可能的影响。将减速步改为:

$$v_n \to \min(v_n, d_n + v'_{n+1})$$

式中:v'_{n+1}——$n+1$ 车在 $t \to t+1$ 时间步里的虚拟速度。

v'_{n+1}按 Nasch 模型在 $t \to t+1$ 时间步的并行更新规则,并考虑可能的随机延迟效应确定,使其变为已知时刻 t 上的显示表示形式如下式所示:

$$v'_{n+1} = \min[v_{max} - 1, v_{n+1}, \max(0, d_{n+1} - 1)]$$

该变量代表了前车在计入随机慢化效应后,按 Nasch 模型演化规则所能得到的最小可能速度。该式一方面考虑了前车的速度效应,另一方面又可确保在模型的更新过程中不会发生撞车。如果 $v'_{n+1} = 0$,那么 VE 模型就退化为了 Nasch 模型。VE 模型在确定性条件下($p = 0$),还能够得到亚稳态和回滞现象。

3)双车道换道规则

由于交通事件影响下车道通行受阻,因此,采用如下车辆换道规则。

规则一:换道需求规则,对比当前车道车辆与前一辆车的速度与距离差值,确定当前车辆是否产生换道需求,即 $\Delta d \leqslant \Delta v \cdot t$。

规则二:对比当前车道的车辆邻侧是否有另一辆车行驶在同一条车道上,即 $r_{2,i} = 0$ 或 $r_{2,i} = 1$ 。

规则三:对比超车车道相应位置前方是否有合适的空间满足超车条件,即 $\Delta d_{2前} \geqslant v_{1,i}$。

规则四:对比当前车辆邻侧车道是否有足够的空间进入到邻侧车道而不会与后面的车辆发生碰撞,即 $\Delta d_{2后} \geqslant v_{2,i-j}$ 。

规则五:随机换道规则,当前车以一定的概率 p 随机换车道,即 $p_{\mathrm{random}} > p_0$ 。

规则六:强制变道规则,仅在上游过渡区适用,车辆在上述规则的临界条件下也会采取换道行为,此时,邻车道后车将会采取减速措施,以免发生碰撞。即 $\Delta d_{2前} = v_{1,i}$ 且 $\Delta d_{2后} = v_{2,i-j}$ 同时满足,于是 $v_{1,i} = 0$; $v_{2,i} = 1$; $v_{2,i-j} = v_{2,i-j} - 1$ 。

3.3.3 元胞自动机仿真微观模型

根据3.2中交通特性分析以及3.3.2中的规则,制订出适合本课题的元胞自动机仿真模型。

仿真的实际路段长度为3km,基本元胞长度为2.78m,宽度为1m,仿真格点数为1080个元胞,仿真时间步为1s,小车占用2个元胞格点,大车占用4个元胞格点,大小车车速采用3.1中对应情况的车速控制即双向四车道中小车最大车速为120km/h,大车最大车速为100km/h,双向八车道中按车道控制车速。图3.12即是本书使用Matlab制订仿真模型时的仿真界面。

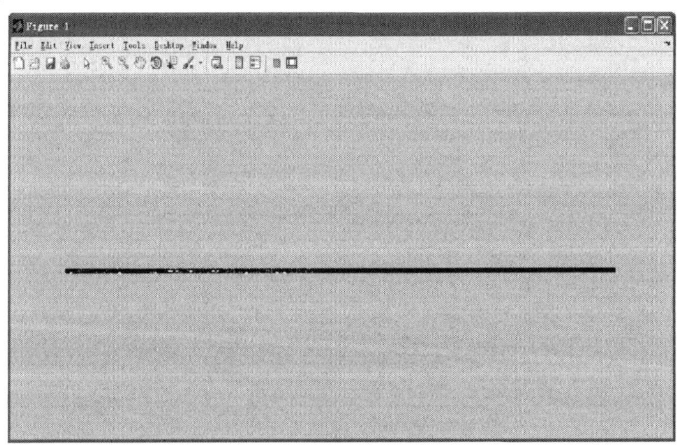

图3.12 元胞自动机仿真界面

模型中选取冲突数,排队长度三项指标作为评价限速值的标准,根据仿真结果综合分析三项指标,选取最优限速值。

3.4 双向四车道限速值确定

3.4.1 仿真结果

本书将换道冲突和追尾冲突相加合并为冲突数,作为安全指标,取排队长度为运行效率的主要指标。在双向四车道中,结合实际情况,仿真中选取4组交通量,分别为1000辆/h、1500辆/h、2000辆/h、2500辆/h,在实际运行中足够代表道路由不拥堵到拥堵的各种情况。

3.4.2 仿真结果分析

分析图3.13和图3.14,可以得出如下结论:

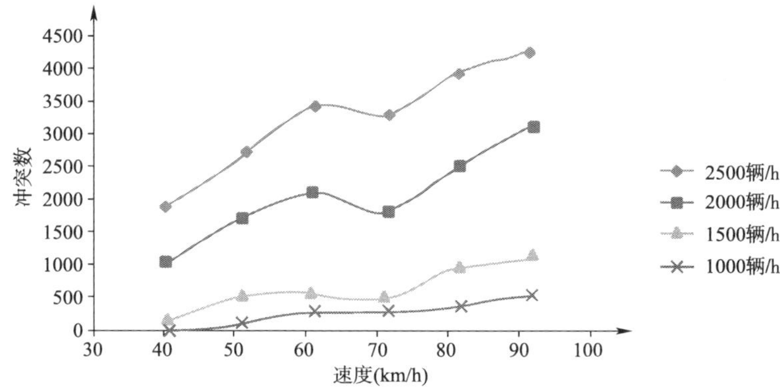

图3.13 不同交通量在不同限速值下的冲突数变化示意图

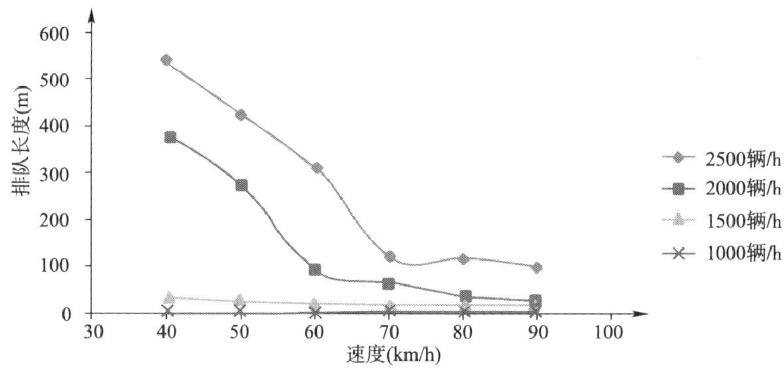

图3.14 不同交通量在不同限速值下的排队长度变化示意图

(1)限速措施可以降低冲突数。例如,在图3.11中,交通量为2000辆/h时,冲突数随着限速大小的降低而降低。

(2)排队长度随着限速值的减小而迅速地增加。从图3.12可以看出,当交通量为2000辆/h时,限速值的减小导致了排队长度迅速增加。

(3)根据Matlab的仿真结果以及上述的分析可以得出,当交通较大时,应主要考虑安全指标即主要考虑在较低冲突数时对应的限速值，当交通量较小时，应从安全与效率两方面考虑，从第 2 章的分析可知，两者存在着一个加权平均后的最优值。

由图 3.13 可以看出，在交通量 $Q \geqslant 2000$ 辆/h 时，冲突数远大于交通量 $Q = 1500$ 辆/h 时，且冲突数随限速值的提高而急剧增加，此时可认为交通量 $Q \geqslant 2000$ 辆/h 时，交通冲突数超过了人们可接受水平，可将合理交通量 Q 确定为 2000 辆/h，当超过此交通量时，确定限速值时只考虑安全因素，将冲突次数降到最低，根据图 3.11，可以确定实际交通量 $Q \geqslant 2000$ 辆/h，发生交通事故时，限速值取 40km/h。

当实际交通量 $Q < 2000$ 辆/h 时，此时需要同时考虑安全与效率两个因素，以交通量 $Q = 1500$ 辆/h 为例，先对交通量 $Q = 1500$ 辆/h 在不同限速值下的冲突数和排队长度进行无量纲处理，处理公式为 $x' = \dfrac{x - x_{min}}{x_{max} - x_{min}}$，处理结果如表 3.5 和表 3.6 所示。

交通量 $Q = 1500$ 辆/h 在不同限速值下的冲突数无量纲处理 表 3.5

x	350	720	800	710	1100	1300
x'	0	0.3894	0.4736	0.3789	0.7894	1

交通量 $Q = 1500$ 辆/h 在不同限速值下的排队长度无量纲处理 表 3.6

x	40	33	30	24	24	25
x'	1	0.5625	0.375	0	0	0.0625

对两组数据进行拟合，确定冲突数和排队长度随速度变化的灵敏度（即斜率），如图 3.15和图 3.16 所示。

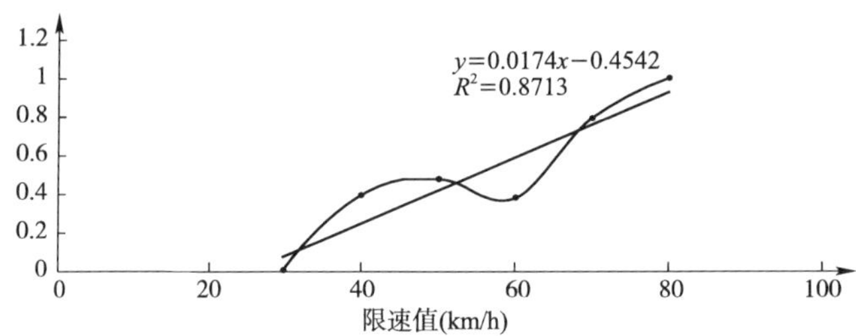

图 3.15 交通量 $Q = 1500$ 辆/h 条件下不同限速值下的冲突数变化示意图

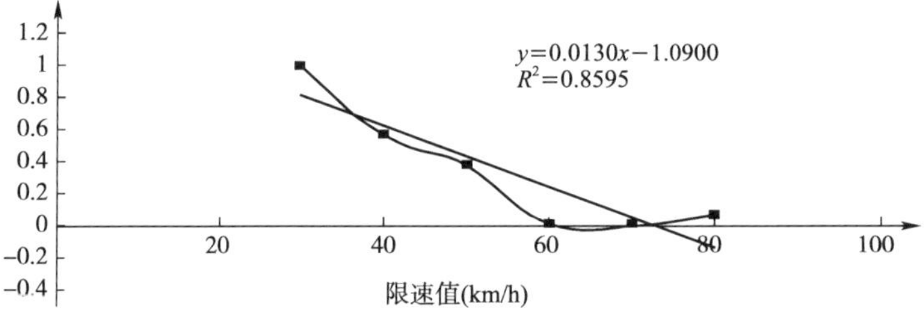

图 3.16 交通量 $Q = 1500$ 辆/h 条件下不同限速值下的排队长度变化示意图

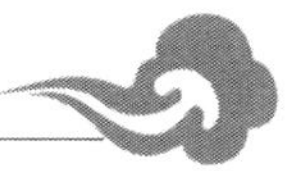

由图3.15和图3.16可以得到，冲突数变化斜率 $k_1=0.0174$ 和排队长度变化斜率 $k_2=0.0130$，对两者进行叠加，求出安全与效率的权重。

$$K_1'=k_1/(k_1+k_2)=0.0174/(0.0174+0.0130)=0.5724$$

$$K_2'=k_2/(k_1+k_2)=0.0130/(0.0174+0.0130)=0.4276$$

根据图3.15和图3.16可以分别确定安全和效率的最优限速值 $v_{安}=40\text{km/h}$，$v_{效}=70\text{km/h}$，此时，可确定安全与效率最优限速值

$$v=K_{安}\cdot v_{安}+K_{效}\cdot v_{效}=0.5724\times40+0.4276\times70\approx50\text{km/h}$$

因此，可以确定，在交通量 $Q=1500$ 辆/h 时，基于安全与效率确定的限速值 $v=50\text{km/h}$，此时，可使安全与效率达到最优。

根据上面的分析，可得到不同交通条件下推荐限速值，如表3.7所示。

各交通量大小情况下推荐限速值　　表3.7

交通量（辆/h）	1000	1500	2000	2500
限速值（km/h）	60	50	40	40

3.5　双向八车道限速值确定

八车道在正常情况下是分车道分车型限速，在3.1.2中已经做出说明，而在事件条件下，特别是在交通事故的情况，由于准备时间和道路资源情况，只能采取按车型限速的方法。

八车道的交通组织形式与四车道有相似之处，在3.1中也已说明，此次仿真主要针对仅封闭中央两车道的交通组织形式和封闭外侧两车道的交通组织形式。

3.5.1　八车道换道规则

相对于双向四车道而言，八车道的交通量、大小车比例、通行能力等参数均有较大不同，故需结合实际制定八车道的换道规则。

规则一：换道需求规则，对比当前车道车辆与前一辆车的速度与距离差值，确定当前车辆是否产生换道需求，即 $\Delta d\leqslant\Delta v\cdot t$。

规则二：对比当前车道的车辆邻侧是否有另一辆车行驶在同一条车道上，即 $r_{2,i}=0$ 或 $r_{2,i}=1$。

规则三：对比超车车道相应位置前方是否有合适的空间满足超车条件，即 $\Delta d_{2前}\geqslant v_{1,i}$。

规则四：对比当前车辆邻侧车道是否有足够的空间进入到邻侧车道而不会与后面的车辆发生碰撞，即 $\Delta d_{2后}\geqslant v_{2,i-j}$。

规则五：随机换道规则，当前车以一定的概率 p 随机换车道，即 $p_{\text{random}}>p_0$。

规则六：强制变道规则，仅在上游过渡区适用，车辆在上述规则的临界条件下也会采取换道行为，此时，邻车道后车将会采取减速措施，以免发生碰撞。即 $\Delta d_{2前}=v_{1,i}$ 且

$\Delta d_{2后} = v_{2,i-j}$ 同时满足，于是 $v_{1,i} = 0$；$v_{2,i} = 1$；$v_{2,i-j} = v_{2,i-j} - 1$。

规则七：选择有利车道规则，由于双向八车道车辆可以允许选择的车道增多，当发生交通事件时，特别是进入上游过渡区后，可能临时允许大型车驶入高速车道，到事故结束点再恢复为常规规则运行。因此，车辆在交通事件下会选择有利车道通行。

当左侧车道为事件车道且 $d_{2L} > d_{2R} \times 1.5$ 时，车辆才会产生向左侧车道换道的需求，否则，往右侧车道换道。

当右侧车道为事件车道且 $d_{2R} > d_{2L} \times 1.5$ 时，车辆才会产生向右侧车道换道的需求，否则，往左侧车道换道。

3.5.2 仿真结果

结合目前八车道建设的实际成果和前文的分析，仍然将换道和追尾冲突相加的冲突数作为安全指标，选取排队长度作为运行效率指标，选取了 2000 辆/h、3000 辆/h、4000 辆/h、5000 辆/h 四组交通量代表由非拥堵到拥堵的四个阶段。

1）封闭中央两车道

八车道限速值与冲突数及排队长度的关系分别如图 3.17 和图 3.18 所示。

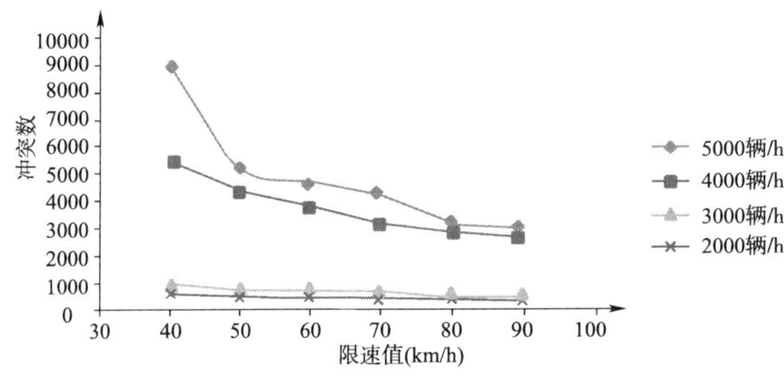

图 3.17　八车道限速值与冲突数的关系

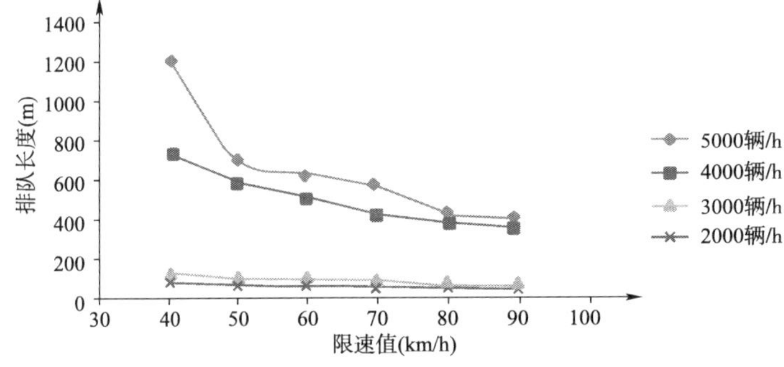

图 3.18　八车道限速值与排队长度的关系

2)封闭外侧两车道

八车道限速值与冲突数及与排队长度的关系分别如图 3.19 和图 3.20 所示。

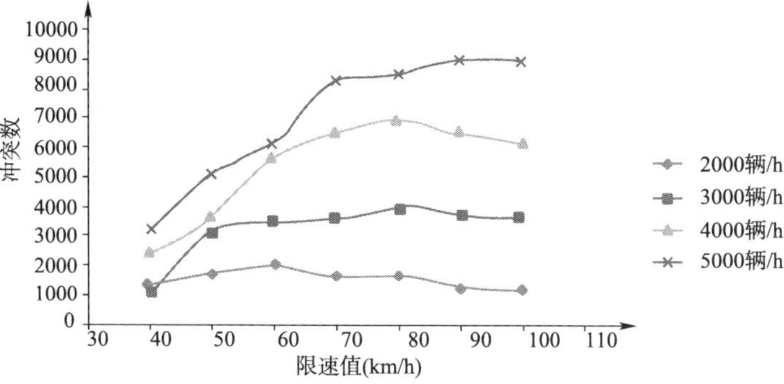

图 3.19　八车道限速值与冲突数的关系

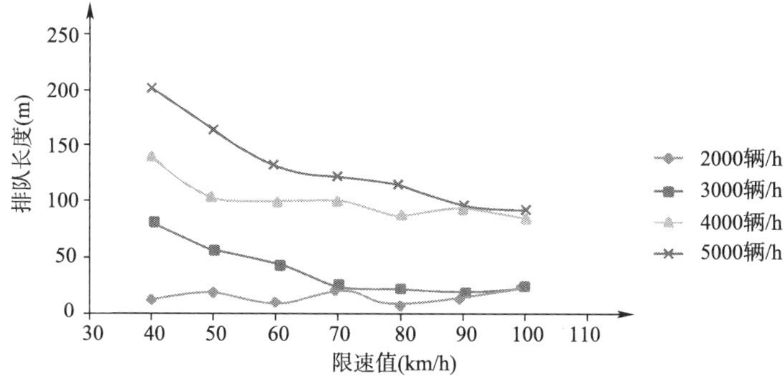

图 3.20　八车道限速值与排队长度的关系

3.5.3　仿真结果分析

(1)八车道由于通行能力大,在交通量相对较小时对限速措施所产生的效应不敏感,冲突数的减少以及排队长度的变化均不明显;在交通量逐渐饱和的情况下,随着限速值大小的变化,冲突数和排队长度均有这明显变化。对于冲突数,平均排队长度与交通量和限速值大小的关系八车道和四车道有着相似之处,在此不再赘述。

(2)依据 Matlab 的仿真结果可知,在封闭中央两车道的情况中,2000 辆/h 的交通量下,排队长度极低,冲突数亦较低,需从安全和效率两方面都需考虑,根据前面的分析,对于两者的加权平均值即为最佳限速值。在 3000 辆/h 的交通量下,冲突数已经明显随着限速值的增大而增加,但排队长度仍然变化不大,故主要从安全方面考虑所需限速值。在 4000 辆/h 的交通量下,冲突数相对较低交通量时已经有了显著增加,在 5000 辆/h 的交通下更明显,此时,应该主要考虑安全因素,对于安全因子应该赋予更大的权重。

(3)根据 Matlab 的仿真结果可知,在封闭外侧两车道的情况中,2000 辆/h 的交通量下,冲突数和排队长度变化均不明显,故应该从安全与效率两方面考虑限速值。在 3000 辆/h 的交通量下,冲突数随着限速值的增大而显著增加,排队长度随着限速值的增大而减小，此时，应该同时考虑安全与效率因素。在4000 辆/h 和5000 辆/h 的交通量下，冲突数仍然随着限速值的增大而增加，而且曲线更陡，即随着限速值的增大，冲突数快速的增加，而排队长度随着限速值的增大而减小，因此，应采取最小冲突数所对应的限速值。

(4)两种交通组织形式虽然占用道路资源比例相同，同样是占用了一半的道路资源，但冲突数和排队长度不尽相同，比如 3000 辆/h，封闭中央两车道时，高速车流与低速车流可以分开行驶，车速离散差较小，而封闭外侧两车道时，低速车流需汇入高速流中，在汇入路段车速离散差较大，造成冲突数增加的现象。各交通量大小情况下推荐限速值。

各交通量大小情况下推荐限速值 表 3.8

交通组织形式	交通量(辆/h)	推荐限速值(km/h)
封闭中央两车道	2000	60
	3000	60
	4000	40
	5000	40
封闭外侧两车道	2000	60
	3000	50
	4000	40
	5000	40

4 交通事件下长大下坡路段限速

长大下坡作为事故易发点段,对交通事件下的长大下坡研究限速问题具有重要作用。然而目前,相关标准规范及指南对长大下坡没有明确的定义。《公路工程技术标准》(JTG B01—2014)指出:“长大纵坡对载重汽车行驶很不利,下坡会使制动过热,制动效能减弱,更易发生交通事故,因此,各级公路必须对连续上坡和连续下坡路段按平均纵坡进行控制。”《公路路线设计规范》(JTG D20—2006)指出:“公路纵断面设计即使完全符合最大纵坡、坡长限制及缓和坡段的规定,也不能保证使用质量。不少路段虽然单一陡坡并不大,甚至也有缓和坡段,但由于平均纵坡较大,上坡使用低速挡较久,易致车辆水箱开锅,下坡则因制动发热、失效而导致事故发生,因此,有必要控制平均纵坡。”由此可见,要研究长大下坡安全问题,应对长大下坡进行明确的界定或定义。

在不同车辆载重量和速度情况下,不同平均纵坡对应的安全坡长并不相同。目前关于公路长大纵坡路段的界定标准比较少,只收集到两处关于长大下坡路段的界定:一是2007年全国道路交通安全工作部际联席会议公布的《全国和省级督办公路危险路段》中对长大下坡路段提出如下界定标准:①国家级长大下坡路段的标准是连续下坡长度大于3km,且平均纵坡大于5.5%;②省级长大下坡路段的标准为连续下坡长度大于3km,且平均纵坡大于一定纵坡的路段(二级公路大于4.0%,三级公路大于4.5%,四级公路大于5.5%)。二是同济大学的张小东认为:高速公路的平均纵坡在3%以上,连续下坡坡长大于5km的路段是长下坡路段,但没有解释这个界定标准的依据。另外,相关文献中给出这样的定义:从车辆运营特性上分析,长大下坡路段一般是指在线形设计上出现的容易造成车辆长时间制动或空挡滑行的长距离、大坡度的坡段。

4.1 长大下坡路段交通事件类别划分

在对公路纵断面设计中,《公路路线设计规范》(JTG D20—2006)规定了不同车速、坡度下的纵坡坡长的最大值和最小值,但在实际设计时,由于受地形的影响,部分路段会由不同的较大坡度段组合而成,虽然各个段都满足设计规范的要求,但从整体角度考虑,整个路段形成的一个平均坡度大、坡长长的路段,即长大下坡路段,这对车辆的行车安全是极为不利的,必须采取措施加以改善。

当交通事件发生在长大下坡路段时,由于交通事件发生位置的不同,在某一范围内,可认为事件发生在长大下坡始端,在另外的范围内可认为事件发生在长大下坡中段和末

段,范围的划分将在第7章进行讨论,因此,可把这一情形下的交通事件类别分为三种:

1)交通事件发生在长大下坡路段始端

如图4.1所示,交通事件发生在长大下坡路段始端时,车辆进入长大下坡路段速度过大,在事件区前减速和换道是不能适应事件区位置限制的,即长大下坡路段上设置警告区和上游过渡区的距离不够,只能在平直路段上设置,而在这种情况下,对事件区的限速不仅要考虑平直路段的换道安全,还要考虑车辆在长大下坡路段的制动器升温安全问题。

事件区是否位于长大下坡路段顶端的判别条件是事件影响区的设置是否在长大下坡坡顶。

2)交通事件发生在长大下坡路段中段

交通事件发生在长大下坡路段中段时(图4.2),事件区上游的长大下坡路段能满足设置警告区和上游过渡区的要求,在这一情况下,可把警告区和上游过渡区设置在平直路段,也可把警告区和上游过渡区设置在长大下坡路段上,具体应根据事件区位置及管控策略的需要进行设置。

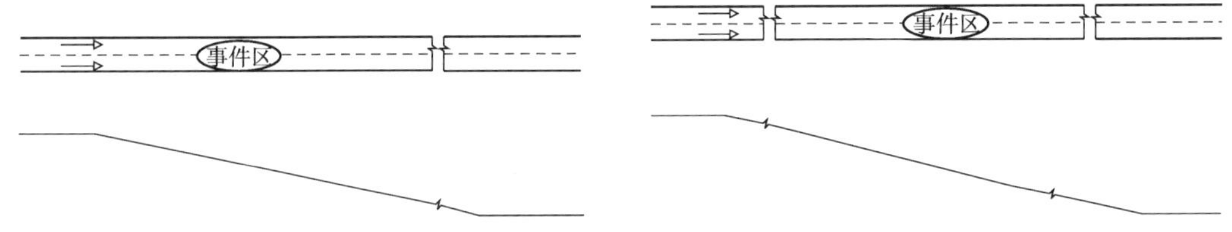

图4.1 交通事件发生在长大下坡路段始端

图4.2 交通事件发生在长大下坡路段中段

交通事件发生在长大下坡路段中段的判别条件是事件区上下游的影响区不在平直路段内。

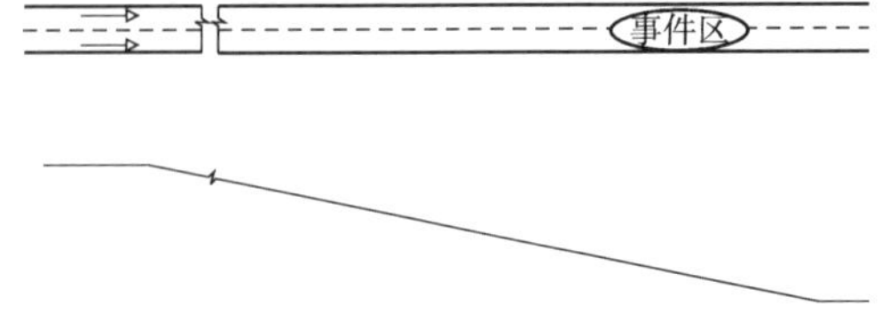

图4.3 交通事件发生在长大下坡路段末端

3)交通事件发生在长大下坡路段末端

交通事件在长大下坡路段末端时(图4.3),由于道路设计条件限制,把警告区和上游过渡区设置在长大下坡坡顶前的平直路段会极大地浪费道路资源,所以,警告区和上游过渡区必须设置在长大下坡路段。此时,限速应考虑长大下坡路段换道安全和车辆制动器温度安全。

交通事件发生在长大下坡路段末端的辨别条件是事件影响区在长大下坡坡底。

4.2 长大下坡路段交通事件下交通特性分析

4.2.1 车辆在长大下坡路段换道安全间隙分析

在一般情况下,车辆在长大下坡路段是不允许换道的,但由于事件发生位置及管控

策略的不足，为避免道路资源的浪费，可允许车辆在长大下坡路段上进行换道，不过相应的安全间隙应比平直路段略大。

在平直路段考虑的是车辆和前车的一定安全距离，但未考虑由于坡度引起的更大安全距离，此距离可参考车辆在长大下坡处的停车视距相对平直路段的增值设置。根据《公路项目安全性评价指南》（JTG/T B05—2004），货车的停车视距模型为：

$$S_{停} = \frac{v}{3.6}t + \frac{(v/3.6)^2}{2gf} \tag{4.1}$$

则下坡路段相对平直路段应保证的与前车的距离增值为：

$$\Delta S = S_{下停} - S_{平停} = \frac{(v/3.6)^2}{2g(f-i)} - \frac{(v/3.6)^2}{2gf} \tag{4.2}$$

考虑货车较一般车辆的制动较困难，f 值取0.17，则不同坡度相对平直路段的视距增值 ΔS 见表4.1。

不同坡度下货车视距的增值 ΔS　　表4.1

坡度（%）	设计速度（km/h）										
	120	110	100	90	80	70	60	50	40	30	20
3	71	60	50	40	32	24	18	12	8	4	2
4	103	86	71	58	46	35	26	18	11	6	3
5	139	117	96	78	62	47	35	24	15	9	4
6	182	153	126	102	81	62	45	32	20	11	5

考虑最不利情况，货车在下坡路段换道时，与目标车道前车的最小安全距离为：

$$S_2(0) = \begin{cases} (t_2 + t_{反})v_{C_0} - v_{C_2}t_2 + w_{C_0}\sin\theta + l_{C_2} + \Delta S & (v_{C_0} \leqslant v_{C_2}) \\ (t_c + t_{反})v_{C_0} - v_{C_2}t_c + w_{C_0}\sin\theta + l_{C_2} + \Delta S & (v_{C_0} > v_{C_2}) \end{cases} \tag{4.3}$$

式中：t_2——C_0与 C_1、C_2车产生影响的时间，s；

t_c——车辆变道所需时间，一般为3s；

$t_{反}$——驾驶人反应时间，一般为2～3s；

w_{C_0}——C_0车宽度，m；

l_{C_2}——C_2车车长，m；

v_{C_2}——C_2车车速，m/s。

与目标车道后车的最小安全距离为：

$$S_1(0) = \begin{cases} (t_1 + t_{反})v_{C_1} - v_{C_0}t_1 + l_{C_0}\cos\theta + \Delta S & (v_{C_0} > v_{C_1}) \\ (t_c + t_{反})v_{C_1} - v_{C_0}t_c + l_{C_0}\cos\theta + \Delta S & (v_{C_0} \leqslant v_{C_1}) \end{cases} \tag{4.4}$$

式中：t_1——C_0与 C_1车产生影响的时间，s；

v_{C_0} ——C_0车车速，m/s；

l_{C_0} ——C_0车车长，m；

式中其他符号意义同前。

4.2.2 交通事件下长大下坡路段交通组织分析

由于长大下坡路段设计时的条件限制，在一些纵坡路段上不利于车辆的减速和换道，即不宜设置警告区和上游过渡区，因此，在交通事件下，交通组织人员要根据交通事件发生的位置，选择是把警告区和上游过渡区设置在平直路段还是长大下坡路段上。

(1)在长大下坡路段坡顶平直路段上设置警告区和上游过渡区

这种组织方式通常用在交通事件发生在长大下坡路段始端以及长大下坡路段中段距始端不远的位置，在把警告区和上游过渡区设置在平直路段不会浪费过多道路资源的情况下，可把车辆减速和换道的过程与长大下坡分开，以确保安全性。

这一组织方式考虑的安全因素有下坡时车辆制动器温度变化和平直路段换道安全性。

(2)在长大下坡路段内设置警告区和上游过渡区

这种组织方式用在交通事件发生在末端以及长大下坡路段中段距始端较远的位置，然而，由于车辆在长大下坡上自主加速性，对于减速过程需要更长的距离、换道间隙也需要得更大，因此，应把长大下坡内的警告区和上游过渡区长度区别于平直路段，设置更长距离，且换道所需的安全距离也应设置更大。

这一组织方式考虑的安全因素有下坡时车辆制动器温度变化和长大下坡路段的换道安全性。

4.3 基于元胞自动机的长大下坡路段限速值的确定

4.3.1 基于元胞自动机的效率和安全评估指标的确定

高速公路发生交通事件，一般是在不封闭交通的条件下进行的，事件影响区往往由于车道封闭而形成局部交通冲突，进而引发事故等。通过对影响区的交通流特性分析，得知事件区的冲突主要为换道和追尾冲突。车辆进入事件区前必须要合流，车道封闭一侧必须进行变换车道以适应交通，导致了换道冲突；由于“瓶颈”的形成，上游到来的车辆间距变小，制动的频率增加，导致追尾冲突。同时，车道变窄使得在交通量较大的情况下，“瓶颈”段的到达率大于离去率，产生了排队。通过第2章对交通冲突和安全关系、排队长度与运行效率关系研究，本书选用交通冲突数和排队长度作为行车的安全和效率评估指标。

1)基于元胞自动机的冲突定义

针对平面交叉口的交通状况 Amundsen 和 Hyden 提出了交通冲突的基本定义：两个或多个道路使用者在一定的时间和空间上彼此接近到一定程度，此时，若不改变其运动

状态，就有发生碰撞的危险，这种现象称为交通冲突。对于路段上的交通状况，罗石贵、周伟等对路段交通冲突定义如下：两个或多个道路使用者之间或道路使用者与道路构造物之间，在同一时间、空间上相互逼近，其中一个道路使用者进行了某种不规范或不恰当的操作，如转换车道、改变车速、突然停车等，导致至少一方必须采取回避措施（改变行车状态），否则会处于碰撞或危险的境地。这一事件或现象就是路段交通冲突。根据发生冲突的冲突角不同将交通冲突分为正向冲突、追尾冲突、横穿冲突和撞击固定物冲突等。交通冲突虽有基本定义，但在应用过程中的具体含义并不完全一致，研究方法也无确定的标准，因此，针对交通事件下高速公路的特性及研究目的，本书基于元胞自动机模型分析的基础，对事件影响区内交通冲突作以下定义：

在混合交通流的情况下，“瓶颈”段内的变道行为频繁发生，尤其是在临界条件下的变换车道行为。因此，本书把临界条件下的一次变换车道行为称为一次换道冲突；把小于最小安全间距的一次制动行称为一次追尾冲突。

2）基于元胞自动机的排队长度定义

基于元胞自动机自身特点，元胞的运行具有离散性，故本书将基于元胞自动机的排队长度定义为：当事件点断面处 $v_0 \leq 10$km/h 为排队起始临界值，$v_i > 30$km/h 且 $d_n > 20$m 为排队结束临界值，并通过编译程序，求取仿真时间内，每一仿真秒内路段排队长度值。

4.3.2 元胞自动机仿真模型的建立

1）仿真路网建立

根据《公路工程技术标准》（JTG B01—2014）规定公路设计所采用的载重汽车总长12m，小汽车总长6m，设定大型车占据4个元胞，小汽车占据2个元胞，每个元胞代表实际长度2.78m，模拟警告区和上游过渡区设置在长大下坡内且事件区发生在坡底附近的路段，其中，自由区段200m，各事件影响区长度可根据公式计算得出；交通量按《公路工程技术标准》（JTG B01—2014）中的不同速度下的最大服务交通量最小值，以1200辆/h为起点，间隔300辆/h，直到3600辆/h。本书将坡度值取3%、4%、5%。限速标志摆放于警告区起点，仿真时间为1800s/次，连续运行5次，均取多次结果的平均值；由于仿真模型较多，将车型比定为Car∶HGV = 8∶2，小汽车最高车速 $v_{1\max} = 90 \sim 100\text{km/h} \approx 9 \sim 10\text{cell/s}$，大型车最高车速 $v_{2\max} = 70 \sim 80\text{km/h} \approx 7 \sim 8\text{cell/s}$。具体仿真方案如表4.2所示。

长大下坡仿真方案设置 表4.2

车　型　比	Car∶HGV = 8∶2		
交通量值（辆/h）	1200，1500，1800，2100，2400，2700，3000，3300，3600		
限速值（km/h）	30，40，50，60，70，80		
平均坡度（%）	警告区长度（m）	上游过渡区长度（m）	缓冲区长度（m）
3	460	120	140
4	450	120	110
5	440	70	90

2)长大下坡元胞自动机模型仿真规则建立

本书对单车道车辆的跟车规则继续沿用 Nasch 演化规则,即:

(1)加速,$v_n \to \min(v_{n+1}, v_{max})$,驾驶人以期望速度行驶,$v_n$为当前车车速。

(2)减速,$v_n \to \min(v_n, d_n)$,驾驶人避免与前车相撞的减速措施,d_n为车头与前车车尾间距。

(3)以概率 p 随机慢化,$v_n \to \max(v_{n-1}, 0)$,不确定因素造成的减速。

(4)运动,$x_n \to x_n + v_n$,车辆按照调整后的速度行驶。

针对交通事件下的长大下坡限速问题,本书在原有的双车道换道规则的基础上,引入了换道、追尾冲突和排队长度的统计规则,具体换道规则如式(4.5)所示。

$$C_n = \begin{cases} 1 - C_n & d_n < \min(v_n + 1, v_{max}),\ d_{n,other} \geq d_n, d_{n,back} \geq d_{safe} \\ C_n & \text{其他} \end{cases} \tag{4.5}$$

式中:C_n——第 n 辆车所在车道,C_n取值为 0 或 1;

d_{safe}——模型中限定的安全间距。

$d_n < \min(v_{n+1}, v_{max})$表示第 n 辆车在原车道受阻;$d_{n,other} \geq d_n$表示受阻车在另一条车道上速度更快;$d_{n,other} \geq d_{safe}$表示换道后车辆能与后车保持安全间距。将 $d_{n,other} = d_{safe}$且 $d_{n,other} = d_n$作为一次换道冲突;在车辆加减速跟车过程中增加 $d_n \leq d_{n,safe}$且 $v_n > v_{n+1}$作为一次追尾冲突判别条件,d_{safe}为跟车安全间距阈值;从上游过渡区起点处开始统计每条车道每仿真秒路段车辆排队长度,最后取最大值统计规则为:$L_{max} = \max(L_1, L_2, \cdots, L_i, L_{i+1}, \cdots, L_n)$。

4.3.3 模型仿真分析及限速值确定

在不同坡度和交通量条件下分别进行仿真,其中,部分源代码见附录。交通量为 1200 ~ 3600 辆/h,梯度为 300 辆/h,坡度值为 3% ~ 5%,梯度为 1%,限速值为 30 ~ 80km/h,每组仿真 30min 连续运行 5 次,共 1080 组数据,均取多次结果的平均值,通过仿真结果分析,交通量小于 1800 辆/h,交通状态比较顺畅,车流运行状态自由,本书对此状态不予展开研究;大于 2400 辆/h,路段流量处于过饱和状态,已基本无法从单纯的限速角度去引导车流,故本书亦不予研究;从仿真曲线分析,1800 ~ 2400 辆/h 中交通量可分别划分为交通适中 1800 ~ 2000 辆/h 和拥挤 2000 ~ 2400 辆/h 两种状态,故本书从多组仿真结果中选其两组典型交通量 1800 辆/h 和 2400 辆/h 分别代表适中和拥挤状态。这两组交通量下的具体仿真结果如图 4.4 ~ 图 4.9 所示。

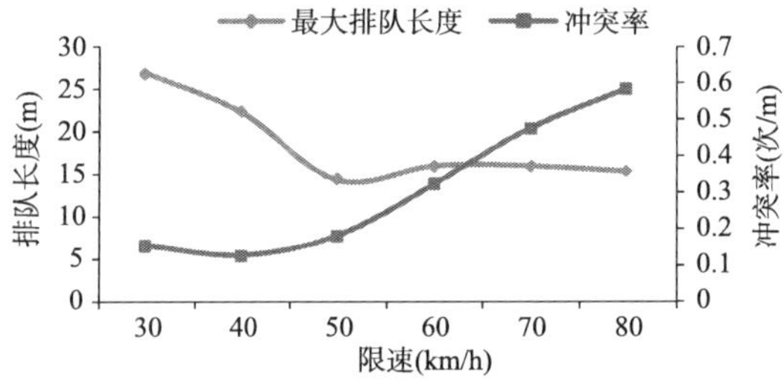

图 4.4 3% 坡度下限速与安全效率关系(1800 辆/h)

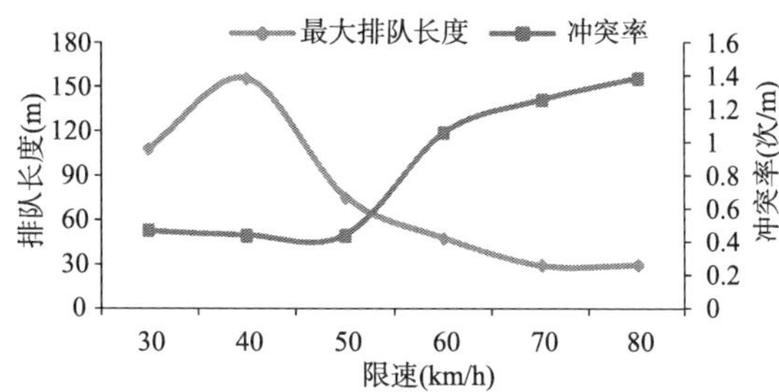

图4.5 3%坡度下限速与安全效率关系(2400 辆/h)

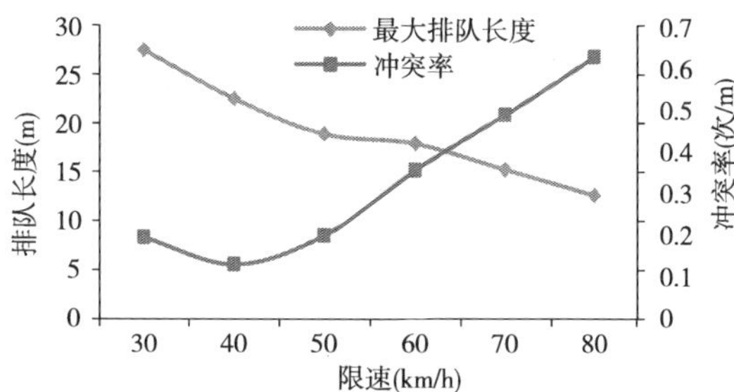

图4.6 4%坡度下限速与安全效率关系(1800 辆/h)

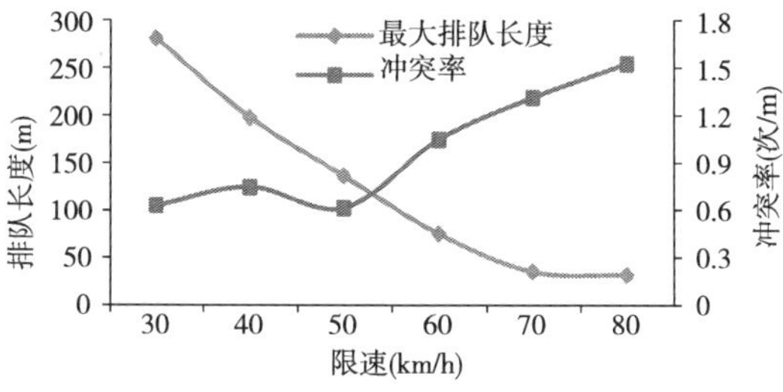

图4.7 4%坡度下限速与安全效率关系(2400 辆/h)

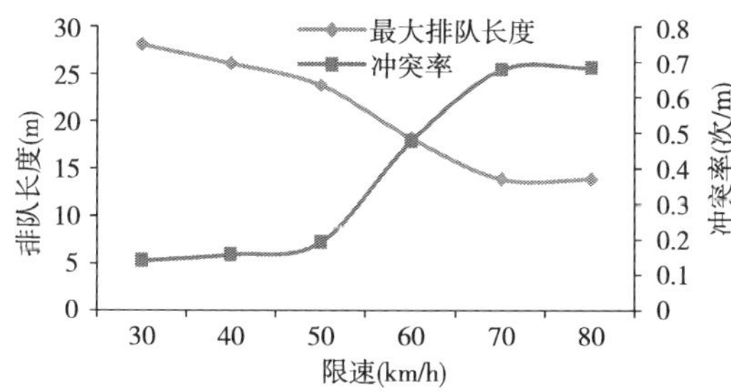

图4.8 5%坡度下限速与安全效率关系(1800 辆/h)

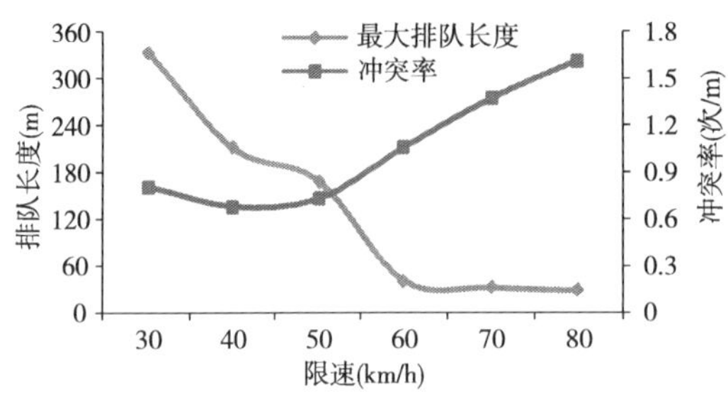

图 4.9　5% 坡度下限速与安全效率关系(2400 辆/h)

对图 4.4 ~ 图 4.9 分析发现:

(1)给定的交通量和坡度条件下,冲突率随着限速值的增加呈现先减后增大的趋势,即:存在一个最佳限速安全值;相同坡度条件下,交通量越大冲突率越高;相同交通量条件下,随着坡度的增加冲突率的增量值不显著。

(2)一定的交通量和坡度值条件下,影响区范围内的排队长度随着限速值的增加基本呈现单调递减趋势,即:限速值越高,整个路段消散速度越快;相同坡度条件下,随着交通量的增加,排队长度的增量值变化显著;相同交通量条件下,随着坡度增加,排队长度的增量值不显著,即:排队长度对交通量变化的敏感程度高于坡度的增量值。

综合考虑安全和效率因素,对图 4.4 ~ 图 4.9 中不同交通量和坡度条件下的限速值与冲突率、最大排队长度关系综合分析,运用同等条件下限速值—冲突率和限速值—最大排队长度两条曲线的加权平均算法且满足坡度越大,安全因素所占比重越大原则,得到长大下坡不同交通量和坡度条件下事件影响区内的推荐限速值。

下面以交通量为 1800 辆/h、坡度为 5% 的情形为例,首先对不同限速值下的冲突数和排队长度进行无量纲处理,如表 4.3 和表 4.4 所示。

冲突率无量纲处理　　表 4.3

限速值(km/h)	30	40	50	60	70	80
冲突率(次/m)	0.140	0.142	0.198	0.491	0.684	0.685
无量纲值	0	0.004	0.106	0.644	0.998	1

排队长度无量纲处理　　表 4.4

限速值(km/h)	30	40	50	60	70	80
排队长度(m)	28.9	26.5	24.1	18.4	13.9	13.6
无量纲值	1	0.8434	0.6849	0.3151	0.0196	0

用最小二乘法对数据进行拟合,得图 4.10 和图 4.11。

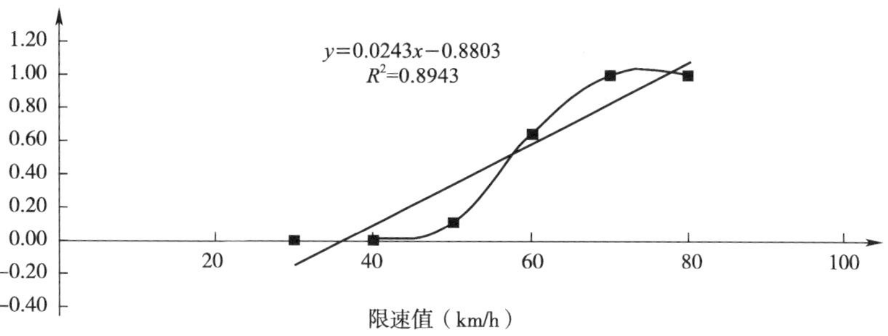

图4.10 不同限速值下的冲突率变化

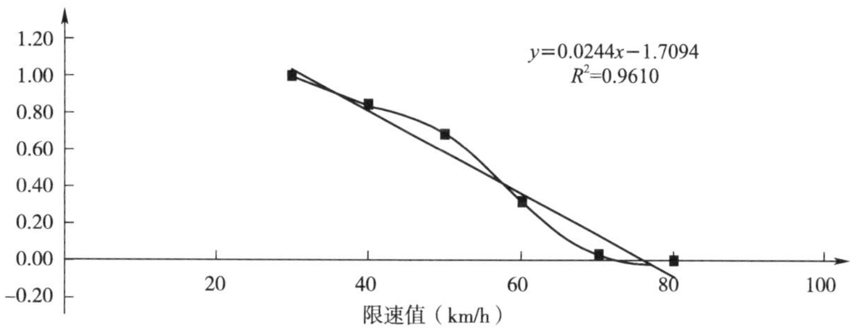

图4.11 不同限速值下排队长度的变化

从以上两图可以看出，当冲突率和排队长度转化为无量纲值之后，它们对限速值变化的灵敏度分别为0.0243和0.0224，由此可以确定安全与效率的权重分别为0.0243/(0.0243+0.0224)=0.52和0.0224/(0.0243+0.0224)=0.48，又可分别确定安全和效率条件下最优的限速值为30km/h和70km/h，可确定基于安全与效率最优的限速值为0.52×30+0.48×70=49.2km/h≈50km/h。因此，得出不同坡度和交通量条件下安全与效率最优的限速值，如表4.5所示。

影响区内推荐限速值 表4.5

交通量值(辆/h)	1800		
坡度(%)	3	4	5
限速值(km/h)	60	60	50
交通量值(辆/h)	2400		
坡度(%)	3	4	5
限速值(km/h)	50	50	50

4.4 交通事件下长大下坡路段交通特性分析

4.4.1 长大下坡路段车辆制动安全性分析

车辆在长大下坡路段行驶时，为保持一定的安全速度，驾驶人必须持续不断的实施制动，而长时间地使用行车制动将会使得制动器温度急剧上升，当温度升到一定高度时，热衰退效应明显,汽车主制动器就会失灵、失效。

在以往对制动器安全温度的研究中可得出一些结论:制动器温度在以 200℃内为安全,在 200 ~ 300℃之间为较为安全,超过 300℃为不安全;290℃时,制动器制动效能将为正常情况下的 66% ,300℃时为 60% ,制动距离增加到 1.67 倍,200 ~ 300℃可作为制动性能下降的临界值;法国的相关研究认为制动器温度超过 200℃便存在风险,美国的相关研究将 260℃作为制动器安全温度。

本书综合考虑多种制动器温度阀值,把 260℃作为制动器制动效能下降的临界值,即制动器的安全温度。分析结果表明:在长大下坡路段,小客车与货车交通事故的主要原因分别是超速及制动失灵,所以把货车作为研究对象。

4.4.2 货车制动毂温度预测模型

选取 2010 年杨宏志在青海省湟源至倒淌河公路作为研究对象,该公路上有一典型长下坡路段(K68 +450 ~ K82 +690,下行方向)。长下坡路段设计长度为 14.24 km,高差为 493.38 m,平均纵坡为 3.52% ,共分 20 个纵坡段,有 7 个坡段纵坡大于或等于 4% 。

数据采集:测量仪器采用 DHS-130XL 红外测温仪,利用感应物体发出的红外线能量测量(-25e ~720e)被测物体表面的温度,响应时间小于 500ms,用于测量车辆制动毂温度。

测量方法:根据路段的实际状况,选择易于拦车地点,记录桩号。由路政人员配合拦截实际运行车辆,测量其制动毂温度并询问汽车的总质量,同时记录汽车的牌照号。拦车之前,由车速测量人员观测车辆的实际速度并记录车牌号,由此可根据车牌号确定测温车辆的速度。

模型建立:选取影响连续长大下坡路段车辆制动毂温度 T 的因素为坡长 L、平均纵坡 G、速度 v_H 与货车总质量 m 为回归变量,利用统计学分析软件 SPSS 进行变量显著性检验,见图 4.12 和表 4.6,分析可知上述变量均具有统计学意义。

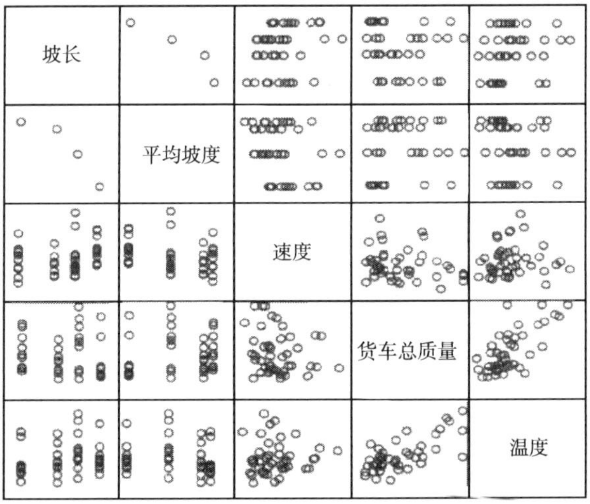

坡长 平均坡度 速度 货车总质量 温度

图 4.12 回归变量与制动毂温度散点

制动毂温度 表4.6

坡长 (km)	平均纵坡 (%)	速度 (km/h)	货车总质量 (t)	前制动轮毂温度 (℃)	后制动轮毂温度 (℃)
3.17	4.451	41	32	137	190
3.17	4.451	13	63	53	371
3.17	4.451	34	15	56	120
3.17	4.451	43	49	83	198
3.17	4.451	38	60	147	346
3.17	4.451	26	39	90	170
3.17	4.451	18	32	166	135
3.17	4.451	27	18	75	160
3.17	4.451	38	29	70	205
3.17	4.451	57	19	90	184
7.33	4.36	48	38	90	362
7.33	4.36	37	47	77	259
7.33	4.36	30	38	82	256
7.33	4.36	24	25	63	222
7.33	4.36	30	30	128	315
7.33	4.36	20	30	216	161
7.33	4.36	20	26	114	77
7.33	4.36	19	7	83	155
7.33	4.36	24	13	50	191
7.33	4.36	32	17	132	215
7.33	4.36	30	16	95	198
9.69	4.046	29	40	153	242
9.69	4.046	19	45	148	228
9.69	4.046	25	80	81	364
9.69	4.046	27	80	56	463
9.69	4.046	24	60	154	271
9.69	4.046	34	68	81	427
9.69	4.046	20	80	164	232
9.69	4.046	39	14	72	188
9.69	4.046	37	7	124	136
9.69	4.046	76	17	182	274

续上表

坡长 (km)	平均纵坡 (%)	速度 (km/h)	货车总质量 (t)	前制动轮毂温度 (℃)	后制动轮毂温度 (℃)
9.69	4.046	64	49	140	288
12.25	3.64	31	70	152	411
12.25	3.64	29	13	56	157
12.25	3.64	42	20	71	229
12.25	3.64	30	20	97	198
12.25	3.64	61	18	124	236
12.25	3.64	37	11	76	296
12.25	3.64	40	10	121	215
12.25	3.64	60	50	146	232
12.25	3.64	55	9	79	186
12.25	3.64	44	20	145	253

温度 T 与 4 个变量对数存在回归关系，将长度、平均坡度、速度和货车总质量取以 e 为底的数，命名为 $\ln(L)$、$\ln(G)$、$\ln(v_H)$ 和 $\ln(m)$，利用 SPSS 软件进行回归统计分析，可得模型系数，见表 4.7。

模型系数 表 4.7

参数	非标准化系数		标准化系数	检验值	95%置信区间	
	系数	标准差			低限	高限
常数项	-310.064	410.654		-0.75	-1142.13	522.00
$\ln(L)$(m)	54.870	32.850	0.336	1.67	-11.69	121.43
$\ln(G)$(%)	46.990	222.331	0.044	0.21	-403.50	497.48
$\ln(v_H)$(km/h)	26.647	26.453	0.125	1.00	-26.95	80.24
$\ln(m)$(t)	85.587	13.930	0.712	6.14	57.36	113.81

得到车辆制动器温度预测模型为：

$$T = -310.064 + 54.870\ln(L) + 46.990\ln(G) + 26.647\ln(v_H) + 85.587\ln(m) \tag{4.6}$$

式中：T——制动器温度；

L——长大下坡坡长，km；

G——长大下坡平均纵坡；

v_H——车辆下坡速度，km/h；

m——货车总质量，t。

经过变换可得到关于货车制动毂温度的坡长与坡度的关系：

$$L = e^{\left[\frac{T+310.064-46.990\ln(G)-26.647\ln(v_{H})-85.587\ln(m)}{54.870}\right]} \tag{4.7}$$

4.4.3 极限坡长

根据2008年全国高速公路网运输量统计报告可知,高速公路五轴以下的货车占总货车的82.97%,根据国家标准《道路车辆外廓尺寸、轴荷及质量限值》(GB 1589—2004)和2009年交通运输部第2号令《超限运输车辆行驶公路管理规定》,比较车辆总轴重限载与车货总重限载,取两者之中的最小值为判别标准,可知五轴货车总重限为43t。如果以55t货车为标准车型进行限速,会造成道路资源的浪费,同时由于限速值过低,运行车速和限速值相差较大,车速离散型增大,增加长大下坡的事故率,因此,本书取43t货车为标准车型进行限速,且要对43t以上货车进行安全提醒,如表4.8所示。

货车制动的安全坡长 表4.8

平均纵坡(%)	交通量值(辆/h)	限速值(km/h)	极限坡长(km)
3	$1800 < Q < 2000$	60	4.9
	$2000 \leqslant Q \leqslant 2400$	50	5.4
4	$1800 < Q < 2000$	60	3.8
	$1800 \leqslant Q \leqslant 2400$	50	4.2
5	$1800 < Q \leqslant 2400$	50	3.5

4.5 限速值推荐

根据以上分析,在交通事件下,小汽车采用表4.5的限速值,货车根据不同的轴重,采用不同的限速值,当坡长小于表4.8的极限长度时,采用表4.5的限速值,当坡长大于表4.8的极限长度时,采用制动毂温度预测模型 $v_{H} = e^{[570.064-54.870\ln(L)-46.990\ln(G)-85.587\ln(m)]} - e^{26.647}$ 计算相应的限速值。

5 交通事件下匝道、隧道及平曲线路段限速

5.1 匝道处限速值研究

5.1.1 匝道处交通事件类别划分

高速公路的匝道按其功能可分为入口匝道和出口匝道两类。入口匝道可供其他方向车辆行驶至主线,而出口匝道可供该主线上车辆行驶至其他方向的道路。车辆由入口匝道驶入,经过加速车道行驶至主线上,将对入口附近车流产生一定的影响,若汇入主线的车辆的速度与主线上的车辆速度存在较大差异,则会产生较大安全隐患;在出口匝道上,由主线驶出车辆对后续主线上的交通流影响甚弱。因此,在本部分研究中,将针对事件在入口匝道附近时的限速,而不考虑出口匝道上的限速。

根据交通事件对匝道车辆的合流的影响的不同,交通事件在匝道处的类别分为四种情况:

1)交通事件发生在入口匝道上游

如图5.1和图5.2所示,当交通事件发生在入口匝道上游时,阻断了匝道上游的部分道路,引起了道路通行能力的减少,由于事件区的限速致使车辆在入口匝道附近的速度较低,因此,在这一情况下,有必要对匝道车辆限速,保证汇入主线车辆速度和主线上车流速度的一致性。

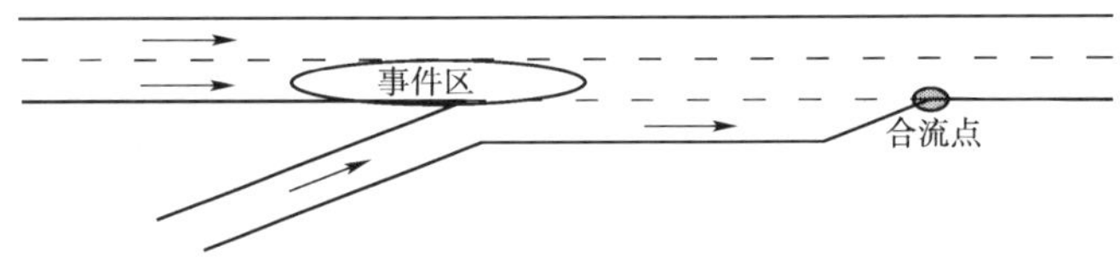

图5.1 交通事件在平行式入口匝道上游

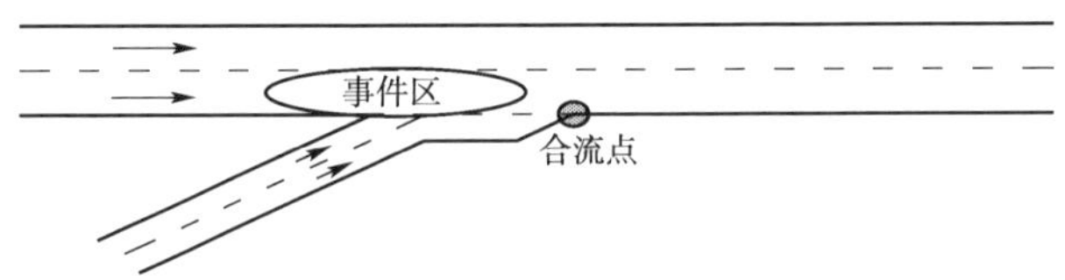

图5.2 交通事件在直接式入口匝道上游

这一情形的判别依据是匝道上的车辆能在下游过渡区或终止区汇入主线，即事件区末端距合流点之间的空隙能供应车辆行驶。

2）交通事件发生在入口匝道下游

如图5.3和图5.4所示，当交通事件发生在入口匝道上游时，阻断了匝道下游部分道路的车辆通行，引起主线通行能力的减少，此时，不仅需要考虑从匝道进入主线车辆的速度连续性问题，还要考虑匝道上车辆寻找间隙的过程。

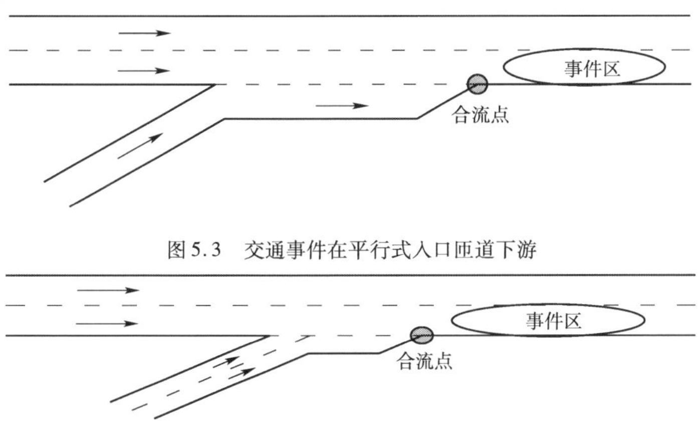

图5.3　交通事件在平行式入口匝道下游

图5.4　交通事件在直接式入口匝道下游

这一情形的判别条件是匝道上的车辆必须在事件区之前汇入主线，且事件区不会堵塞匝道车辆的合流，即，合流点位于警告区、上游过渡区或缓冲区。

3）交通事件发生在平行式入口匝道相连主线外侧

如图5.5所示，当交通事件发生在平行式入口匝道相连的主线外侧时，交通事件致使平行式入口匝道上车辆提前汇入主线，此时，限速应考虑匝道上车速与主线上的协调性，也要考虑寻找可插入间隙所需的距离。

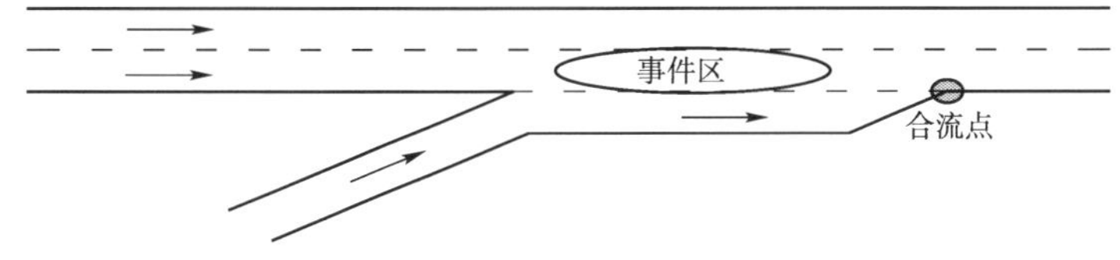

图5.5　交通事件发生在平行式入口匝道相连的主线外侧

这一情形判别条件是匝道车辆必须在距合流点很长的距离汇入主线，即合流点在事件区且交通事件占用相连主线外侧车道。

4）交通事件发生在平行式入口匝道相连主线内侧

如图5.6所示，当交通事件发生在平行式入口匝道相连的主线内侧时，匝道车辆车流需要在事件区及其前面的区段寻找可插入间隙，这时，应考虑对各个影响区重新划分。

这一情形的判别条件是匝道车辆汇入主线最晚在事件区，即合流点在事件区且交通事件占用相连主线内侧车道。

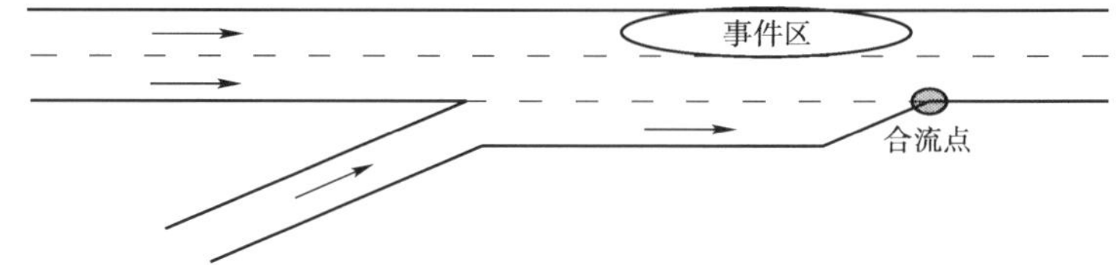

图 5.6　交通事件发生在平行式入口匝道相连的主线内侧

5.1.2　匝道处交通事件下交通特性分析

1）匝道设计特征分析

根据《公路路线设计规范》（JTG D20—2006），匝道上的设计速度规定见表 5.1。

匝道设计速度　　表 5.1

<table>
<tr><th colspan="2">匝道类型</th><th colspan="12">直接式</th><th colspan="15">半直接式</th><th colspan="3">环形匝道</th></tr>
<tr><td rowspan="2">设计速度（km/h）</td><td>枢纽式匝道</td><td colspan="3">80</td><td colspan="3">70</td><td colspan="3">60</td><td colspan="3">50</td><td colspan="3">80</td><td colspan="3">70</td><td colspan="3">60</td><td colspan="3">50</td><td colspan="3">40</td><td colspan="3">40</td></tr>
<tr><td>一般互通匝道</td><td colspan="4">60</td><td colspan="4">50</td><td colspan="4">40</td><td colspan="5">60</td><td colspan="5">50</td><td colspan="5">40</td><td>40</td><td>35</td><td>30</td></tr>
</table>

由于匝道上车速与主线上的速度有着较大的不同，所以通常在匝道出入口端部设计中，要考虑变速车道的设计。

入口匝道变速车道及渐变段长度的设计规定见表 5.2。

入口匝道变速车道及渐变段长度　　表 5.2

变速车道类别		主线设计速度（km/h）	变速车道长度（m）	渐变段长度（m）
入口	单车道	120	230	90（180）
		100	200	80（160）
		80	180	70（160）
		60	155	60（140）
	双车道	120	400	180
		100	350	160
		80	310	150
		60	270	140

注：括号内代表入口匝道为直接式时采用的数值。

2）入口匝道形式分析

在规范中，变速车道分为直接式和平行式两种；变速车道为单车道时，减速车道宜采用直接式，加速车道宜采用平行式；变速车道为双车道时，加、减速车道均采用直接式。加速车道形式如图 5.7a）、b）所示。

在考虑匝道入口变速车道的形式后，一般认为，变速车道是单车道加速车道时，采用

平行式设置，其余均采用直接式，即车辆在单车道加速车道上行驶时能提前进入主线，双车道加速车道必须经由渐变段驶入主线。

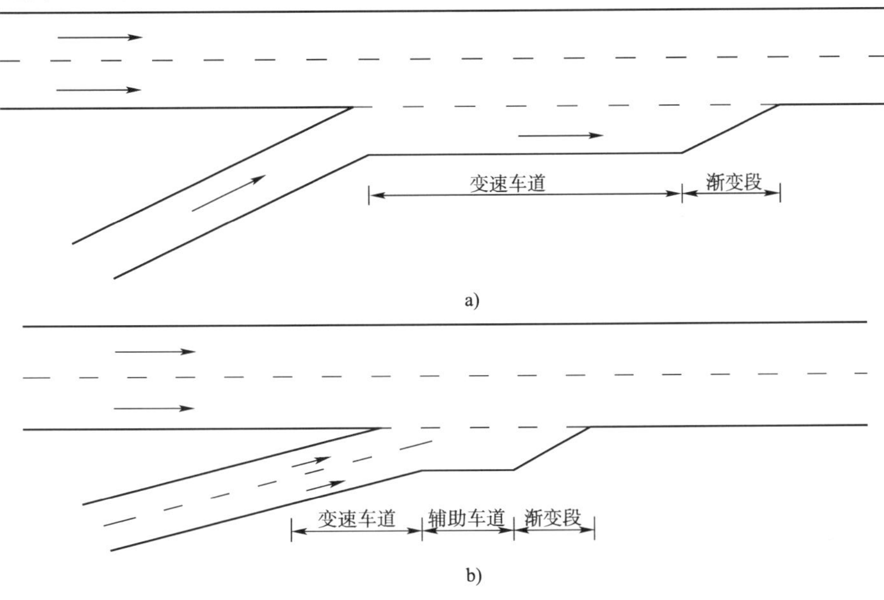

图 5.7　加速车道形式

3）交通事件下入口匝道流量控制方法分析

在高速公路上存在交通事件时，光靠限速是解决不了问题的，往往会伴随着匝道流量的控制，因此，在本项目研究的高速公路匝道限速方法是适用于在限流后的限速。

现有研究中，对入口匝道的限流方法很多，不过主要的思想还是通过限制各个影响匝道的流量以期使通过瓶颈或下游路段的流量小于其通行能力，各种控制方法分类如图 5.8 所示。

由于本书是针对交通事件下的限速值及限速标志的研究，而匝道限流对于限速的影响较小，因此，对匝道限流控制方法不过多阐述。

5.1.3　交通事件下匝道处限速值的确定

当交通事件发生在高速公路主线上时，如果距离匝道过近，将会引起匝道内车辆的速度值降低，与匝道设计值产生冲突，不利于匝道上车辆驾驶人对速度的选择。因此，应对匝道上的速度进行限制。

在研究交通事件下匝道的限速方法时，主要考虑的是如何减少进口匝道的车辆的汇入对主线的影响。所以匝道处限速方法是在先确定位于主线上事件区的限速值的基础上，最大限度地保证匝道车辆的汇入对主线影响最小，进而对匝道限速。

1）交通事件发生在入口匝道上游的限速

当交通事件在入口匝道上游时，匝道车辆能在事件区之后汇入主线，而在主线上的

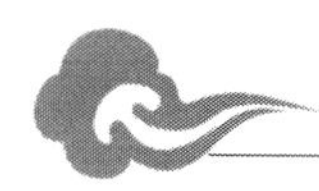

车辆经过事件区之后将会分流，形成低密度的状态，匝道上的车辆略微调整速度值即可找到可插入间隙，因此，对这一状况下匝道的限速可不考虑匝道上车辆寻找可插入间隙的过程，加速车道上限速值采用事件区的限速值即可，见式(5.1)。

$$v_{Z1} = v \tag{5.1}$$

式中：v_{Z1}——交通事件在入口匝道上游时匝道的限速值，即匝道车辆进入加速车道后的限速值；

v——考虑交通事件影响下的通行能力及换道安全的限速值。

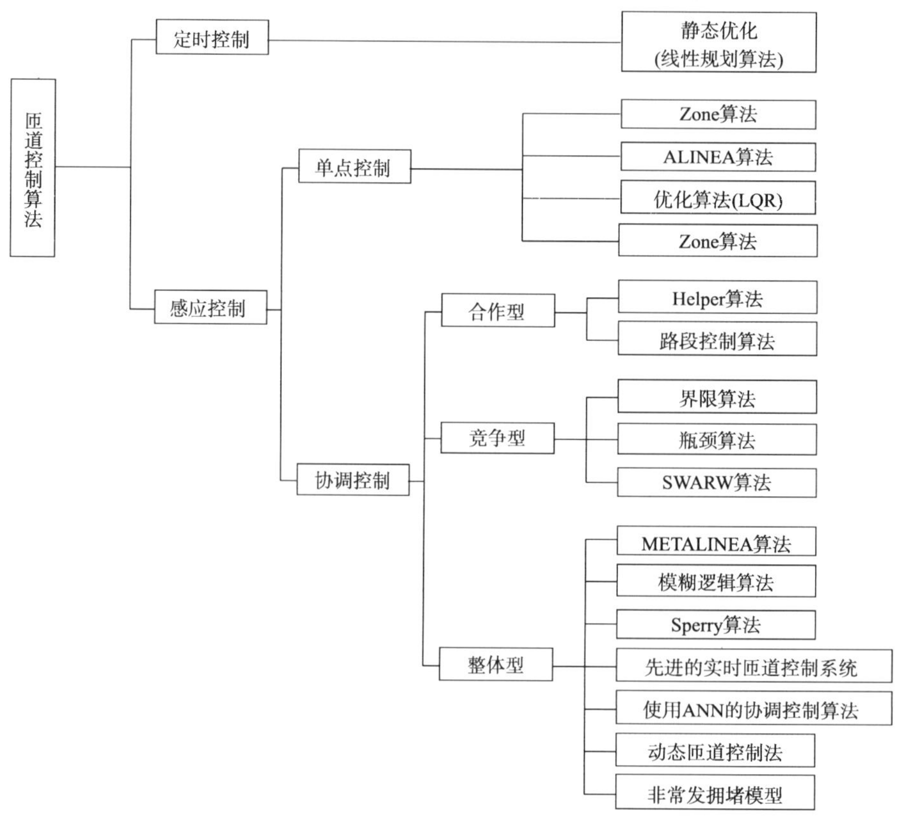

图5.8 匝道控制方法分类

2)交通事件发生在入口匝道下游的限速

交通事件发生在入口匝道下游时，匝道上的车辆汇入主线必须在事件区之前完成，且事件区与入口匝道直接相连。此时，若加速车道是直接式，服务水平一般较高，则考虑匝道车速与事件区前车速的协调连续性，且把警告区和上游过渡区设置在入口匝道之前，如图5.9所示；若加速车道是平行式，则除了考虑匝道车速与事件区前车速的协调连续性，还要考虑匝道车辆寻找汇入间隙的过程，即应设置匝道合流区，而主线上的警告区和上游过渡区应设置在匝道合流区之前，如图5.10所示。

如图 5.9 所示，在直接式的入口匝道中，只是把警告区和上游过渡区设置在匝道之前，而对匝道上的限速则采用事件区限速值。

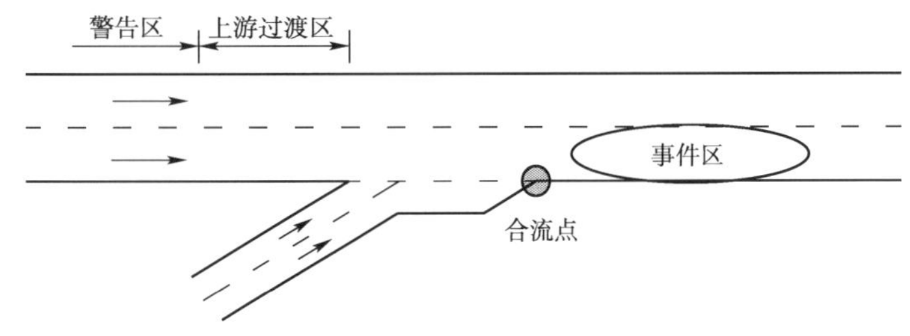

图 5.9 交通事件在直接式入口匝道下游影响区设置图

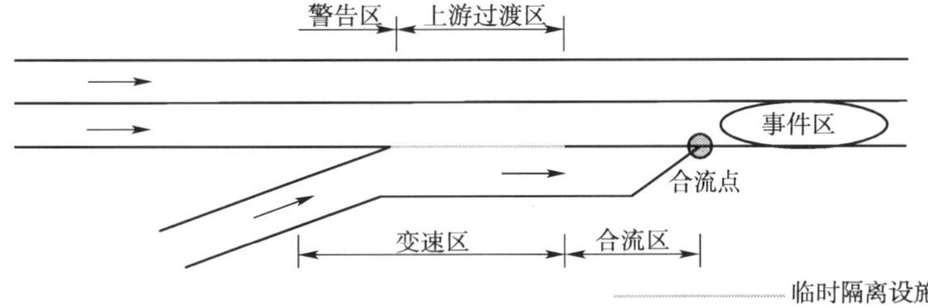

图 5.10 交通事件在平行式入口匝道下游影响区设置图

在图 5.10 中，对平行式入口匝道，不仅要把匝道车辆的汇入和主线上的换道过程分开，还应在匝道上设置相应的变速区。而匝道设计速度与限速值的差异一般不会很大，在原加速车道和渐变段的设计上有足够的距离设置变速区和合流区。变速区从加速车道始端开始，其长度 L_{BS} 见式(5.2)。

$$L_{BS} = \frac{v^2 - v_{zs}^2}{26a} \tag{5.2}$$

式中：v_{zs}——匝道设计速度，m/s；

a——车辆平均加速度，加速时取 0.8 ~ 1.2m/s²，减速时取 2 ~ 3m/s²；

v——事件区的限速值，m/s。

在设置变速区后，加速车道和渐变段可作为合流区，供匝道车辆汇入主线。对车辆在加速车道上的限速值 v_{Z2} 仍然采用事件区的限速值，见式(5.3)。

$$v_{Z2} = v \tag{5.3}$$

式中：v——事件区的限速值，m/s。

3)交通事件发生在平行式入口匝道相连主线外侧的限速

交通事件发生在平行式入口匝道相连主线外侧上时，匝道合流点在事件区，匝道车辆必须在事件区之前汇入主线，但可能出现加速车道的长度不够设置变速区和合流区的情况，为保证车流的稳定性，应根据事件区实际位置来最大限度保证车流的稳定性。

当加速车道和渐变段的长度能满足设置最短变速区和合流区的条件时，设置变速区

和合流区，限速在加速车道上；若能满足最短合流区而不满足最短变速区时，设置合流区，限速在匝道上；若不满足设置最短合流区时，则不设置变速区和合流区，只在匝道上限速。

最短合流区长度取限速 $v_{下}$ 的上游过渡区长度，见式(5.4)。

$$L_{HL}=\begin{cases}\dfrac{v^2W}{155} & (v\leqslant 60\text{km/h})\\ 0.625vW & (v>60\text{km/h})\end{cases} \tag{5.4}$$

式中：W——所关闭车道的宽度，m。

最短变速区长度 L_{BS} 见式(5.5)。

$$L_{BS}=\frac{v^2-v_{zs}^2}{26a} \tag{5.5}$$

其限速值都为事件区的限速值 v，在加速车道上能设置变速区时，则在加速车道上限速，否则，在加速匝道上限速。

4)交通事件发生在平行式入口匝道相连主线内侧的限速

这一情形和事件在平行式入口匝道下游相似，可采用与之相同的限速方法，在加速车道上设置变速段和合流区。

5.2 隧道处限速值研究

5.2.1 交通事件在隧道处的类别划分

交通事件能否对隧道内车辆造成影响，主要辨别于事件影响的各个区是否在隧道内，具体方法将在以下阐述。

经调查，由于行车环境引起的变化，驾驶人在进入隧道时，将会减速进入隧道内，而在隧道内，驾驶人由于视野的恢复，会较小幅度地增加行驶速度。其中，驾驶人的视野适应过程是极其危险的，所以，本节采用事件影响区是否会对驾驶人视野适应产生影响进行分类。

1)交通事件发生在隧道入口

如图5.11所示，当交通事件发生在隧道入口时，阻断了部分道路的车辆通行，引起了道路通行能力的减少，进而使车辆运行速度降低，当事件区距隧道入口过短时，将影响车辆进隧道的正常减速，车辆极有可能以较大速度进入隧道，由于驾驶人视觉变化较大时反应较慢，无法考虑除适应瞳孔变化以外的行为，所以，为保证车辆行驶安全，应对隧道内的车辆进行限速。

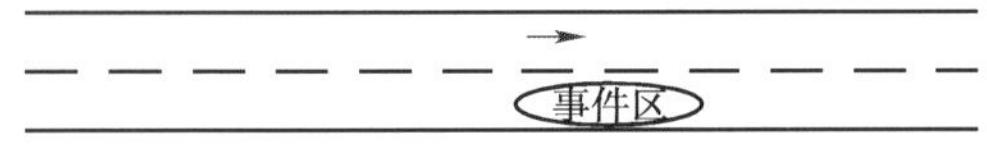

图5.11 交通事件发生在隧道入口

交通事件会影响车辆正常进入隧道的判别条件是有部分交通事件影响区位于隧道

渐近段、入口段或渐变段。

2）交通事件发生在隧道内

如图 5.12 所示，由于交通事件下隧道内行车速度较低，车辆逗留时间较长，排放尾气过多，易造成隧道内的能见度降低，且由于速度的降低，使已有部分灯具的布设显得不尽合理，行车环境比较复杂，因此，限速不仅要考虑车辆合流安全性，还要考虑隧道内能见度和灯具布设。

交通事件处于隧道内时，交通事件会对出入口造成影响的判别条件是所有事件影响区都处于中间段。

3）交通事件发生在隧道出口

如图 5.13 所示，交通事件发生在隧道出口时，由于出口与隧道内亮度强度的对比，驾驶人需要适应亮度的渐变过程，而在这一过程中是不宜换道或减速的，因此应对出口段限速以确保车辆出隧道的安全性。

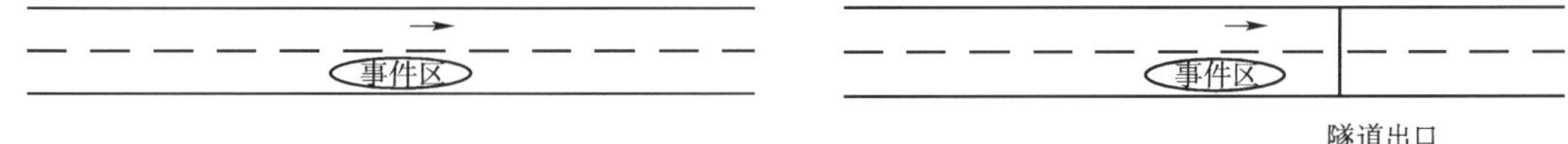

图 5.12　交通事件发生在隧道内　　图 5.13　交通事件发生在隧道出口

交通事件会对车辆出隧道造成影响的判别条件是部分事件影响区位于隧道出口段。

5.2.2　隧道处交通事件下交通特性分析

1）驾驶人在隧道内心理生理变化分析

（1）“黑洞”和“白洞”现象

人眼能够自动适应环境光强的变化。在进出隧道时往往会出现“黑洞”效应和“白洞”效应，驾驶人一般需要 1 ~3s 才能适应环境光强；反之，称为暗适应，暗适应时间一般要 15min 左右。因此，为保证隧道出入口的行车安全，应对隧道出入口车辆进行合理的限速，以确保驾驶人的眼睛能适应亮度的变化。

（2）“频闪”效应和“斑马”效应

车辆以一定的速度通过隧道时，受隧道内不连续灯具的影响，司机的视觉会不断经受明暗变化的刺激而产生“频闪”效应，隧道内的亮度纵向均匀度较低时，路面上会连续、反复地出现亮带和暗带，即“斑马效应”。

车辆以一定速度行驶造成的频闪小于 2. 5Hz 或大于 15Hz 时，对驾驶人生理和心理的影响较小，在频闪频率 F 为 10Hz 时，对驾驶人造成的影响最大，因此，《公路隧道照明设计规范》（JTG D70/2-01—2014）中规定频闪频率应该控制在小于 2. 5Hz 或大于 15Hz 的范围内。频闪频率 F 主要与灯具安装间距 S 和车速 v 有关，其计算公式见式(5.6)。

$$F = \frac{v}{S} \tag{5.6}$$

其受灯具距离影响的车速模型应满足的条件为见式(5.7)。

$$v < 2.5S \text{ 或 } v > 15S \tag{5.7}$$

根据照明条件的不同，通常把隧道分为接近段、入口段、过渡段、中间段和出口段。根据《公路隧道照明设计细则》(JTG/T D70/2-01—2014)，对各个段的长度及照明做出了要求。

(1)隧道接近段设计

在距洞口一定范围内，隧道的设计亮度将进行衰减，其中，洞外亮度取值见表5.3。

洞外亮度(单位：cd/m^2)　　表5.3

天空面积(%)	洞口朝向或洞外环境	计算行车速度 v_t(km/h)			
		40	60	80	100
35%～50%	南洞口	—	—	4000	4500
	北洞口	—	—	5500	6000
25%	南洞口	3000	3500	4000	4500
	北洞口	3500	4000	5000	5500
10%	暗环境	2000	2500	3000	3500
	亮环境	3000	3500	4000	4500
0%	暗环境	1000	1500	2000	2500
	亮环境	2500	3000	3500	4000

隧道接近段长度取一个照明停车视距，见表5.4。

照明停车视距表(单位：m)　　表5.4

速　度(km/h)	坡　度(%)								
	-4	-3	-2	-1	0	1	2	3	4
100	179	173	168	163	158	154	149	145	142
80	112	110	106	103	100	98	95	93	90
60	62	60	58	57	56	55	54	53	52
40	29	28	27	27	26	26	25	25	25

(2)隧道入口段设计

按规范，入口段亮度按式(5.8)计算。

$$L_{th} = k \cdot L_{20}(S) \tag{5.8}$$

式中：L_{th}——入口段亮度；

k——入口段亮度折减系数，按表5.5取值，当交通量处于中间时，按内插考虑；

$L_{20}(S)$——洞外亮度，见表5.3。

入口段亮度折减系数　表 5.5

设计交通量 N (辆/h)		k			
		计算行车速度 v_t (km/h)			
双车道单向交通	双车道双向交通	100	80	60	40
≥2400	≥1300	0.045	0.035	0.022	0.012
≤700	≤360	0.035	0.025	0.015	0.01

入口段长度按式(5.9)计算。

$$D_{th} = 1.154D_s - \frac{h - 1.5}{\tan 10°} \tag{5.9}$$

式中：D_{th}——入口段长度，m；

D_s——照明停车视距，按表 5.4 取值；

h——洞口内净空高，m。

(3)隧道过渡段设计

过渡段由 3 个照明段 TR_1、TR_2 和 TR_3 组成，亮度按表 5.6 取值。

过渡段亮度(单位：cd/m²)　表 5.6

照明段	TR_1	TR_2	TR_3
亮度	$L_{tr1} = 0.3L_{th}$	$L_{tr2} = 0.1L_{th}$	$L_{tr3} = 0.035L_{th}$

过渡段各照明段长度可按表 5.7 取值。

过渡段长度(单位：m)　表 5.7

计算行车速度(km/h)	D_{tr1}	D_{tr2}	D_{tr3}
100	106	111	167
80	72	89	133
60	44	67	100
40	26	44	67

(4)隧道中间段设计

中间段照明亮度 L_{in} 按表 5.8 取值。

中间段亮度 L_{in}(单位：cd/m²)　表 5.8

计算行车速 (km/h)	L_{in}	
	双车道单向交通 $N>2400$ 辆/h 双车道双向交通 $N>1300$ 辆/h	双车道单向交通 $N<700$ 辆/h 双车道双向交通 $N<360$ 辆/h
100	9.0	4
80	4.5	2
60	2.5	1.5
40	1.5	1.5

(5)隧道出口段设计

在单向隧道中,出口段长度取60m,亮度取中间段的五倍。

平均亮度与平均照度之间的换算关系一般按沥青路面15~22lx/cd·m^{-2},水泥路面按10~13lx/cd·m^{-2}取值。

2)照度变化与瞳孔面积变化速度关系分析

(1)照度与瞳孔面积的变动

取隧道进出口路面照度为E,单位为lx,驾驶人瞳孔面积为S,单位为mm^2。研究表明,公路隧道进出口路面的$\log E$与$\log(ES)$正相关,故认为式(5.10)在公路隧道出入口成立。

$$\log(ES) = a\log E + b \tag{5.10}$$

即

$$S = 10^b E^{a-1} \tag{5.11}$$

式中:a、b——常数,因路面材料、入口与出口、驾驶人视觉特性的不同而取值不同。

根据对$\mathrm{Log}E$、$\mathrm{Log}(ES)$值关系的拟合,得a、b的值,见表5.9。

高速公路隧道进出口a、b取值 表5.9

条　件	a	b
水泥路面	0.89928	1.03099
沥青路面	0.85442	1.15745
隧道(入口)	0.91710	0.9946
隧道(出口)	0.88490	1.0846
驾驶人(20~30岁)	0.89100	1.0753
驾驶人(30~40岁)	0.90440	0.9658

(2)瞳孔面积变化速度分析

式(5.11)两边对时间t求导,即可得到瞳孔面积变化速度v_e,见式(5.12)。

$$v_e = \frac{dS}{dt} = (a-1)10^b E^{a-2}\frac{dE}{dt} = (a-1)v\,10^b E^{a-2}\frac{dE}{dx} \tag{5.12}$$

式中:x——测量点至洞口的距离(洞外为负,洞内为正),m;

v_e——瞳孔面积变化速度,m/s。

则得到车速与瞳孔面积变化速度关系,见式(5.13)。

$$v = \frac{v_e E^{2-a}}{10^b(a-1)}\frac{dx}{dE} \tag{5.13}$$

在对隧道亮度设计研究中,可发现隧道由渐近段至入口段、出口段至洞外的亮度及照度变化率是最大的,因此,在限速中,对隧道出入口的限速主要考虑由渐近段变为入口段和出口段变为洞外的亮度及照度变化。

由式(5.13)可知,对于隧道进出口,驾驶人瞳孔面积变化速度 v_e 与行车速度、照度过渡斜率成正比,即车辆行驶速率越高、照度过渡斜率越大,越容易产生视觉障碍,影响驾驶安全。据试验统计结果表明,白天在隧道入口,$v_e>4\text{mm}^2/\text{s}$ 且持续时间 $t>0.2\text{s}$,可视为驾驶人在暗适应过程中出现严重视觉障碍。在隧道出口,$v_e>6\text{mm}^2/\text{s}$ 且持续时间 $t>0.2\text{s}$ 时,可认为驾驶人在明适应过程中出现严重视觉障碍。因此,在隧道入口处车速 $v\leqslant\dfrac{4\times3600E^{2-a}}{10^b(a-1)}\dfrac{\mathrm{d}x}{\mathrm{d}E}$,在隧道出口处车速 $v\leqslant\dfrac{6\times3600E^{2-a}}{10^b(a-1)}\dfrac{\mathrm{d}x}{\mathrm{d}E}$。

3)交通事件下隧道内能见度分析

能见度又称见度,指观察者正常视力下可以清楚看见物体的最大距离,通常与"视距",即"可视距离"等价。

在隧道内,由于通风和照明条件都相对比较差,其能见度大幅降低,驾驶人以安全的速度驾驶车辆,以确保与前车的安全间距。在交通事件下,隧道内部分道路堵塞,进而车速降低,车辆在隧道内滞留的时间也会增加,产生更多的废气,而在此时,仅依靠隧道的通风和照明系统是不能保证车辆的行驶安全的,应根据检测到隧道内现状能见度和安全停车间距对行驶车辆进行合理限速。

停车视距 S 见式(5.14)。

$$S=v(t_1+t_2)/3.6+v^2/254(\phi+i)+S_{安} \tag{5.14}$$

式中:t_1+t_2——反应时间和制动系统的迟滞时间,共为2.5s;

ϕ——附着系数;

i——坡度;

$S_{安}$——车辆静止时与前车保持的最小安全间距。

为了得到隧道内最高限速值,令 $S_{安}=2\text{m}$,路段坡度为0,隧道内能见度 L 为最小停车视距,则基于能见度的最高速度计算模型见式(5.15)。

$$v_n=-88.19\phi+\sqrt{7778.16\phi^2+254\phi(L-2)} \tag{5.15}$$

4)交通事件下隧道内管控策略分析

本部分主要分析的是交通事件隧道内仍存在阻塞情况下的交通组织。在隧道内,车行横通道垂直布设,且通向对向车道,一般用于车辆的紧急救援或车辆的疏导,但由于布设的条件所限,不能用于后续车辆的交通管控策略之中,因此,本部分不考虑车行横通道的交通组织方法。

在隧道内发生交通事件后,对于后续车辆通常有三种组织方式:

(1)封闭发生事件方向的所有道路,且不能利用对向车道行驶

这种方式主要应用于事件占用道路资源较大,堵塞某一方向所有道路,或堵塞部分道路但车辆行驶时会产生较大不利影响,且无法利用对向车道分时段行驶。

(2)封闭发生事件方向的所有道路,利用对向车道和对向车辆分时段分离行驶

这种方式主要应用于事件占用道路资源较大，堵塞某一方向所有道路，或堵塞部分道路但车辆行驶时会产生较大不利影响，不过对向车道车流量不大，分时段行驶不会对正常交通产生很大影响。

(3)封闭发生事件方向的部分道路，利用未堵塞车道行驶

这种方式主要应用于非火灾的交通事件，该事件只占用部分车道，本向车流量不大，且在该状况下使用本向车道不会引起安全性问题。

本部分的限速研究内容是在紧急救援以后对后续交通的组织，因此，限速值是考虑第(2)和第(3)种情况下给出的合理值。

5.2.3 交通事件下隧道处限速值确定

交通事件下的限速应结合不同的管控策略进行限速，因此，本研究把隧道处交通事件下的限速方法分为两大类。同时把隧道线形也分为两类：直线段和平曲线段。

1)直线段隧道的限速分析

(1)利用对向车道分时段行驶

这种组织方式适用于本向行驶道路完全被堵塞，而对向车流不大的情况。这种组织方式会出现车辆在隧道出入口外变道至对向车道的现象，因此，该条件下的限速主要考虑隧道出入口的安全性，即驾驶人的视觉适应过程。

隧道入口驾驶人适应过程中，变化率最大的就是渐近段和入口段，一般把渐近段和入口段作为驾驶人在入口的适应区段；隧道出口适应过程中，出口段变化率最大，把出口段作为驾驶人出口适应区段。

由此可得基于驾驶人隧道瞳孔变化和隧道设计速度的限速值 v_{S1}，见式(5.16)。

$$v_{S1}=\min\{v,v_t\}=\min\left\{\frac{v_g E^{2-a}}{10^b(2-a)}\frac{dx}{dE},v_t\right\} \tag{5.16}$$

式中：v_t——事件区考虑通行能力及换道安全性的速度值，可采用平直路段的限速值，一般取$v_t=80$km/h；

v_g——驾驶人瞳孔面积最大变化速度，隧道进口取4km/h，出口取6km/h；

其他符号意义同式(5.10)。

(2)利用本向未堵塞车道行驶

由于这种组织方式造成的行车环境比较复杂，因此，把利用本向车道行驶的交通组织方式分为两种情况。

①交通事件发生在出入口

这一情形考虑的因素有隧道出入口的安全性和车辆减速、变道的结合。其中，为避免驾驶人在适应瞳孔变化过程因惊慌而造成操作失误，不宜在这一过程采取换道或减速等行为，因此，当交通事件发生在隧道出入口时，应将驾驶人视觉适应阶段和事件区结合起来，认为是一个区，并不考虑在此过程中除驾驶人视觉适应以外的其他行为。

在交通事件影响到隧道出入口时，一般要对隧道入口渐近段、入口段或隧道出口段进行限速，且把这些区段远离事件区，即警告区和上游过渡区不宜设置在入口渐近段、入口段和隧道出口段。

通过驾驶人视觉适应约束条件、车辆安全换道及隧道内通行能力的约束条件，取合理值作为限速值 v_{S2}。

$$v_{S2} = \min\{v, v_t\} = \min\left\{\frac{v_g E^{2-a}}{10^b(2-a)}\frac{dx}{dE}, v_t\right\} \tag{5.17}$$

式中符号意义同上。

式(5.16)和式(5.17)都是基于驾驶人隧道瞳孔变化得出隧道安全限速值，根据钟秀在2011年的研究，受自然光的影响，隧道出入口处亮度都存在突变，隧道出入口5~25m范围内的亮度变化急剧，各个隧道出入口前的亮度差异较大，从25m往内亮度变化趋于平缓，所以把隧道出入口处5~25m作为研究对象。隧道出入口5~25m的平均照度为150lx，则照度过渡斜率的倒数为-0.067，把相关数据带入式(5.16)中得到 $v = 76$km/h，所以 $v_{s1} = v_{s2} = 76$km/h。

②交通事件发生在隧道内

当交通事件发生在隧道内，车辆在洞内速度降低，滞留时间过长，易排放过多的尾气，致使隧道内能见度下降，影响车辆行驶安全，且一些隧道内灯具的布设往往考虑较高的设计速度，没有考虑在特殊情况下车速较慢行驶可能引起的“频闪”效应和“斑马”效应。因此，隧道内考虑的因素比其他情况下多。

先考虑隧道内的能见度、换道安全及通行能力的影响，可得隧道内的限速值，见式(5.18)。

$$v_{S3} = \min\{v_n, v\} = \min\{-88.19\phi + \sqrt{7778.16\phi^2 + 254\phi(L-2)}, v\} \tag{5.18}$$

且 v_{S3} 应满足 $v_{S3} < 2.5S$ 或 $v_{S3} > 15S$，若不满足，则取 $v_{S3} = 2.5S$。

式中：S——隧道内灯具布设间距，m；

其他符号意义同式(5.15)。

在隧道内，能见度与光线强弱有关，光线强度越高，物体上的照度就越强，能见度也就越高。根据闫桂梅2008年对隧道的研究，综合各种调查数据经过拟合发现能见度与光线强弱存在如下函数关系，见式(5.19)。

$$y = 0.3858x^3 - 5.2083x^2 + 30.611x + 28.7 \tag{5.19}$$

式中：y——能见度距离，m；

x——发光强度，10000cd。

通过对式(5.19)函数分析，y 为单调递增函数，也就是光线强度越高，能见度越大，代入式(5.18)中得出的速度值也越大。$y_{min}(x=0) = 28.7$m，把28.7m带入式(5.18)中，得隧道安全限速最小值 $v_n = 27$km/h。根据《公路隧道照明设计细则》(JTG/T D70/2-

01—2014)规定,有照明设施的隧道所采用的计算行车速度不宜大于100km/h,所以隧道安全限速值 $-v_{S3}$ 为27～100km/h。

2)平曲线隧道的限速分析

一般公路隧道以直线段较为合适。直线隧道在隧道的排水、衬砌结构及隧道的路面处理上均较为简单,同时直线隧道对隧道的通风也相对有利。但山区高速公路由于受地形、地质条件的限制,隧道内设置平曲线往往不可避免。考虑到驾驶人在隧道内行车视距相对于隧道外受到了较大的限制,以下为隧道内小半径平曲线的车辆视距情况,如图5.15所示。

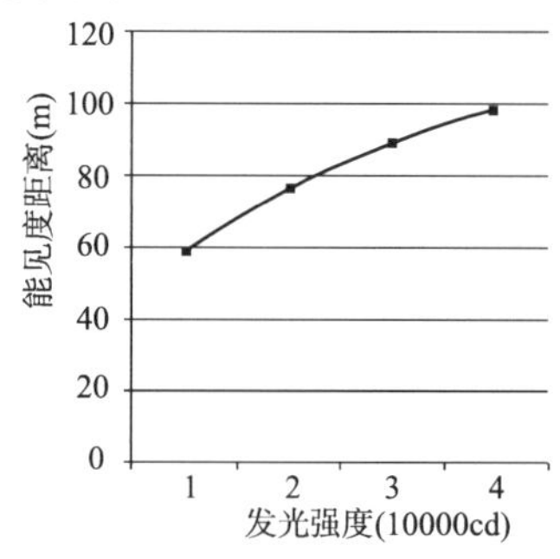

图5.14 能见度与发光强度曲线

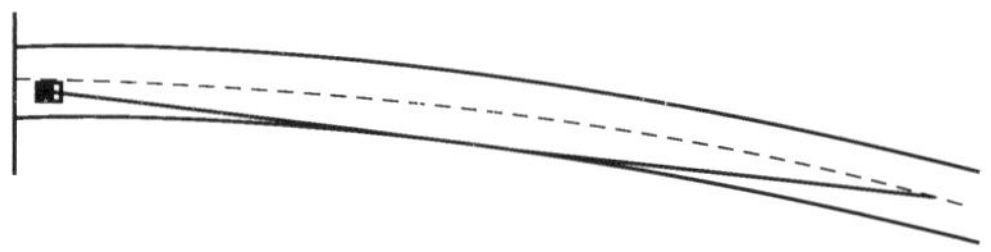

图5.15 车辆行车视距示意图

车辆停车视距见式(5.20)。

$$S_{停}=\frac{v}{3.6}\times t+\frac{(v/3.6)^2}{2gf_1}+S_{安} \tag{5.20}$$

式中:v——运行速度,km/h;

t——驾驶员反应时间,s,取2.5 s;

f_1——轮胎与路面的纵向摩擦系数,f_1 随着车速的增大而减小,对应于车速120～20km/h,f_1 的取值为0.29～0.44;

$S_{安}$——车辆静止时与前车保持的最小安全间距。

(1)保证视距的临界圆曲线半径长度计算

根据图5.16可知,视点、对象物在同一圆曲线内时,行车轨迹线到铅垂状障碍物的宽度与视点上所能看到的视距及圆曲线半径有如下关系,见式(5.21)。

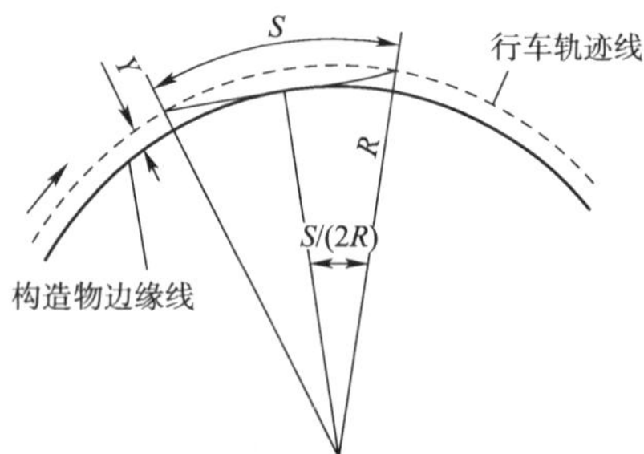

图5.16 保证视距的临界圆曲线

$$Y=R\left[1-\cos\left(\frac{S}{2R}\right)\right]\approx\frac{S^2}{8R} \tag{5.21}$$

式中:Y——横净距,m;

S——视距,m;

R——曲线内侧行驶轨迹的半径,m。

由《公路隧道设计规范》(JTG D70—2004)推荐

的标准内轮廓断面图可得上、下坡幅的 Y 值分别为 2.76m 和 2.97m。

为了得到最大的限速值，令 $S_{安}=0$，联立式（5.20）和式（5.21）可得式（5.22）。

$$v=0.5\times\left[\sqrt{324g^2f^2{}_1+103.68gf_1(\sqrt{8RY}-2)}-18gf_1\right] \tag{5.22}$$

《公路隧道设计规范》（JTG D70—2004）规定隧道设为曲线时，不宜采用设超高的平曲线，且不用采用设加宽的平曲线。高速公路隧道不设超高的圆曲线最小半径应符合表 5.10 规定。

不设超高的最小半径 表 5.10

路　拱	设计速度（km/h）			
	120	100	80	60
≤2.0%	5500	4000	2500	1500
>2.0%	7500	5250	3350	1900

①当 $f_1=0.29$ 时，根据式（5.22）可以得到速度值，如表 5.11 所示。

基于停车视距的速度值 表 5.11

Y=2.76				Y=2.97			
路拱≤2.0%		路拱>2.0%		路拱≤2.0%		路拱>2.0%	
半径（m）	速度（km/h）	半径（m）	速度（km/h）	半径（m）	速度（km/h）	半径（m）	速度（km/h）
1500	93	1900	100	1500	95	1900	101
2500	109	3350	120	2500	110	3350	122
4000	125	5250	136	4000	126	5250	138
5500	138	7500	150	5500	140	7500	152

②当 $f_1=0.44$ 时，根据式（5.22）可以得到速度值，如表 5.12 所示。

基于停车视距的速度值 表 5.12

Y=2.76				Y=2.97			
路拱≤2.0%		路拱>2.0%		路拱≤2.0%		路拱>2.0%	
半径（m）	速度（km/h）	半径（m）	速度（km/h）	半径（m）	速度（km/h）	半径（m）	速度（km/h）
1500	110	1900	118	1500	112	1900	120
2500	129	3350	141	2500	130	3350	143
4000	149	5250	161	4000	150	5250	163
5500	164	7500	180	5500	166	7500	183

（2）隧道路面外侧无超高限速值计算。

随着车速 v 的增加，离心惯性力迅速增加，当它达到轮胎与路面间横向最大附着力

F_y 时,路面上会出现侧滑的擦痕,此时的车速称为侧滑时的临界速度,用 v_φ 表示,所以由式(5.23)得侧滑临界速度,见式(5.24)。

$$mg\varphi_y = m\frac{v_\varphi^2}{R} \tag{5.23}$$

$$v_\varphi = \sqrt{g\varphi_y R} \tag{5.24}$$

式中:φ_y——整车横向的附着系数,取0.5。

根据式(5.24),不同半径下的速度值如表5.13所示。

不同半径临界侧滑速度值 表5.13

路拱≤2.0%		路拱>2.0%	
半径(m)	速度(km/h)	半径(m)	速度(km/h)
1500	86	1900	97
2500	112	3350	130
4000	141	5250	162
5500	165	7500	194

①当事件发生在隧道出入口时。

通过《公路隧道设计规范》(JTG D70—2004)推荐的设计值和侧滑速度以及根据驾驶人视觉约束性由式(5.13)得到的限速值做比较,综合上面所述,推荐隧道限速值如表5.14所示。

隧道不同半径圆曲线推荐限速值 表5.14

路拱≤2.0%		路拱>2.0%	
半径(m)	速度(km/h)	半径(m)	速度(km/h)
$1500 \leqslant R < 1900$	60	$1900 \leqslant R < 2500$	60
$2500 \leqslant R < 3350$	75	$3350 \leqslant R < 4000$	75
$4000 \leqslant R < 5250$	75	$5250 \leqslant R < 5500$	75
$5500 \leqslant R < 7500$	75	≥7500	75

②当事件发生在隧道内时。

当事件发生在隧道内时,主要考虑隧道内能见度对车辆安全行驶的影响。当隧道为圆曲线时,隧道能见度与发光强度和隧道线形有关。考虑隧道内的能见度、换道行驶安全和隧道线形条件,则推荐隧道限速值如表5.15所示。

隧道不同半径圆曲线推荐限速值 表5.15

路拱≤2.0%		路拱>2.0%	
半径(m)	速度(km/h)	半径(m)	速度(km/h)
$1500 \leqslant R < 1900$	60	$1900 \leqslant R < 2500$	60
$2500 \leqslant R < 3350$	80	$3350 \leqslant R < 4000$	80
$4000 \leqslant R < 5250$	100	$5250 \leqslant R < 5500$	100
$5500 \leqslant R < 7500$	100	$R \geqslant 7500$	100

5.3　平曲线路段限速值研究

5.3.1　平曲线路段驾驶员视线距离

1)计算模型假定

由于在现实生活中,驾驶人在行驶过程中的行为比较复杂,为了考虑到可行性以及简化计算的复杂性,在允许的误差范围内对基于注视点的间距设置模型做出如下假设:

(1)将平曲线简化为单圆曲线。

(2)驾驶人在行车的过程中车辆始终呈恒定角度变化通过平曲线路段,并且车辆始终行驶在车道中心线上。

(3)驾驶人在行车的过程中注视点的位置即为圆曲线内侧的切点位置。

(4)驾驶人的视线范围在圆曲线上始终保持为10°,以注视视线的方向左右各为5°。

2)模型的推导与计算

车辆在平曲线路段的运行图如图5.17所示,人眼与车道中心线偏离的距离即为$0.5a-b$,因此,OE与OQ的长度见式(5.25)和式(5.26)。

$$OE = R + 0.5w + 0.5a - b \tag{5.25}$$

$$OQ = R - w \tag{5.26}$$

式中,R——当前曲线半径,m;

a——车身的宽度,取1.8m;

b——驾驶员眼睛距车身左侧的距离,取0.35m;

w——车道宽度,取3.75m。

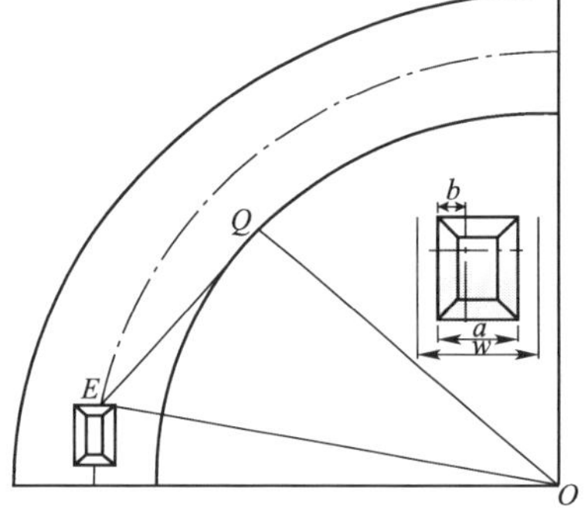

图5.17　车辆在平曲线路段的运行图

驾驶员的视线距离QE见式(5.27)。

$$QE = \sqrt{OE^2 - OQ^2} \tag{5.27}$$

3)不同半径下的驾驶人视线距离确定

根据上述驾驶人视线距离计算公式,得不同半径下的驾驶人视线距离的计算值,如表5.16所示。

不同半径下的驾驶员视线距离的计算值　　表5.16

R(m)	OE(m)	OQ(m)	视线距离 QE(m)
1000	1002	996	109
700	702	696	91
650	652	646	88
400	402	396	69
200	202	196	49

5.3.2 平曲线路段不同半径下的停车视距

为了保证高速公路平曲线路段的行车安全,应保证驾驶人能够看到一定距离的公路路面,以便在发现公路上的障碍物时,能在一定的车速下及时制动,从而避免事故。这一必要的最短行车距离,称为停车视距,停车视距由三部分组成:驾驶人在反应时间内行驶的距离;开始制动到制动停止所行驶的距离,即制动距离和安全距离。停车视距的计算公式如下:

$$s_{停} = \frac{v_1}{3.6}t + \frac{v_1^2}{254f} + S_{安} \tag{5.28}$$

式中:v_1——行驶速度,km/h

t——反应时间,取2.5s;

f——纵向摩阻系数,取0.37;

$S_{安}$——安全距离,取2m。

平曲线路段停车视距视距与平曲线半径之间的关系如下:

$$h = R\left(1 - \cos\frac{S}{2R}\right) \approx \frac{S^2}{8R} \tag{5.29}$$

$$S = \sqrt{8Rh} \tag{5.30}$$

式中:h——横净距,m;

R——平曲线半径,m;

S——停车视距,m。

根据以上计算公式,计算出一般最小半径和极限最小半径的停车视距,在如表5.17所示。

平曲线停车视距计算结果 表5.17

设计车速(km/h)	一般最小半径(m)	横净距(m)	停车视距(m)
120	1000	2.45	140
100	700	2.2	111
80	400	1.95	79
设计车速(km/h)	极限最小半径(m)	横净距(m)	停车视距(m)
120	650	2.45	113
100	400	2.2	84
80	200	1.95	62

5.3.3 交通事件下平曲线路段限速值确定

将不同半径下驾驶人视线距离和不同半径下停车视距比较知,不同半径下的驾驶人的视线距离是小于停车视距的。即车辆不能在交通事件区的视线距离内完成停车,有发生交通事故的风险,为了确保安全,必须要在驾驶人的视线距离内完成停车。因此,将不

同半径下的驾驶人视线距离视为停车视距，并根据速度值与停车视距之间的关系，速度值与停车视距之间计算公式如下：

$$v_1 = \frac{-254ft + \sqrt{(254ft)^2 + 13167.36f(S_{停} - S_{安})}}{7.2} \tag{5.31}$$

式中：v_1——行驶速度，km/h

t——反应时间，取 2.5s；

f——纵向摩阻系数，取 0.37；

$S_{安}$——安全距离，取 2m。

计算出不同视线距离下的安全行驶速度值，如表 5.18 所示。

不同视线距离下的安全行驶速度值 表 5.18

半径(m)	视线距离(m)	速度值(km/h)
1000	109	73
700	91	64
650	88	63
400	69	53
200	49	41

将不同视线距离下的安全行驶速度值作为交通事件下平曲线路段的限速值，再根据 2.3.3 的结论，交通事件下限速值上限不超过 70km/h，所以，交通事件下平曲线路段的限速值如表 5.19 所示。

交通事件下平曲线路段的限速值 表 5.19

设计车速(km/h)	半径(m)	限速值(km/h)
120	$R \geq 1000$	70
	$650 \leq R < 1000$	60
100	$R \geq 700$	60
	$400 \leq R < 700$	50
80	$R \geq 400$	50
	$200 \leq R < 400$	40

6 交通事件下层级限速标志设置基础理论

交通事件发生时高速公路管理人员要采取及时有效的管控措施,其中限速标志和限速值的设置对道路交通的安全、运行效率等有着重要的影响。限速标志的设置位置和设置方式也直接影响交通事件发生区域的安全性。如果限速标志设置的不合理使驾驶人错过了信息,则会引发很严重的交通安全问题,甚至会造成事故的发生。

6.1 层级限速标志效用机理分析

层级限速标志的设置是为保证车辆梯度降速,减少交通冲突,提高车辆运行的安全性。限速标志位置设置的合理性关系到驾驶人以及工作人员的安全,距离事件区太远驾驶人容易遗忘前一标志内容而加速,产生安全隐患;距离太近车辆无法平稳降至限速值,路段上车辆速度离散性大,危险性高。本书从安全角度出发主要从以下两方面阐述限速标志设置作用机理。

1)驾驶人自适应性

驾驶人的驾车行为不仅与道路交通条件有关,而且与自身的素质、条件有关。不同的年龄、驾龄、性别、情格以及经济条件等都对驾驶人的驾车行为产生影响。限速标志位置设置的远近能够改变驾驶人的适应时间,影响其驾车行为。合理的设置位置能够有效减少紧急制动的频率,对驾驶人的生理、心理起到平衡缓和作用。

驾驶人对限速标志的适应性可以用自适应能力描述。自适应能力定义为单位时间内驾驶人对其与限速标志相对距离变化的适应程度,用 W 表示,W 越大表示对变化的适应性越强。

$$W = M/t \tag{6.1}$$

$$M = f(X,m)\cdot \Delta d/t = \sum_i X_i m_i \cdot \Delta d/t \tag{6.2}$$

$$t = \sum_i D_i/\mu \tag{6.3}$$

式中:M——驾驶人与标志的相对距离变化产生的影响;

t——驾驶人自适应时间,s;

Δd——驾驶人与标志的相对距离,m;

m_i——第 i 种影响因素产生的影响;

X_i——m_i的权重；

$\sum D_i$——驾驶人在不同因素影响下的反应程度；

μ——驾驶人处理反应的平均效率。

M 与驾驶人的生理、心理反应程度以及车辆改变状态等多种因素成正相关，与反应时间成负相关即驾驶人对 Δd 的反应越慢，受到的影响越小。

每位驾驶人对事物改变的适应能力都存在一个最大值，即自适应能力的阈值，记为 N。驾驶人对限速标志位置的适应能力应满足的关系为：①$W > N$，处于危险状态；②$W \leqslant N$，处于安全状态。

2）车辆易控性

道路上车辆行驶的安全隐患主要体现在驾驶人紧急制动行为上。合理的限速标志的位置设置能够降低制动的频率，尤其是对于多级限速的情况下，设置适当的限速标志的距离，减少加速度峰值的出现，降低驾驶人频繁过大的制动，使整个限速标志区域内加速度变化为平稳状态，提高行车的稳定性和安全性。因此，车辆的易控性可以用加速度变化体现。

假设车辆从上游驶入警告区并经过 n 级限速标志后，驶入过渡区域内。车辆在整个警告区长度内行驶的加速变化值见式(6.4)。

$$a = \int_0^{d_0}\int_{v_1}^{v_0}\frac{v}{s}\mathrm{d}v\mathrm{d}s + \sum_j^m \lambda_j \int_0^{d_j}\int_{v_i}^{v_j}\frac{v}{s}\mathrm{d}v\mathrm{d}s + \int_{d_m}^{L}\int_{v_m}^{v_2}\frac{v}{s}\mathrm{d}v\mathrm{d}s \tag{6.4}$$

式中：m——警告区内限速值种类数；

λ_j——限速标志系数，取值为 0 或 1；

d_0——车辆至第一块标志牌的距离，m；

d_j——车辆至第 j 块标志牌距离，m；

v_0——第一块标志牌限速值，m/s；

v_1——警告区上游速度值，m/s；

v_2——过渡区速度值，m/s；

L——警告区长度，m。

驾驶人对行车的加速度变化值存在一个最大可承受范围，称为加速度阈值，记为 A；当各个不同路段的加速度曲线与加速度阈值曲线走势一致时，行车处于一个较安全、平稳的状态。对每一路段微元上加速值应满足关系式：①：$\lim\limits_{x\to 0}|a_x - A| = 0$ ②：$\forall x, a_x \leqslant A$。其中，$x$ 表示路段微元；a_x 表示对应路段微元内加速度曲线值。

3）层级限速递减安全性

基于车辆制动减速运动学分析，得出减速后两辆车保持同速不相撞，即在危险时间尚能保持的安全距离模型，见式(6.5)。

$$d_0 = \frac{v_0^2 - v_1^2}{2}\left(\frac{1}{a_1} - \frac{1}{a_2}\right) - v_0 t + d_w \tag{6.5}$$

式中：d_0——两辆车保持不相撞的最短距离，m；

v_0——减速前的车速，m/s；

v_1——减速后的车速，m/s；

a_1——前辆车减速的加速度，m/s^2；

a_2——后辆车减速的加速度，m/s^2；

t——后车制动反应时间和制动协调时间，s；

d_w——减速前前后两辆车之间的距离，m。

从式(6.5)中可以看出，车辆间的安全性与 d_0 有直接关系。后车驾驶人的反应时间和前后两车制动减速的加速度大小都关系到车辆减速安全程度。反应时间越长，后车加速度越小，危险性越高。

由波动理论和泊松分布中的概率分布，分析群体制动影响长度，即由制动所产生的冲击波的传播长度，所传播到的车辆定义为一个车队。

设车辆到达服从泊松分布，$P\{X=K\} = \frac{e^{-\lambda T}\lambda T^k}{k!}$ $(k=0,1,2,3\cdots)$。

参数 λ 为单位时间内随机事件的平均发生率，也可以称为到达率，此处采用的所需的车队间隔间距为 na'，其中 n 为倍数，a'为前后车安全间距。a'的计算公式见式(6.6)。

$$a' = \frac{vt}{3.6} + \frac{v^2 - v_1^2}{2g(\varphi + i) \times 3.6^2} + S_{安} \tag{6.6}$$

式中：t——反应时间，s；

v——初始速度，km/h；

v_1——减速后车速值，km/h；

g——重力加速度，$9.8m/s^2$；

φ——摩擦系数；

i——纵坡的斜率；

$S_{安}$——安全距离，可以取为 5m。

令 a 为前后车安全时距，则所需要的车队间隔时间为 $\Delta t = na = na'/v, n \geqslant 1$。

由泊松分布理论知车队间隔时间大于 Δt 时的概率为 $P\{X=0\} = e^{-\lambda \cdot na}$，设小时交通量为 Q，则一小时中出现这种间隔的次数为 $N = Q \times e^{-\lambda \cdot na}$。

一个车队的平均持续时间 T 见式(6.7)。

$$T = \frac{3600}{N+1} = \frac{3600}{Q \times e^{-\frac{Q}{3600} \cdot a} + 1} \tag{6.7}$$

其中,$a = t + \frac{(v_1 - v_2)}{g(\varphi + i)3.6} + \frac{5}{v_2} \times 3.6$。

由波动理论知波速公式为:

$$w = \frac{q_2 - q_1}{k_2 - k_1} = (q_2 - q_1)/(\frac{q_2}{v_2} - \frac{q_1}{v_1})$$

由波速公式得出影响波的长度为:

$$L_{波} = w \times T$$

由上述公式可以看出,在不考虑其他因素影响的情况下,速度降幅越大,冲击波传播速度越快,一个车队的平均持续时间越长,降速影响的范围越广,道路上受到降速冲击波影响的车辆越多,安全隐患越大。

层级限速使降幅减小,单辆车减速距离缩短,群体影响距离缩小,车辆行驶安全性提高。

6.2 交通事件下限速标志的分类

限速标志本身属于交通标志中的禁令标志,驾驶人应以小于限速值的速度安全驾驶,限速标志具有法律效力,驾驶人不得超速驾驶。而车辆在到达限速路段之前应该设置提示前方道路施工或前方道路已发生交通事故的警告标志,如前方封闭部分车道,应提前设置提醒车辆合流换道的指示标志,因此在交通事件下限速标志的设置,具有警告、指示以及禁止的功能。

本书研究主要针对的是施工作业区和交通事故两种交通事件,由于两种事件的特性存在差异性和相似性(发生的时间、影响范围、突发性、持续时间、信息情况等),所以在设置限速标志时同样也存在差异性和相似性。

6.2.1 速度控制设施分类

固定式限速标志:由于固定式标志牌传递信息清晰,使用方便,需要的人力较少,一直以来是设立交通标志的首选。在施工区和交通事故下也都可采用标志牌传递前方施工信息和限速信息。

视觉限速标线:此种限速方式是通过在路面上画线逐渐减短长度或减小横向间距的方式给人以行车速度过快的错觉,从而降低车速。这种方式在事件区也可以采用,但是事后的拆除工作比较烦琐。

减速垄:对路面进行微表处理,改变平整度,使车辆行驶时颠簸从而造成车辆减速的方法。这种方式的减速效果很好,是使车辆不得不减速的措施。但是如果高度间隔等处理得不好也会发生危险。减速垄在事件区的设置更应该谨慎,并且要结合其他辅助性的工程措施一起使用,事后一定要拆除。

可变限速标志:结合高速公路上的可变情信息来使用,道路中的施工作业信息可以通过可变信息板传达给驾驶人,同时也可以告知其前方的道路封闭情况及限速情况。让驾驶人有心理准备,及时地做出相应的减速行动。

旗手:该标志设立在交通事件发生区域的前方。试验表明,旗手可以使高速公路上的车辆减速并且比一般的标志减速效果要好。美国的交通设施管理手册对旗手的动作还有规范性的规定,并且,一些创意性的动作更能起到使车辆减速的效果。不过为了旗手的安全,应该在旗手前方设立警告标志提醒驾驶人前方旗手的存在。

交通警察:通过强制性管控措施使车辆减速的方式,其中包括静态的和动态的。静态的是指警车或交警停在路旁的形式,动态的是有交警不停地巡逻的形式。一般情况下动态的效果更好一些,但此种方式也应该结合一些其他的工程设施来实施。例如在交通事件发生区域前方的警告区进行辅助限速等。

路面限速标记:将限速标志画于行车道的路面上使行驶在交通事件前方的车辆减速。若道路中交通量过大或是交通事件影响区过长造成排队则会使车辆发现不了路面的限速标志,存在安全隐患,所以使用时应视情况避免上述情形的发生。

6.2.2 施工作业和交通事故下限速标志的相同点与不同点

虽然施工作业和交通事故在高速公路上发生的性质不同,但其发生都要消耗时空资源,产生一系列的信息,迫使高速公路上的车辆做出一些有效的措施来避免事故的二次发生。其中限速就显得非常重要,限速标志在两种不同事件下的相同点与不同点分析也显得十分必要。

(1)相同点。

①两种事件条件下都需设置限速标志。

②标志牌、可变限速标志、旗手和交通警察等限速标志类型在两事件下都可采用。

③两种事件条件下限速标志设置时都需考虑实时道路交通状况。

④警告限速标志、合流限速标志和限速解除标志在两种事件下都可采用。

⑤对于时间分布特性和空间分布特性相似的施工作业和交通事故,可采用相同的限速标志设置方法和方式。

(2)不同点。

①两种事件条件下采用的限速标志类型都有侧重点。事故条件下限速标志的设置往往与交通警察结合并配合旗手的情况居多,而施工条件下采用限速标志牌等无须消耗人力的形式居多。

②两种事件下所产生的信息量和影响不同,继而从驾驶人心理和视认角度出发,两种限速标志的设置应存在不同点。

③对于不同时间空间分布的施工区和交通事故条件下,设置的限速标志类型不同,设置方法不同。

高速公路上的交通事故一般是短时间的,其限速标志设置时就应考虑到力度大且易拆除的特点,以免发生二次交通事故。而需要长期施工的施工作业区,也应考虑采取能

够长期使用且费用较少的限速方式。除了在时间和空间上具有相同分布特性的情况外，两种事件下限速标志的设置一般是不相同的，如表6.1所示。

两种交通事件下限速标志的惯用情况 表6.1

交通事件类型	交通标志牌	视觉限速标线	减速垄	可变限速标志	旗手	交通警察	路面限速标志
施工作业	√	√	√	√			√
交通事故	√			√	√	√	

注：1. 表中所涉及的施工作业区属于长期作业的施工区，而交通事故是短时间的，"√"表示该种限速标志会更多地采用在对应的交通事件下。

2. 本章交通标志的位置设置仅考虑最常用的交通标志牌的设置，若涉及其他方式限速则会具体说明，若无特殊说明则为路侧交通标志牌。

6.3 层级限速标志设置原理分析

限速标志的位置设置中不仅涉及事件影响区长度的计算问题，而且还涉及在各个区域内的具体设置位置，如前置距离、重复距离，以及在道路断面上的横纵向分布情况。下面具体给出各距离的计算分析情况。

6.3.1 限速标志的设置原则

为了保证限速标志的有效性和可实施性，在设置时应遵循一定的原则。

(1)总体来说，限速标志的设置应该结合道路线形、交通状况和沿线情况，保证对驾驶人的视距影响较小。

(2)应保证驾驶人的视认性，简单醒目，信息量小，避免限速标志与周围环境色彩融合，造成驾驶人忽略限速标志的信息。

(3)限速标志的位置和形式的设计，需考虑交通事件的影响，应在国标的基础上与道路条件、交通状况和环境保持协调。

(4)限速标志的版面设计应与国标统一，保证全国驾驶人都能辨认限速标志。

(5)在设计时，不仅要与周围的道路交通协调还要保持与交通事件下的各种标志的协调，做到以人为本。

6.3.2 限速标志的前置、后置距离与重复距离

1)驾驶人视认过程分析

驾驶人对限速标志的视认、信息处理与限速标志位置之间的关系如图6.1所示。

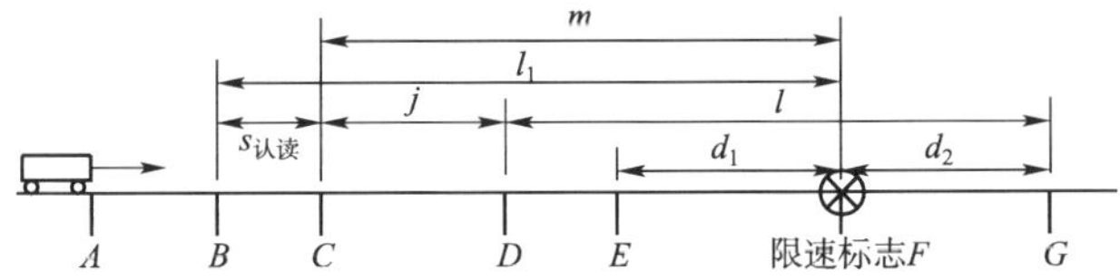

图6.1 限速标志认知过程图

图6.1中，A为察觉点；B为限速标志视认开始点；C限速标志读完点；D为限速动作开始点；E为标志消失点；F为标志设置点；G为减速动作完成点；l_1即BF为驾驶人的视认距离；l为行动距离；j为反应距离；m为认读结束到标志的距离；d_1为消失距离；d_2为限速标志的前置距离。

在此过程中，从A到C是对限速信息的察觉感知阶段；C到D为信息处理阶段；D到G为做出反应，操作—减速阶段。驾驶人要想安全地完成动作，应满足以下两个条件：①认读结束后的距离应大于可操作距离，即应该给驾驶人一定的判断反应时间。②读完后距离应大于消失距离，即应满足驾驶人可以在一定的时间内把标志信息读完。

2）上游过渡区前置距离计算

根据图6.1驾驶人的视认过程并结合上游过渡区分布，得到限速标志的前置距离计算公式，见式（6.8）。

$$D = l + j - m \tag{6.8}$$

其中，

$$l + j = v_i \cdot t/3.6 + \frac{v_i^2 - v_{i+1}^2}{2g(\varphi \pm i) \times 3.6^2} \tag{6.9}$$

$$m = l_1 - S_{认读} = \frac{v_i \cdot t'}{3.6} + \sqrt{\frac{h^2 + d_{横}^2}{\tan\alpha/2}} - \frac{v_i t''}{3.6} \tag{6.10}$$

式中：$S_{认读}$——认读标志时间内行驶的距离，m；

v_i——减速前车速，km/h；

v_{i+1}——减速后车速，km/h；

t'——标志反应时间与理解时间的和，理解时间取为1s；

t''——读取限速标志的时间，可取为1s；

φ——道路纵向摩阻系数，取值范围0.29～0.44；

h——标志与驾驶人视线高度差，标志边缘高度见表6.2，驾驶人视线高取为1.2m；

$d_{横}$——标志的高度或行车中心线到标志的横向宽度，m；

α——驾驶人的视野，一般取为30°；

其他符号意义同图6.1。

相关规范规定禁令标志直径为1.2～0.6m，各种标志牌的高度规定见表6.2。

固定式交通标志设置参数 表6.2

设置参数	柱式	悬臂式	门架式	附着式
下缘高度	1.5～2.5m	一、二级公路净高5m； 三、四级公路净高4.5m	一、二级公路净高5m； 三、四级公路净高4.5m	1.5～2.5m
与路肩距离	≥0.25m	≥0.25m	≥0.25m	≥0.25m

前置距离应满足式(6.11)。

$$D \geqslant v_i \cdot t/3.6 + \frac{v_i^2 - v_{i+1}^2}{2g(\varphi \pm i) \times 3.6^2} - \left(\frac{v_i \cdot t'}{3.6} + \sqrt{\frac{h^2 + d_{横}{}^2}{\tan\theta}} - \frac{v_i t''}{3.6}\right) \tag{6.11}$$

式中符号意义同式(6.10)。

实践表明,驾驶人驶过限速标志 0.5 ~ 1km 会忘记标志内容,故前置距离应小于 500m,上游过渡区前置距离分布见图 6.2。

在设置标志时,同时应满足 $m \geqslant d_l$,保证驾驶人有充分的时间读完标志内容,即满足式(6.12)。

$$m = \frac{v_i \cdot t'}{3.6} + \sqrt{\frac{h^2 + d_{横}{}^2}{\tan\theta}} - \frac{v_i t''}{3.6} \geqslant d = \frac{h}{\tan\theta} \tag{6.12}$$

式中:θ ——消失视角,路侧式标志可采用 15°,悬臂式和门架式可取 7°;

式中其他符号意义同前。

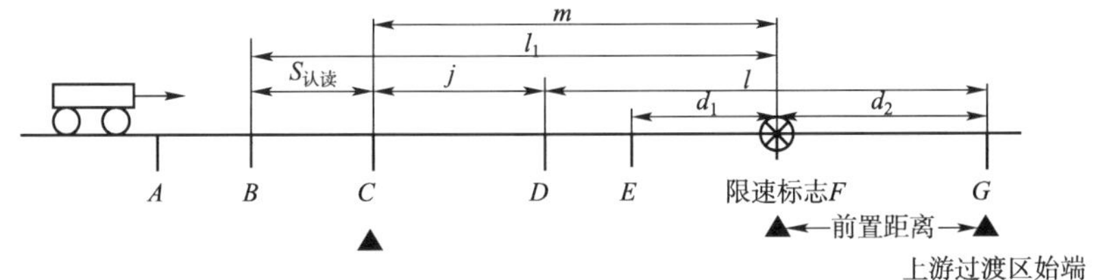

图 6.2　上游过渡区前置距离分布

3)警告区后置距离分析

警告区限速标志后置距离定义为限速标志到警告区开始处的长度。结合驾驶人对标志的视认过程分析限速标志在警告区内的后置距离分布如图 6.3 所示。

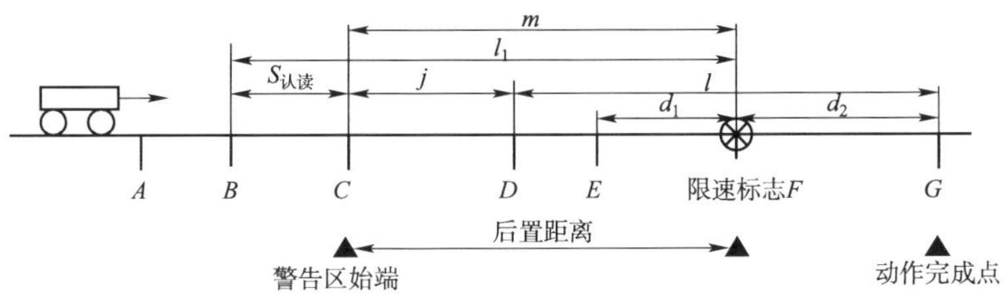

图 6.3　警告区后置距离分布

图 6.3 中,各字母所代表的含义与图 6.2 相同,m 为认读结束到标志的距离,为上游过渡区限速标志的后置距离。由驾驶人视认过程分析,为使驾驶人有充足的时间读完标志内容,在设置标志时同样应满足 $m \geqslant d$,得出警告区限速标志后置距离与式(6.12)相同,见式(6.13)。

$$m = l_1 - S_{认读} = \frac{v_i \cdot t'}{3.6} + \sqrt{\frac{h^2 + d_{横}^2}{\tan\alpha/2}} - \frac{v_i t''}{3.6} \tag{6.13}$$

式中符号意义同前。

式(6.12)和式(6.13)中涉及的前后车速不同,反应时间不同,m 计算结果不同。

4)重复距离

限速标志大多设立在路侧,而外侧车道大型车辆居多,对于其他车道的小汽车来说,存在视线遮挡问题。而且在限速值差大于16km/h时,为了使车辆能够完成减速行动,安全行车,同样需考虑设立重复限速标志。

车辆驾驶人在第一个限速标志处由于种种原因没有在可读范围内读取限速信息,所以应考虑在第一个限速标志消失时即可读取重复限速标志。原理图如图6.4所示。

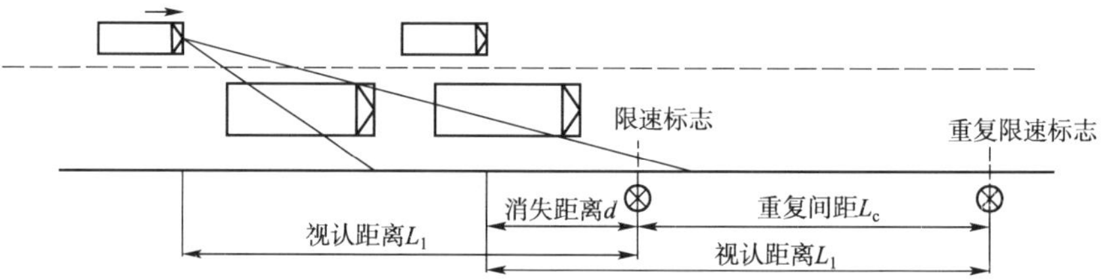

图6.4　重复标志设置原理图

由图6.4得出设立重复标志的重复间距 $L_c = L_1 - d$,见式(6.14)。

$$L_c = \frac{v_i \cdot t'}{3.6} + \sqrt{\frac{h^2 + d_{横}^2}{\tan\alpha/2}} - \frac{h}{\tan\theta} \tag{6.14}$$

式中符号意义同前式。

6.3.3　层级限速标志的纵向分布设置

1)层级限速降幅分析

(1)限速降幅适用范围确定

限速标志的纵向分布主要考虑限速标志的个数以及各标志的设置位置,即考虑层级限速。层级限速中涉及降速情况的分布,而在层级限速中如何比较合理安全地实现降速也是一项重要的任务。下面先来分析降速情况与行车安全的关系,也即分析速度的降幅为何值时,对于车辆行驶来说是比较安全的。

本书主要采用VISSIM仿真的方法,交通组织为二并一的形式。根据有关研究表明在不考虑其他因素影响的情况下,限速以及大车比例对事件(施工)区通行能力的影响见表6.3。

不同大车比例情况下,限速对施工区通行能力的影响(单位:辆/h)　　表6.3

限速(km/h)	大车比例(%)							
	0	5	10	15	20	25	30	35
不限速	1905	1764	1632	1576	1502	1451	1394	1360
60	1708	1652	1579	1539	1495	1441	1405	1361
80	1901	1755	1630	1575	1506	1450	1406	1365

从表6.3中可以看出,施工区通行能力随着大车比例的增加而减小。当大车比例为

30%时,最大的通行能力为1406辆/h,所以在仿真中仅针对交通量较小的1000辆/h和与最大通行能力相近的1500辆/h两个交通量条件,分析在不同的试验条件下警告区和上游过渡区降幅与冲突率的关系。在大于通行能力很多的交通量条件下,车辆会产生严重的排队拥挤现象,此种情况可以采用下面所提到的排队逐渐增加的一级限速标志的设置方法并结合分流和匝道封闭等其他的管控措施。

此处定义的冲突率用单位长度发生冲突的次数来表示,而冲突数用VISSM中的交互作用状态中的冲突状态来表示。

建立仿真路网,各路段长度使用规范中的推荐值,分布情况如图6.5所示。

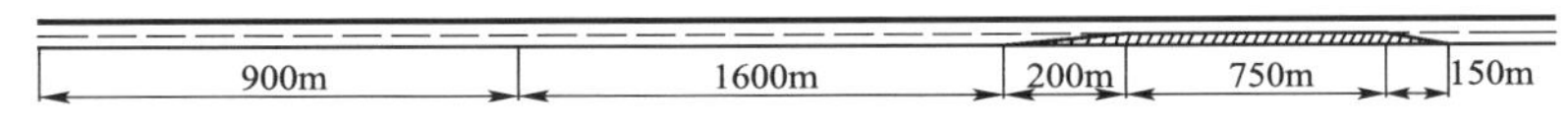

图6.5 仿真路段长度分布图

在交通量1000辆/h的情况下,得到警告区的各降速情况与冲突率的关系如图6.6所示。图6.6中,120-40表示初速为120km/h,即高速公路设计速度为120km/h,40为上游过渡区处的限速标志的值。图6.6的横轴表示设计速度为120km/h、警告区标志为120km/h,此时降幅为0;设计速度为120km/h、警告区标志110km/h,降幅为10km/h。以此类推,设计速度为120km/h、警告区标志40km/h,降幅为80km/h。

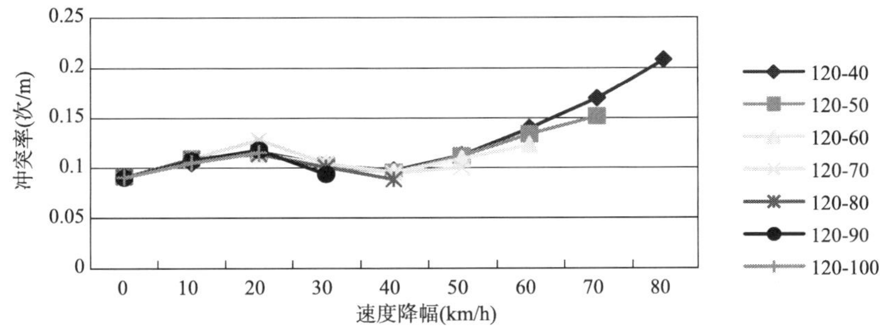

图6.6 警告区速度降幅与冲突率关系(1000辆/h)

从图6.6中可以看出,各试验方案的曲线相似,类似S形曲线,有两个相对最低点,在0km/h和40km/h处,考虑到为后面的一级限速服务,所以一般不会选择0km/h的降幅,即选择降幅在40km/h左右,认为此时冲突率达到了最低点,选择冲突率相对较低的降幅范围30~50km/h。在选择层级限速时,降幅在30~50km/h范围内是比较安全的。而120-90试验方案的降幅达不到40km/h,其降幅最低点在30km/h。由于12-100试验方案的冲突率随着降幅增加而增加,所以不考虑0km/h时的降幅,120-100试验方案的安全降幅为10km/h。

同理,仿真得到上游过渡区速度减少量为40km/h、50km/h、60km/h、70km/h和80km/h的冲突率分布如图6.7所示。图6.7表示由警告区限速标志值减到上游过渡区限速标志值的降幅情况,如由警告区限速标志40km/h减到40km/h,降幅为0,由警告区限速标志 50km/h 减到 40km/h，降幅为 10km/h，以此类推，由警告区限速标志 120km/h 减到 40km/h，降幅为 80km/h。

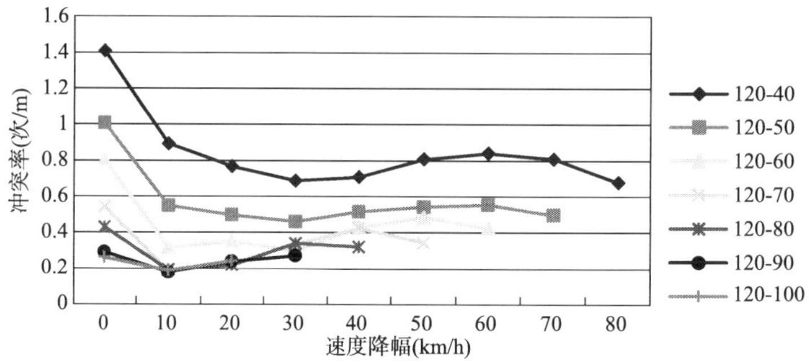

图 6.7　上游过渡区速度降幅与冲突率的关系（1000 辆/h）

由图 6.7 中可看出，各试验方案的曲线是比较相似的，其最低点分布呈现随上游过渡区限速值增加而向原点靠近的趋势，前三个试验方案的最低点在降幅 30km/h 处，而后四个试验方案的最低点在降幅 10km/h 处。由于层级限速中的一级限速在警告区设置，所以此处不考虑由 120km/h 降到各限速值的降幅。由图可知，上游过渡区限速值较高时冲突率相对低，这说明在较小交通量时，上游过渡区限速值应设置得高一些。

为下文层级限速中方便查看使用，现将交通量 1000 辆/h 的警告区和上游过渡区的各方案的降幅适用情况进行整理，如表 6.4 所示。

交通量为 1000 辆/h 的各区降幅适用范围分析　　表 6.4

试验方案	警告区限速标志与设计速度间的合适降幅 A	上游过渡区限速值与上一级限速值间的合适降幅 B
120-40	30 ~ 50km/h	30 ~ 40km/h
120-50	30 ~ 50km/h	20 ~ 40km/h
120-60	30 ~ 50km/h	10 ~ 30km/h
120-70	30 ~ 50km/h	10 ~ 20km/h
120-80	30 ~ 40km/h	10 ~ 20km/h
120-90	30km/h	10 ~ 20km/h
120-100	10km/h	10 ~ 20km/h

从仿真方案中也可大体了解各限速方案与冲突率的关系，图 6.8 为试验方案的不同限速方案与冲突率的关系图。图中，试验方案中各限速方案的冲突率分布不同，120-40 试验方法的限速方案（即警告区和上游过渡区限速值）分别为 120-40、110-40、100-40、90-40、80-40、70-40、60-40、50-40 和 40-40，方案编号分别为 1、2、3、4、5、6、7、8 和 9；120-50 的限速方案分别为 120-50、110-50、100-50、90-50、80-50、70-50、60-50 和 50-50，方案编号分别为 1、2、3、4、5、6、7 和 8；120-60 的限速方案分别为 120-60、110-60、100-60、

90-60、80-60、70-60 和 60-60，方案编号分别为 1、2、3、4、5、6 和 7；120-70 的限速方案分别为 120-70、110-70、100-70、90-70 和 80-70，方案编号为 1、2、3、4、5 和 6；120-80 的限速方案分别为 120-80、110-80、100-80、90-80 和 80-80 方案编号为 1、2、3、4 和 5；120-90 的限速方案分别为 120-90、110-90、100-90 和 90-90，方案编号为 1、2、3 和 4；120-100 的限速方案分别为 120-100、110-100、100-100，方案编号为 1、2 和 3。

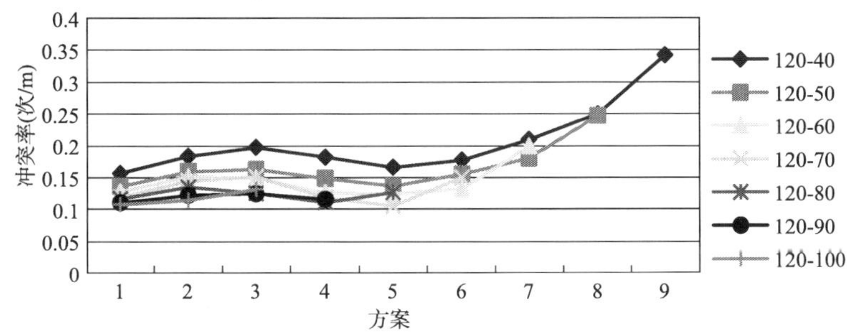

图 6.8　限速方案与冲突率的关系（1000 辆/h）

由图 6.8 可以看出，前四个试验方案中的方案 5 为冲突率较小的方案，即为 80 ~ v，其中，v 为 40、50、60 和 70；120-80 和 120-90 两个试验方案中的方案 4 为冲突率较小的点，即 90-v，其中，v 为 80 和 90；120-100 的试验方中率案中方案 2 为冲突率较小的点，即 110-100。但从整体来说，后面的四个试验方案的限速方案相对来说是比较安全的，80-70 为此种交通量条件下最安全的，此处分析仅作为限速方案设计的参考，实际应用中还要考虑其他有关因素的影响。

交通量 1500 辆/h 的分析采用与 1000 辆/h 相同的方法，首先分析警告区降幅情况与冲突率的关系，如图 6.9 所示。

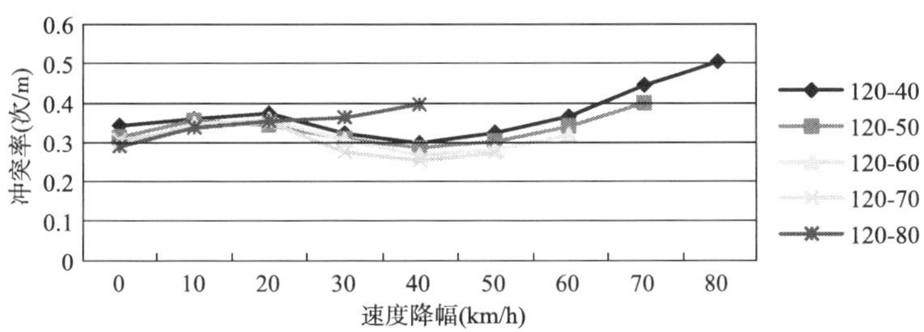

图 6.9　警告区速度降幅与冲突率关系（1500 辆/h）

由图 6.9 可以看出，警告区的速度降幅与冲突率曲线类似 S 形曲线，所以对于每条曲线都有两个相对较低的点，与交通量 1000 辆/h 的情况相似。即选择降幅在 40km/h 左右，认为此时冲突率达到了最低点，冲突率相对较低的降幅范围应为 30 ~ 50km/h。在选择层级限速时，降幅在 30 ~ 50km/h 范围内是比较安全的。但从图中也可以看出，120-80 试验方案的冲突率随着降幅的增加而增大，说明此种方案中，警告区不限速即降幅为 0 ~ 10km/h 是比较合理的，而在选择降幅时不考虑 0 的情况。

上游过渡区降幅与冲突率关系如图6.10所示。

由图6.10可以看出，上游过渡区的速度对降幅与冲突率的关系影响很大，上游过渡区的速度不同，降幅所对应的冲突率较小点也不同。

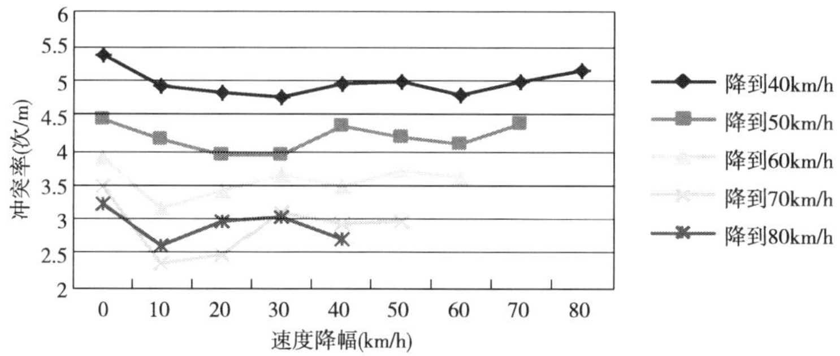

图6.10　上游过渡区速度降幅与冲突率关系(1500辆/h)

当上游过渡区限速为40km/h和50km/h时，冲突率较低时对应的降幅范围为20～30km/h；当上游过渡区限速为60km/h、70km/h和80km/h时，冲突率较低点对应的降幅范围为10～20km/h。此处研究层级限速，至少是一级限速，即在警告区限速，所以上游过渡区的降幅情况不再考虑由120km/h降到各限速值的降幅，即不再考虑各试验方案的最后一个点。

综合图6.9和图6.10可知，降到70km/h，即上游过渡区限速70km/h时，上游过渡区和事件区的冲突率相对较小，结果如表6.5所示。

交通量为1500辆/h各区限速降幅的适用情况　　表6.5

试验方案	警告区限速标志与设计速度间的合适降幅A	上游过渡区限速值与上一级限速值间的合适降幅B
120-40	30～50km/h	20～30km/h
120-50	30～50km/h	20～30km/h
120-60	30～50km/h	10～20km/h
120-70	30～50km/h	10～20km/h
120-80	10km/h	10～20km/h

1500辆/h条件下，各试验方案的限速方案与冲突率的关系如图6.11所示。其中，各方案的编号与前一交通量条件下一致。

从图6.11中可以看出，对于前四个试验方案的结果，即对于前四条曲线来说，趋势是相似的，冲突率相对较低的点大致都为方案5或方案6，即为80-v，v为50和70，70-v，v为40和60。而对于120-80试验方案来说，冲突率最低点的限速方案为120-80，即只在上游过渡区限速，限速值为80km/h，此种方案不是后面考虑的一级限速方案，故舍弃，取第4限速方案即90-80。总体来说，120-70试验、方案的冲突率最低，且与80-70的限速方案

相比较来说,安全性更高。

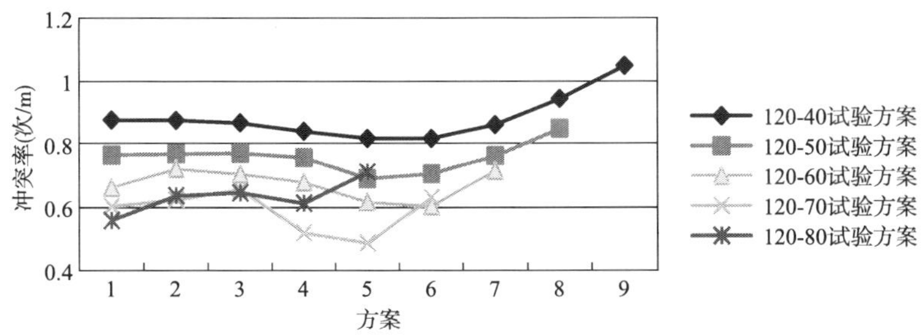

图6.11 各限速方案与冲突率关系(1500 辆/h)

以上分析两种交通量条件下的各区降幅的适用情况,其中在仿真中发现交通量 1000 辆/h 条件下不排队,1500 辆/h 时道路上有少量排队,所以此处分析的两个区的限速值降幅适用范围可以分别用于交通量较小和交通量一般两种情形,并应用于后面的层级限速中。而对于交通量较大的情形的一级限速标志的设置,后文将详细阐述。

(2)层级限速中降幅使用原理分析

在确定各区限速值以及限速标志个数时,应采用合理的降幅范围,即各区的降速幅度应在合理的安全范围内。假设有两个限速标志,设 v_0 为设计速度,v_1 为第一限速标志值,v_2 为上游过渡区限速标志值。

第一个限速标志的降幅为 $\Delta v_1 = v_0 - v_1$;

第二个限速标志的降幅为 $\Delta v_2 = v_1 - v_2$。

此时的 Δv_1 和 Δv_2 应满足在上面所求出的各区合适的降幅范围内,即应满足条件:$\Delta v_1 \in A$ 且 $\Delta v_2 \in B$,若不满足则应考虑在第一限速标志和第二限速标志之间设置中间限速标志,使各级限速标志间降幅符合适用范围。如交通量较大时,若计算得到上游过渡区处适合的限速值为 40km/h,查看表 6.4 知,其合适降幅范围为 20 ~ 30km/h,则可以选择降幅 20km/h,其上一级限速值应为 60km/h,而 120km/h - 60km/h = 60km/h,大于表中警告区限速降幅范围 30 ~ 50km/h,所以此处可以考虑中间设置限速标志整体构成三级限速标志。若都在范围内,则考虑设置二级或一级限速标志。

此处所计算出来的降幅范围仅作为层级限速中确定限速值的参考,其具体设置还需考虑其他方面因素的影响。

2)层级限速标志位置设置

(1)三级限速标志位置设置

根据第二章中对交通事件控制区的划分,可以分为警告区、上游过渡区、缓冲区、事件区、下游过渡区和终止区六个区域。其中警告区和上游过渡区的长度可以采用规范中的方法计算。警告区最小长度见式(6.15)。

$$S = \frac{v_1 \cdot t}{3.6} + \frac{{v_1}^2 - {v_2}^2}{2g(\varphi \pm i) \times 3.6^2} + \frac{v_2 \cdot t}{3.6} + \frac{{v_2}^2}{2g(\varphi \pm i) \times 3.6^2} + S_3 \tag{6.15}$$

式中：v_1——正常行驶车速，km/h；

v_2——减速后车速，km/h；

g——重力加速度，9.8m/s²；

i——道路纵坡，上坡取"+"，下坡取"−"；

φ——道路纵向摩阻系数，取值范围为0.25～0.44；

t——驾驶人反应时间，通常取2.5s。

上游过渡区长度与事件区限速值和封闭道路宽度有关，根据规范，其计算公式见式(6.16)。

$$L_s=\begin{cases}v^2W/155 & (v\leqslant 60\text{km/h})\\ 0.625vW & (v>60\text{km/h})\end{cases} \tag{6.16}$$

一般为了上游过渡区的速度不致变化太大，在上游过渡区一般只设立一个限速标志。所以三级限速标志设立时，为了车辆减速更安全，在警告区需设立两个限速标志。一般设三级限速标志时，如限速值间隔不超过16km/h时，不用设重复标志，大于16km/h时，应设立重复标志。

式(6.16)计算警告区最小长度时，只考虑警告区设立一个限速标志的情况，所以在设立三级限速标志时，应对规范中的警告区最小长度进行修正。三级限速时警告区的最小长度见式(6.17)。

$$S=S_1+S'_1+S_2+S_3 \tag{6.17}$$

式中：S_1——从正常行驶速度降到限制车速所需的距离，m；

S_2——车辆到达工作区附近排队尾部时的最小安全距离，m；

S_3——在工作区路段由于车道封闭、车道数减少等因素改变引起的车辆拥挤时的排队长度，m；

S'——车辆在第二限速标志处的反应减速距离，m。

其中，S_1、S_2和S_3计算公式见式(2.2)～式(2.4)。S'_1计算公式见式(6.18)。

$$S'_1=\frac{v_2}{3.6}t+\frac{v_2^2-v_3^2}{2g(\varphi\pm i)\times 3.6^2} \tag{6.18}$$

式中各符号意义同前。

三级限速标志的分布情况如图6.12所示。

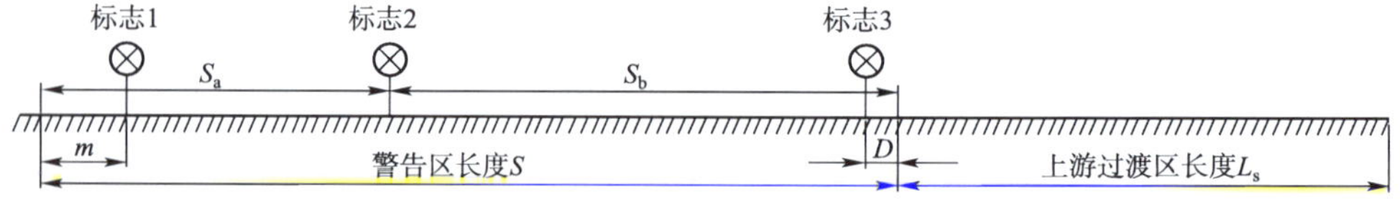

图6.12　三级限速标志的纵向分布

图中 S_a 和 S_b 至少应满足的条件见式(6.19)。

$$\begin{cases} S_b \geqslant D + S_2 + S_3 \\ S_a \geqslant S_1 + m \\ S_a + S_b \geqslant S \end{cases} \tag{6.19}$$

式中：S_a——限速标志 2 到警告区始端的距离，m；

S_b——限速标志 2 到上游过渡区起点的距离，m；

其他符号意义同前。

(2)二级限速标志位置设置

二级限速标志只在警告区开始处和上游过渡区开始处设置，设置时需计算出警告区和上游过渡区的长度。警告区长度计算可采用相关现行规范中所提供的公式计算，见式(6.20)。

$$S \geqslant S_1 + S_2 + S_3 \geqslant \frac{v_1}{3.6}t + \frac{v_1^2 - v_2^2}{2g(\varphi \pm i) \times 3.6^2} + \frac{v_2}{3.6}t + \frac{v_2^2}{2g(\varphi \pm i) \times 3.6^2} + \frac{Ql}{n} \tag{6.20}$$

式中：Q——发生在车道上的交通事件引起交通拥堵的是小流量；

l——平均车头间距；

其他符号意义同前。

上游过渡区长度采用相关规范中的公式，见式(6.16)。

考虑到降速安全性，当限速标志的限速值差大于 16km/h 时，可考虑设立重复限速标志。二级限速标志的分布情况如图 6.13 所示。

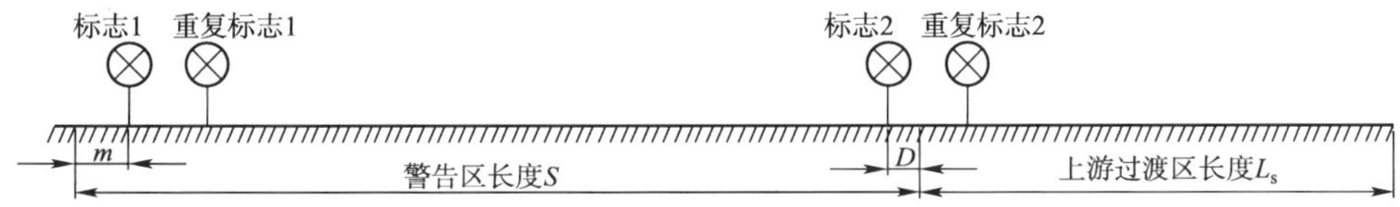

图 6.13　二级限速标志的纵向分布

(3)一级限速标志位置设置

一级限速标志位置设置可以分两种情况，一是交通量不大，交通组织简单；二是交通量很大，造成排队长度很长。

①交通量不是很大且车道数较少不产生排队时，只在警告区起点处设立限速标志。一般为了保证驾驶人都能得到减速信息，要设立重复限速标志。

警告区的长度可以采用式(6.15)计算，上游过渡区长度可以采用式(6.16)计算。一级限速标志的纵向分布情况如图 6.14 所示。

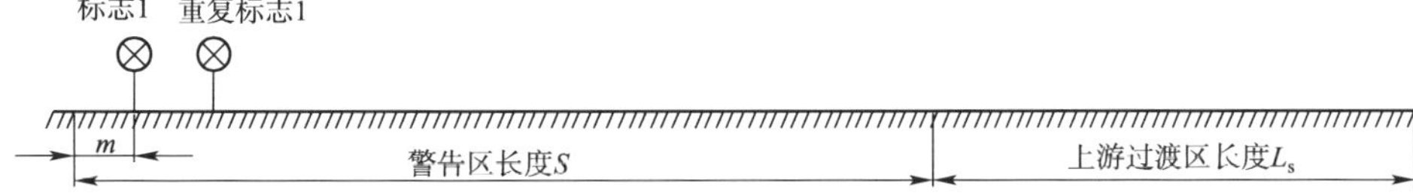

图 6.14　一级限速标志的纵向分布

②发生突发性交通事件造成较长排队且排队长度逐渐增加时，无法采用固定式限速标志，只有采用车载式限速标志或可移动限速标志且限速标志距离排队车辆末端的距离应至少满足式(6.21)。

$$S_{车载} \geqslant \frac{v_1}{3.6}t + \frac{v_1^2 - v_2^2}{2g(\varphi \pm i) \times 3.6^2} + \frac{v_2}{3.6}t + \frac{v_2^2}{2g(\varphi \pm i) \times 3.6^2} + S_{安} \tag{6.21}$$

式中：$S_{安}$——车辆停止后与前车的安全距离，一般取为3～5m；

其他符号意义同前。

由于限速标志在设置时距离不宜过远，因此就存在最远距离的计算问题。主要从两方面考虑：驾驶人的短时记忆时间；驾驶人的视认距离。

驾驶人驶过限速标志后有一个短时记忆时间，有关研究表明驾驶人在驶过标志500～1000m后会不记得刚看过的限速标志，所以此处距离采用短时记忆行驶的较短距离500m。

我国交通运输部规定：动视力一般为静视力的0.8～0.9，所以驾驶人动视力最低取4.0。驾驶人在判断前方车辆时看到的垂直距离应为车的高度，取为1.5m。表6.6中视力为动视力，视角为临界视角，当取动视力4.0时，临界视角为0.167度。可以计算满足最小动视力的最短视认距离。

汉字高度与视力对应的视认距离　　表6.6

视力	4.0	4.3	4.5	4.6	4.7	4.8	4.9	5.0	5.1	5.2	5.3
视认距离(m) / 视角(°) / 汉字高度(mm)	0.167	0.084	0.053	0.042	0.033	0.026	0.021	0.017	0.013	0.011	0.008
100	6.7	13.3	20.0	26.7	33.3	40.0	53.3	66.7	80.0	100	106.7
200	13.3	26.7	40.0	53.3	66.7	80.0	106.7	133.3	160	200	213.3
300	20	40	60	80	100	120	160	200	240	300	320
400	26.7	53.3	80	106.7	133.3	160	213.3	266.7	320	400	426.7

临界视角的计算公式，见式(6.22)。

$$\beta = 2\arctan\frac{D_{垂}}{2L_{视}} \tag{6.22}$$

视认距离的计算公式，见式(6.23)。

$$L_{视} = \frac{D_{垂}}{\tan\frac{\beta}{2}} \cdot \frac{1}{2} \tag{6.23}$$

式中：β——临界角度，°；

$D_{垂}$——被观察对象上下两端点垂直距离，m；

$L_{视}$——临界状态下的视认距离，m；

将上述数据带入式(6.23)得:

$$L_{视} = \frac{1.5}{\tan\frac{0.167}{2}} \times \frac{1}{2} = 514.6\text{m}$$

为保守考虑将最小动视力下的最短距离取为500m。

行驶车辆的停车视距 $S_{停} = S_2 + S_{安} = \frac{v_2}{3.6}t + \frac{v_2^2}{2g(\varphi \pm i) \times 3.6^2} + S_{安}$,当速度为110km/h时,摩阻系数根据表6.7取0.29,得到客车最大停车视距。

$$S_{停} = S_2 + S_{安} = \frac{110}{3.6} \times 2.5 + \frac{110^2}{2 \times 9.8 \times 0.29 \times 3.6^2} + 5 = 245.6\text{m}$$

货车最大停车视距 $S_{停} = S_2 + S_{安} = \frac{100}{3.6} \times 2.5 + \frac{100^2}{2 \times 9.8 \times 0.24 \times 3.6^2} + 5 = 238.5\text{m}$。

两种类型车都满足 $S_{停} < L_{视}$,所以在选用最大的距离时应采用 $L_{视} = 500\text{m}$。所以可移动标志或车载标志距离排队尾部的最大距离,见式(6.24)。

$$S_{车载} \leqslant S_1 + S_{短时记忆} + S_{视} = \frac{v_1}{3.6}t + \frac{v_1^2 - v_2^2}{2g(\varphi \pm i) \times 3.6^2} + 1000 \tag{6.24}$$

可移动限速标志在设置时应满足的关系,见式(6.25)。

$$\frac{v_1}{3.6}t + \frac{v_1^2 - v_2^2}{2g(\varphi \pm i) \times 3.6^2} + \frac{v_2}{3.6}t + \frac{v_2^2}{2g(\varphi \pm i) \times 3.6^2} + S_{安} \leqslant S_{车载} \leqslant \frac{v_1}{3.6}t + \frac{v_1^2 - v_2^2}{2g(\varphi \pm i) \times 3.6^2} + 1000 \tag{6.25}$$

式中各符号意义同前。

停车视距计算中的摩阻系数修正表 表6.7

设计速度(km/h)	运行速度(km/h)		摩阻系数	
	客车	货车	客车 φ	货车 φ(0.854)
120	110	100	0.29	0.24
100	95	85	0.30	0.25
80	80	70	0.31	0.26
60	70	60	0.33	0.28

(4)限速解除标志位置设置

车辆从合流的车道中分离出来,行驶到原车道。因为分离车流属于连续流,即第一辆车分离出来后的距离即是分流区开始的最短距离。为了车辆的安全行驶,解除限速标志的距离应为下游过渡区距离与终止区距离之和,如图6.15所示。

其中下游过渡区长度应满足式(6.26)。

$$L_x \geqslant \frac{v}{3.6}(t + t_b) \tag{6.26}$$

式中：v——事件区的限速值，即上游过渡区的限速值，km/h；

$t + t_b$——反应时间与变道时间之和，可以采用3s。

按国标的规定，终止区最短长度取为30m，则解除限速标志距离事件区距离满足式(6.27)。

$$S_j \geqslant \frac{v}{3.6}(t + t_b) + 30 \tag{6.27}$$

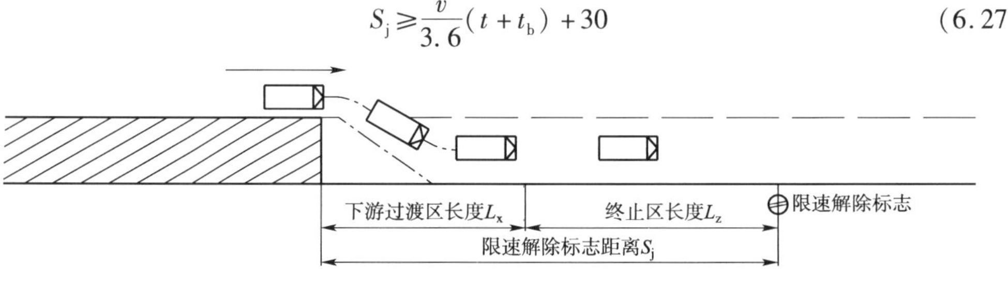

图6.15　限速解除标志纵向分布

6.3.4　层级限速标志的横向分布设置

限速标志在道路横断面上的分布与交通事件发生占用的车道情况有关，根据不同车道占用情况，限度标志可选择设立在右侧、路中、左侧等，对于一些特殊情况也有采用两侧都设立限速标志。限速标志在设立时，在道路周围条件允许的情况下，可以只采用右侧限速，但是若条件不允许或为了车辆更安全的行驶，也可以采用其他的布设方式。

1）限速标志设立在右侧的情况分析

根据我国驾驶人的行车习惯，容易发现右侧事物，所以大多交通标志都设立在右侧容易看到的地方。下面几种情况可以采用右侧限速标志。

（1）双向四车道，道路右侧不存在视线遮挡问题。无论封闭哪个车道，驾驶人都可以看到路侧的限速标志，做出减速行为。

（2）双向六车道，道路右侧无视线遮挡问题。单独封闭一个车道的情况；封闭任意两个车道且交通量不是很大，右侧车道大车比例不是很大的情况；全封闭车道，道路前方有道路管控人员指挥的情况。

（3）双向八车道，道路右侧无视线遮挡问题。单独封闭一个车道的情况；封闭外侧第一和第二两条车道的情况；封闭外侧第一、第二和第三三条车道，且交通量不是很大时的情况；全封闭车道，道路前方有道路管控人员指挥的情况。

2）限速标志设立在左侧的情况分析

一般在事件区附近右侧存在视线遮挡问题时，限速标志会采用左侧设置或路中设置。下面几种情况，限速标志最好采用左侧设置。

（1）双向六车道，封闭外侧三条车道的情况；封闭外侧第二和第三条车道的情况。

（2）双向八车道，封闭外侧四条车道的情况；封闭外侧第三和第四条车道的情况；封

闭外侧第二、第三和第四条车道的情况。

如果条件允许的话，也可以在封闭多车道时采用左右都设立限速标志，但两侧的限速值要保持一致。

3）限速标志设立在路中的情况分析

当交通事件发生需封闭中间车道时，为了车辆能够清晰地看到限速标志，也有限速标志设立在路中的情况发生。如双向八车道封闭外侧第三和第四两条车道时，可以在路中设立限速标志，保证道路上车辆都可以及时地看到限速标志，采取行动。

从实践可以看出，一般只要道路右侧能够设立限速标志，就会采取在道路右侧设立的形式，但考虑安全性应尽量按上面分析的结果设置。

7 交通事件下不同路段限速标志设置位置

不同车道数条件下以及不同特殊点段的条件下,限速标志的位置设置和事件发生的位置与车道分布有关,不同的车道封闭形式,其的交通组织形式不同,限速标志的具体设置位置也不同。

7.1 交通事件下平直路段限速标志设置分析

7.1.1 双向四车道高速公路平直路段限速标志设置

双向四车道高速公路,根据其施工道路条件可以分封闭一车道和封闭两车道并利用对向车道两种情况来分析各限速标志位置设置。

1)封闭一车道

双向四车道高速公路封闭其中一条车道的设置情况较为多见,前文所述的限速标志设置原理分析即是基于此种形式下的事件区限速标志研究,故此处在设立限速标志时,可完全采用模型式(6.15)~式(6.27),计算其设置位置。

由第三章得出的双向四车道高速公路封闭一车道情况下的限速值研究结果,结合本章模型计算公式可得限速标志的具体设置位置分布以及所采用的层级限速标志类别。

2)封闭两车道并利用对向车道

当交通事件发生需封闭半幅路或封闭内侧车道且排队较长时,可以考虑利用中央分隔带活动开口引导交通流的方向,从而改善事件区的车辆运行状况。采用此种方式应具备以下条件:

(1)事件发生区域覆盖半幅路或封闭靠中央分隔带的车道。

(2)本方向车辆排队现象严重。

(3)反方向车辆交通量不大,在封闭相应车道后不会造成严重延误。

在开口处的交通组织形式有两种,如图7.1所示。

第一种组织形式的所有车辆在开口处完成汇合换道的动作,换道车辆较多,所以此处较拥挤,车辆行驶速度较低即限速值较低,同时也影响上游过渡区的长度及限速标志牌的放置位置。

第二种组织形式是汇合的车辆在开口处前方先完成合流，而后再在开口处完成换道行为。此种形式的车辆换道过程较快，车辆的行驶速度较高。从驾驶人心理因素分析，大多数驾驶人会选择第二种组织形式。

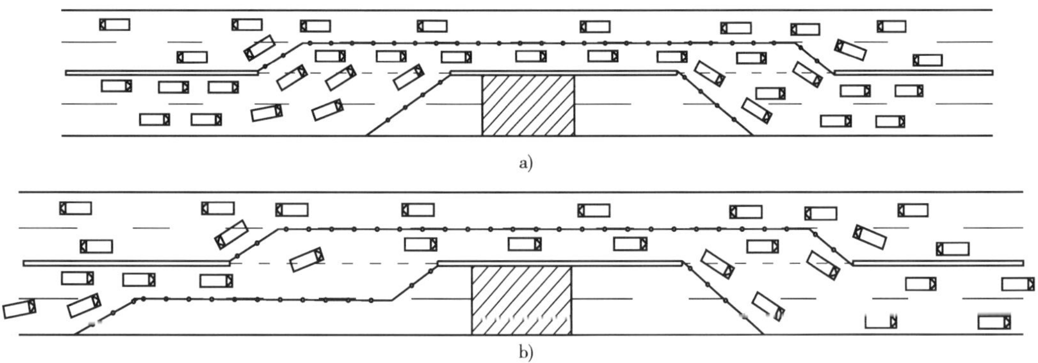

图 7.1　全封闭利用对向车道组织情况

该种交通组织形式下存在两个上游过渡区和一个调整区，其中调整区长度应根据道路交通量条件实时布设，两个上游过渡区长度采用式(6.16)的计算原理并进行修正后，如式(7.1)所示。

$$L_{s1} = L_{s2} = L_s/2 = \begin{cases} v^2 W/310 & (v \leqslant 60\text{km/h}) \\ 0.3125vW & (v > 60\text{km/h}) \end{cases} \tag{7.1}$$

警告区最小长度采用式(6.15)计算，警告区限速标志的后置距离和上游过渡区限速标志的前置距离采用式(6.13)和式(6.8)计算。若中间调整路段长度超过 500m，则应在上游过渡区开始处设立重复限速标志。

7.1.2　双向八车道高速公路平直路段限速标志设置

双向八车道高速公路的车辆运行特性及道路自身特性的复杂性使得交通事件下双向八车道与双向四车道限速标志的设置存在不同点。交通事件下封闭车道的情形较多，考虑的因素较多，交通组织形式也较为繁杂。下面从事件的不同分布位置来分析限速标志的具体设置位置，此处仅选取代表性的道路封闭情形。

1）封闭中间两条车道中的一条车道

封闭一条中间车道时，上游过渡区可以有三种设置形式，如图 7.2 所示。

第一种组织形式利用上游过渡区的导向装置将封闭车道的车辆向两条紧邻车道上引导；第二种组织形式利用上游过渡区导向装置将封闭车道的车辆向仅有一条车道的方向引导；第三种组织形式是采用双导向的过渡区，可将封闭车道的车辆引向左右两侧车道。三种方式的比较见表 7.1。

从上表可看出，在封闭中间一条车道，第一种组织形式较为合理，具体的设置位置分为警告区限速标志设置和上游过渡区的限速标志的设置，设置中用到的公式同 7.1 节。

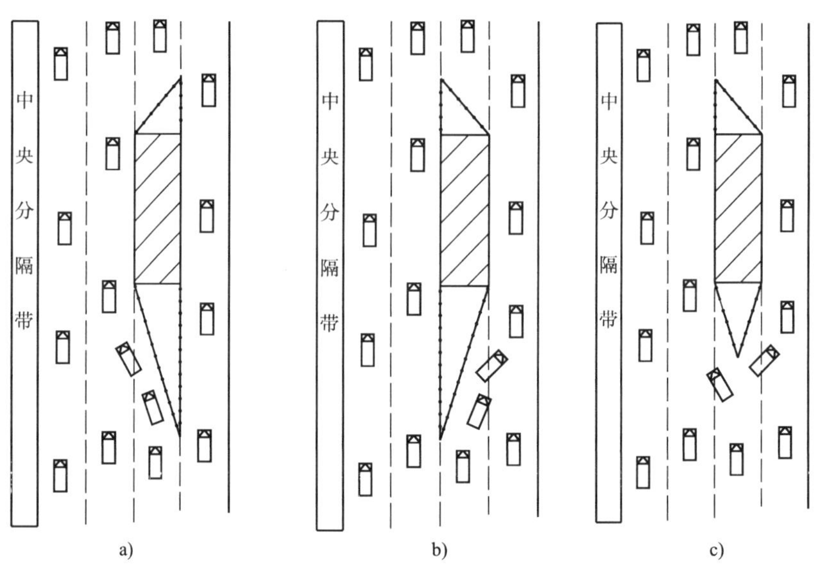

图 7.2　封闭一条中间车道的三种组织形式

三种组织形式安全效率比较　　表 7.1

比较项 \ 组织形式编号	a)	b)	c)
车辆运行安全性比较	√	√	
道路利用效率比较	√		√

注:√表示三种组织形式中运行比较安全、道路利用效率高的方案。

此种情况的限速标志的设置位置分布如图 7.3 所示。

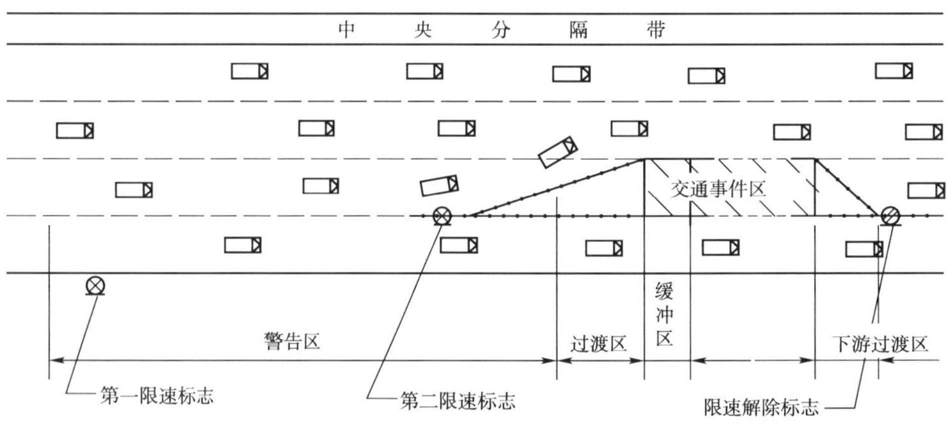

图 7.3　封闭中间一条车道限速标志设置示意图

由于中间车道被封闭,在限速解除标志后一段距离内车辆不能频繁地变换车道,存在严重的安全隐患,故应在下游过渡区后一小段距离内的道路分隔线上放置锥形桶防止车辆变换车道,发生侧向碰撞事故。

2)封闭中间两条车道

封闭中间两条车道时,车辆合流之前在各个车道上均匀分布,中间车道上的车辆可以向左右两侧车道合流,上游过渡区长度可采用式(6.16)计算,其他各距离计算公式同前。具体的限速标志的设置分布情况如图 7.4 所示。

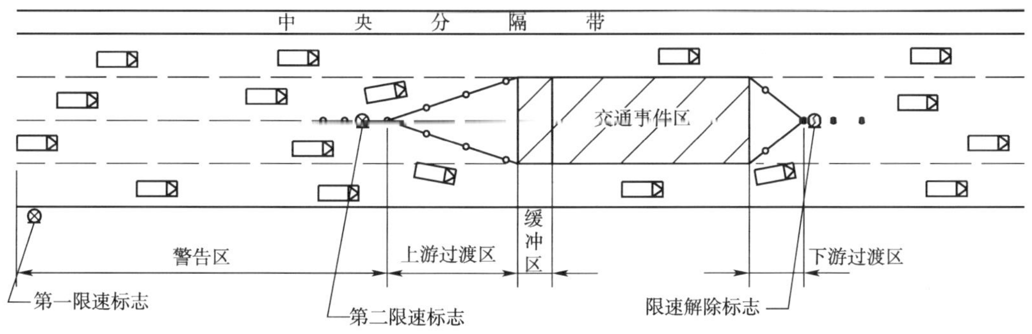

图 7.4 封闭中间两车道限速标志设置示意图

3)封闭外侧两条车道

封闭外侧两车道,常见的形式有两种:一是封闭车道的所有车辆都一次过渡到合流车道,二是封闭车道车流分两次合流到未封闭车道。两种形式的示意图如图 7.5 和图 7.6 所示。

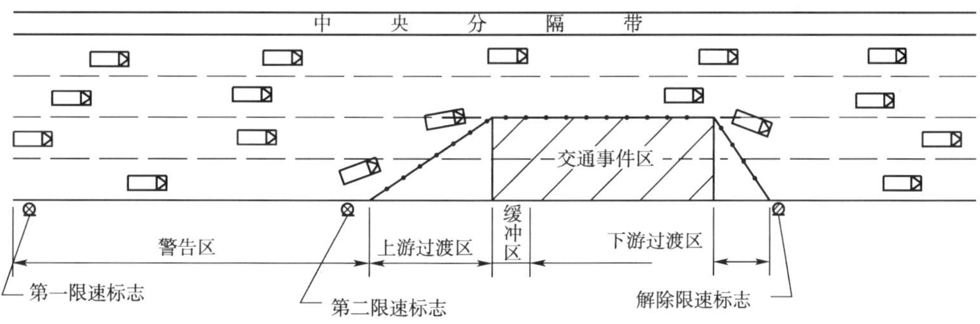

图 7.5 连续过渡设置示意图

图 7.5 中,可以考虑为封闭两条车道,计算上游过渡区长度时,采用两条车道的宽度。图 7.6 中,先考虑封闭一条车道车流的过渡,通过一个调整过程到达下一个过渡过程。各控制区长度和位置设置模型的计算同前。

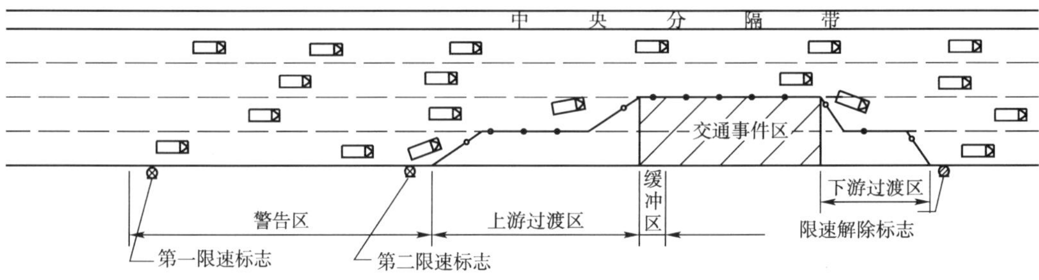

图 7.6 两次过渡设置示意图

7.2 交通事件下特殊点段限速标志设置分析

特殊点段分析主要集中在匝道、隧道、长大下坡和平曲线路段，本书从匝道、隧道、长大下坡及平曲线路段四方面，分别研究交通事件下的特殊点段限速标志位置设置方法。

7.2.1 匝道处限速标志设置位置

交通事件发生在匝道附近时，应考虑事件影响区能否对匝道上车辆的合流造成影响，若不影响合流则不需要对匝道车辆进行限速，若影响了匝道上车辆的运行则需对匝道上车辆进行限速，即应在匝道口对车辆限速，详见第 5 章。事件区在匝道附近分布示意图如图 7.7 所示。

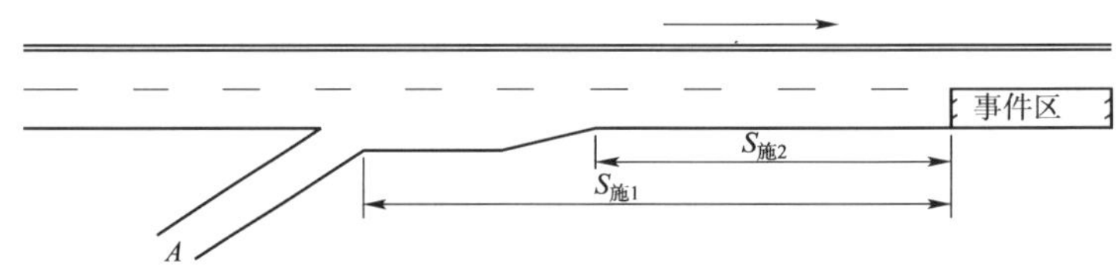

图 7.7 事件区在匝道附近情况分析

图 7.7 中，$S_{施1}$ 为事件区到加速车道开始点的距离，$S_{施2}$ 为事件区到加速车道结束点的距离。分析各部分间距离关系，存在以下四种情况。其中，S 为警告区长度，L_s 为上游过渡区长度，L_h 为缓冲区长度，S_j 为解除限速标志的距离。

(1) 当 $S_{施2} > S + L_s + L_h$ 时，此种情况的事件区不受匝道来车的影响，只是对计算限速值的交通量产生影响，距离设置不受影响。警告区与上游过渡区的限速标志按平直路段模型公式的计算值设置。

(2) 当 $\begin{cases} S_{施2} < S + L_s + L_h \\ S_{施1} > L_h \end{cases}$ 时，即匝道入口处加速车道处于事件区影响区内且入口在缓冲区区域 L_h 外，故应在匝道入口处设置匝道限速标志，便于安全地与主线车辆合流。其中各限速标志设置原理与平直路段相同，但限速值的不同使其与平直路段的事件区限速标志的设置位置不同。

(3) 当 $S_{施1} < L_h$ 时，即匝道入口在缓冲区和事件区内，匝道上车辆无法驶入，应关闭

匝道，主线按平直路段所采用的原理设置限速标志。

(4)若事件区在匝道上游，则匝道车辆会影响限速解除标志的位置设置。当 $S_{施1} > S_j$ 时，即限速解除标志在匝道入口上游路段，可以按正常距离设置。当 $S_{施1} < S_j < S_{施2}$ 时，即在加速车道距离范围内，为了使合流区域内的车辆安全行驶，应将限速解除标志后移至加速车道结束点设置，且应在匝道入口处对车辆采取限速处理。

当涉及的排队在匝道口附近逐渐增加时，按照前述平直路段的最大和最小距离计算方法，对匝道处的可移动限速标志的设置情况进行如下分析。

对于匝道附近有车辆排队时，各部分距离之间的关系如图 7.8 所示。

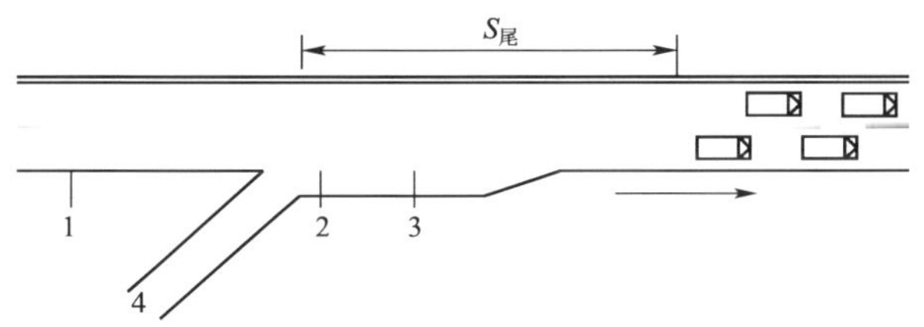

图 7.8　匝道处排队情况图

图中，$S_尾$为排队尾部到入口匝道口的距离。1 处在入口匝道上游路段上，与排队尾部的距离在合理的距离内；2 处在匝道入口处；3 处在入口匝道下游，与排队尾部的距离在合理的距离内；4 为驶入匝道入口处。匝道附近有车辆排队时，存在四种情况，各情况下限速标志位置设置分析如下。

(1)当 $S_尾 < S_停$时，匝道入口处即 4 处封闭，路段上 1 处设置限速标志。

(2)当 $S_停 < S_尾 < S_小$时，匝道入口 4 处限速，路段上 1 处设立限速标志。

(3)当 $S_小 < S_尾 < S_大$时，在 2 处设立限速标志。

(4)当 $S_尾 > S_大$时，在 3 处设立限速标志。

其中，$S_大$和 $S_小$分别为限速标志距离排队尾部的最大和最小距离，计算公式见式(7.2)和式(7.3)。

$$S_{大} = \frac{v_1}{3.6}t + \frac{v_1^2 - v_2^2}{2g(\varphi \pm i) \times 3.6^2} + 1000 \tag{7.2}$$

$$S_{小} = \frac{v_1}{3.6}t + \frac{v_1^2 - v_2^2}{2g(\varphi \pm i) \times 3.6^2} + \frac{v_2}{3.6}t + \frac{v_2^2}{2g(\varphi \pm i) \times 3.6^2} + S_{安} \tag{7.3}$$

式中：v_1——正常行驶车速，km/h；

v_2——减速后车速，km/h；

g——重力加速度，9.8m/s²；

i——道路纵坡，上坡取“+”，下坡取“-”；

φ——道路纵向摩阻系数，取值范围为 0.25～0.44；

t——驾驶人反应时间，通常取2.5s；

$S_{安}$——车辆停止后与前车的安全距离，一般取为3～5m。

7.2.2 长大下坡处限速标志设置位置

事件区位于长大下坡附近时，由于坡度的影响，上游过渡区计算长度时应考虑坡度修正。由于车辆在长下坡行驶过程中，自身发动机容易热衰退，存在安全隐患，同时，上游过渡区又是车辆集聚、改变行车状态的重要路段，故上游过渡区的长度应较平行路段长。

长大下坡上游过渡区修正值 $L_{s修}=L_s\cdot\sqrt{1+i^2}$，见式(7.4)。

$$L_{s修}=\begin{cases}v^2W\cdot\sqrt{1+i^2}/155 & (v\leqslant 60\text{km/h})\\ 0.625vW\cdot\sqrt{1+i^2} & (v>60\text{km/h})\end{cases}\tag{7.4}$$

对于长大下坡路段，此处分析下坡路段附近有车辆排队时，各部分距离关系如图7.9所示。

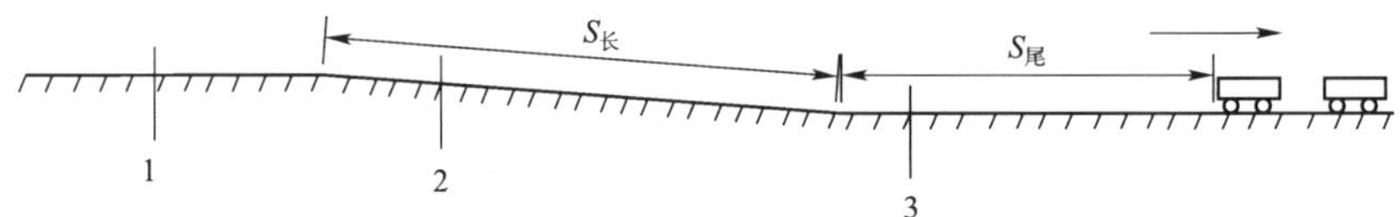

图7.9　长大下坡处排队情况图

分析长大下坡处排队时限速标志的设立分为三种情况。图中 $S_长$ 为长大下坡的长度；$S_尾$ 为排队尾部到下坡底部的距离。1处在下坡路段的上游路段上，离排队尾部的距离在合理的距离内；2处在长大下坡上，离排队尾部的距离在合理的距离内；3处在下坡下游路段上，离排队尾部的距离在合理距离内。$S_大$ 与 $S_小$ 含义和计算公式同前。

(1)当 $S_小<S_尾+S_长<S_大$ 时，限速标志应设立在上游路段的1处。

(2)当 $\begin{cases}S_尾<S_大\\ S_大<S_尾+S_长\end{cases}$ 时，为了车辆的行车安全，限速标志应设立在长大下坡上的2处。

(3)当 $S_大<S_尾$ 时，限速标志应设立在下游路段的3处。

7.2.3 隧道处限速标志设置位置

由于隧道本身就存在安全问题，当交通事件发生在隧道附近时，此处的车辆运行组织显得尤为重要。限速标志的设置也应根据隧道的一些特性来具体分析。

驾驶人驶入隧道和驶出隧道会分别产生黑洞效应和白洞效应，驶入和驶出后一小段距离内会分别产生暗适应和明适应，在适应期间，驾驶人的视觉会出现对前方物体的视认障碍，所以限速标志的设置应避免设置在其适应距离范围内。有关研究表明，人眼的暗适应时间约为10s，明适应只需1～3s。隧道内存在明适应和暗适应，从安全角度出发，将此处的适应距离都取为暗适应距离。

事件区在隧道附近分布及各部分距离情况如图7.10所示。

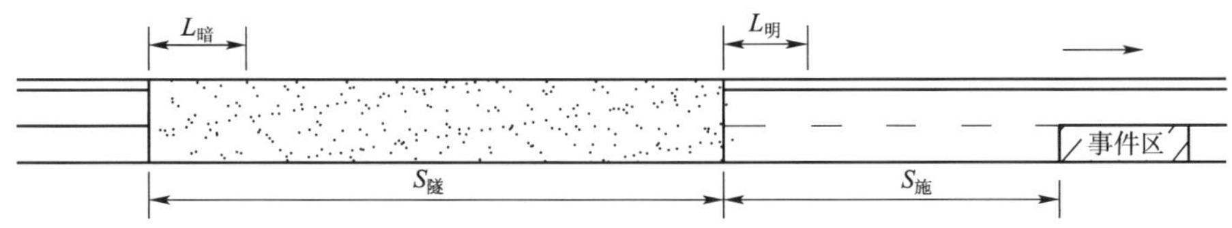

图 7.10 事件区在隧道处分布情况分析

图 7.10 中，$L_{明}=L_{暗}$ 为暗适应的距离，$L_{暗}=\frac{v}{3.6}\times t$，$t=10\text{s}$，单位为 m；$S_{隧}$ 为隧道的长度，m；$S_{施}$ 为事件区距离隧道出口的距离，事件区位于隧道外时距离为"+"，内部时距离为"-"，单位为 m。

隧道处附近设立限速标志的总体思路是：若按平直路段设置原理计算得到限速标志将设立在隧道的暗适应范围内时，那么就应把限速标志提前到该暗适应范围的开始处，需设立重复标志时应将重复标志设在暗适应开始处，而第一块限速标志根据重复距离提前设置。

此外，限速解除标志应与事件区限速标志保持一致，避免对隧道本身限速产生影响。为车辆分流安全，设置时需调整位置，应避开暗适应区域往后移至暗适应结束点。凡是警告区开始处位于隧道内或隧道出口的暗适应距离内时，需在隧道入口前设置限速提示标志以及其他提示性标志。

警告区和上游过渡区内限速标志设置及调整情况的具体分析如下。分析中涉及的速度有隧道限速值 v_0，警告区限速值 v_1，上游过渡区限速值 v_2。由于隧道内自身存在限速，计算出的暗适应距离大致为 100～200m。

令 S_1 为事件区到上游过渡区处限速标志的距离；S_2 为事件区到警告区限速标志的距离 $S_1=L_s+D+50$；$S_2=S+L_s+50-m$。分析各距离与设置限速标志的关系，存在以下几种情况。

(1) $S_{施}>S_2+L_{暗}=S_2+\frac{v_0}{3.6}\times 10$，警告区的第一个限速标志不在暗适应距离范围内，设置限速标志时无需调整位置。

(2) $S_2+L_{明}=S_2+\frac{v_0}{3.6}\times 10>S_{施}>S_2$，此种情况的警告区的限速标志在明适应距离范围内，应将此限速标志提前至隧道结束处设置；上游过渡区限速标志不受影响，不用调整。重复标志在设置时应避开明适应区。

(3) $\begin{cases} S_2>S_{施}>S_1+L_{明}=S_1+\frac{v_1}{3.6}\times 10 \\ S_{隧}+S_{施}-L_{暗}=S_{隧}+S_{施}-\frac{v_0}{3.6}\times 10>S_2>S_{施} \end{cases}$，警告区限速标志在隧道内并且不处于暗适应范围内，上游过渡区在隧道外并且不处于明适应范围内，两处限速标志都不

需要调整位置。

$$\begin{cases} S_2 > S_{施} > S_1 + L_{暗} = S_1 + \dfrac{v_1}{3.6} \times 10 \\ S_{隧} + S_{施} > S_2 > S_{隧} + S_{施} - L_{暗} = S_{隧} + S_{施} - \dfrac{v_0}{3.6} \times 10 \end{cases}$$

,警告区的限速标志处于隧道内的暗适应范围内,设置时应提前至隧道入口处;上游过渡区的限速标志无需调整位置。

$$\begin{cases} S_2 > S_{施} > S_1 + L_{暗} = S_1 + \dfrac{v_1}{3.6} \times 10 \\ S_2 > S_{隧} + S_{施} \end{cases}$$

,警告区限速标志在隧道入口外,不受暗适应影响,上游过渡区的限速标志同样不受影响,两处的限速标志都无需调整位置。

(4) $\begin{cases} S_1 + L_{明} = S_1 + \dfrac{v_1}{3.6} \times 10 > S_{施} > S_1 \\ S_{隧} + S_{施} - L_{暗} = S_{隧} + S_{施} - \dfrac{v_0}{3.6} \times 10 > S_2 > S_{施} \end{cases}$,类似于前面分析,警告区限速标志无需调整位置;上游过渡区限速标志在明适应范围内,同时为了安全,应将限速标志提前至隧道结束处。

$$\begin{cases} S_1 + L_{明} = S_1 + \dfrac{v_1}{3.6} \times 10 > S_{施} > S_1 \\ S_{隧} + S_{施} > S_2 > S_{隧} + S_{施} - L_{暗} = S_{隧} + S_{施} - \dfrac{v_0}{3.6} \times 10 \end{cases}$$

,警告区的限速标志和上游过渡区的限速标志分别在暗适应范围和明适应范围内,所以设置时都应该提前设置,分别提前至隧道入口处和隧道结束处。

$$\begin{cases} S_1 + L_{暗} = S_1 + \dfrac{v_1}{3.6} \times 10 > S_{施} > S_1 \\ S_2 > S_{隧} + S_{施} \end{cases}$$

,警告区限速标志位置无需调整;上游过渡区限速标志提前至隧道结束处。

(5) $\begin{cases} S_{隧} + S_{施} - L_{暗} = S_{隧} + S_{施} - \dfrac{v_0}{3.6} \times 10 > S_1 > S_{施} \\ S_{隧} + S_{施} - L_{暗} = S_{隧} + S_{施} - \dfrac{v_0}{3.6} \times 10 > S_2 > S_{施} \end{cases}$, 警告区和上游过渡区的限速标志都不在两个暗适应范围之间,在设置限速标志时不受影响,都不用调整位置。

$$\begin{cases} S_{隧} + S_{施} - L_{暗} = S_{隧} + S_{施} - \dfrac{v_0}{3.6} \times 10 > S_1 > S_{施} \\ S_{隧} + S_{施} > S_2 > S_{隧} + S_{施} - L_{暗} = S_{隧} + S_{施} - \dfrac{v_0}{3.6} \times 10 \end{cases}$$

,警告区的限速标志处在暗适应距

离范围内应提前到隧道入口处设置；上游过渡区的无需调整。

$$\begin{cases} S_{隧} + S_{施} - L_{暗} = S_{隧} + S_{施} - \dfrac{v_0}{3.6} \times 10 > S_1 > S_{施} \\ S_2 > S_{隧} + S_{施} \end{cases}$$，警告区限速标志在隧道外不受影响；上游过渡区限速标志在隧道内不受影响，都不需要调整位置。

(6) $\begin{cases} S_{隧} + S_{施} > S_1 > S_{隧} + S_{施} - L_{暗} = S_{隧} + S_{施} - \dfrac{v_1}{3.6} \times 10 \\ S_2 > S_{隧} + S_{施} \end{cases}$，警告区限速标志按正常距离设置；上游过渡区限速标志应提前至隧道入口处设置。

(7) $S_1 > S_{隧} + S_{施}$，警告区与上游过渡区的限速标志都在隧道的上游路段上，不受影响，按计算结果设置。

上述分析中仅考虑了警告区的第一块限速标志与上游过渡区的限速标志的设置，没有考虑三级限速问题，一级限速设立时仅需考虑警告区第一个限速标志。

排队逐渐增长的情况下采用移动限速标志，根据前面平直路段分析中得出的限速标志距离排队尾部的最大和最小距离，可以分析隧道处排队的可移动限速标志的设置情况。为了驾驶人更清楚地看到限速标志，应将可移动标志设置在隧道外部，对于隧道处附近有排队发生时，分析排队尾部距离隧道各部分之间的距离关系，如图 7.11 所示。

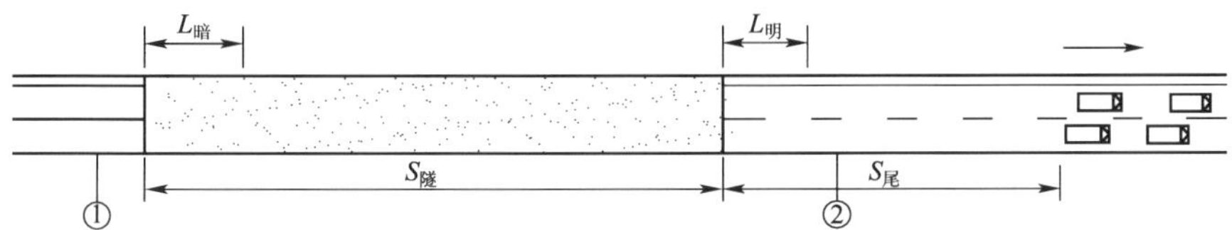

图 7.11　隧道处排队情况图

图 7.11 中，$S_{尾}$为排队尾部距离隧道出口的距离，外部为“+”，内部为“-”；$S_{隧}$为隧道的长度；$L_{暗}$为暗适应的长度。①为隧道入口上游路段上或隧道入口处，②为隧道出口明适应长度范围结束点或隧道下游路段上离排队尾部长度合理的距离点。

由于长隧道与短隧道内的设施设置不同，所以此处分析中的可移动限速标志设置的方式也会有所不同。短隧道内无信息提示板，设置的限速标志应考虑移至隧道外。限速标志设置位置存在三种情况，分析中用到的 $S_{大}$和 $S_{小}$表示含义和计算公式同前。

(1) 当 $S_{尾} > S_{大}$；$S_{小} < S_{尾} < S_{大}$时，限速标志可以设在②处。

(2) 当$\begin{cases} S_{停} < S_{尾} < S_{小} \\ S_{小} < S_{尾} + S_{遂} < S_{大} \end{cases}$时，限速标志应设在①处，无须调整停车反应时间；

当$\begin{cases} S_{尾} < S_{停} \\ S_{小} < S_{尾} + S_{遂} < S_{大} \end{cases}$时，限速标志应设在①处，需要调整停车反应时间。

(3)当$\begin{cases} S_{停} < S_{尾} < S_{小} \\ S_{尾} + S_{遂} > S_{大} \end{cases}$时,限速标志应设在①处,无需调整停车反应时间;

当$\begin{cases} S_{尾} < S_{停} \\ S_{尾} + S_{遂} > S_{大} \end{cases}$时,限速标志应设在①处,需要调整停车反应时间。

还有另一种情况当$S_{尾}=0$时,即在隧道内排队时,无论是$S_{隧} < S_{停}$还是$S_{隧} > S_{停}$,都要调整停车反应时间,且标志设立在①处。

对于长隧道而言,内部设有信息提示板,设在隧道内的限速标志可以利用信息提示板来实现车辆的限速。当然,如果提示板需设立在隧道口附近时,为了方便起见,可以设立在暗适应范围外的隧道口处。具体分为下列情况。

(1)当$S_{尾} > S_{大}$;$S_{小} < S_{尾} < S_{大}$时,限速标志可以设在②处。

(2)当$S_{小} < S_{尾} + S_{隧} < S_{大}$时,限速标志可以设立在①处。

(3)当$S_{尾} + S_{隧} > S_{大}$,即根据最大距离设置的限速标志在隧道内部时,应在距离小于$S_{大}$且大于$S_{小}$处的信息提示板处设立限速标志牌,且随着排队距离的改变,信息提示板的限速标志的位置也要随着改变。

7.2.4 平曲线路段限速标志的设置位置

由于平曲线路段本身就存在安全问题,当交通事件发生在平曲线路段时,限速标志的设置应根据交通事件发生在平曲线路段的位置来具体分析。事件区在平曲线路段的分布情况如图 7.12 所示。

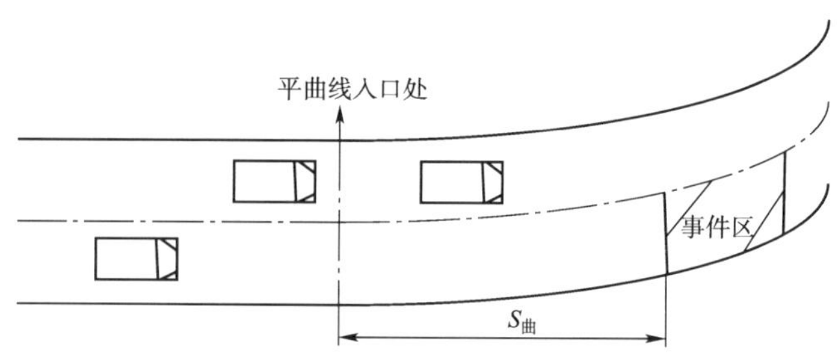

图 7.12 事件区在平曲线路段的分布情况

$S_{曲}$为事件区距离平曲线入口处的距离,S_2为事件区到警告区限速标志的距离。分析各距离与设置限速标志位置的关系,存在以下几种情况。

(1)$S_{施} > S_2$时,警告区限速标志设置在平曲线路段。

(2)$S_2 > S_{施}$时,警告区限速标志设置在平直路段。

7.3 限速标志设置位置模型应用与有效性验证

利用 VISSIM 仿真软件对前述模型进行有效性验证。同样以某一双向四车道高速公路为例,车型比例仍为 8:2,单车道宽为 3.75m,设计速度为 120km/h,事件区限速为

40km/h，此次仿真交通量以前文论述的交通量为依据，采用1200辆/h、1800辆/h和2400辆/h，仿真2400s并记录600～1800s的数据，连续运行5次，取其平均值。

1）仿真模型建立

针对一、二、三级限速标志位置模型构建1200辆/h、1800辆/h和2400辆/h三种交通量下的仿真方案。三类限速条件分别设为40km/h、60km/h—40km/h、80km/h—60km/h—40km/h，工作区长度设为400m，上游过渡区长度由式（6.5）计算，可取为100m。针对上述三类限速标志位置设置模型，分别计算不同交通量下警告区长度、后置距离和前置距离，并定义为各交通条件下的路网形式。对同种交通量和限速条件下的位置设置存在三种形式：

（1）形式1：摆放位置不满足模型计算值，两者差值较小。

（2）形式2：摆放位置满足模型计算值。

（3）形式3：摆放位置不满足模型计算值，两者差值较大。三种交通量条件下的路网构建形式见表7.2。

限速标志路网模型 表7.2

		一级限速			二级限速			三级限速		
交通量条件（辆/h）		1200	1800	2400	1200	1800	2400	1200	1800	2400
警告区长度（m）		230	390	790	240	340	770	300	386	800
标志后置距离（m）	形式1	130	130	130	120	120	120	120	120	120
	形式2	90	90	90	90	90	90	90	90	90
	形式3	190	190	190	170	210	520	260	300	480
标志前置距离（m）	形式1				20	20	20	20	20	20
	形式2				30	30	30	30	30	30
	形式3				0	0	0	0	0	0
三级限速中第二限速标志距离（m）	形式1							220	220	220
	形式2							200	200	200
	形式3							260	300	700

2）结果分析

以冲突率为指标，评价三种形式的安全性。冲突率定义为单位长度上的冲突数，即

$$R = TC/L$$

式中：R——冲突率，次/m；

TC——冲突数，次；

L——路段长度，m。

冲突率越大，安全性越差。

对方案仿真结果进行对比分析，得出同种交通量下不同位置设置形式与冲突率关系

见图7.13～图7.15。

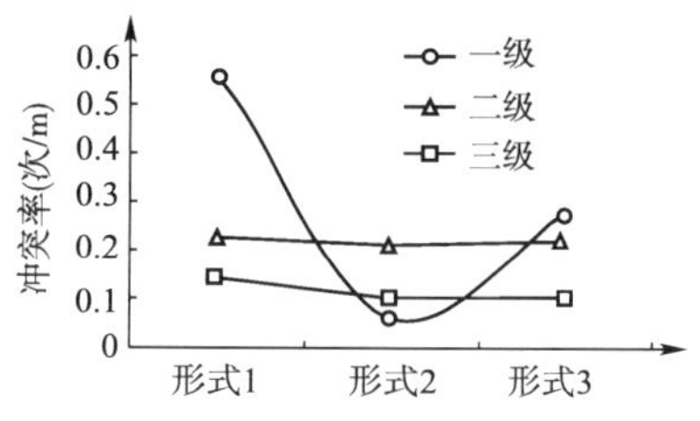

图7.13　不同位置设置形式与冲突率关系(1200辆/h)

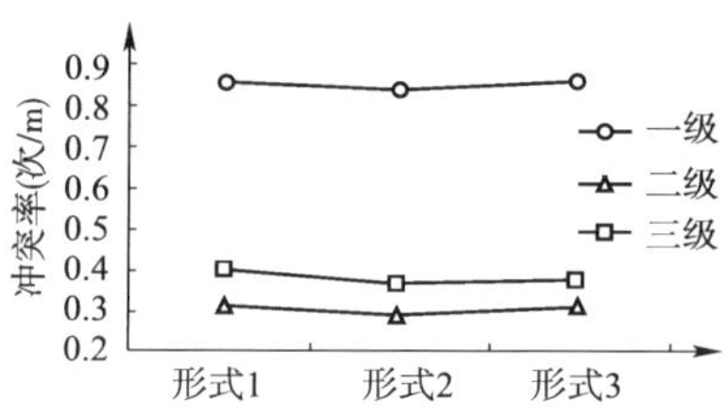

图7.14　不同位置设置形式与冲突率关系(1800辆/h)

同种条件下,交通量大小与排队长度和警告区长度有关。当限速标志的前、后置距离固定时,同级限速下的安全性主要体现于警告区长度的变化。

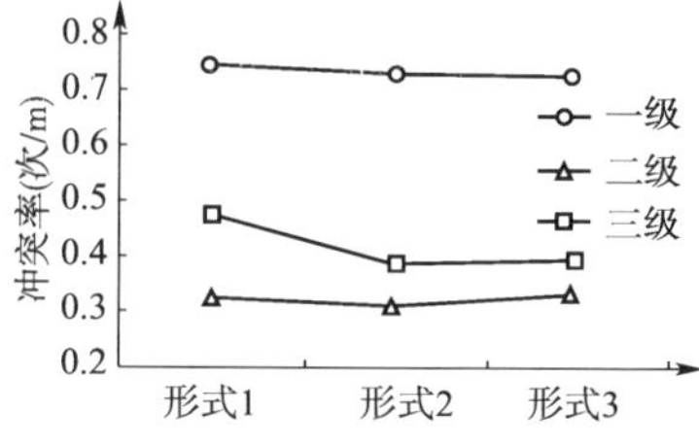

图7.15　不同位置设置形式与冲突率关系(2400辆/h)

通过对上述三幅图的分析,同种交通量和限速条件下,改变限速标志的位置,标志牌间距发生变化,交通流状态改变,形式2的冲突率低于其他形式,安全性较高。本书建立的限速标志设置模型具有一定合理性。1200辆/h条件下,警告区长度较小,基本无排队现象,一级限速位置模型较其他级模型冲突率小、安全性高;1800辆/h和2400辆/h条件下,排队长度增长,警告区长度随排队长度变化,一级限速降幅最大,冲突率最高,二、三级模型冲突率相近,可根据实际条件选取二级或三级位置模型。

综上所述,层级限速标志位置设置模型具有一定的合理性且适用条件不同。一级标志位置模型适用于交通量较小且警告区长度有限的条件;二、三级标志位置模型适用于交通量大、排队长且有足够长度满足多级限速的事件区段。

8 结　　论

8.1 技术成果

本书通过对交通事件下高速公路限速问题研究，主要得到以下技术成果。

1）给出高速公路平直路段推荐限速值

通过对交通事件下双向四车道和八车道高速公路平直路段交通组织形式及交通特性分析，构建了平直路段元胞自动机模型，根据交通组织形式的复杂性和特殊性，建立了双向四车道封闭一条车道及双向八车道封闭中间两条车道和外侧两条车道情形下的仿真方案，给出了不同交通量和交通组织形式下的推荐限速值，见表8.1。

高速公路平直路段推荐限速值　　表8.1

双向四车道高速公路平直路段		
组织形式	交通量（辆/h）	推荐限速值（km/h）
封闭一条车道	1000	60
	1500	50
	2000	40
	2500	40
双向八车道高速公路平直路段		
组织形式	交通量（辆/h）	推荐限速值（km/h）
封闭中央两车道	2000	60
	3000	60
	4000	40
	5000	40
封闭外侧两车道	2000	60
	3000	50
	4000	40
	5000	40

2）给出事件下高速公路长大下坡推荐限速值

通过对双向四车道长大下坡车辆制动安全性能及车辆换道安全间隙的分析，构建长大下坡元胞自动机模型，建立不同交通量和坡度情形下的仿真方案，进行仿真并分析结果，给出了交通事件下双向四车道高速公路长大下坡推荐限速值，见表 8.2。

双向四车道长大下坡推荐限速值 表 8.2

交通量值(辆/h)	1800		
坡度(%)	3	4	5
限速值(km/h)	60	60	50
交通量值(辆/h)	2400		
坡度(%)	3	4	5
限速值(辆/h)	50	50	50

3)给出匝道、隧道处和平曲线路段限速方法和限速值

根据事件发生位置及车辆运行交通特性不同，分析了事件区对匝道汇入车流的影响，给出了事件区不同位置情形下的匝道限速方法，见表 8.3；考虑隧道能见度、照明、换道安全及通行能力等因素，给出了基于多目标函数的隧道内限速计算方法，见表 8.4。

匝道限速方法 表 8.3

	事件发生位置	限 速 方 法	
匝道	入口匝道上游	加速车道限速	$v_z = v$
	直接式入口匝道下游	匝道限速	$v_z = v$
	平行式入口匝道下游	变速区始端限速	$v_z = v$
	平行式入口匝道相连主线外侧	加速车道(匝道)限速	$v_z = v$
	平行式入口匝道相连主线内侧	变速区始端限速	$v_z = v$

直隧道限速方法 表 8.4

	车道利用形式		限 速 方 法
隧道	利用对向车道分时段行驶		$v_{S1} = \min\left\{\frac{v_g E^{2-a}}{10^b(a-1)}\frac{dx}{dE}, v\right\}$
	利用本向未阻塞车道行驶	事件发生在出入口	$v_{S2} = \min\left\{\frac{v_g E^{2-a}}{10^b(a-1)}\frac{dx}{dE}, v\right\}$
		事件发生在隧道内	$v_{S3} = \min\{-88.19\phi + \sqrt{7778.16\phi^2 + 508\phi(L-2)}, v\}$

平曲线隧道限速值：

(1)当事件发生在隧道出入口时，平曲线隧道限速值见表 8.5。

隧道不同半径圆曲线推荐限速值 表 8.5

路拱≤2.0%		路拱>2.0%	
半径(m)	速度(km/h)	半径(m)	速度(km/h)
$1500 \leqslant R < 1900$	60	$1900 \leqslant R < 2500$	60
$2500 \leqslant R < 3350$	75	$3350 \leqslant R < 4000$	75
$4000 \leqslant R < 5250$	75	$5250 \leqslant R < 5500$	75
$5500 \leqslant R < 7500$	75	$R \geqslant 7500$	75

(2)当事件发生在隧道内时,不同半径平曲线推荐限速值见表8.6。

隧道不同半径平曲线推荐限速值 表8.6

路拱≤2.0%		路拱>2.0%	
半径(m)	速度(km/h)	半径(m)	速度(km/h)
$1500 \leqslant R < 1900$	60	$1900 \leqslant R < 2500$	60
$2500 \leqslant R < 3350$	80	$3350 \leqslant R < 4000$	80
$4000 \leqslant R < 5250$	100	$5250 \leqslant R < 5500$	100
$5500 \leqslant R < 7500$	100	$R \geqslant 7500$	100

平曲线路段限速值见表8.7。

交通事件下平曲线路段的限速值 表8.7

设计车速(km/h)	半径(m)	限速值(km/h)
120	$R \geqslant 1000$	70
	$650 \leqslant R < 1000$	60
100	$R \geqslant 700$	60
	$400 \leqslant R < 700$	50
80	$R \geqslant 400$	50
	$200 \leqslant R < 400$	40

4)给出了层级限速标志的设置方法

通过对限速标志的前置距离、后置距离和重复距离的分析,根据层级限速标志的作用机理及层级降幅的影响,给出了固定限速标志牌和可移动限速标志牌的纵向分布设置方法,见表8.8。

层级限速标志纵向分布方法 表8.8

层级限速标志		相邻标志满足的位置关系
三级限速标志		①$S_b \geqslant D + S_2 + S_3$;②$S_a \geqslant S_1 + m$;③$S_a + S_b \geqslant S$
二级限速标志		$S \geqslant \frac{v_1 t}{3.6} + \frac{v_1^2 - v_2^2}{2g(\varphi \pm i) \times 3.6^2} + \frac{v_2 t}{3.6} + \frac{v_2^2}{2g(\varphi \pm i) \times 3.6^2} + \frac{Ql}{n}$
一级限速标志	固定标志	设于警告区起点
	可移动标志	$S_{车载} \geqslant \frac{v_1 t}{3.6} + \frac{v_1^2 - v_2^2}{2g(\varphi \pm i) \times 3.6^2} + \frac{v_2 t}{3.6} + \frac{v_2^2}{2g(\varphi \pm i) \times 3.6^2} + S_{安}$ $S_{车载} \leqslant \frac{v_1 t}{3.6} + \frac{v_1^2 - v_2^2}{2g(\varphi \pm i) \times 3.6^2} + 1000$

5)给出了不同路段的限速标志位置确定方法

通过对高速公路平直路段、长大下坡、匝道隧道及平曲线道路特性分析,结合事件影响区计算方法,考虑排队长度及事件发生位置等因素,给出了限速标志的位置确定方法,见表8.9。

不同路段限速标志位置确定方法 表8.9

限速标志设置位置		限速标志位置满足条件
平直路段	警告区和过渡区内标志位置按表8.8中确定	—
长大下坡	长大下坡起点上游位置	$S_{小} < S_{尾} + S_{长} < S_{大}$
	长大下坡路段内一定位置	①$S_{尾} < S_{大}$；②$S_{大} < S_{尾} + S_{长}$
	长大下坡末端下游一定位置	$S_{大} < S_{尾}$
匝道	不产生排队：标志在匝道入口，按表8.8设置	—
	产生排队：匝道入口封闭，主线限速标志在匝道上游，按表8.8设置	$S_{尾} < S_{小}$
	产生排队：标志设在入口匝道	$S_{小} < S_{尾} < S_{大}$
	产生排队：主线标志在入口匝道下游，按表8.8设置	$S_{尾} > S_{大}$
隧道直线段	不产生排队：警告区标志设在隧道入口，上游过渡区标志按表8.8设置	$\begin{cases} S_2 > S_{施} > S_1 + L_{暗} = S_1 + \dfrac{v_1}{3.6} \times 10 \\ S_{隧} + S_{施} > S_2 > S_{隧} + S_{施} - L_{暗} = S_{隧} + S_{施} - \dfrac{v_0}{3.6} \times 10 \end{cases}$
	不产生排队：上游过渡区标志设在隧道出口，警告区标志位置按表8.8设置	$\begin{cases} S_1 + L_{暗} = S_1 + \dfrac{v_1}{3.6} \times 10 > S_{施} > S_1 \\ S_{隧} + S_{施} - L_{暗} = S_{隧} + S_{施} - \dfrac{v_0}{3.6} \times 10 > S_2 > S_{施} \end{cases}$
	不产生排队：警告区和上游过渡区标志位置按表8.8设置	$\begin{cases} S_2 > S_{施} > S_1 + L_{暗} = S_1 + \dfrac{v_1}{3.6} \times 10 \\ S_{隧} + S_{施} - L_{暗} = S_{隧} + S_{施} - \dfrac{v_0}{3.6} \times 10 > S_2 > S_{施} \end{cases}$ 或$\begin{cases} S_2 > S_{施} > S_1 + L_{暗} = S_1 + \dfrac{v_1}{3.6} \times 10 \\ S_2 > S_{隧} + S_{施} \end{cases}$
	产生排队：标志设在暗适应长度结束点	①$S_{尾} > S_{大}$；②$S_{小} < S_{尾} < S_{大}$
	产生排队：标志设在隧道入口处，不需调整停车反应时间	$\begin{cases} S_{停} < S_{尾} < S_{小} \\ S_{小} < S_{尾} + S_{隧} < S_{大} \end{cases}$ 或$\begin{cases} S_{停} < S_{尾} < S_{小} \\ S_{尾} + S_{隧} > S_{大} \end{cases}$
	产生排队：标志设在隧道入口处，需调整停车反应时间	$\begin{cases} S_{尾} < S_{停} \\ S_{小} < S_{尾} + S_{隧} < S_{大} \end{cases}$ 或$\begin{cases} S_{尾} < S_{停} \\ S_{尾} + S_{隧} > S_{大} \end{cases}$
圆曲线隧道	事件发生在隧道出入口	$S_{施} > S_2$
	事件发生在隧道内	$S_2 > S_{施}$
平曲线路段	警告区限速标志设置在平曲线路段	$S_{曲} > S_2$
	警告区限速标志设置在平直路段	$S_2 > S_{曲}$

表 8.3 ~ 表 8.9 中各符号意义列于表 8.10 中。

各符号代表意义　　表 8.10

符号	符号意义	符号	符号意义
v_z	匝道车辆进入加速车道后的限速值	$S_{车载}$	可移动限速标志距排队尾部距离
v	考虑交通事件影响下的通行能力及换道安全的限速值	$S_{安}$	车辆停止后与前车的安全距离
v_{S1}	基于驾驶人隧道瞳孔变化和隧道设计速度的隧道内限速值	$S_{小}$	限速标志距离排队尾部的最小距离
v_g	驾驶人瞳孔面积最大变化速度	$S_{大}$	限速标志距离排队尾部的最大距离
v_t	隧道设计速度	$S_{长}$	长大下坡的长度
v_{S2}	考虑驾驶人视觉约束、车辆安全及同行能力的隧道内限速值	$S_{尾}$	排队尾部到长大下坡坡底或入口匝道口或隧道出口距离
v_{S3}	考虑隧道内的能见度、换道安全及通行能力的隧道内限速值	$S_{施1}$	事件区到加速车道起点的距离
$S_{2安}$	车辆到达工作区附近排队尾部时的最小安全距离	$S_{施2}$	事件区到加速车道结束点的距离
S_3	在工作区地段由于车道封闭、车道数减少等因素改变引起的车辆拥挤时的排队长度	L_s	上游过渡区长度
S_a	限速标志 2 到警告区始端距离	L_h	缓冲区长度
S_b	限速标志 2 到上游过渡区起点距离	$L_{暗}$	暗适应距离
v_1	警告区内车辆正常行驶车速	S	警告区长度
v_2	车辆减速后的速度	$S_{施}$	事件区距离隧道出口的距离
g	重力加速度	$S_{隧}$	隧道长度
i	道路纵坡度	$S_{停}$	最短停车距离
φ	道路摩阻系数	$S_{曲}$	事件区距平曲线起点的距离
t	驾驶人的反应时间	S_1	上游过渡区限速标志到事件区距离
Q	发生在车道上的交通事件引起交通拥挤的最小流量	S_2	警告区限速标志到事件区距离
l	平均车头间距		

8.2　成果应用指导

截至 2013 年，内蒙古自治区主要高速公路有巴银高速、临乌高速、乌石高速、荣乌高速、包茂高速、京藏高速、京新高速和二广高速等。内蒙古高速公路作为重要的货物运输通道，交通运输量大且大多为双向四车道，发生事件后交通拥堵较严重。本书根据技术成果，将交通事件下内蒙古高速公路推荐限速方案汇总于表 8.11 ~ 表 8.15 中。

表 8.11

交通事件下内蒙古自治区高速公路平直路段推荐限速方案汇总表

	车道数	封闭车道	设计速度（km/h）	交通量（辆/h）	限速值（km/h）	一级限速值（km/h）	警告区后置距离（m）	二级限速值（km/h）	上游过渡区前置距离（m）	三级限速值（km/h）	上游过渡区前置距离（m）
平直路段	双向四车道	任意一车道	80	$Q \leqslant 1000$	60	60	70	—	—	—	—
				$1000 < Q < 2000$	50	50	70	—	—	—	—
				$Q \geqslant 2000$	40	60	70	40	40	—	—
			100	$Q \leqslant 3000$	60	80	80	60	50	—	—
				$3000 < Q < 4000$	50	70	80	50	40	—	—
				$Q \geqslant 4000$	40	70	80	40	60	—	—
			120	$Q \leqslant 2500$	60	80	100	60	50	—	—
				$2500 < Q < 3500$	50	80	100	50	70	—	—
				$Q \geqslant 3500$	40	80	100	60	210	40	40
	双向八车道	封闭中间两车道	80	$Q \leqslant 1000$	60	60	70	—	—	—	—
				$1000 < Q < 2000$	50	50	70	—	—	—	—
				$Q \geqslant 2000$	40	60	70	40	40	—	—
			100	$Q \leqslant 3000$	60	80	80	60	50	—	—
				$3000 < Q < 4000$	50	70	80	50	40	—	—
				$Q \geqslant 4000$	40	70	80	40	60	—	—
			120	$Q \leqslant 3000$	60	80	100	60	50	—	—
				$3000 < Q < 4500$	50	80	100	50	70	—	—
				$Q \geqslant 4500$	40	80	100	60	210	40	40

续上表

	车道数	封闭车道	设计速度 (km/h)	交通量 (辆/h)	限速值 (km/h)	一级限速值 (km/h)	警告区后置距离 (m)	二级限速值 (km/h)	上游过渡区前置距离 (m)	三级限速值 (km/h)	上游过渡区前置距离 (m)
平直路段	双向八车道	封闭外侧两车道	80	$Q \leqslant 1000$	60	60	70	—	—	—	—
				$1000 < Q < 2000$	50	50	70	—	—	—	—
				$Q \geqslant 2000$	40	60	70	40	40	—	—
			100	$Q \leqslant 3000$	60	80	80	60	50	—	—
				$3000 < Q < 4000$	50	70	80	50	40	—	—
				$Q \geqslant 4000$	40	70	80	40	60	—	—
			120	$Q \leqslant 3000$	60	80	100	60	50	—	—
				$3000 < Q < 4500$	50	80	100	50	70	—	—
				$Q \geqslant 4500$	40	80	100	60	210	40	40

注：若为三级限速，则二级限速标志的位置为距警告区起点的距离，否则为上游过渡区前置距离。

交通事件下内蒙古自治区高速公路长大下坡路段推荐限速方案汇总表　　表 8.12

	设计速度 (km/h)	坡度 (%)	交通量 (辆/h)	事件发生地点距长大下坡始端的距离 S	限速值 (km/h)	一级限速值 (km/h)	距长大下坡起点距离 (m)	警告区后置距离 (m)	二级限速值 (km/h)	距一级限速标志距离 (m)	上游警告区前置距离 (m)
长大下坡	80	3	$Q \leqslant 1800$	$302\text{m} < S < 1161\text{m}$	70	70	72	—	—	—	—
				$1161\text{m} < S$	70	70	—	0	—	—	—
			$1800 < Q < 2400$	$217\text{m} < S < 1106\text{m}$	60	60	72	—	—	—	—
				$1106\text{m} < S$	60	60	—	70	—	—	—
			$Q \geqslant 2400$	$210\text{m} < S < 1126\text{m}$	50	50	72	—	—	—	—
				$1126\text{m} < S$	50	50	—	70	—	—	—

续上表

	设计速度（km/h）	坡度	交通量（辆/h）	事件发生地点距长大下坡始端的距离 S	限速值（km/h）	一级限速值（km/h）	距长大下坡起点距离（m）	警告区后置距离（m）	二级限速值（km/h）	距一级限速标志距离（m）	上游警告区前置距离（m）
长大下坡	80	4	$Q \leqslant 1800$	$230m < S < 1084m$	70	70	72	—	—	—	—
				$1084m < S$	70	70	—	0	—	—	—
			$1800 < Q < 2400$	$223m < S < 1109m$	60	60	72	—	—	—	—
				$1109m < S$	60	60	—	70	—	—	—
			$Q \geqslant 2400$	$297m < S < 1129m$	50	50	72	—	—	—	—
				$1129m < S$	50	50	—	70	—	—	—
		5	交通量不影响限速值	$222m < S < 1133m$	50	50	72	—	—	—	—
				$1133m < S$	50	50	—	70	—	—	—
		6	交通量不影响限速值	$228m < S < 1137m$	40	40	72	—	—	—	—
				$1137m < S$	40	40	—	70	—	—	—
	100	3	$Q \leqslant 1800$	$302m < S < 1161m$	70	70	72	—	—	—	—
				$1161m < S$	70	70	—	80	—	—	—
			$1800 < Q < 2400$	$296m < S < 1184m$	60	80	72	—	60	240	—
				$1184m < S$	60	80	—	80	60	—	60
			$Q \geqslant 2400$	$289m < S < 1204m$	50	70	72	—	50	240	—
				$1204m < S$	50	70	—	80	50	—	50
		4	$Q \leqslant 1800$	$311m < S < 1166m$	70	70	72	—	—	—	—
				$1166m < S$	70	70	—	80	—	—	—
			$1800 < Q < 2400$	$304m < S < 1190m$	60	80	72	—	60	250	—
				$1190m < S$	60	80	—	80	60	—	80
			$Q \geqslant 2400$	$297m < S < 1211m$	50	70	72	—	50	250	—
				$1211m < S$	50	70	—	80	50	—	50

续上表

	设计速度（km/h）	坡度	交通量（辆/h）	事件发生地点距长大下坡始端的距离 S	限速值（km/h）	一级限速值（km/h）	距长大下坡起点距离（m）	警告区后置距离（m）	二级限速值（km/h）	距一级限速标志距离（m）	上游警告区前置距离（m）
长大下坡	100	5	交通量不影响限速值	$307m < S < 1218m$	50	70	72	—	50	250	—
				$1218m < S$	50	70	—	80	50	—	50
		5	交通量不影响限速值	$310m < S < 1224m$	40	70	72	—	40	250	—
				$1224m < S$	40	70	—	80	40	—	70
	120	3	$Q \leqslant 1800$	$371m < S < 1229m$	70	90	72	—	70	310	—
				$1229m < S$	70	90	—	90	70	—	60
			$1800 < Q < 2400$	$364m < S < 1253m$	60	80	72	—	60	310	—
				$1253m < S$	60	80	—	90	60	—	60
			$Q \geqslant 2400$	$357m < S < 1272m$	50	80	72	—	50	300	—
				$1272m < S$	50	80	—	90	50	—	70
		4	$Q \leqslant 1800$	$357m < S < 1212m$	70	90	72	—	70	300	—
				$1212m < S$	70	90	—	90	70	—	60
			$1800 < Q < 2400$	$350m < S < 1236m$	60	80	72	—	60	290	—
				$1236m < S$	60	80	—	90	60	—	60
			$Q \geqslant 2400$	$343m < S < 1275m$	50	80	72	—	50	270	—
				$1275m < S$	50	80	—	90	50	—	60
		5	交通量不影响限速值	$308m < S < 1218m$	50	70	72	—	50	260	—
				$1218m < S$	50	70	—	90	50	—	50
		6	交通量不影响限速值	$264m < S < 1198m$	40	60	72	—	40	220	—
				$1198m < S$	40	60	—	70	40	—	50

注：长大下坡根据发生位置的不同将警告区起点放在长大下坡起点处或长大下坡中。

交通事件下内蒙古自治区高速公路匝道推荐限速方案汇总表 表 8.13

	匝道形式	设计速度(km/h)	事件发生位置	交通量(辆/h)	限速值(km/h)	变速区长度(m)	合流区长度(m)	事件影响区调整
匝道	直接式	80	合流点上游	$Q \leqslant 1000$	60	310	150	将解除限速标志设置在匝道末段,同时用锥形桶隔离平直路段车道直至匝道末端
				$1000 < Q < 2000$	50	310	150	
				$Q \geqslant 2000$	40	310	150	
			合流点下游	$Q \leqslant 1000$	60	310	150	主线上的警告区和上游过渡区应设置在匝道合流区之前
				$1000 < Q < 2000$	50	310	150	
				$Q \geqslant 2000$	40	310	150	
		100	合流点上游	$Q \leqslant 3000$	60	350	160	将解除限速标志设置在匝道末段,同时用锥形桶隔离平直路段车道直至匝道末端
				$3000 < Q < 4000$	50	350	160	
				$Q \geqslant 4000$	40	350	160	
			合流点下游	$Q \leqslant 3000$	60	350	160	主线上的警告区和上游过渡区应设置在匝道合流区之前
				$3000 < Q < 4000$	50	350	160	
				$Q \geqslant 4000$	40	350	160	
		120	合流点上游	$Q \leqslant 2500$	60	400	180	将解除限速标志设置在匝道末段,同时用锥形桶隔离平直路段车道直至匝道末端
				$2500 < Q < 3500$	50	400	180	
				$Q \geqslant 3500$	40	400	180	
			合流点下游	$Q \leqslant 2500$	60	400	180	主线上的警告区和上游过渡区应设置在匝道合流区之前
				$2500 < Q < 3500$	50	400	180	
				$Q \geqslant 3500$	40	400	180	
		关闭匝道			—			
		按平直路段设置			匝道不限速			

续上表

	匝道形式	设计速度（km/h）	事件发生位置	交通量（辆/h）	限速值（km/h）	变速区长度（m）	合流区长度（m）	事件影响区调整
匝道	平行式	80	合流点上游	$Q\leqslant1000$	60	180	70	
				$1000<Q<2000$	50	180	70	
				$Q\geqslant2000$	40	180	70	
			合流点上	$Q\leqslant1000$	60	100	90	将平直路段合流区设在匝道合流区之前
				$1000<Q<2000$	50	180	70	
				$Q\geqslant2000$	40	180	40	
			合流点下游	$Q\leqslant1000$	60	100	—	
				$1000<Q<2000$	50	50	—	
				$Q\geqslant2000$	40	—	—	
		100	合流点上游	$Q\leqslant3000$	60	200	80	
				$3000<Q<4000$	50	200	80	
				$Q\geqslant4000$	40	200	80	
			合流点上	$Q\leqslant3000$	60	100	90	将平直路段合流区设在匝道合流区之前
				$3000<Q<4000$	50	50	70	
				$Q\geqslant4000$	40	—	40	
			合流点下游	$Q\leqslant3000$	60	100	—	
				$3000<Q<4000$	50	50	—	
				$Q\geqslant4000$	40	—	—	
		120	合流点上游	$Q\leqslant2500$	60	230	90	
				$2500<Q<3500$	50	230	90	
				$Q\geqslant3500$	40	230	90	
			合流点上	$Q\leqslant2500$	60	100	90	将平直路段合流区设在匝道合流区之前
				$2500<Q<3500$	50	50	70	
				$Q\geqslant3500$	40	—	40	
			合流点下游	$Q\leqslant2500$	60	100	—	
				$2500<Q<3500$	50	50	—	
				$Q\geqslant3500$	40	—	—	
		其他情况			事件发生在合流点下游，将根据排队车辆尾部距匝道口的距离和距限速标志最大距离 $S_{大}$、最小距离 $S_{小}$ 的比较进行合理限速			

表 8.14

交通事件下内蒙古自治区高速公路隧道推荐限速方案汇总表

	排队情况	事件发生位置	事件区距离隧道口的距离	设计速度(km/h)	交通量	限制速度(km/h)	一级限速值(km/h)	警告区后置距离(m)	二级限速值(km/h)	上游过渡区前置距离(m)
隧道	不排队或排队长度小于100m	距离隧道口较远	$670m + L < S_{施} < 950m + L$	100	$Q \leqslant 1800$	60	80	80	60	50
			$620m + L < S_{施} < 900m + L$		$1800 < Q < 2400$	50	80	80	50	70
			$570m + L < S_{施} < 850m + L$		$Q \geqslant 2400$	40	70	80	40	60
			$540m + L < S_{施} < 770m + L$	80	$Q \leqslant 1800$	60	60	70	—	60
			$490m + L < S_{施} < 770m + L$		$1800 < Q < 2400$	50	50	70	40	40
			$450m + L < S_{施} < 670m + L$		$Q \geqslant 2400$	40	60	70	—	40
			$390m + L < S_{施} < 550m + L$	60	$1800 < Q < 2400$	50	50	50	—	40
			$340m + L < S_{施} < 620m + L$		$Q \geqslant 2400$	40	40	50	—	30
		距离隧道口较近（且隧道较短）	$230m < S_{施} < 510m$	100	$Q \leqslant 1800$	60	80	80	60	50
			$200m < S_{施} < 480m$		$1800 < Q < 2400$	50	80	80	50	70
			$150m < S_{施} < 430m$		$Q \geqslant 2400$	40	70	80	40	60
			$240m < S_{施} < 470m$	80	$Q \leqslant 1800$	60	60	70	—	60
			$170m < S_{施} < 400m$		$1800 < Q < 2400$	50	50	70	40	40
			$130m < S_{施} < 360m$		$Q \geqslant 2400$	40	60	70	—	40
			$170m < S_{施} < 340m$	60	$1800 < Q < 2400$	50	50	50	—	40
			$120m < S_{施} < 290m$		$Q \geqslant 2400$	40	40	50	—	30
		距离隧道口较近（且隧道较长）	$510m < S_{施} < 670m + L$	100	$Q \leqslant 1800$	60	80	80	60	50
			$480m < S_{施} < 620m + L$		$1800 < Q < 2400$	50	80	80	50	70
			$430m < S_{施} < 570m + L$		$Q \geqslant 2400$	40	70	80	40	60
			$470m < S_{施} < 540m + L$	80	$Q \leqslant 1800$	60	60	70	—	60
			$400m < S_{施} < 490m + L$		$1800 < Q < 2400$	50	50	70	40	40
			$360m < S_{施} < 450m + L$		$Q \geqslant 2400$	40	60	70	—	40
			$340m < S_{施} < 390m + L$	60	$1800 < Q < 2400$	50	50	50	—	40
			$290m < S_{施} < 340m + L$		$Q \geqslant 2400$	40	40	50	—	30

续上表

	排队情况	事件发生位置	事件区距离隧道口的距离	设计速度（km/h）	交通量	限制速度（km/h）	一级限速值（km/h）	警告区后置距离（m）	二级限速值（km/h）	上游过渡区前置距离（m）
隧道	排队大于100m 且逐渐增加	排队尾部距离隧道口较远	$S_{尾}>1180m$ 或 $280m<S_{尾}<1180m$	100	$Q\leqslant1800$	60	80	80	60	50
			$S_{尾}>1190m$ 或 $270m<S_{尾}<1190m$		$1800<Q<2400$	50	80	80	50	70
			$S_{尾}>1210m$ 或 $260m<S_{尾}<1210m$		$Q\geqslant2400$	40	70	80	40	60
			$S_{尾}>1100m$ 或 $210m<S_{尾}<1100m$	80	$Q\leqslant1800$	60	60	70	—	60
			$S_{尾}>1120m$ 或 $200m<S_{尾}<1120m$		$1800<Q<2400$	50	50	70	40	40
			$S_{尾}>1140m$ 或 $190m<S_{尾}<1140m$		$Q\geqslant2400$	40	60	70	—	40
			$S_{尾}>1060m$ 或 $140m<S_{尾}<1060m$	60	$Q\leqslant1800$	50	50	50	—	40
			$S_{尾}>1080m$ 或 $140m<S_{尾}<1080m$		$1800<Q<2400$	40	40	50	—	30
		排队尾部距离隧道口较近（排队尾部与隧道口的距离大于停车视距，隧道较短）	$240m<S_{尾}<280m,280m<S_{尾}+S_{隧}<1180m$	100	$Q\leqslant1800$	60	80	80	60	50
			$240m<S_{尾}<270m,270m<S_{尾}+S_{隧}<1190m$		$1800<Q<2400$	50	80	80	50	70
			$240m<S_{尾}<260m,260m<S_{尾}+S_{隧}<1210m$		$Q\geqslant2400$	40	70	80	40	60
			$170m<S_{尾}<210m,210m<S_{尾}+S_{隧}<1100m$	80	$Q\leqslant1800$	60	60	70	—	60
			$170m<S_{尾}<210m,210m<S_{尾}+S_{隧}<1100m$		$1800<Q<2400$	50	50	70	40	40
			$170m<S_{尾}<190m,190m<S_{尾}+S_{隧}<1140m$		$Q\geqslant2400$	40	60	70	—	40
			$110m<S_{尾}<140m,140m<S_{尾}+S_{隧}<1060m$	60	$Q\leqslant1800$	50	50	50	—	40
			$110m<S_{尾}<140m,140m<S_{尾}+S_{隧}<1080m$		$1800<Q<2400$	40	40	50	—	30
		排队尾部距离隧道口较近（排队尾部与隧道口的距离小于停车视距，隧道为短隧道）	$S_{尾}<510m,280m<S_{尾}+S_{隧}<1180m$	100	$Q\leqslant1800$	60	80	80	60	50
			$S_{尾}<510m,270m<S_{尾}+S_{隧}<1190m$		$1800<Q<2400$	50	80	80	50	70
			$S_{尾}<510m,260m<S_{尾}+S_{隧}<1210m$		$Q\geqslant2400$	40	70	80	40	60
			$S_{尾}<390m,210m<S_{尾}+S_{隧}<1100m$	80	$Q\leqslant1800$	60	60	70	—	60
			$S_{尾}<390m,200m<S_{尾}+S_{隧}<1120m$		$1800<Q<2400$	50	50	70	40	40
			$S_{尾}<390m,190m<S_{尾}+S_{隧}<1140m$		$Q\geqslant2400$	40	60	70	—	40
			$S_{尾}<280m,140m<S_{尾}+S_{隧}<1060m$	60	$Q\leqslant1800$	50	50	50	—	40
			$S_{尾}<280m,140m<S_{尾}+S_{隧}<1080m$		$1800<Q<2400$	40	40	50	—	30

续上表

	排队情况	事件发生位置	事件区距离隧道口的距离	设计速度（km/h）	交通量	限制速度（km/h）	一级限速值（km/h）	警告区后置距离（m）	二级限速值（km/h）	上游过渡区前置距离（m）
隧道直线段	排队大于100m且逐渐增加	排队尾部距离隧道口较近（排队尾部与隧道口的距离大于停车视距，隧道为中长隧道）	$240m < S_{尾} < 280m, S_{尾} + S_{隧} > 1180m$	100	$Q \leqslant 1800$	60	80	80	60	50
			$240m < S_{尾} < 270m, S_{尾} + S_{隧} > 1190m$		$1800 < Q < 2400$	50	80	80	50	70
			$240m < S_{尾} < 260m, S_{尾} + S_{隧} > 1210m$		$Q \geqslant 2400$	40	70	80	40	60
			$170m < S_{尾} < 210m, S_{尾} + S_{隧} > 1100m$	80	$Q \leqslant 1800$	60	60	70	—	60
			$170m < S_{尾} < 200m, S_{尾} + S_{隧} > 1120m$		$1800 < Q < 2400$	50	50	70	40	40
			$170m < S_{尾} < 190m, S_{尾} + S_{隧} > 1140m$		$Q \geqslant 2400$	40	60	70	—	40
			$110m < S_{尾} < 140m, S_{尾} + S_{隧} > 1060m$	60	$Q \leqslant 1800$	50	50	50	—	40
			$110m < S_{尾} < 140m, S_{尾} + S_{隧} > 1080m$		$1800 < Q < 2400$	40	40	50	—	30
		排队尾部距离隧道口较近（排队尾部与隧道口的距离小于停车视距，隧道为中长隧道）	$S_{尾} < 510m, S_{尾} + S_{隧} > 1180m$	100	$Q \leqslant 1800$	60	80	80	—	50
			$S_{尾} < 510m, S_{尾} + S_{隧} > 1180m$		$1800 < Q < 2400$	50	80	80	60	70
			$S_{尾} < 510m, S_{尾} + S_{隧} > 1190m$		$Q \geqslant 2400$	40	70	80	50	60
			$S_{尾} < 390m, S_{尾} + S_{隧} > 1100m$	80	$Q \leqslant 1800$	60	60	70	40	60
			$S_{尾} < 390m, S_{尾} + S_{隧} > 1120m$		$1800 < Q < 2400$	50	50	70	—	40
			$S_{尾} < 390m, S_{尾} + S_{隧} > 1140m$		$Q \geqslant 2400$	40	60	70	40	40
			$S_{尾} < 280m, S_{尾} + S_{隧} > 1060m$	60	$Q \leqslant 1800$	50	50	50	—	40
			$S_{尾} < 280m, S_{尾} + S_{隧} > 1080m$		$1800 < Q < 2400$	40	40	50	—	30

续上表

	设计速度(km/h)	路拱坡度(%)	事件发生位置	半径(m)	限制速度(km/h)	一级限速值(km/h)	警告区后置距离(m)	二级限速值(km/h)	上游过渡区前置距离(m)
平曲线隧道	120	≤2.0%	事件发生在隧道进口处	$5500 \leq R < 7500$	75	100	80	75	50
		>2.0%		$R \geq 7500$					
	100	≤2.0%		$4000 \leq R < 5250$	75	90	80	75	50
		>2.0%		$5250 \leq R < 5500$					
	80	≤2.0%		$2500 \leq R < 3350$	75	75	50	—	—
		>2.0%		$3350 \leq R < 4000$					
	60	≤2.0%		$1500 \leq R < 1900$	60	60	50	—	—
		>2.0%		$1900 \leq R < 2500$					
	120	≤2.0%	事件发生在隧道平曲线内	$5500 \leq R < 7500$	100	100	80	—	—
		>2.0%		$R \geq 7500$					
	100	≤2.0%		$4000 \leq R < 5250$	100	100	80	—	—
		>2.0%		$5250 \leq R < 5500$					
	80	≤2.0%		$2500 \leq R < 3350$	80	80	70	—	—
		>2.0%		$3350 \leq R < 4000$					
	60	≤2.0%		$1500 \leq R < 1900$	60	60	60	—	—
		>2.0%		$1900 \leq R < 2500$					

交通事件下平曲线路段推荐限速方案汇总表 表 8.15

	设计速度(km/h)	半径 R(m)	限制速度(km/h)	一级限速值(km/h)	警告区后置距离(m)	二级限速值(km/h)	上游过渡区前置距离(m)
平曲线路段	80	$200 \leq R < 400$	40	60	70	40	40
		$R \geq 400$	50	50	70	—	—
	100	$400 \leq R < 700$	50	70	80	50	40
		$R \geq 700$	60	80	80	60	50
	120	$650 \leq R < 1000$	60	90	150	60	50
		$R \geq 1000$	70	90	100	70	50

附　　录

1. 双向四车道高速公路平直路段元胞自动机仿真部分源代码

```
function [c,n3] = speed_limit( T,n , nm ,nm1,nm2,Q ,ls1,ls2)
```

%% speed_limit 交通事件下的限速;num 冲突数;s 输出车辆数;p 大车比例;Q 单车道每小时内平均到达车辆数,单位 veh/h;n 仿真格点总数;T 仿真时间;nm 事件发生始点位置(考虑强制换道);nm1 上游过渡区始点位置(考虑强制换道);nm2 警告区始点位置(考虑随机换道);ls1 小车限速值;ls2 大车限速值。

%% 主要对 2 个车道分别进行编程,其中每个车道又细分为自由段,警告区(限速并随机换道),过渡区(限速强制换道),事件区四部分编程。

```
%%%%%%%%%%%%%%%初始化数据;
format short g
r = zeros(7,n);                    % r 为车道;
v = zeros(7,n);                    % v 为车速;
b = zeros(1,T);                 %定义一维数组用于存放每仿真秒的排队长度值;
v1max = 12; v2max = 10;
[r,v,n1,n2] = input1(r,v,Q,v1max,v2max);    %仿真初始边界,车辆驶入入口;
s1 = n1;s2 = n2;                              %记录车辆数;
num11 = 0;num12 = 0;num21 = 0;num22 = 0;          %记录冲突数;
a = 1;t = 1;
h = imshow(r,[0,2]);              %初始化图像白色有车,黑色空元胞;
while a
i1 = 1;i2 = 1;                              %循环步长初始化;
%%%%%%%%%%%%%%%%%%%%%%%%%%%左车道车辆更新
i30 = searchleadercar1(r,1,nm);          %1 为左车道;初始头车搜索;
while i1 < i30
   i1 = i1 +1;
   k = i30 - i1 +2;
  If r(1,k -1:k) = -1              %%%%使产生的格点数  定代表的是小车;
      i1 = i1 +1;                  %控制下一循环从车尾后搜索;
```

```
if k > = nm - 1                    %代表事件点区后;
     v(1,k - 1:k) = 0;
     [d1,k0] = searchaheadcar(r,k,1); %搜索当前车与邻车道前方车辆距离;
     [d2,k2] = searchrearcar(r,k,1);  %搜索当前车与邻车道后方车辆距离;
if k2 > = 2&r(3,k - 1:k) = = 0&d1 > = v(3,k0 - 1:k0)&d2 > = v(3,k2 - 1:k2)
                                                        %判断强制换道;
          v (1,k - 1:k) = v(3,k0 - 1:k0);
        if d1 = = v(3,k0 - 1:k0)&d2 = = v(3,k2 - 1:k2)&v(1,k - 1:k) ~ = 0
                                                        %换道冲突;
            num11 = num11 + 1;
        end
          [r,v] = c_change(r, v, k, 1, d1);
        end
  elseif k > = nm1                       %上游过渡区后,存在限速和强制换道;
        v(1,k - 1:k) = min(ls1,v(1,k - 1:k));
        i11 = searchleadercar1(r,1,nm);   %搜索头车车头位置;
        [d1,k0] = searchaheadcar(r,k,1); %搜索当前车与邻车道前车距离;
        [d2,k2] = searchrearcar(r,k,1);   %搜索当前车与邻车道后车距离;
         [d,k1] = searchfrontcar1(r,k,i11,1,nm);%搜索当前车与前车之间
距离;
    if k2 > = 2&r(3,k - 1:k) = = 0&d1 > = v(1,k - 1:k)&d2 > = v(3,k2 - 1:k2)&v
(1,k - 1:k) ~ = 0
        if d1 = = v(1,k - 1:k)&d2 = = v(3,k2 - 1:k2)
            num11 = num11 + 1;
        end
            [r,v] = c_change(r, v, k, 1, d1);
      else
    if k1 > =2&v(1,k -1:k) >v(1,k1 -1:k1)&d <fix(v(1,k -1:k) * v(1,k -1:k)'/12)%
判断追尾冲突;
            num12 = num12 + 1;
         end
            [r,v]  =  follow_limit(r, v, k, d, 1, ls1, ls2);
      end
  elseif k > = nm2                              %警告区后,存在限速和随机换道;
```

```
        else                                          % 自由区后,不限速随机变道;

      elseif k > =4&r(1,k -3:k) = =2          %%% 使产生的格点数一定代表大车;

      else
          continue;
      end
   end
   %%%%%%%%%%%%%%%%%%%%%%%%% 右车道车辆更新;

   [r,v,n1,n2,n3] = input2(r,v,Q,v1max,v2max);                % 车辆驶入入口
        s1 = s1 + n1;s2 = s2 + n2;                          % 记录车辆;
        i3 = searchleadercar1(r,1,nm);        % 确定事故车道每时刻 t 头车的车头位置;
        count = queue(r,v,1,i3);          % 计算的排队长度统计值,单位为 cell;
        b(t) = count;
        set(h,'CData',r)              % 更新图像;
        t =t +1;                    % 记录运行时间;
        if t >T
           a =0;
        end
        pause (0);
        drawnow;                           % 刷新界面;
   end
   count1 = count_max(b,T);               % 计算仿真时间内所有仿真秒内的排队长度最
大值 ;count2 = count_average(b,T);       % 计算仿真时间内所有仿真秒内的排队长度平
均值;num1 = (num11 + num21);                  % 换道冲突;
   num2 = (num12 + num22);                    % 追尾冲突;
   num = num1 + num2;                        % 总冲突;
   s = (s1 + s2);
   p = s2/ (s1 + s2);
   c = [p, s, num, num1, num2, count1, count2];
```

2. 双向八车道高速公路平直路段元胞自动机仿真部分源代码

```
function [c,nx] = Speed_Limit( T,n , nm ,nm1,nm2,Q ,ls1,ls2)
```

```
%%%%%%%%%%%%%%初始化数据;
format short g
r = zeros(7,n);                  % r 为车道;
v = zeros(7,n);                  % v 为车速;
b = zeros(1,T);                % 定义一维数组用于存放每仿真秒的排队长度值;
v1max = 12;v2max = 10;         % 小车最高限速 120 km/h ,大车最高限速 100 km/h ;
[r,v,n1,n2] = input1(r,v,Q);   % 仿真初始边界,车辆驶入入口;
s1 = n1;s2 = n2;                                 % 记录车辆数 n1 小车,n2 大车;
num11 =0; num12 =0; num31 =0; num32 =0; num51 =0; num52 =0; num71 =0;
  num72 =0;
a =1; t=1;
h = imshow(r,[0,2]);              % 初始化图像白色有车,黑色空元胞;
while a
i1 =1;i3 =1; i5 =1;i7 =1;                          % 循环步长初始化;
%%%%%%%%%%%%%%%%%%%%%%%%%%%%%%%%一车道更新;
i10 = searchleadercar(r,1);        %1 表示一车道;
  while i1 < i10
    i1 =i1 +1;
    k =i10 - i1 +2;
  if r(1,k -1:k) = =1                %%%让显示的格点数一定代表小车;
    i1 =i1 +1;                     % 控制下一循环从车尾开始;
    if k > =n -1
      [r,v] = output(r,v,1,k);                     % 车辆驶出出口;
    elseif k > =nm1                               %% 过渡区后车辆跟驰;
      v(1,k -1:k) =min(ls1,v(1,k -1:k));
      i11 = searchleadercar(r,1);                  % 搜索头车车头位置;
      [d,k1] =searchfrontcar(r,k,i11,1);    % 搜索当前车与前车之间的间隔;
      [r,v] =follow_limit(r, v, k, d, 1, ls1, ls2);
    elseif k > =nm2                            % 警告区点后存在限速,随机换道;
       v(1,k -1:k) =min(ls1,v(1,k -1:k));
       i11 =searchleadercar(r,1);                % 搜索头车车头位置;
    [d1R,k0R] =searchaheadcar_R(r,k,1);% 搜索当前车与邻车道上前车间隔
    [d2R,k2R] =searchrearcar_R(r,k,1);   % 搜索当前车与邻车道上后车间隔
       [d,k1] =searchfrontcar(r,k,i11,1);% 搜索当前车与前车之间的间隔
```

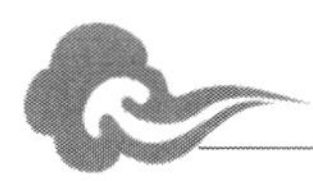


```
            p0 = p_change(r, k, k1, 1);
            rand('state',sum(100 * clock) * rand(1)); %定义随机种子;
            p1 = rand (1);
        if k2R > =2&p1 < =p0&r(3,k-1:k) = =0&v(1,k-1:k) ~ =0&
          d1R > =v(1,k-1:k)&d2R > =v(1,k2R-1:k2R)&d < =v(1,k-1:k)
        if d1R = =v(1,k-1:k)&d2R = =v(1,k2R-1:k2R)
            num11 = num11 +1;
        end
            [r,v] = r_change_R(r, v, k, 1, d1R);
        else
            [r,v] =follow_limit(r, v, k, d, 1, ls1, ls2);

        if k1 > =2&v(1,k-1:k) >v(1,k1-1:k1)&d<fix(v(1,k-1:k) * v(1,k-1:
k)'/12)
            num12 = num12 +1;
        end
      end
  else                                          % 自由区点后不存在限速并随机换道;

      end
  elseif k > =4&r(1,k-3:k) = =2            %%% 让显示的格点数一定代表大车;

      else
        continue;
      end
  end
  %%%%%%%%%%%%%%%%%%%%%%%%%%%%%%二车道更新;
  %%%%%%%%%%%%%%%%%%%%%%%%%%%%%%%三车道更新;
  %%%%%%%%%%%%%%%%%%%%%%%%%%%%%%%四车道更新;

      else
        continue;
      end
  end
```

```
    [r,v,n1,n2,nx] = input2(r,v,Q,v1max,v2max);   % 车辆驶入入口
    s1 = s1 + n1;s2 = s2 + n2;                      % 记录车辆;
  i_q3 = searchleadercar1(r,3,nm);   % 确定事故车道每时刻 t 头车的车头位置;
  i_q5 = searchleadercar1(r,5,nm);   % 确定事故车道每时刻 t 头车的车头位置;
  count3 = queue(r,v,3,i_q3);        % 计算的排队长度统计值,单位为 cell;
  count5 = queue(r,v,5,i_q5);        % 计算的排队长度统计值,单位为 cell;
  b(t) = max(count3,count5);
  set(h,'CData',r)            % 更新图像;
  t = t + 1;                  % 记录运行时间;
  if t > T
    a = 0;
  end
  pause(0);
  drawnow;                    % 刷新界面;
end
count1 = count_max(b,T);      % 计算仿真时间内所有仿真秒内的排队长度最大值
count2 = count_average(b,T);      % 计算仿真时间内所有仿真秒内的排队长度平均值
num1 = (num11 + num31 + num51 + num71);                % 换道冲突;
num2 = (num12 + num32 + num52 + num72);                % 追尾冲突;
num = num1 + num2;                 % 总冲突;
s = (s1 + s2) * 2;
p = s2/ (s1 + s2);
c = [p, s, num, num1, num2, count1, count2];
```

3. 双向四车道高速公路长大下坡元胞自动机仿真部分源代码

```
function [c,n3] = speed_limit( T,n , nm ,nm1,nm2,Q ,ls1,ls2,L1,L2)
%%%%%%%%%%%%%%%%初始化数据;
format short g
r = zeros(3,n);               % r 为车道;
v = zeros(3,n);               % v 为车速;
b = zeros(1,T);            % 定义一维数组用于存放每仿真秒的排队长度值;
v1max = 10; v2max = 8;
[r,v,n1,n2] = input1(r,v,Q,v1max,v2max);   % 仿真初始边界,车辆驶入入口;
s1 = n1;s2 = n2;                          % 记录车辆数;
```

```
num11 =0;num12 =0;num21 =0;num22 =0;              %记录冲突数;
a =1; t =1;
h = imshow(r,[0,2]);              %初始化图像白色有车,黑色空元胞;
while a
i1 =1;i2 =1;                             %循环步长初始化;
%%%%%%%%%%%%%%%%%%%%%%%%%%%%%%%%%%%%%%%%%%%左车道车辆更新
i30 = searchleadercar1(r,1,nm);          %1 为左车道;初始头车搜索;
while i1 <i30
   i1 =i1 +1; k =i30 -i1 +2;
  if r(1,k -1:k) = =1              %%%%使产生的格点数一定代表的是小车;
      i1 =i1 +1;                   %控制下一循环从车尾后搜索;
    if k > =nm -1                  %代表事件点区后;
        v(1,k -1:k) =0;
        [d1,k0] = searchaheadcar(r,k,1); %搜索当前车与邻车道前方车辆距离;
        [d2,k2] = searchrearcar(r,k,1);  %搜索当前车与邻车道后方车辆距离;
  if k2 > =2&r(3,k -1:k) = =0&d1 > =v(3,k0 -1:k0)&d2 > =v(3,k2 -1:k2)
%强制换道;
            v (1,k -1:k) =v(3,k0 -1:k0);
  if d1 = =v(3,k0 -1:k0) +L1&d2 = =v(3,k2 -1:k2)&v(1,k -1:k) ~ =0
 %换道冲突;
              num11 =num11 +1;
           end
             [r,v] =c_change(r, v, k, 1, d1);
          end
   elseif k > =nm1                         %上游过渡区后,存在限速和强制换道;
           v(1,k -1:k) =min(ls1,v(1,k -1:k));
           i3 =searchleadercar1(r,1,nm);         %搜索头车车头位置;
           [d1,k0] =searchaheadcar(r,k,1);       %搜索当前车与邻车道前车距离;
           [d2,k2] =searchrearcar(r,k,1);        %搜索当前车与邻车道后车距离;
           [d,k1] =searchfrontcar1(r,k,i3,1,nm); %搜索当前车与前车之间距离;
  If k2 > =2&r(3,k -1:k) = =0&d1 > =v(1,k -1:k) +L1&d2 > =v(3,k2 -1:k2)
&v(1,k -1:k) ~ =0
           if d1 = =v(1,k -1:k) +L1&d2 = =v(3,k2 -1:k2)
              num11 =num11 +1;
```

```
              end
                  [r,v] = c_change(r, v, k, 1, d1);
           else
                  if  k1 > =2&v(1,k-1:k) > v(1,k1-1:k1)&d < fix(v(1,k-1:k)
*v(1,k-1:k)'/12)
                      num12 = num12 +1;
               end
                  [r,v]  =  follow_limit(r, v, k, d, 1, ls1, ls2);
           end
    elseif k > =nm2                      %警告区后,存在限速和随机换道;


           end
    else                                 %自由区后,不限速随机变道;


    end
   elseif k > =4&r(1,k-3:k) = =2    %%%使产生的格点数一定代表大车;


    else
        continue;
    end
  end
  %%%%%%%%%%%%%%%%%%%%%%%%%%  %%%%右车道车辆更新;

  [r,v,n1,n2,n3] = input2(r,v,Q,v1max,v2max);                %车辆驶入入口
s1 = s1 + n1;s2 = s2 + n2;             %记录车辆;
    i3 = searchleadercar1(r,1,nm);  %确定事故车道每时刻 t 头车的车头位置;
    count = queue(r,v,1,i3);          %计算的排队长度统计值,单位为 cell;
    b(t) = count;
    set(h,'CData',r)                   %更新图像;
    t = t + 1;                         %记录运行时间;
    if t > T
        a = 0;
    end
    pause(0);
```

```
        drawnow;                          %刷新界面;
    end
    count1 = count_max(b,T);              %计算仿真时间内所有仿真秒内的排队长度最
大值 count2 = count_average(b,T);         % 计算仿真时间内所有仿真秒内的排队长度平
均值 num1 = (num11 + num21);              % 换道冲突;
    num2 = (num12 + num22);               %追尾冲突;
    num = num1 + num2;                    %总冲突;
    s = (s1 + s2);
    p = s2/(s1 + s2);
    c = [p, s, num, num1, num2, count1, count2];
```

附　　件

目录 Mulu

图　例

线形诱导标

附设施工警示灯护栏

标志牌

闪光灯箭头板

锥形交通路标或渠化装置

车流行驶方向

临时性车流行驶方向

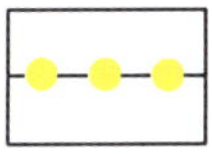

附设施工警示灯护栏

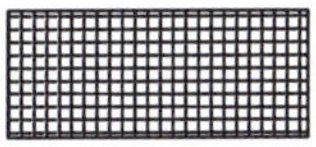

养护维修工作区

旗手

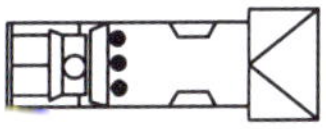

移动式工程车

装有警示灯的施工隔离墩

施工防离墩

防撞墙（桶）

索　引　表

平直路段索引表

长大下坡索引表

续上表

设计速度(km/h)	坡度(%)	交通量(辆/h)	事件发生地点距长大下坡始端的距离 S	页码
120	3	$Q \leqslant 1800$	371m < S < 1229m	208
			1229m < S	209
		1800 < Q < 2400	364m < S < 1253m	210
			1253m < S	211
		$Q \geqslant 2400$	357m < S < 1272m	212
			1272m < S	213
	4	$Q \leqslant 1800$	357m < S < 1212m	214
			1212m < S	215
		1800 < Q < 2400	350m < S < 1236m	216
			1236m < S	217
		$Q \geqslant 2400$	343m < S < 1275m	218
			1275m < S	219
	5	交通量不影响限速值	308m < S < 1218m	220
			1218m < S	221
	6	交通量不影响限速值	264m < S < 1198m	222
			1198m < S	223

匝道索引表

续上表

匝道形式	设计速度（km/h）	事件发生位置	交通量（辆/h）	页码
直接式	120	合流点上游	$Q \leqslant 2500$	236
			$2500 < Q \leqslant 3500$	237
			$Q > 3500$	238
		合流点下游	$Q \leqslant 2500$	239
			$2500 < Q < 3500$	240
			$Q \geqslant 3500$	241
	关闭匝道			242
	扩平直路段设置			243
平行式	80	合流点上游	$Q \leqslant 1000$	244
			$1000 < Q < 2000$	245
			$Q \geqslant 2000$	246
		合流点上	$Q \leqslant 1000$	247
			$1000 < Q < 2000$	248
			$Q \geqslant 2000$	249
		合流点下游	$Q \leqslant 1000$	250
			$1000 < Q < 2000$	251
			$Q \geqslant 2000$	252
	100	合流点上游	$Q \leqslant 3000$	253
			$3000 < Q < 4000$	254
			$Q \geqslant 4000$	255
		合流点上	$Q \leqslant 3000$	256
			$3000 < Q < 4000$	257
			$Q \geqslant 4000$	258
		合流点下游	$Q \leqslant 3000$	259
			$3000 < Q < 4000$	260
			$Q \geqslant 4000$	261
	120	合流点上游	$Q \leqslant 2500$	262
			$2500 < Q < 3500$	263
			$Q \geqslant 3500$	264
		合流点上	$Q \leqslant 2500$	265
			$2500 < Q < 3500$	266
			$Q \geqslant 3500$	267
		合流点下游	$Q \leqslant 2500$	268
			$2500 < Q < 3500$	269
			$Q \geqslant 3500$	270
	其他情况			271

隧 道 索 引 表

续上表

排队情况	事件发生位置	设计速度	交通量(辆/h)	页码
排队大于100m且逐渐增加	排队尾部距离隧道口较近(排队尾部与隧道口的距离大于停车视距,隧道较短)	100	≤1800	301
			$1800 < Q < 2400$	302
			$Q \geq 2400$	303
		80	≤1800	304
			$1800 < Q < 2400$	305
			$Q \geq 2400$	306
		60	≤1800	307
			$1800 < Q < 2400$	308
	排队尾部距离隧道口较近(排队尾部与隧道口的距离小于停车视距,隧道为短隧道)	100	≤1800	309
			$1800 < Q < 2400$	310
			$Q \geq 2400$	311
		80	≤1800	312
			$1800 < Q < 2400$	313
			$Q \geq 2400$	314
		60	≤1800	315
			$1800 < Q < 2400$	316
	排队尾部距离隧道口较近(排队尾部与隧道口的距离大于停车视距,隧道为中长隧道)	100	≤1800	317
			$1800 < Q < 2400$	
			$Q \geq 2400$	
		80	≤1800	318
			$1800 < Q < 2400$	
			$Q \geq 2400$	
		60	≤1800	319
			$1800 < Q < 2400$	
	排队尾部距离隧道口较近(排队尾部与隧道口的距离小于停车视距,隧道为中长隧道)	100	≤1800	320
			$1800 < Q < 2400$	
			$Q \geq 2400$	
		80	≤1800	321
			$1800 < Q < 2400$	
			$Q \geq 2400$	
		60	≤1800	322
			$1800 < Q < 2400$	

隧道平曲线索引表

事件发生位置	设计速度（km/h）	路拱坡度（%）	半径（m）	页码
事件发生在隧道进口处	120	≤2.0%	5500≤R<7500	323
		>2.0%	≥7500	324
	100	≤2.0%	4000≤R<5250	325
		>2.0%	5250≤R<5500	326
	80	≤2.0%	2500≤R<3350	327
		>2.0%	3350≤R<4000	328
	60	≤2.0%	1500≤R<1900	329
		>2.0%	1900≤R<2500	330
事件发生在隧道平曲线内	120	≤2.0%	5500≤R<7500	331
		>2.0%	≥7500	332
	100	≤2.0%	4000≤R<5250	333
		>2.0%	5250≤R<5500	334
	80	≤2.0%	2500≤R<3350	335
		>2.0%	3350≤R<4000	336
	60	≤2.0%	1500≤R<1900	337
		>2.0%	1900≤R<2500	338

平曲线路段索引表

设计速度（km/h）	半径R（m）	事件发生地点离平曲线起点的距离S（m）	页码
80	≥400	S<370	339
		S>370	340
	200≤R<400	S<320	341
		S>320	342
100	≥700	S<560	343
		S>560	344
	400≤R<700	S<450	345
		S>450	346
120	≥1000	S<650	347
		S>650	348
	650≤R<1000	S<590	349
		S>590	350

1 事件发生在平直路段

1.1 双向四车道

1.1.1 设计速度 80km/h 时限速设置

双向四车道平直路段发生事件时限速设置(设计速度 80km/h)如图 1.1 所示。

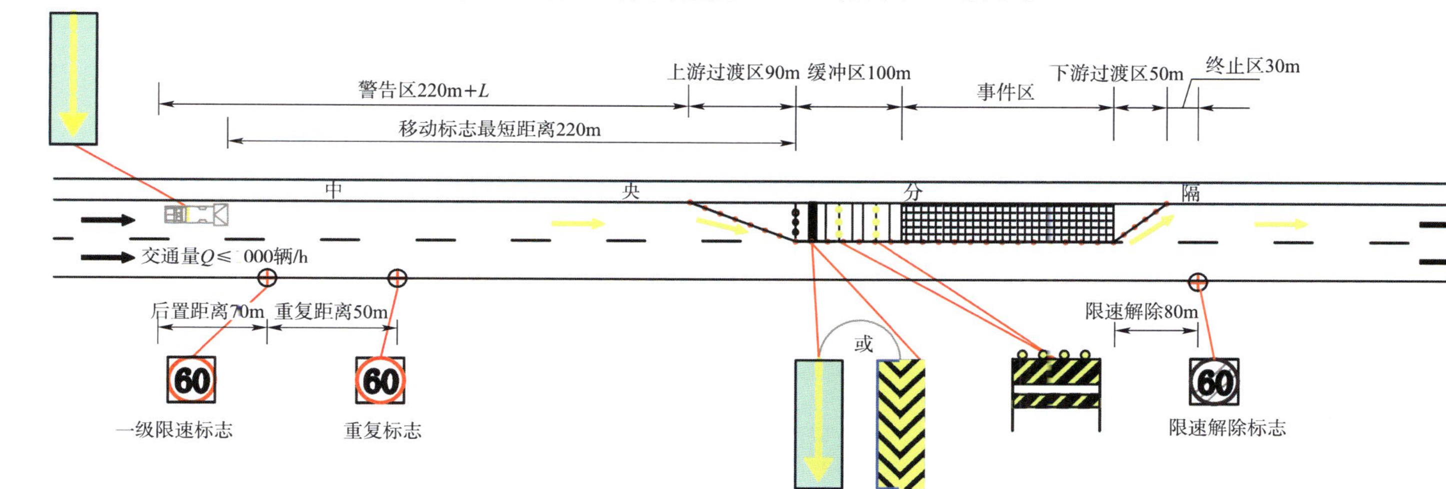

注：L为排队长度，当排队较长(>100m)且排队长度逐渐增加时，采用车载式限速标志或可移动限速标志，最短距离为移动标志距排队车辆末端的距离。

a)

图 1.1

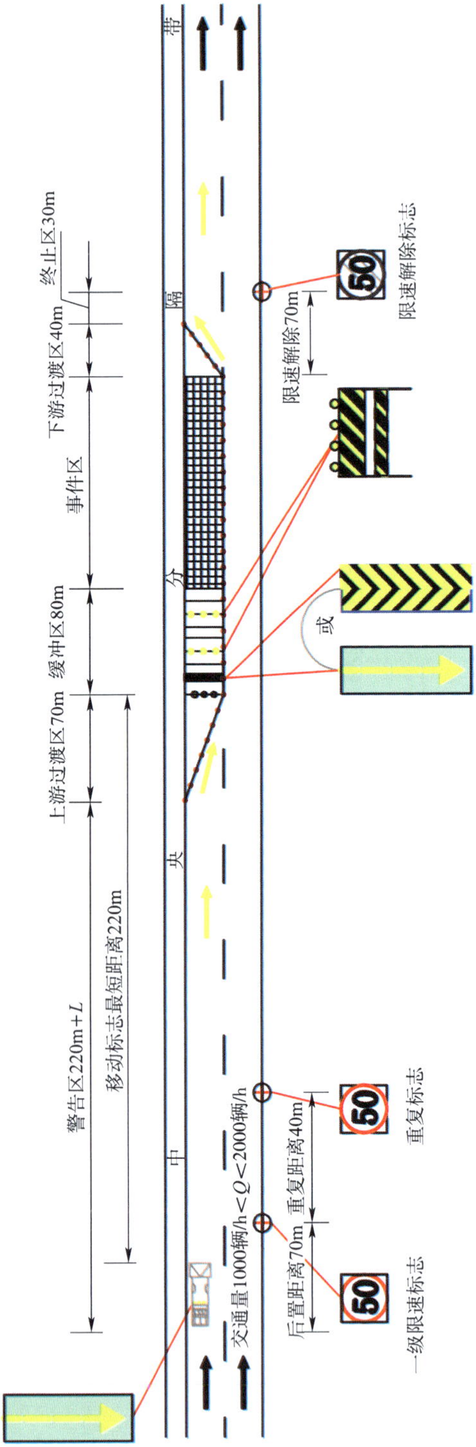

注：L为排队长度，当排队较长(>100m)且排队长度逐渐增加时，采用车载式限速标志或可移动限速标志，最短距离为移动标志距排队车辆末端的距离。

b)

图 1.1

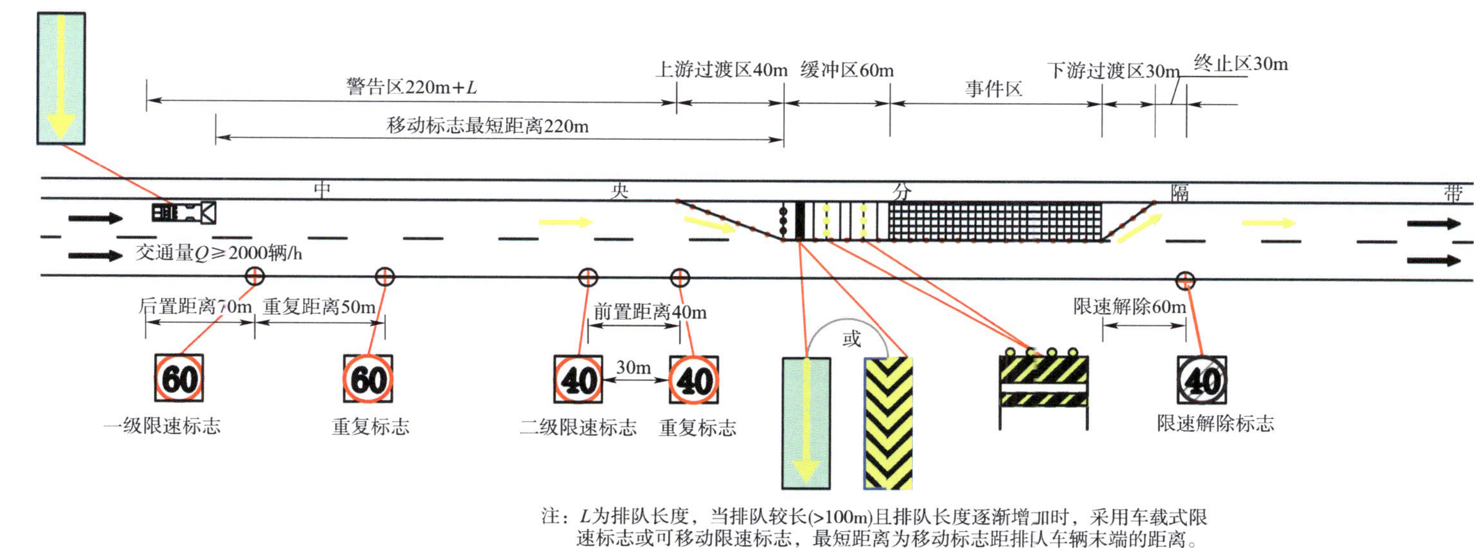

注：L为排队长度，当排队较长(>100m)且排队长度逐渐增加时，采用车载式限速标志或可移动限速标志，最短距离为移动标志距排队车辆末端的距离。

c)

图 1.1　双向四车道平直路段发生事件时限速设置(设计车速 80km/h)

1.1.2 设计速度 100km/h 时限速设置

双向四车道平直路段发生事件时限速设置(设计速度 100km/h)如图 1.2 所示。

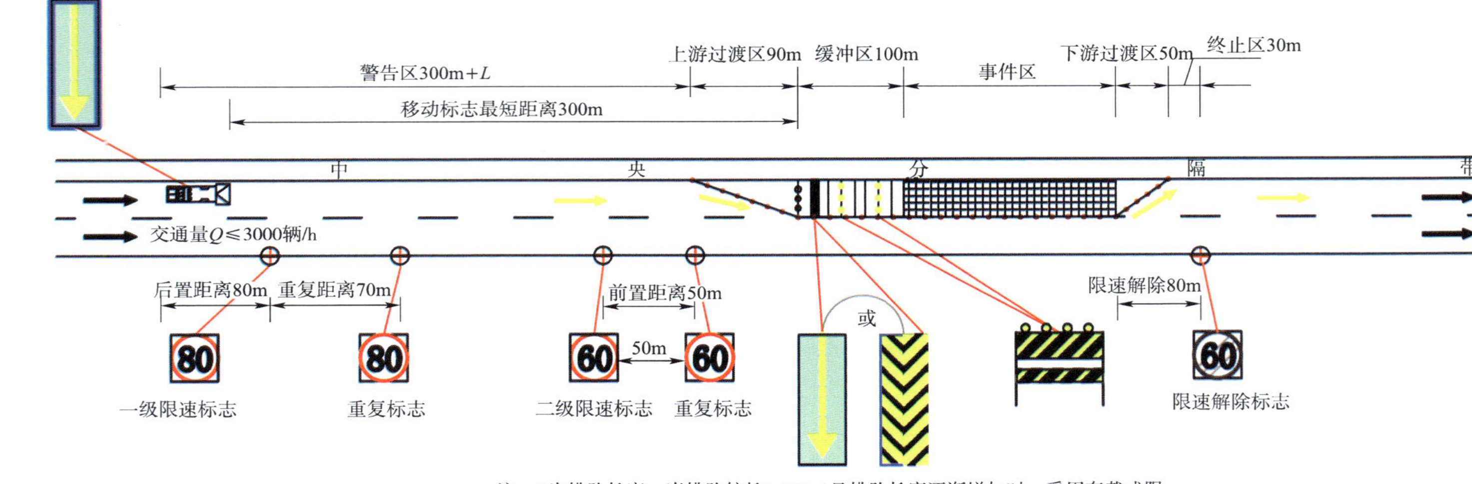

注：L为排队长度，当排队较长(>100m)且排队长度逐渐增加时，采用车载式限速标志或可移动限速标志，最短距离为移动标志距排队车辆末端的距离。

a)

图 1.2

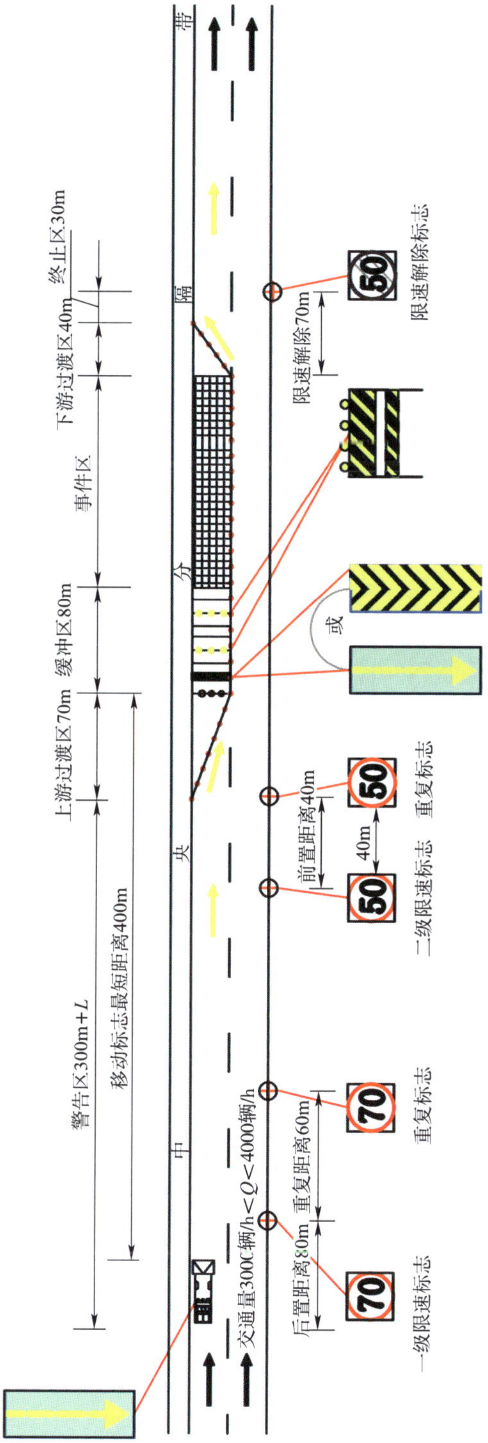

注：L为排队长度，当排队较长(>100m)且排队长度逐渐增加时，采用车载式限速标志或可移动限速标志，最短距离为移动标志距排队车辆末端的距离。

b)

图 1.2

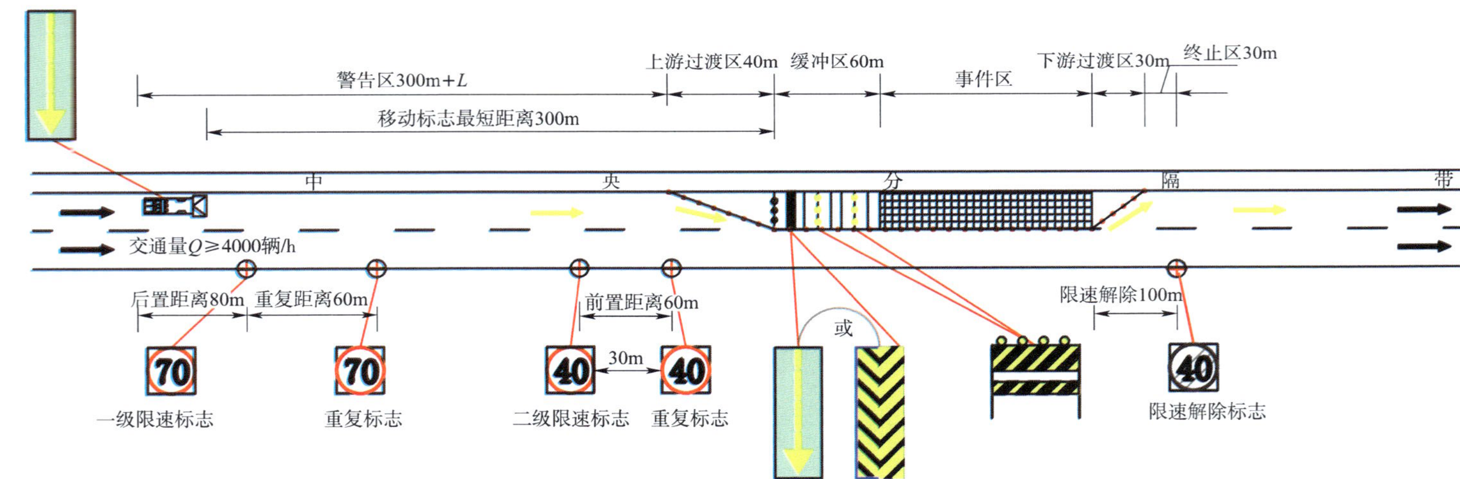

注：L为排队长度，当排队较长(>100m)且排队长度逐渐增加时，采用车载式限速标志或可移动限速标志，最短距离为移动标志距排队车辆末端的距离。

c)

图 1.2 双向四车道平直路段发生事件时限速设置（设计车速 100km/h）

1.1.3　设计速度 120km/h 时限速设置

双向四车道平直路段发生事件时限速设置（设计车速 120km/h）如图 1.3 所示。

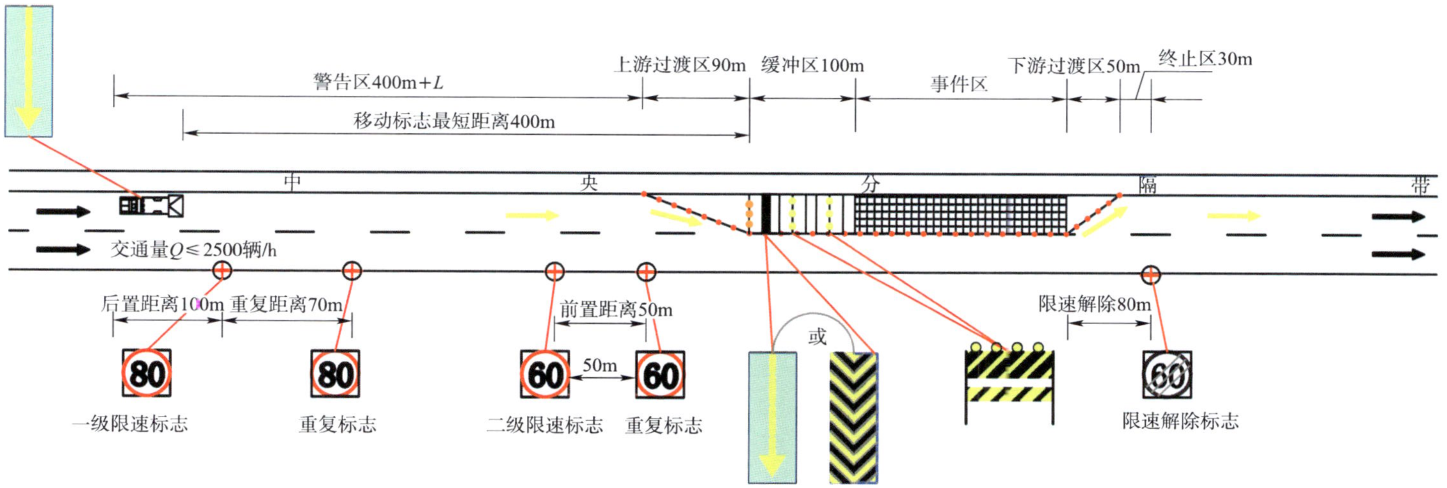

注：L为排队长度，当排队较长(>100m)且排队长度逐渐增加时，采用车载式限速标志或可移动限速标志，最短距离为移动标志距排队车辆末端的距离。

a)

图　1.3

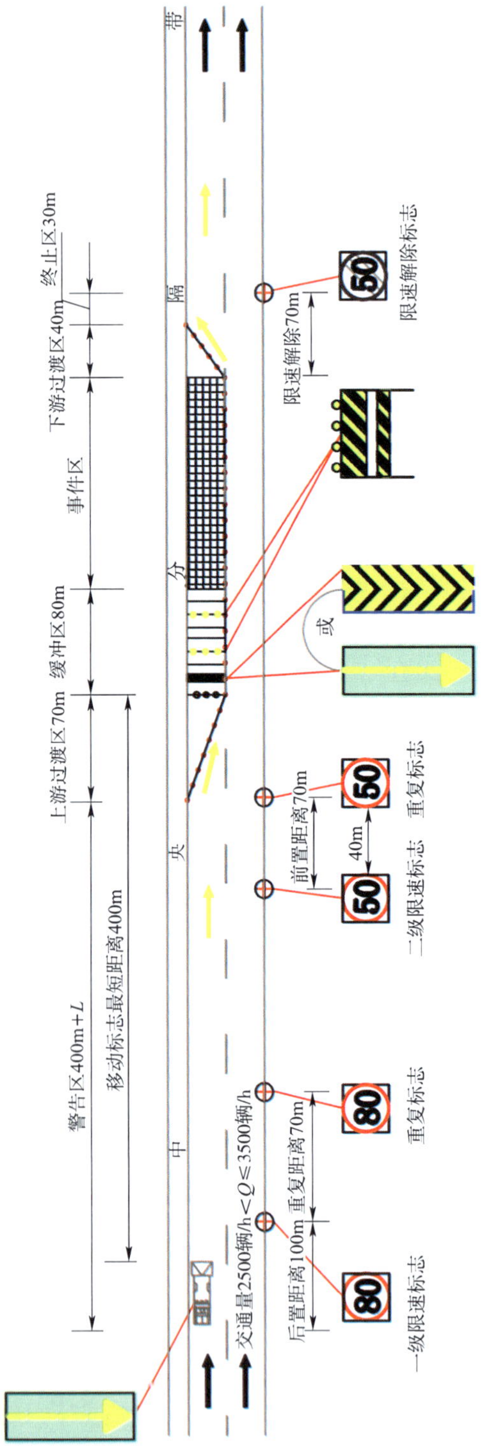

警告区400m+L
上游过渡区70m
缓冲区80m
事件区
下游过渡区40m
终止区30m
移动标志最短距离400m
中
央
分
隔
带
交通量2500辆/h$<Q\leqslant$3500辆/h
后置距离100m
重复距离70m
前置距离70m
40m
或
限速解除70m
80
一级限速标志
80
重复标志
50
二级限速标志
50
重复标志
50
限速解除标志

注：L为排队长度，当排队较长(>100m)且排队长度逐渐增加时，采用车载式限速标志或可移动限速标志，最短距离为移动标志距排队车辆末端的距离。

b)

图 1.3

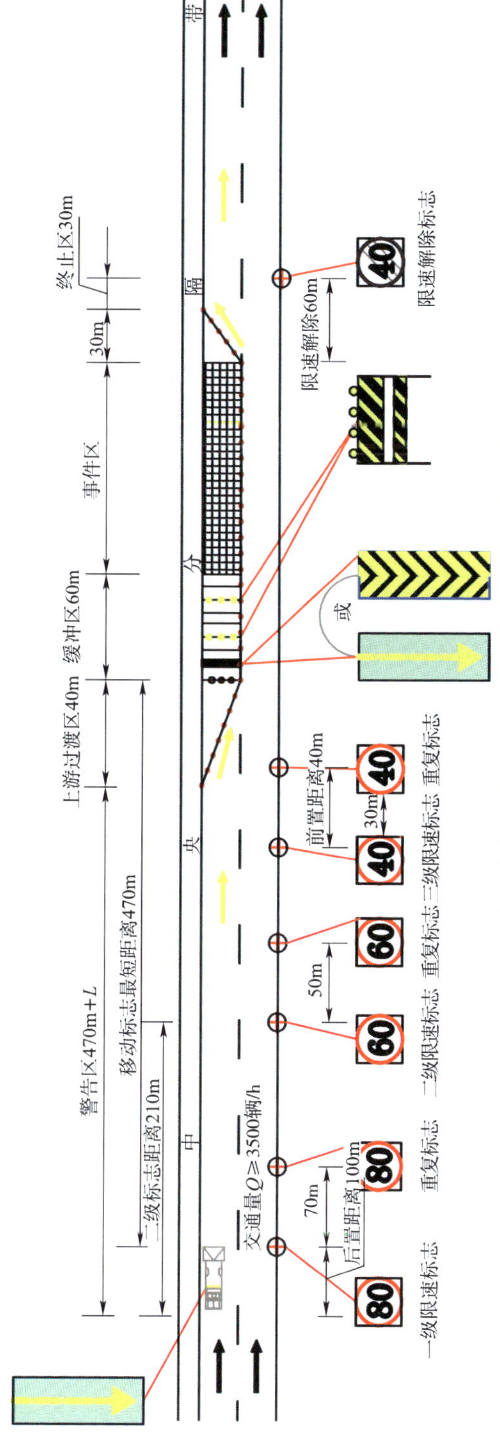

注：L为排队长度，当排队较长(>100m)且排队长度逐渐增加时，采用车载式限速标志或可移动限速标志，最短距离为移动标志距排队车辆末端的距离。

c)

图1.3　双向四车道平直路段发生事件时限速设置（设计车速120km/h）

1.2 双向八车道封闭中间两车道

1.2.1 设计速度 80km/h 时限速设置

双向八车道封闭中间两车道时限速设置（设计速度 80km/h）如图 1.4 所示。

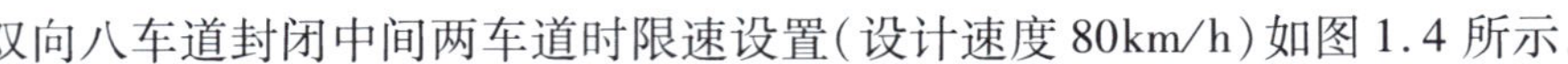

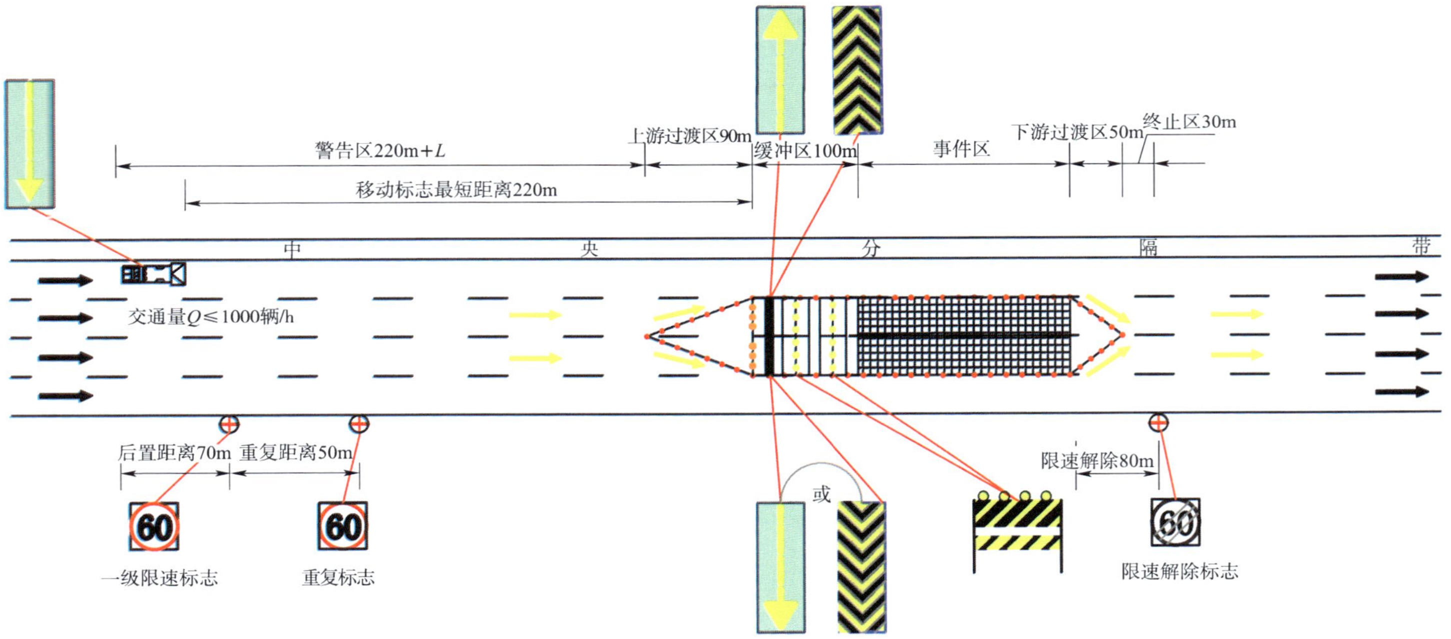

注：L为排队长度，当排队较长(>100m)且排队长度逐渐增加时，采用车载式限速标志或可移动限速标志，最短距离为移动标志距排队车辆末端的距离。

a)

图 1.4

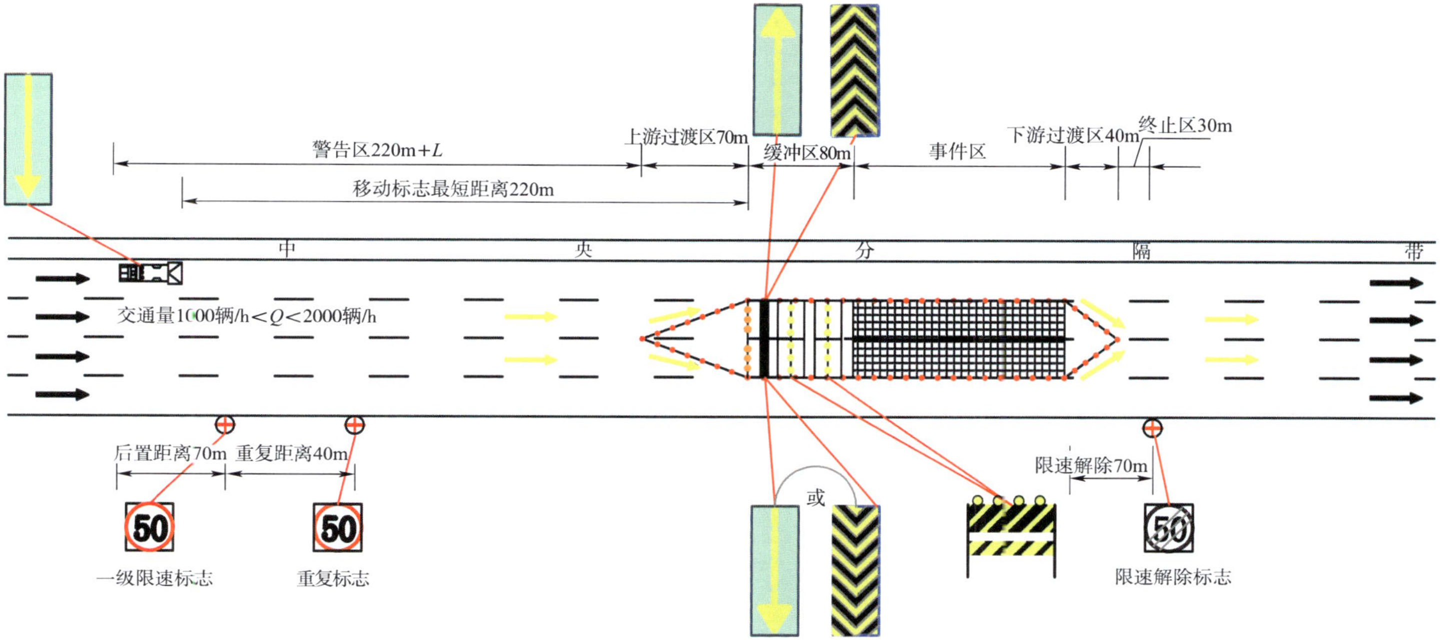

注：L为排队长度，当排队较长(>100m)且排队长度逐渐增加时，采用车载式限速标志或可移动限速标志，最短距离为移动标志距排队车辆末端的距离。

b)

图　1.4

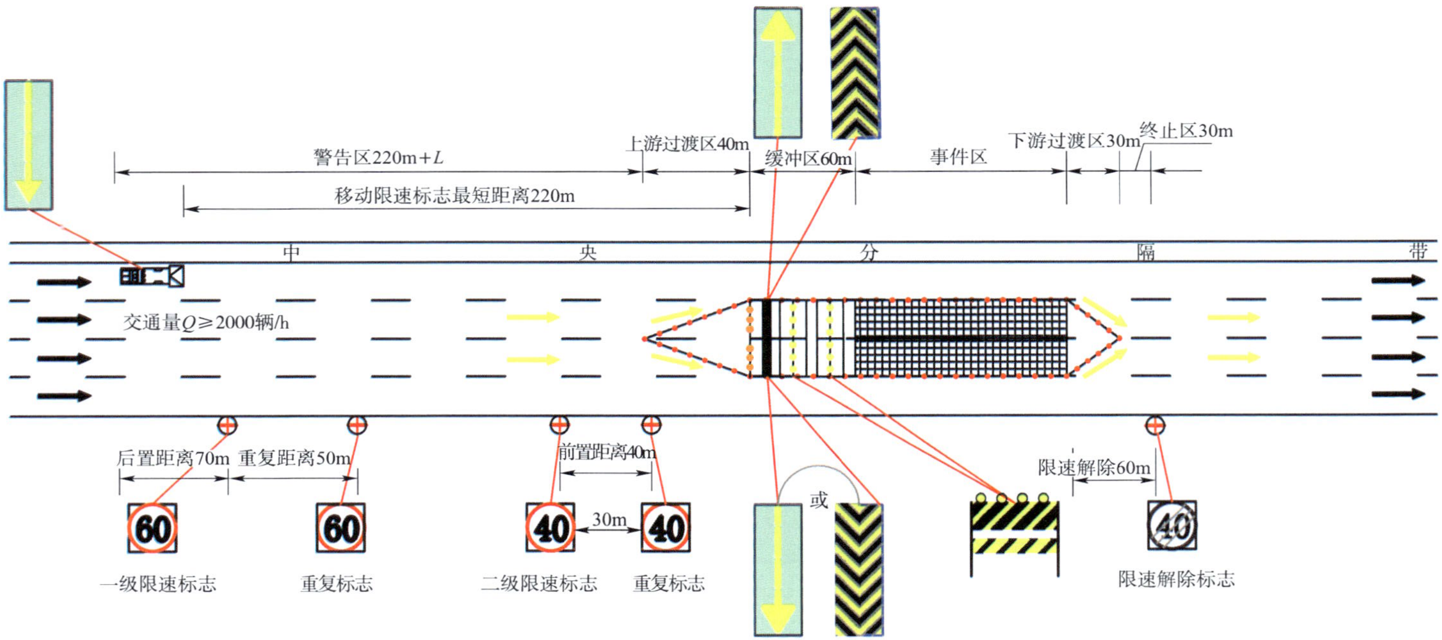

警告区220m+L
移动限速标志最短距离220m
上游过渡区40m
缓冲区60m
事件区
下游过渡区30m
终止区30m
中 央 分 隔 带
交通量Q≥2000辆/h
后置距离70m
重复距离50m
前置距离40m
30m
限速解除60m
或
60 60 40 40 40
一级限速标志
重复标志
二级限速标志
重复标志
限速解除标志

注：L为排队长度，当排队较长(>100m)且排队长度逐渐增加时，采用车载式限速标志或可移动限速标志，最短距离为移动标志距排队车辆末端的距离。

c)

图 1.4　双向八车道封闭中间两车道时限速设置(设计速度 80km/h)

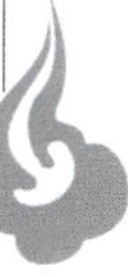

1.2.2　设计速度 100km/h 时限速设置

双向八车道封闭中间两车道时限速设置（设计速度 100km/h）如图 1.5 所示。

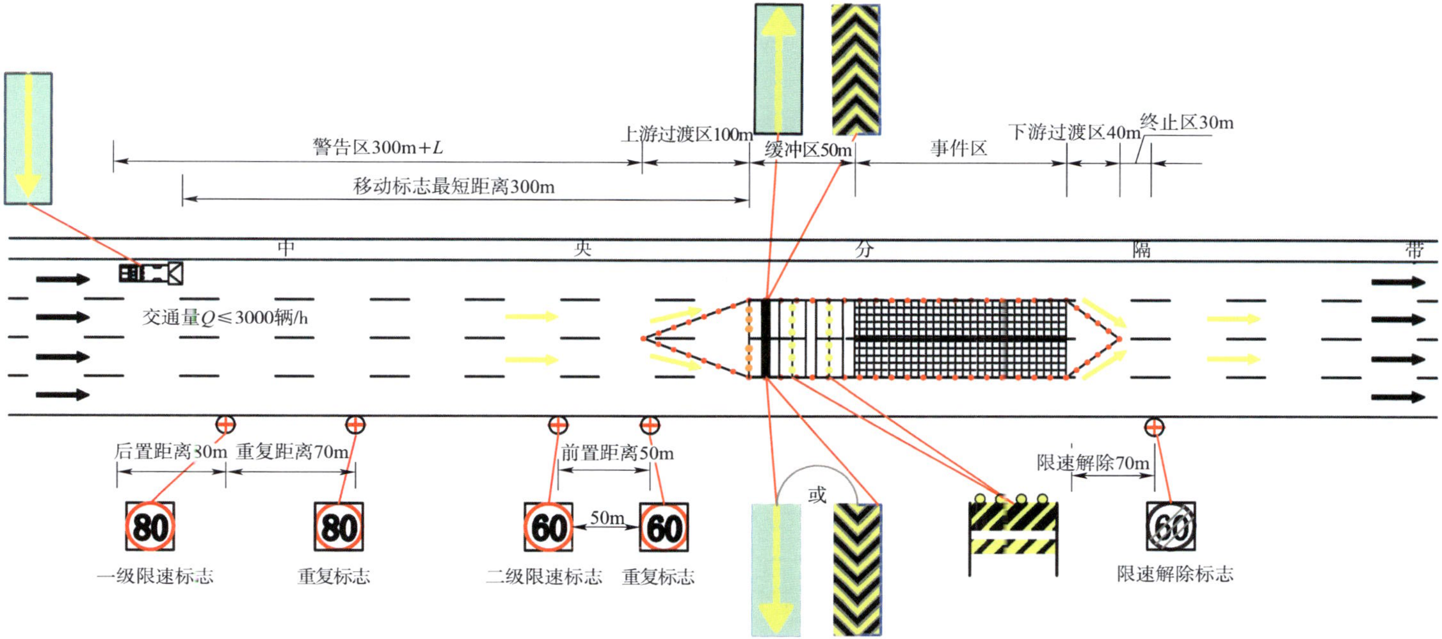
警告区300m+L
上游过渡区100m
缓冲区50m
事件区
下游过渡区40m
终止区30m
移动标志最短距离300m
中　央　分　隔　带
交通量Q≤3000辆/h
后置距离30m
重复距离70m
前置距离50m
50m
限速解除70m
或
80
80
60
60
60
一级限速标志
重复标志
二级限速标志
重复标志
限速解除标志

注：L为排队长度，当排队较长(>100m)且排队长度逐渐增加时，采用车载式限速标志或可移动限速标志，最短距离为移动标志距排队车辆末端的距离。

a)

图　1.5

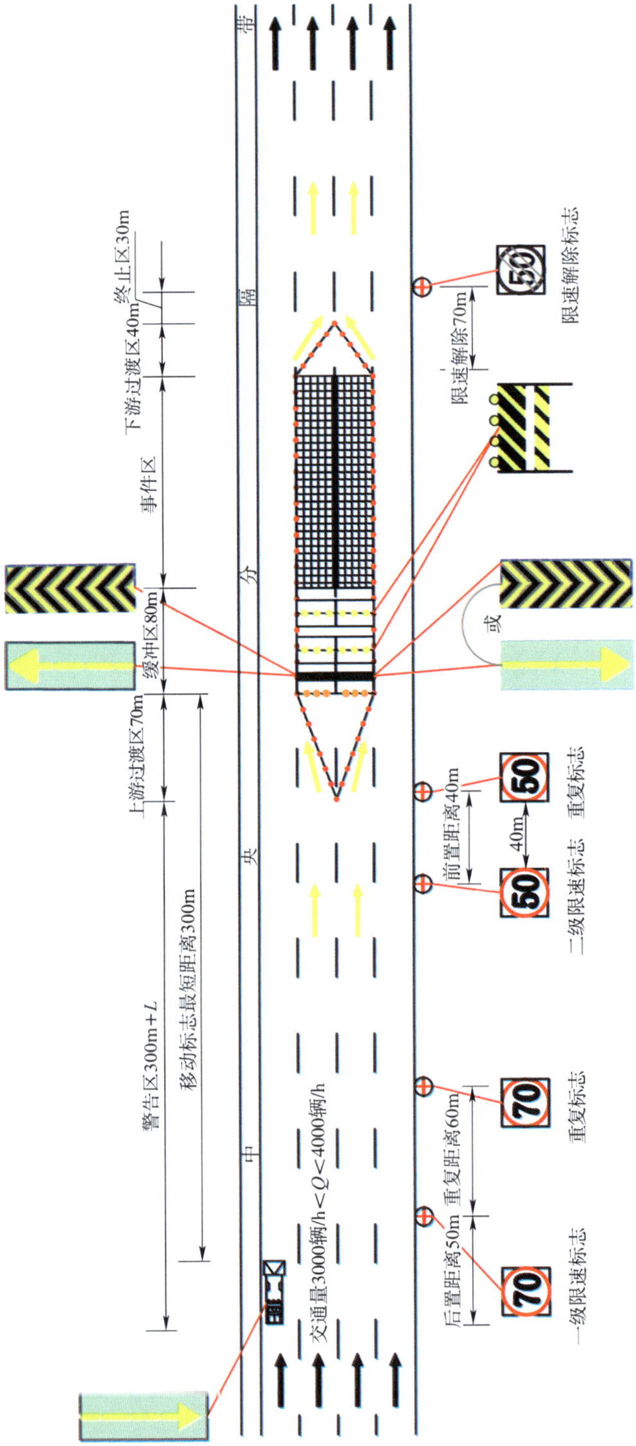

注：L为排队长度，当排队较长(>100m)且排队长度逐渐增加时，采用车载式限速标志或可移动限速标志，最短距离为移动标志距排队车辆末端的距离。

b)

图 1.5

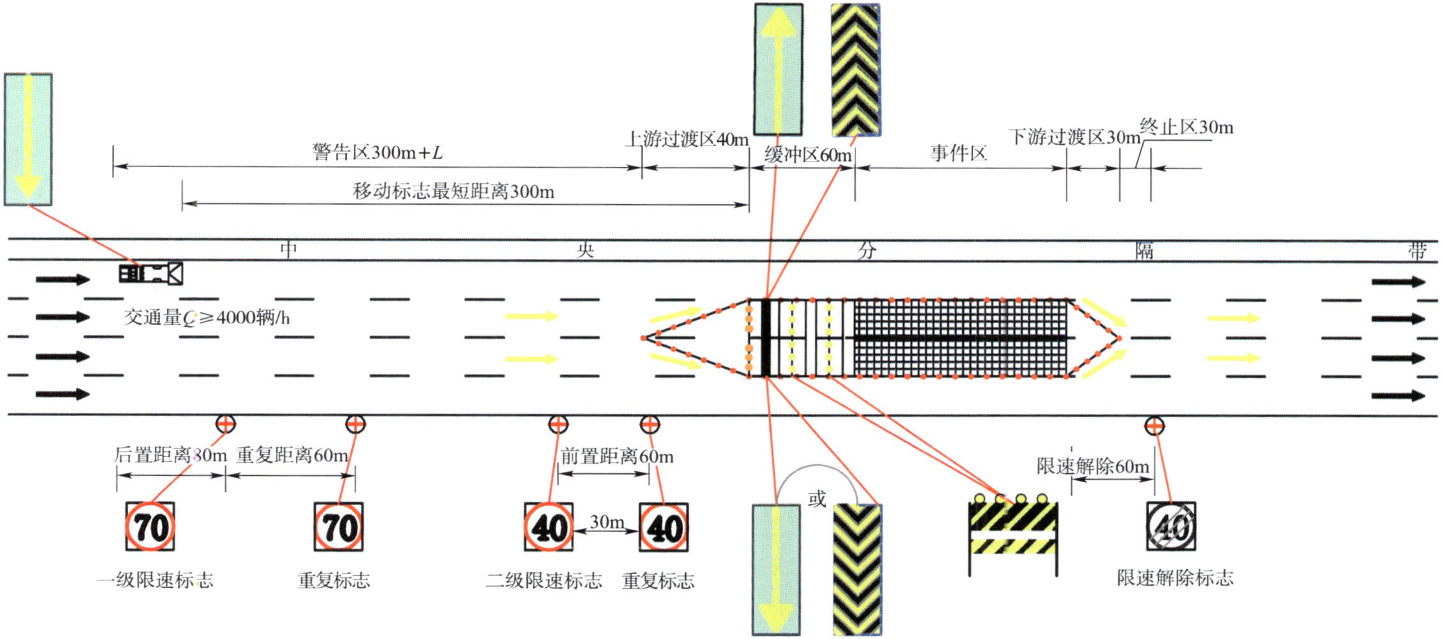

警告区300m+L
移动标志最短距离300m
上游过渡区40m
缓冲区60m
事件区
下游过渡区30m
终止区30m
中央分隔带
交通量Q≥4000辆/h
后置距离30m　重复距离60m
前置距离60m
30m
或
限速解除60m
一级限速标志　重复标志　二级限速标志　重复标志　限速解除标志

注：L为排队长度，当排队较长(>100m)且排队长度逐渐增加时，采用车载式限速标志或可移动限速标志，最短距离为移动标志距排队车辆末端的距离。

c)

图1.5　双向八车道封闭中间两车道时限速设置(设计速度100km/h)

1.2.3 设计速度 120km/h 时限速设置

双向八车道封闭中间两车道时限速设置(设计速度 120km/h)如图 1.6 所示。

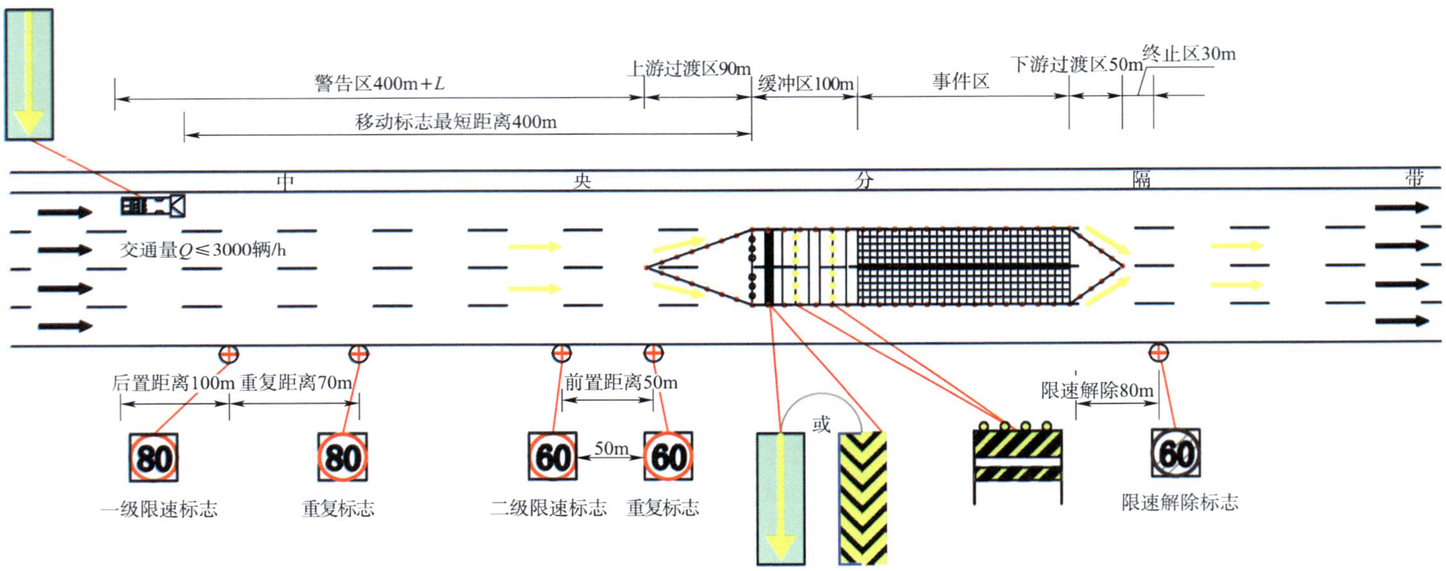

注：L为排队长度，当排队较长(>100m)且排队长度逐渐增加时，采用车载式限速标志或可移动限速标志，最短距离为移动标志距排队车辆末端的距离。

a)

图 1.6

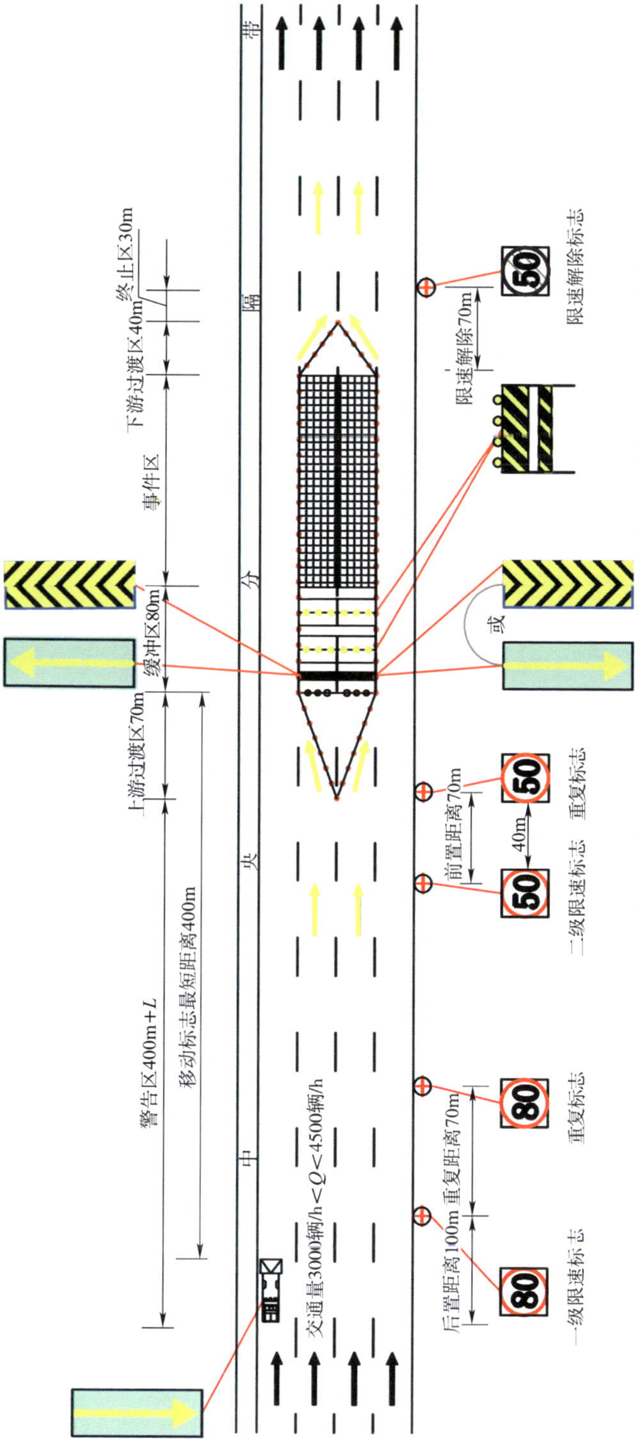

警告区400m+L
移动标志最短距离400m
上游过渡区70m
缓冲区80m
事件区
下游过渡区40m
终止区30m
中 央 分 隔 带
交通量3000辆/h<Q<4500辆/h
后置距离100m 重复距离70m
前置距离70m
40m
或
限速解除70m
80
一级限速标志
80
重复标志
50
二级限速标志
50
重复标志
50
限速解除标志

注：L为排队长度，当排队较长(>100m)且排队长度逐渐增加时，采用车载式限速标志或可移动限速标志，最短距离为移动标志距排队车辆末端的距离。

b)

图 1.6

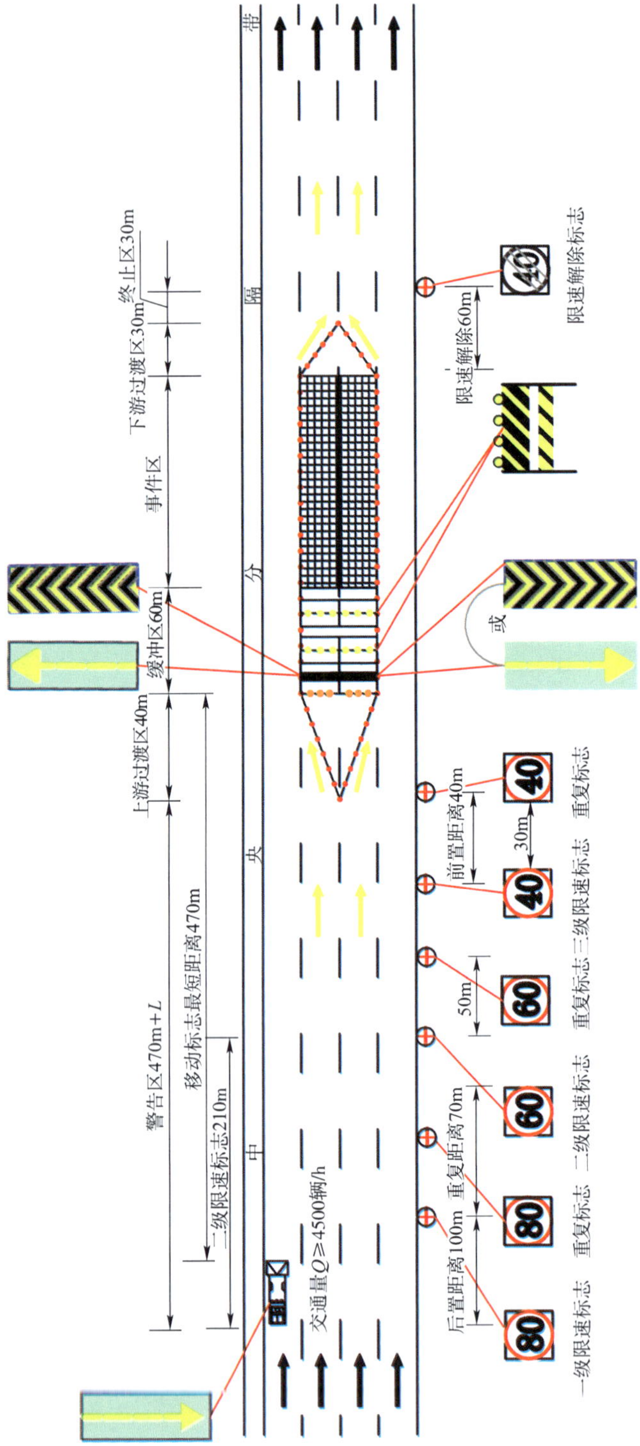

注：L为排队长度，当排队较长(>100m)且排队长度逐渐增加时，采用车载式限速标志或可移动限速标志，最短距离为移动标志距排队车辆末端的距离。

c)

图1.6　双向八车道封闭中间两车道时限速设置（设计速度120km/h）

1.3 双向八车道封闭外侧两车道

1.3.1 设计速度 80km/h 时限速设置

双向八车道封闭外侧两车道时限速设置(设计车速 80km/h)如图 1.7 所示。

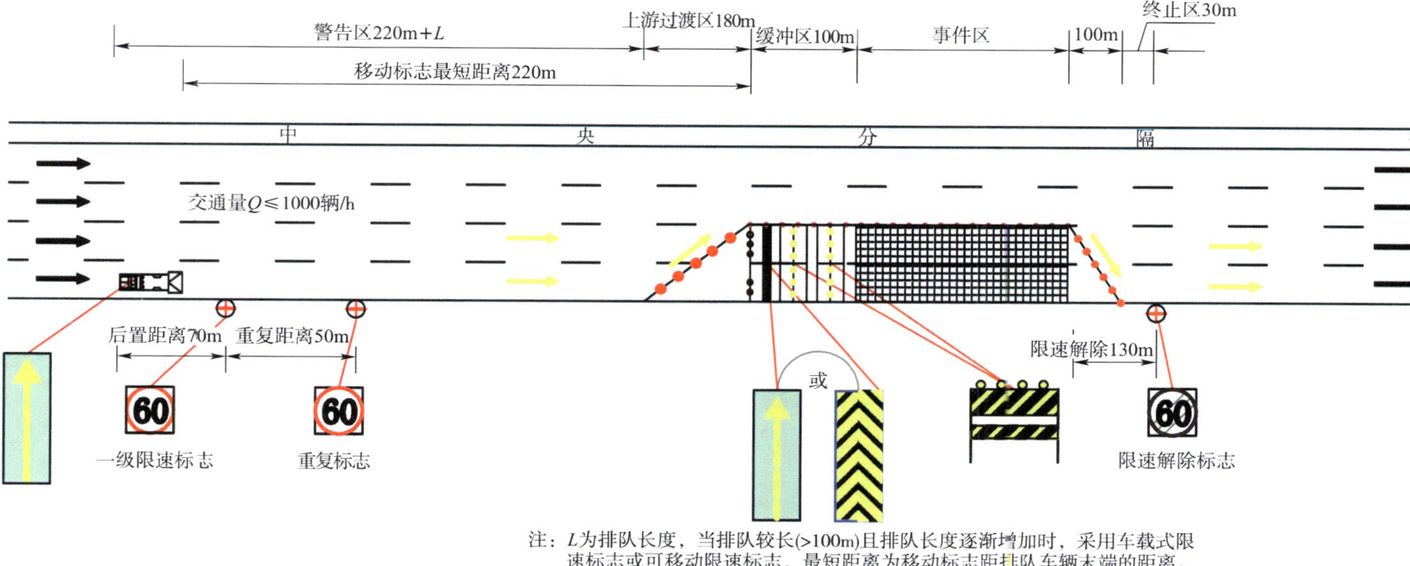

注:L为排队长度,当排队较长(>100m)且排队长度逐渐增加时,采用车载式限速标志或可移动限速标志,最短距离为移动标志距排队车辆末端的距离。

a)

图 1.7

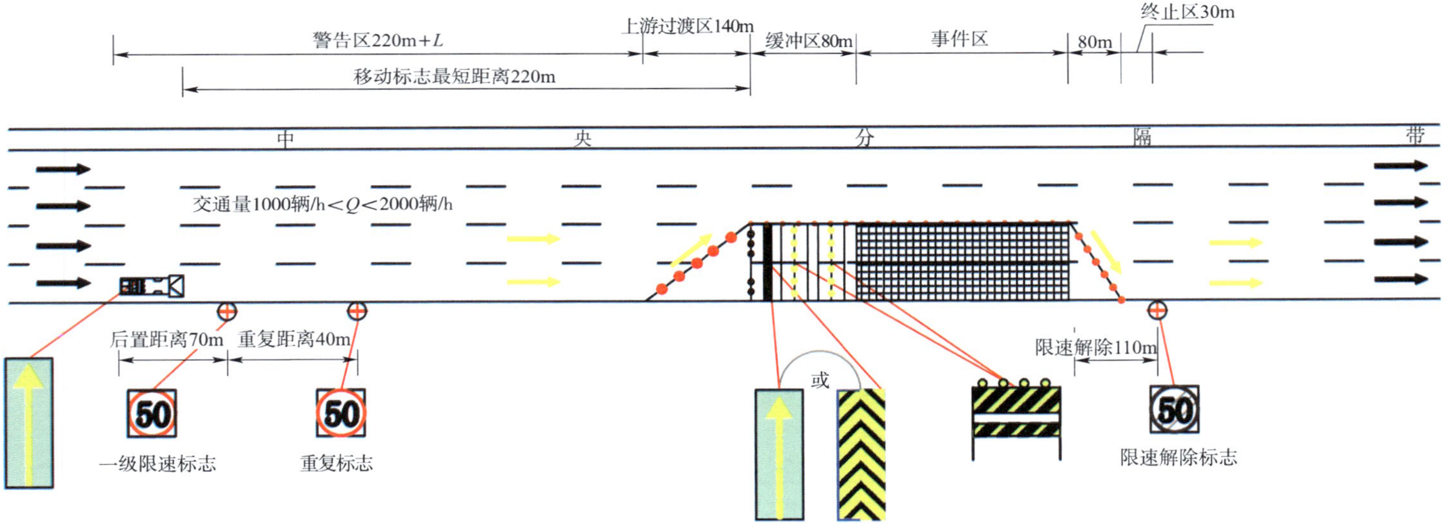

注：L为排队长度，当排队较长(>100m)且排队长度逐渐增加时，采用车载式限速标志或可移动限速标志，最短距离为移动标志距排队车辆末端的距离。

b)

图 1.7

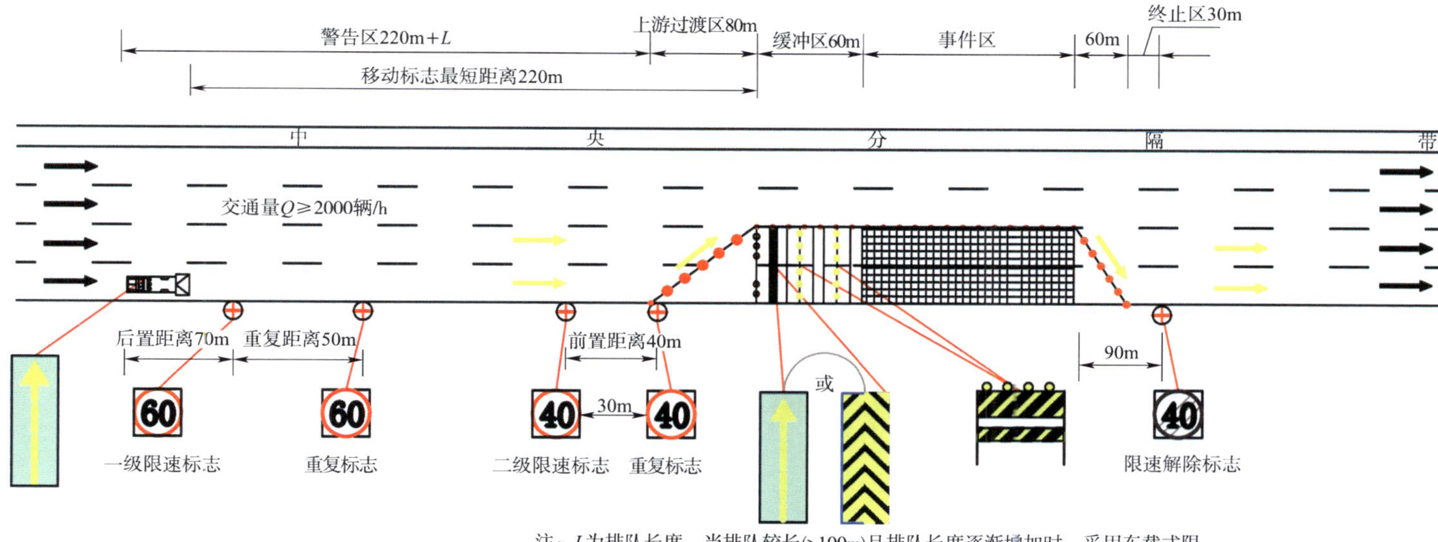

注：L为排队长度，当排队较长(>100m)且排队长度逐渐增加时，采用车载式限速标志或可移动限速标志，最短距离为移动标志距排队车辆末端的距离。

c)

图 1.7 双向八车道封闭外侧两车道时限速设置（设计车速 80km/h）

1.3.2 设计速度 100km/h 时限速设置

双向八车道封闭外侧两车道时限速设置(设计车速 100km/h)如图 1.8 所示。

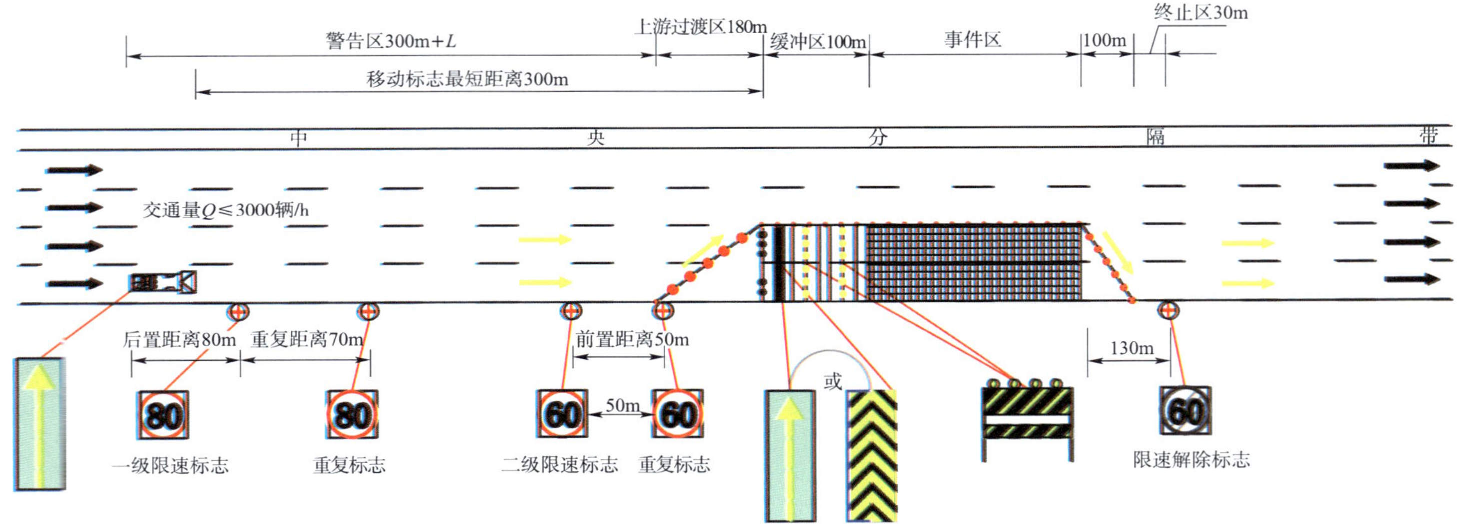

注：L为排队长度，当排队较长(>100m)且排队长度逐渐增加时，采用车载式限速标志或可移动限速标志，最短距离为移动标志距排队车辆末端的距离。

a)

图 1.8

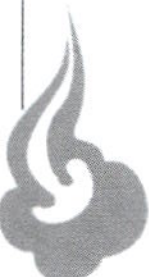

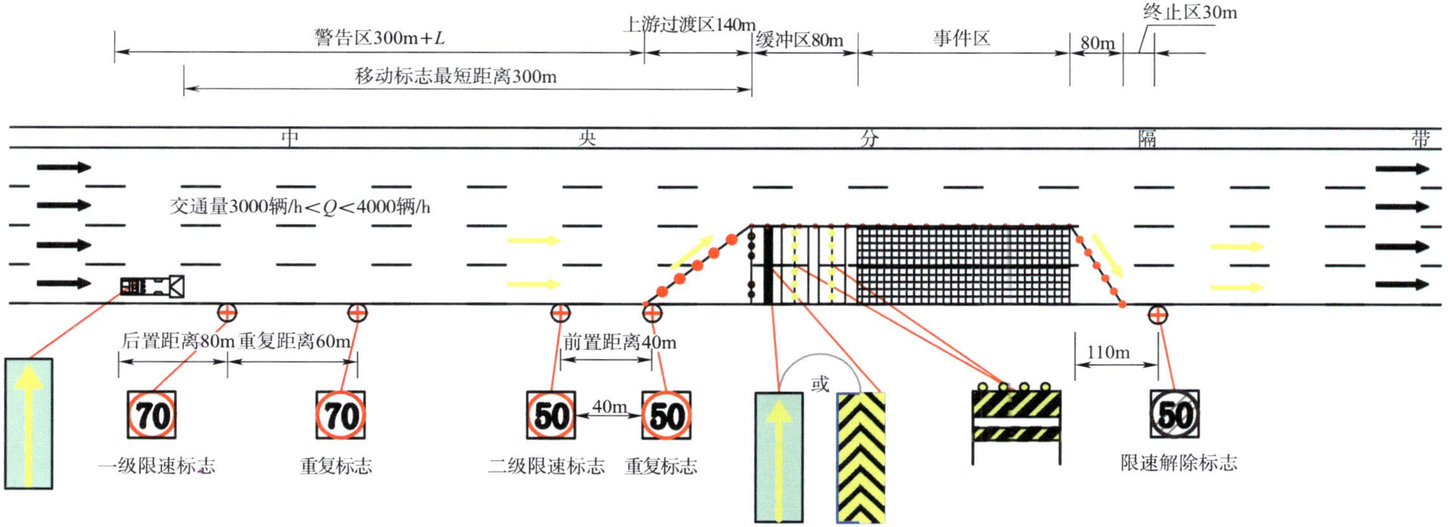
警告区300m+L
上游过渡区140m
缓冲区80m
事件区
80m
终止区30m
移动标志最短距离300m
中
央
分
隔
带
交通量3000辆/h<Q<4000辆/h
后置距离80m
重复距离60m
前置距离40m
110m
70
70
50
40m
50
或
50
一级限速标志
重复标志
二级限速标志
重复标志
限速解除标志

注：L为排队长度，当排队较长(>100m)且排队长度逐渐增加时，采用车载式限速标志或可移动限速标志，最短距离为移动标志距排队车辆末端的距离。

b)

图 1.8

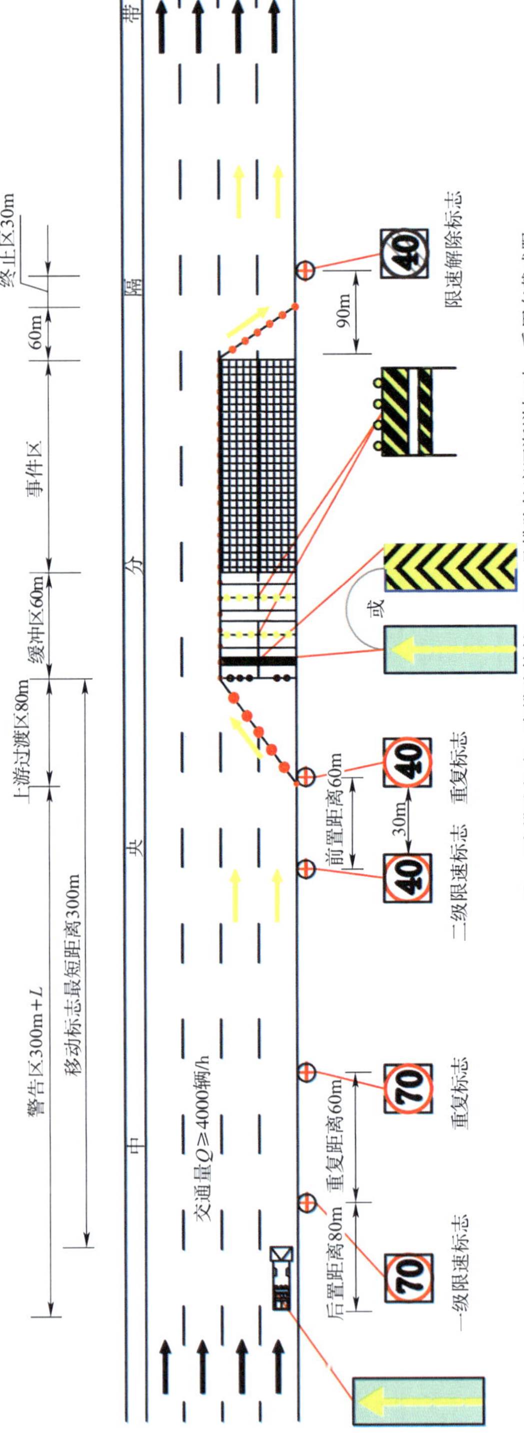

注：L为排队长度，当排队较长(>100m)且排队长度逐渐增加时，采用车载式限速标志或可移动限速标志，最短距离为移动标志距排队车辆末端的距离。

c)

图1.8　双向八车道封闭外侧两车道时限速设置（设计车速100km/h）

1.3.3　设计速度 120km/h 时限速设置

双向八车道封闭外侧两车道时限速设置(设计车速 120km/h)如图 1.9 所示。

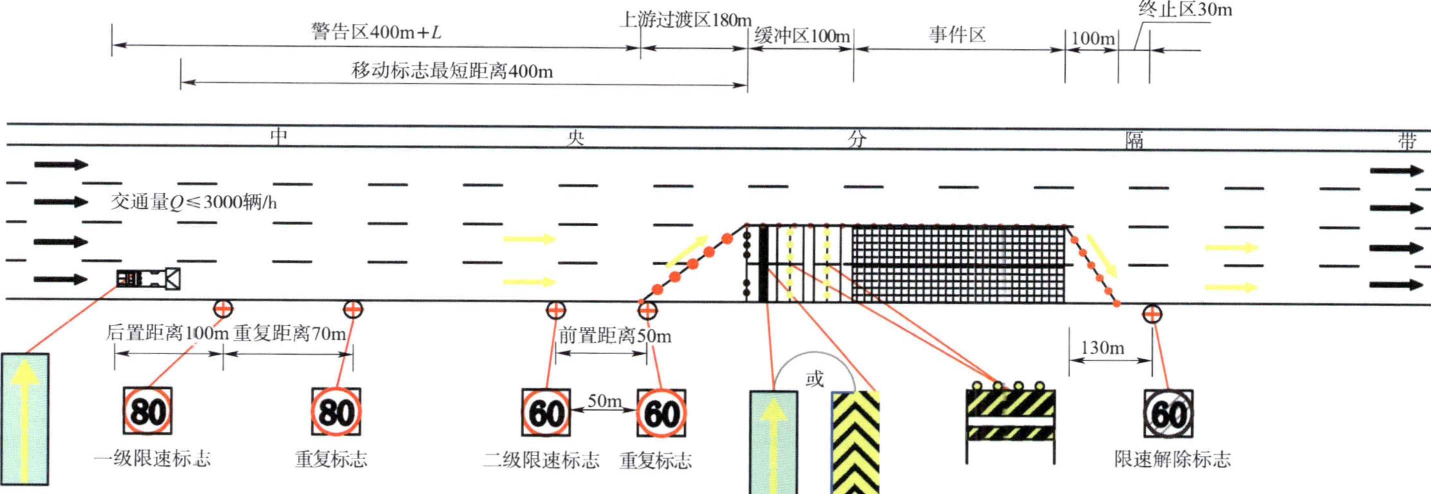

注：L为排队长度，当排队较长(>100m)且排队长度逐渐增加时，采用车载式限速标志或可移动限速标志，最短距离为移动标志距排队车辆末端的距离。

a)

图　1.9

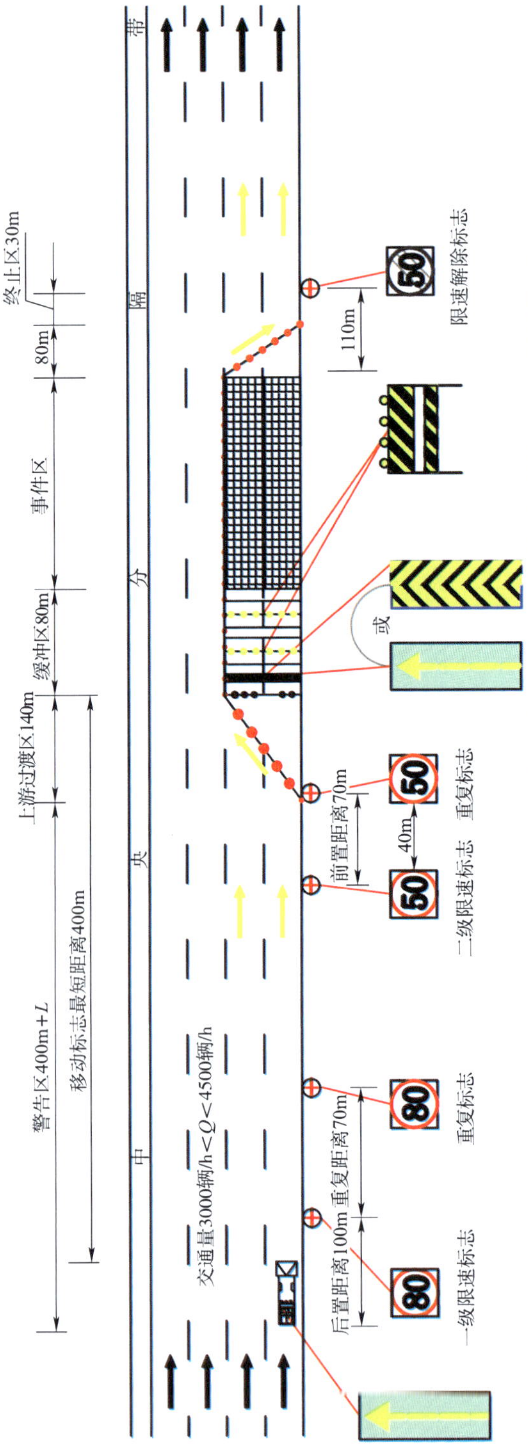

注：L为排队长度，当排队较长(>100m)且排队长度逐渐增加时，采用车载式限速标志或可移动限速标志，最短距离为移动标志距排队车辆末端的距离。

b)

图 1.9

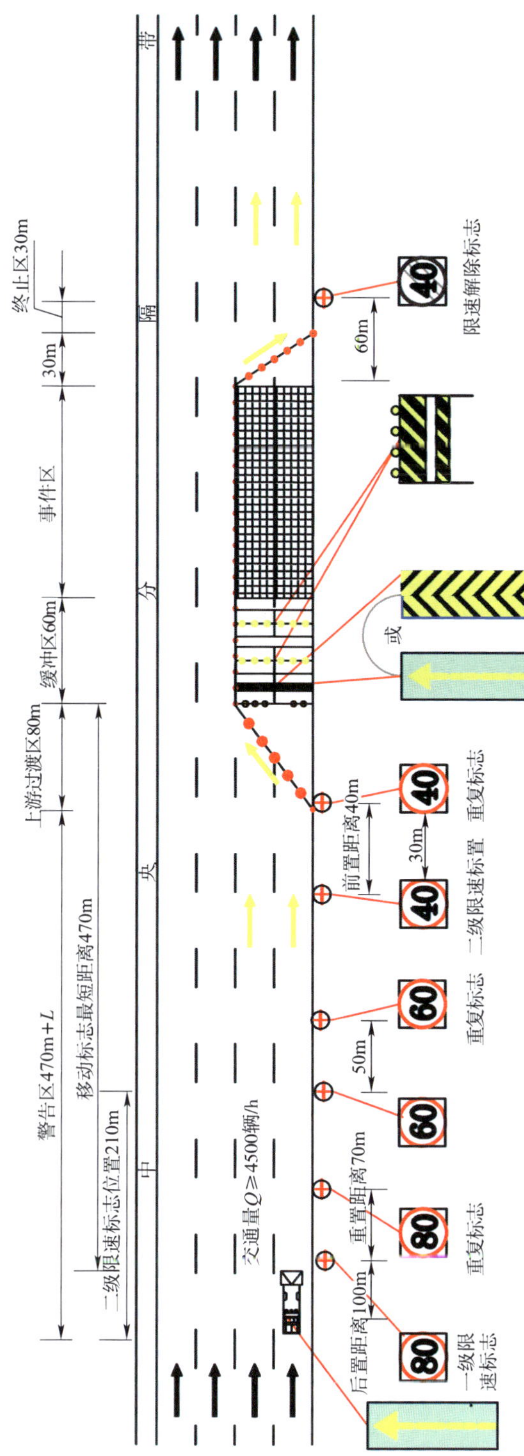

注：L为排队长度，当排队长度较长(>100m)且排队长度逐渐增加时，采用车载式限速标志或可移动限速标志，最短距离为移动标志距排队车辆末端的距离。

c)

图1.9　双向八车道封闭外侧两车道时限速设置(设计车速120km/h)

2 事件发生在长大下坡

2.1 设计速度 80km/h 时限速设置

长大下坡发生事件时限速设置（设计车速 80km/h，交通量 $Q \leqslant 1800$ 辆/h，坡度 $i=3\%$）如图 2.1 所示。

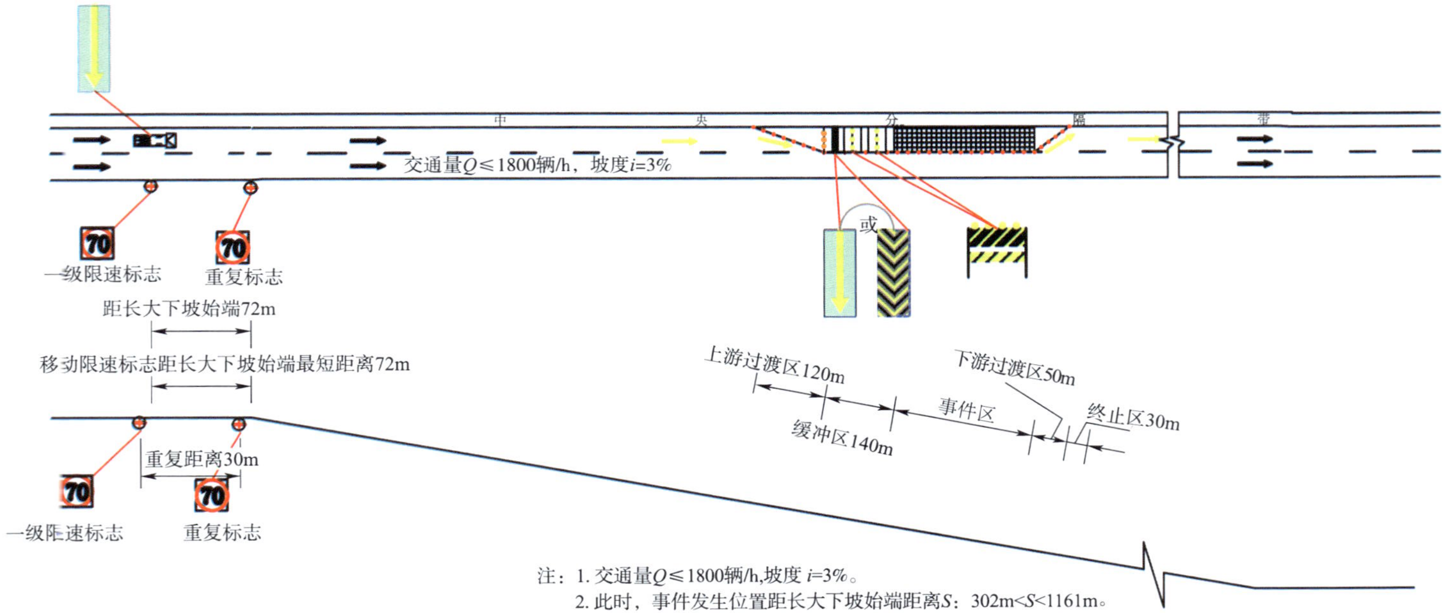

注：1. 交通量 $Q \leqslant 1800$ 辆/h，坡度 $i=3\%$。
2. 此时，事件发生位置距长大下坡始端距离 S：$302\text{m}<S<1161\text{m}$。
3. 排队长度大于100m且逐渐增加时，采用移动限速标志，最短距离为移动标志距长大下坡始端的距离。

a)

图 2.1

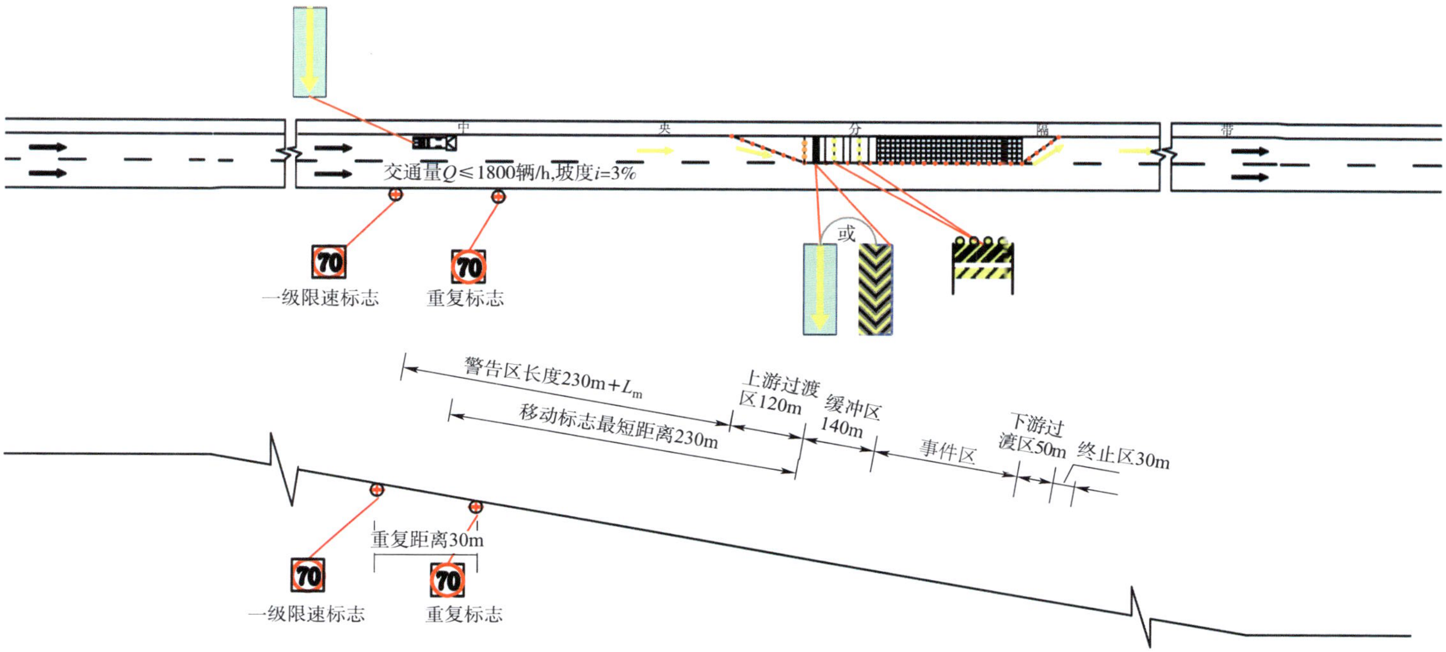

中央分隔带

交通量$Q \leq 1800$辆/h,坡度$i=3\%$

或

一级限速标志

重复标志

警告区长度$230\text{m}+L_m$

移动标志最短距离230m

上游过渡区120m

缓冲区140m

事件区

下游过渡区50m

终止区30m

重复距离30m

一级限速标志

重复标志

注：1. 交通量$Q \leq 1800$辆/h,坡度 $i=3\%$。

2. 此时，事件发生位置距长大下坡始端距离S：1161m<S。

3. L为排队长度但排队长度大于100m且逐渐增加时，采用移动限速标志，最短距离为移动标志距排队尾部的距离。

b)

图 2.1　长大下坡发生事件时限速设置（设计车速 80km/h，交通量 $Q \leq 1800$ 辆/h，坡度 $i=3\%$）

长大下坡发生事件时限速设置（设计车速 80km/h，交通量 1800 辆/h < Q < 2400 辆/h，坡度 $i = 3\%$）如图 2.2 所示。

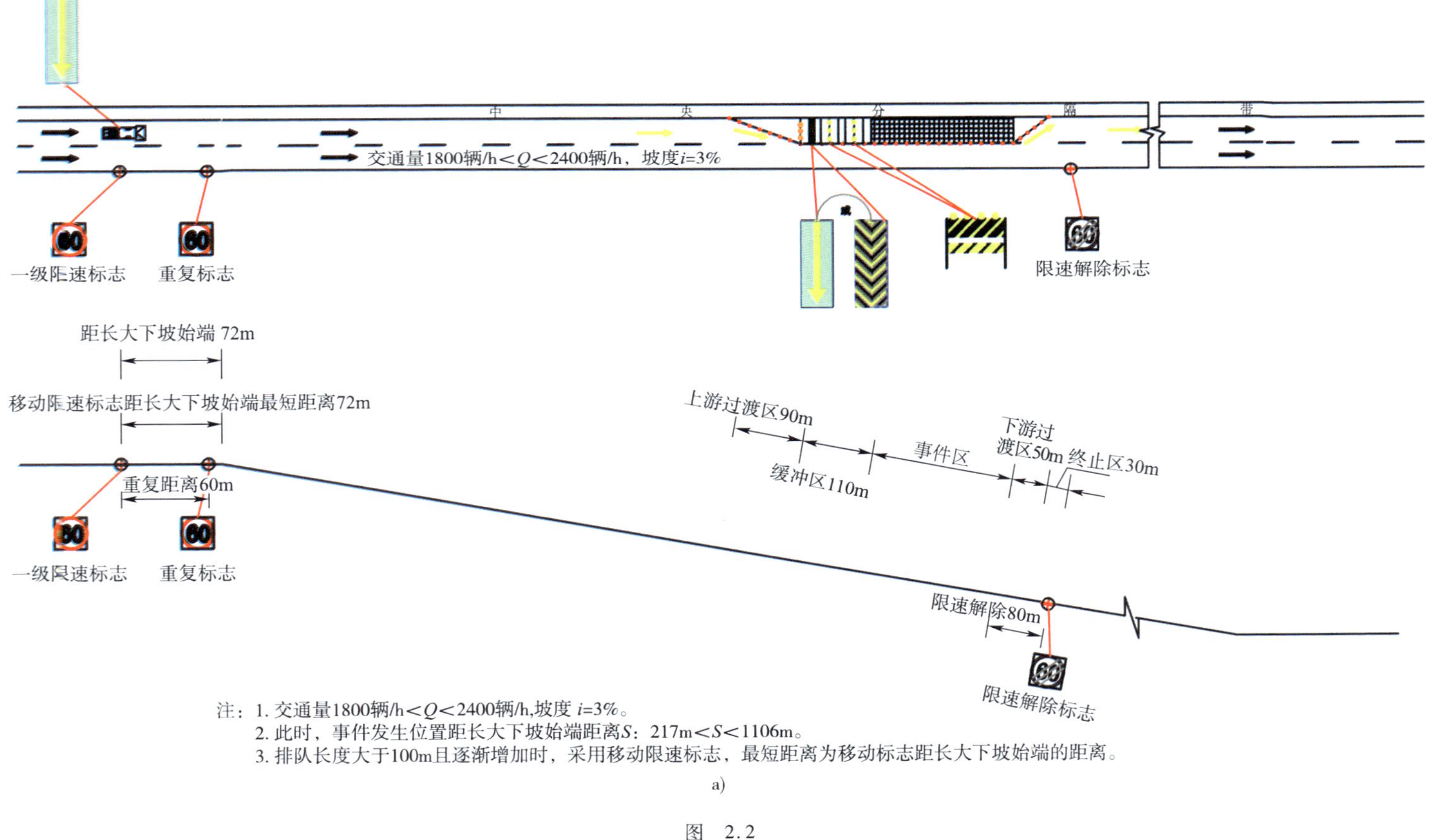

注：1. 交通量1800辆/h<Q<2400辆/h，坡度 i=3%。
2. 此时，事件发生位置距长大下坡始端距离S：217m<S<1106m。
3. 排队长度大于100m且逐渐增加时，采用移动限速标志，最短距离为移动标志距长大下坡始端的距离。

a)

图 2.2

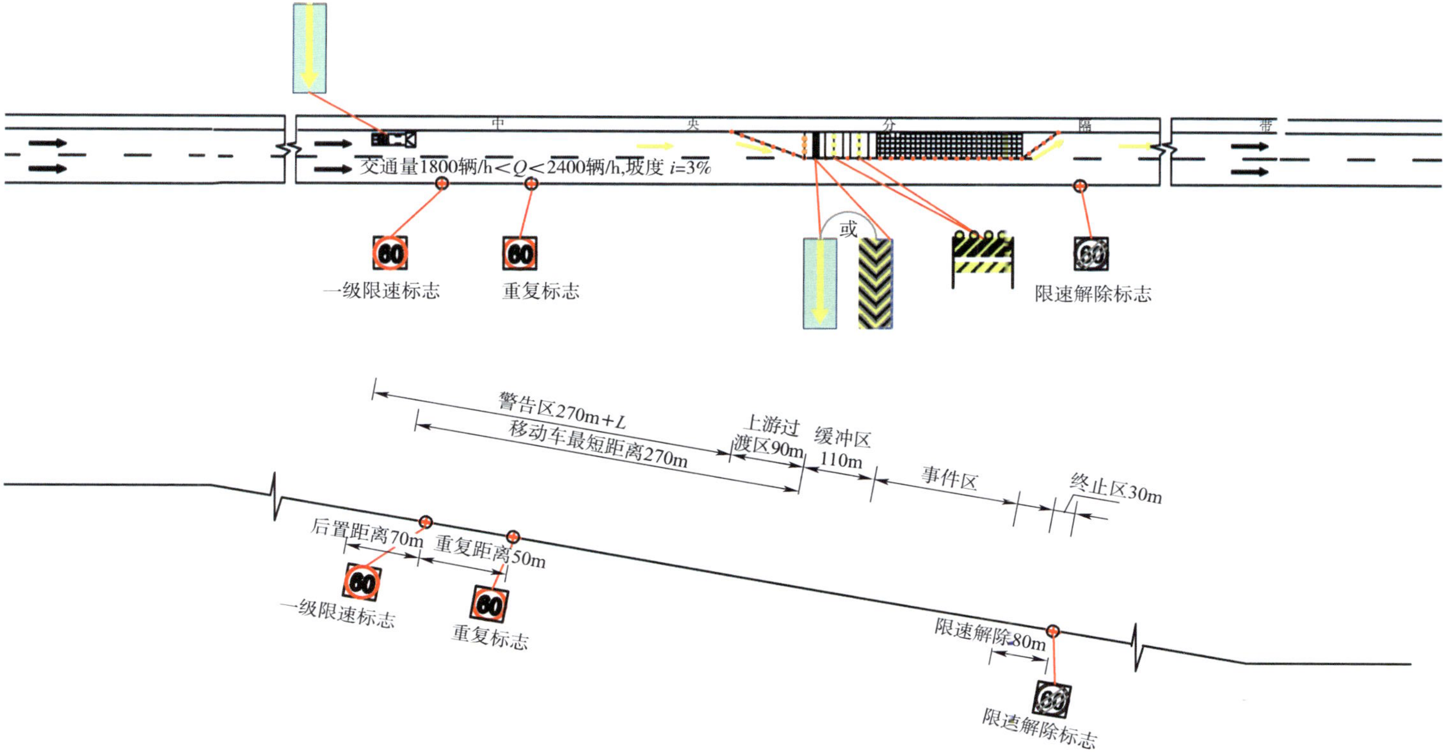

注：1. 交通量1800辆/h<Q<2400辆/h,坡度 i=3%。

2. 此时，事件发生位置距长大下坡始端距离S：1106m<S。

3. L为排队长度时，排长度离大于100m且逐渐增加时，采用移动限速示志，最短距离为移动标志距排除尾部的距离。

b)

图 2.2 长大下坡发生事件时限速设置（设计车速 80km/h，交通量 1800 辆/h < Q < 2400 辆/h，坡度 i = 3%）

大下坡发生事件时限速设置（设计车速 80km/h，交通量 $Q \leqslant 2400$ 辆/h，坡度 $i=3\%$）如图 2.3 所示。

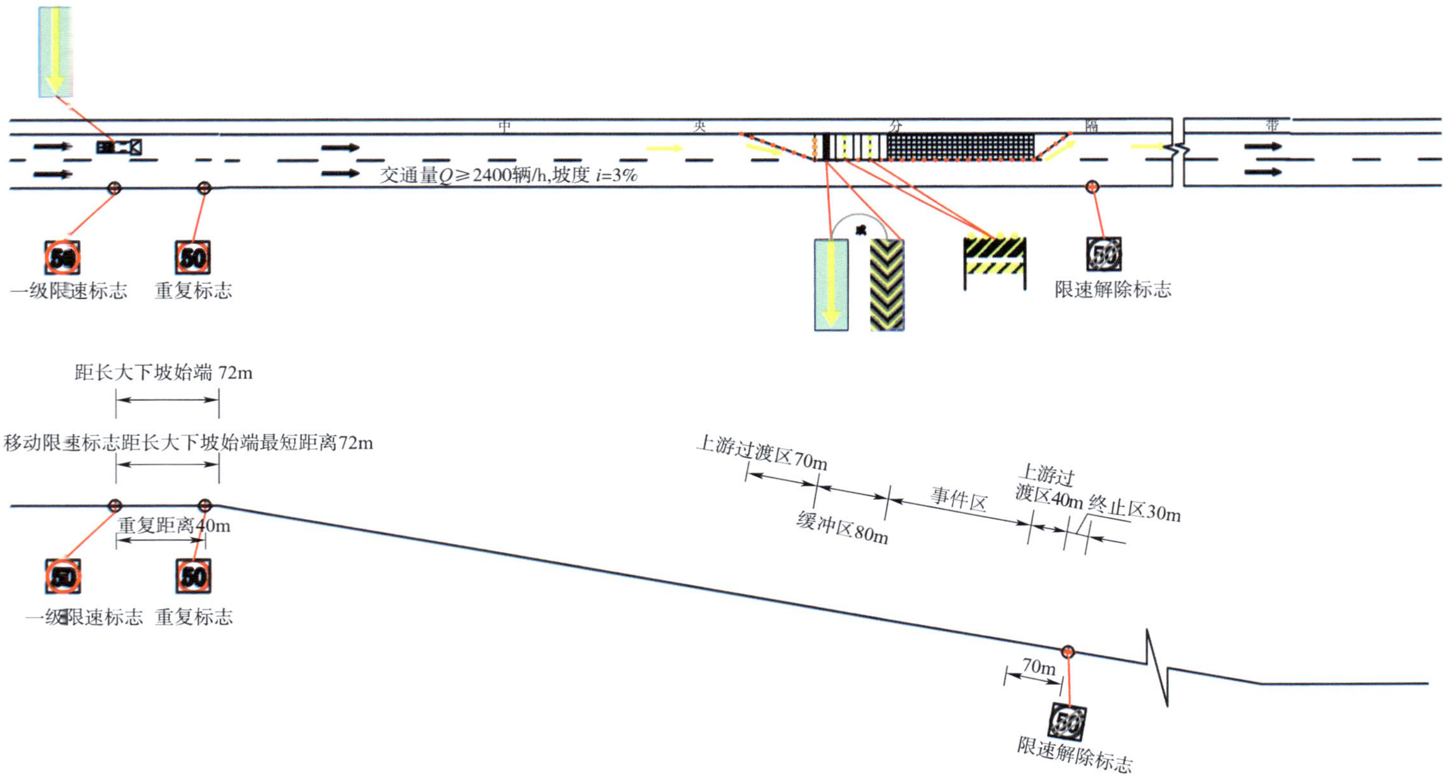

中央分隔带

交通量$Q \geqslant 2400$辆/h，坡度 $i=3\%$

一级限速标志　重复标志

限速解除标志

距长大下坡始端 72m

移动限速标志距长大下坡始端最短距离72m

重复距离40m

一级限速标志　重复标志

上游过渡区70m　缓冲区80m　事件区　上游过渡区40m　终止区30m

70m

限速解除标志

注：1. 交通量2400辆/h≤Q，坡度 $i=3\%$。

2. 此时，事件发生位置距长大下坡始端距离S：210m＜S＜1126m。

3. L为排队长度，排队长度大于100m且逐渐增加时，采用移动限速标志，最短距离为移动标志距长大下坡始端的距离。

a)

图　2.3

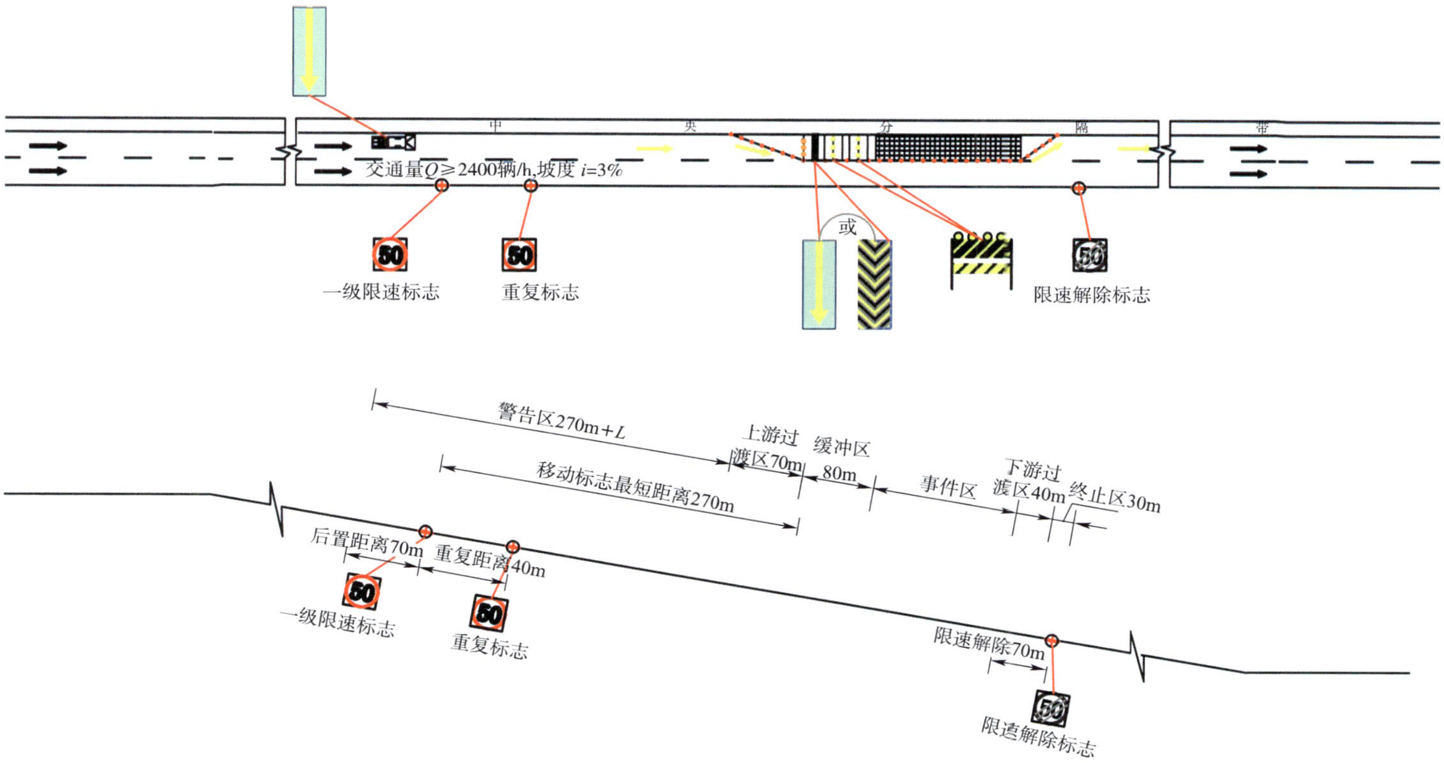

中央分隔带

交通量$Q \geqslant 2400$辆/h,坡度 $i=3\%$

一级限速标志

重复标志

或

限速解除标志

警告区270m+L

上游过渡区70m

缓冲区80m

事件区

下游过渡区40m

终止区30m

移动标志最短距离270m

后置距离70m

重复距离40m

一级限速标志

重复标志

限速解除70m

限速解除标志

注：1. 交通量$Q \geqslant 2400$辆/h，坡度 $i=3\%$。

2. 此时事件发生位置距长大下坡始端距离S：1126m<S。

3. L为排队长度，排队长度大于100m且逐渐增加时，采用移动限速标志，最短距离为移动标志距排除尾部的距离。

b)

图 2.3　长大下坡发生事件时限速设置（设计车速 80km/h，交通量 $Q \leqslant 2400$ 辆/h，坡度 $i=3\%$）

长大下坡发生事件时限速设置（设计车速 80km/h，交通量 $Q \leqslant 1800$ 辆/h，坡度 $i=4\%$）如图 2.4 所示。

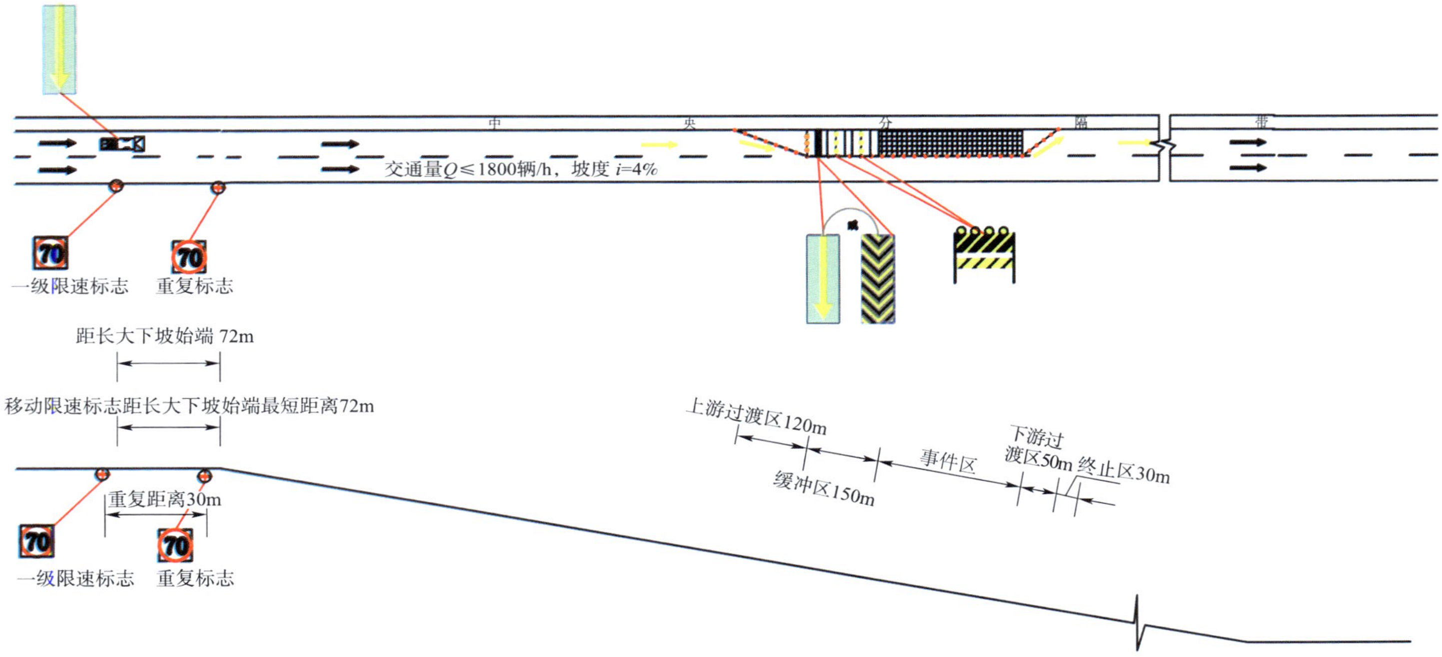

注：1. 交通量$Q \leqslant 1800$辆/h，坡度 i=4%。
2. 此时，事件发生位置距长大下坡始端距离S：230m<S<1084m。
3. 排队长度大于100m且逐渐增加时，采用移动限速标志，最短距离为移动标志距长大于坡始端的距离。

a)

图 2.4

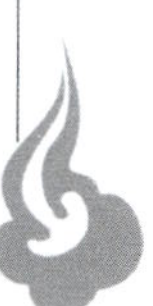

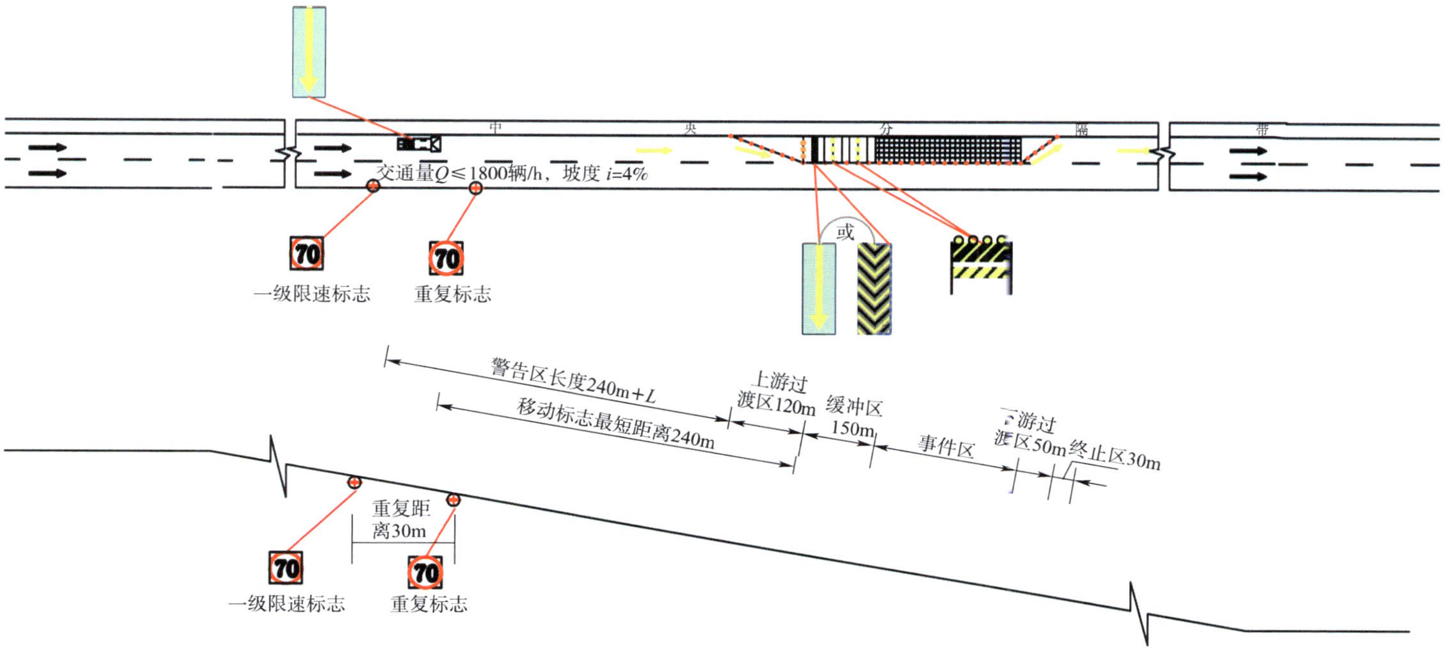
中
央
分
隔
带
交通量$Q \leqslant 1800$辆/h，坡度 i=4%
70
一级限速标志
70
重复标志
或
警告区长度240m+L
移动标志最短距离240m
上游过
渡区120m
缓冲区
150m
事件区
下游过
渡区50m
终止区30m
重复距
离30m
70
一级限速标志
70
重复标志

注：1. 交通量$Q \leqslant 1800$辆/h，坡度 i=4%。

2. 此时，事件发生位置距长大下坡始端距离S：1084m<S。

3. L为排队长度，但排队长度大于100m且逐渐增加时，采用移动限速标志，最短距离为移动标志距排除尾部的距离。

b)

图 2.4　长大下坡发生事件时限速设置（设计车速 80km/h，交通量 $Q \leqslant 1800$ 辆/h，坡度 $i=4\%$）

长大下坡发生事件时限速设置（设计车速 80km/h，交通量 1800 辆/h $< Q <$ 2400 辆/h，坡度 $i = 4\%$）如图 2.5 所示。

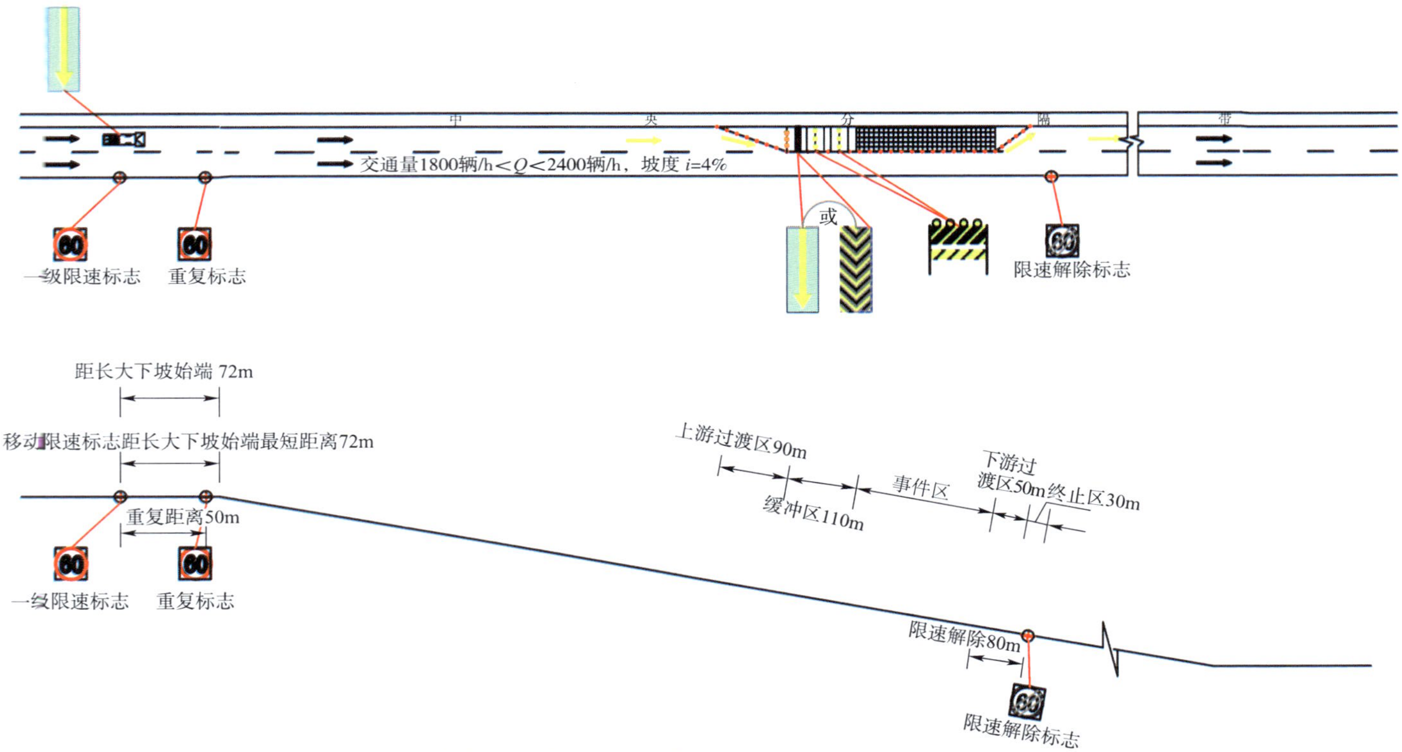

注：1. 交通量1800辆/h$<Q<$2400辆/h，坡度 i=4%。

2. 此时，事件发生位置距长大下坡始端距离S：223m$<S<$1109m。

3. 排队长度大于100m且逐渐增加时，采用移动限速标志，最短距离为移动标志距长大于坡始端的距离。

a)

图　2.5

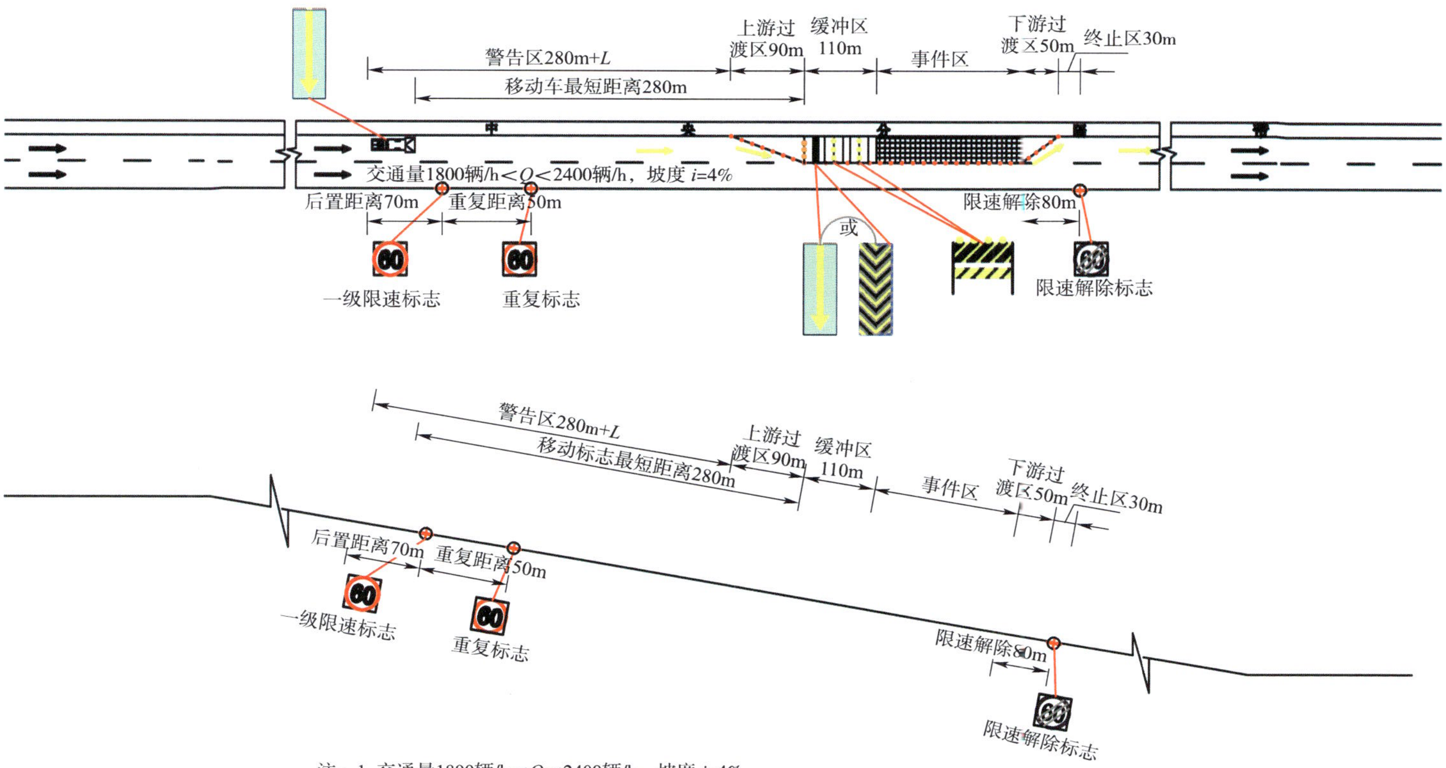

注：1. 交通量1800辆/h<Q<2400辆/h，坡度 i=4%。

2. 此时，事件发生位置距长大下坡始端距离S：1109m<S。

3. L为排队长度，排队长度大于100m且逐渐增加时，采用移动限速标志，最短距离为移动标志距排除尾部的距离。

b)

图 2.5　长大下坡发生事件时限速设置（设计车速 80km/h，交通量 1800 辆/h < Q < 2400 辆/h，坡度 i = 4%）

长大下坡发生事件时限速设置（设计车速 80km/h，交通量 $Q \geqslant 2400$ 辆/h，坡度 $i=4\%$）如图 2.6 所示。

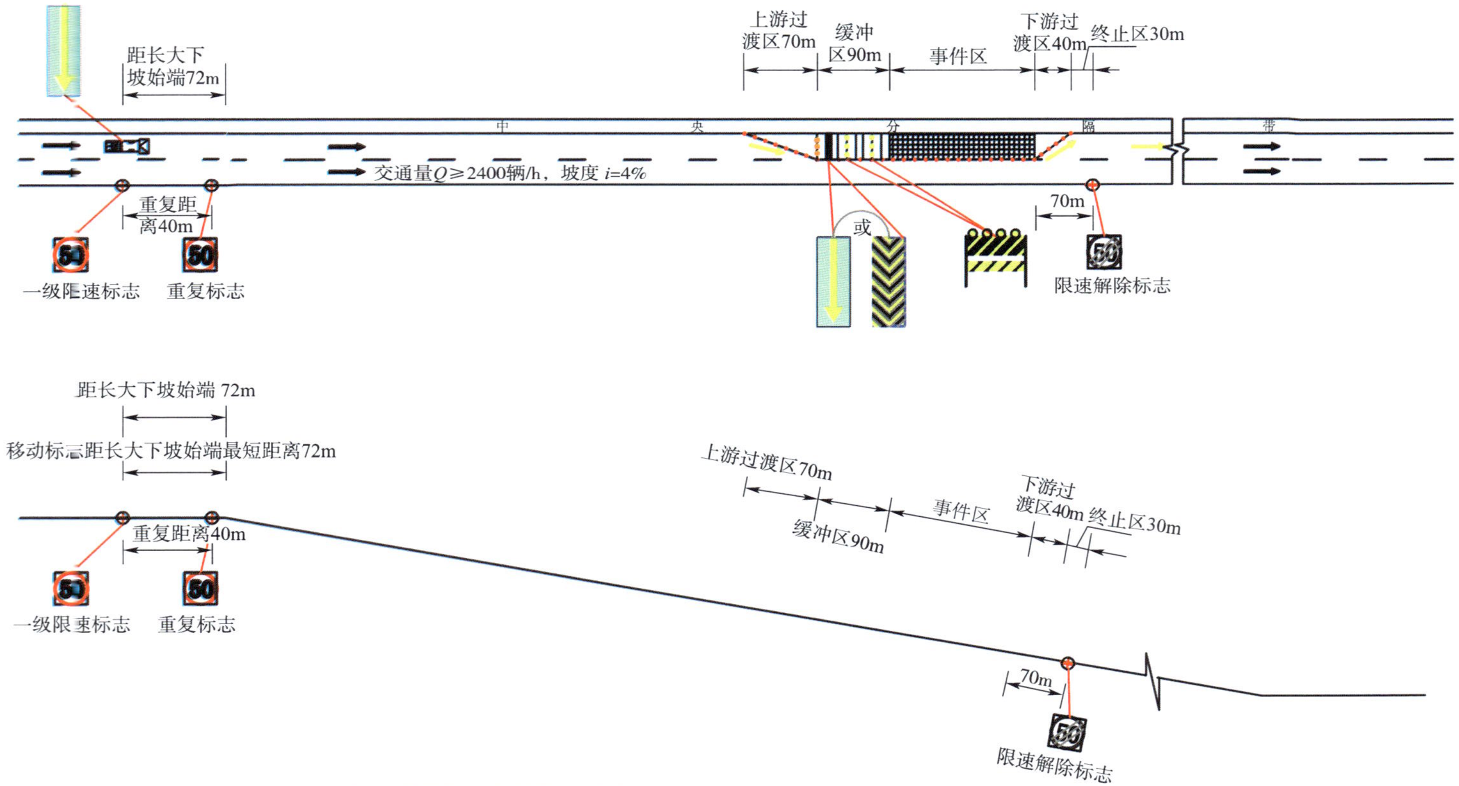

距长大下坡始端72m
重复距离40m
一级限速标志
重复标志
交通量$Q \geqslant 2400$辆/h，坡度 $i=4\%$
中央分隔带
上游过渡区70m
缓冲区90m
事件区
下游过渡区40m
终止区30m
或
70m
限速解除标志

距长大下坡始端 72m
移动标志距长大下坡始端最短距离72m
重复距离40m
一级限速标志
重复标志
上游过渡区70m
缓冲区90m
事件区
下游过渡区40m
终止区30m
70m
限速解除标志

注：1. 交通量$Q \geqslant 2400$辆/h，坡度 $i=4\%$。
2. 此时，事件发生位置距长大下坡始端距离S：$297\text{m} < S < 1129\text{m}$。
3. L为排队长度，排队长度大于100m且逐渐增加时，采用移动限速标志，最短距离为移动标志距长大于坡始端的距离。

a)

图 2.6

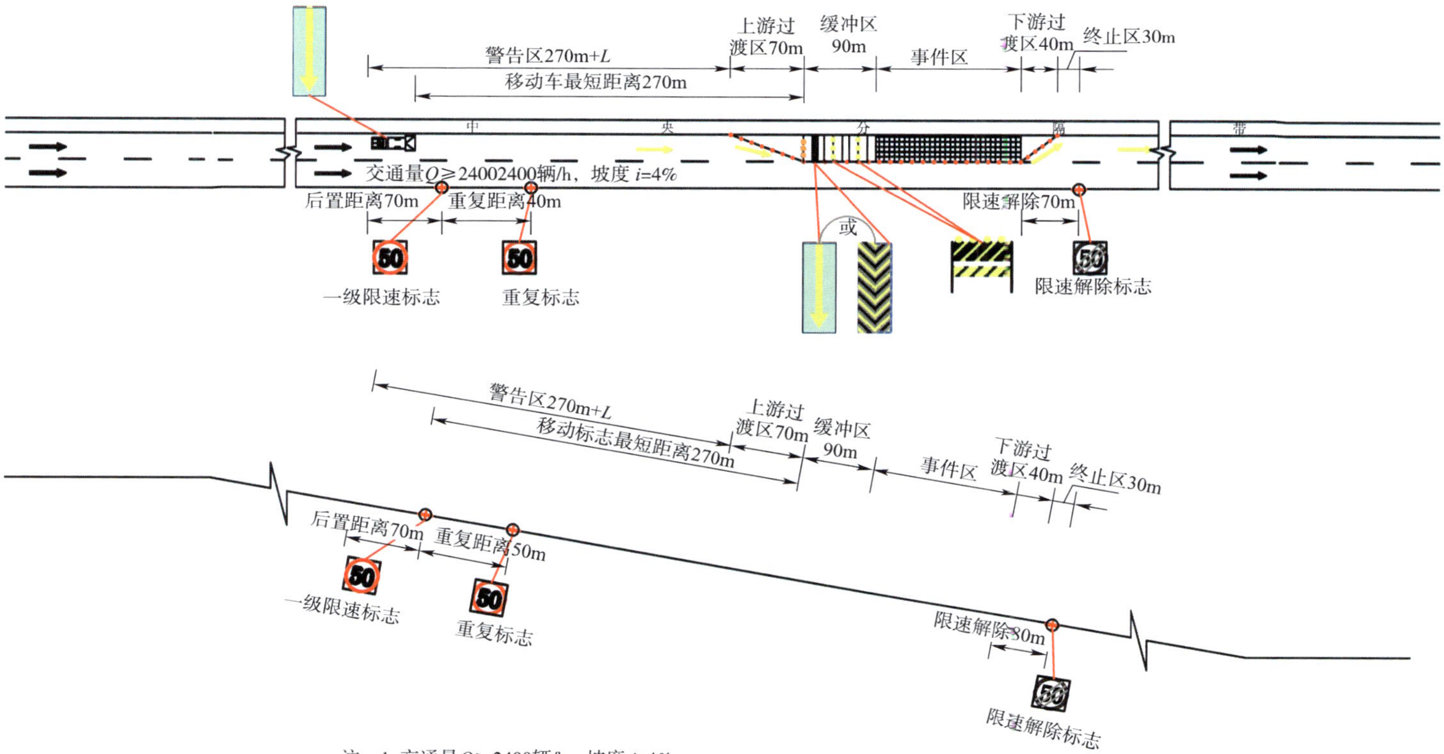

警告区270m+L 上游过渡区70m 缓冲区90m 事件区 下游过渡区40m 终止区30m

移动车最短距离270m

中 央 分 隔 带

交通量Q≥24002400辆/h，坡度 i=4%

后置距离70m 重复距离40m 限速解除70m

或

一级限速标志 重复标志 限速解除标志

警告区270m+L 上游过渡区70m 缓冲区90m 事件区 下游过渡区40m 终止区30m

移动标志最短距离270m

后置距离70m 重复距离50m 限速解除30m

一级限速标志 重复标志 限速解除标志

注：1. 交通量Q≥2400辆/h，坡度 i=4%。

2. 此时，事件发生位置距长大下坡始端距离S：1129m<S。

3. L为排队长度，排队长度大于100m且逐渐增加时，采用移动限速标志，最短距离为移动标志距排除尾部的距离。

b)

图 2.6 长大下坡发生事件时限速设置(设计车速 80km/h,交通量 Q≥2400 辆/h,坡度 i=4%)

长大下坡发生事件时限速设置(设计车速 80km/h,交通量 Q 为任意常数,坡度 $i=5\%$)如图 2.7 所示。

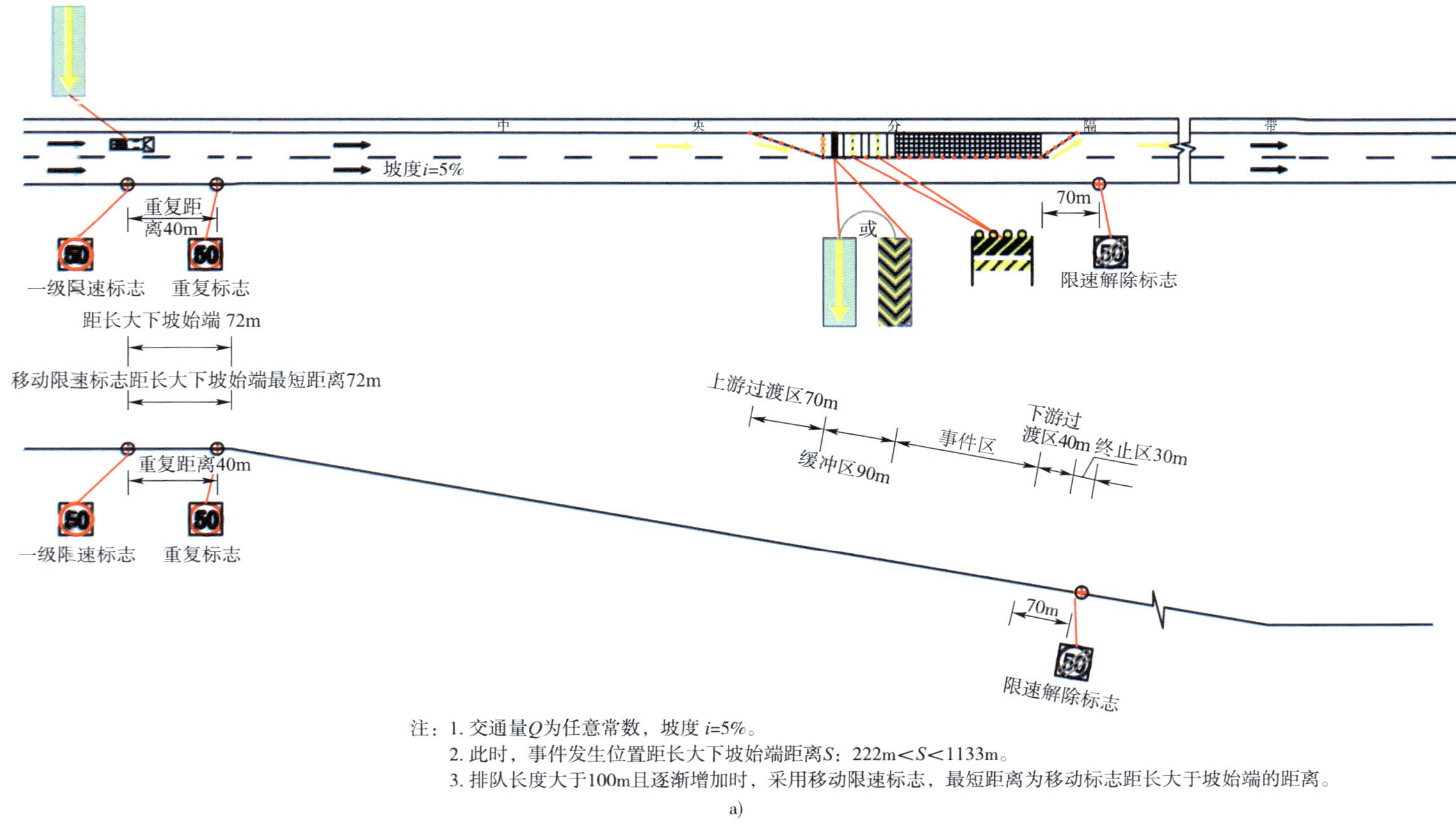

注:1. 交通量Q为任意常数,坡度 $i=5\%$。
2. 此时,事件发生位置距长大下坡始端距离S:$222m<S<1133m$。
3. 排队长度大于100m且逐渐增加时,采用移动限速标志,最短距离为移动标志距长大于坡始端的距离。

a)

图 2.7

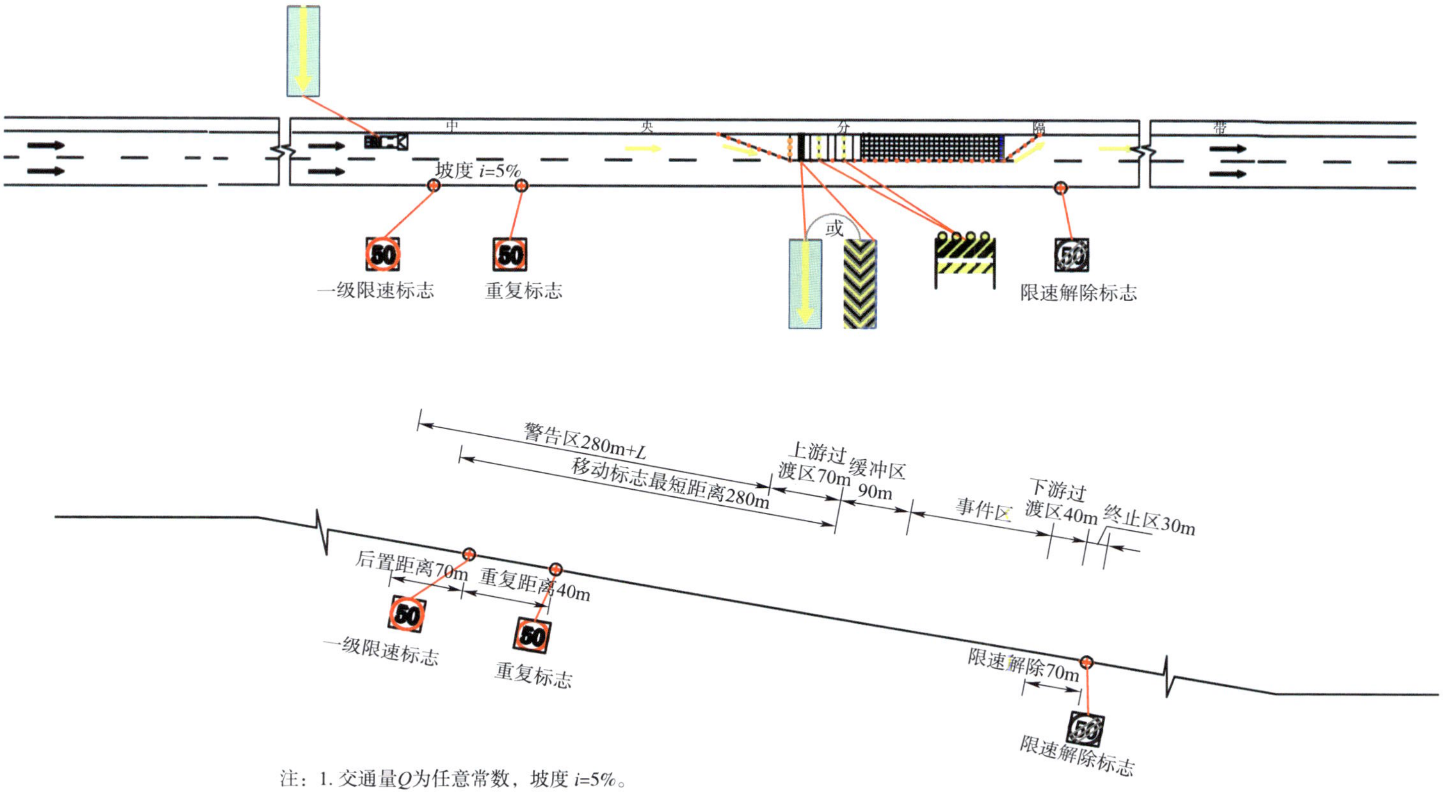

注：1. 交通量Q为任意常数，坡度 i=5%。
2. 此时，事件发生位置距长大下坡始端距离S：1133m<S。
3. L为排队长度，排队长度大于100m且逐渐增加时，采用移动限速标志，最短距离为移动标志距排除尾部的距离。

b)

图 2.7　长大下坡发生事件时限速设置（设计车速 80km/h，交通量 Q 为任意常数，坡度 i = 5%）

长大下坡发生事件时限速设置（设计车速 80km/h，交通量 Q 为任意常数，坡度 $i=6\%$）如图 2.8 所示。

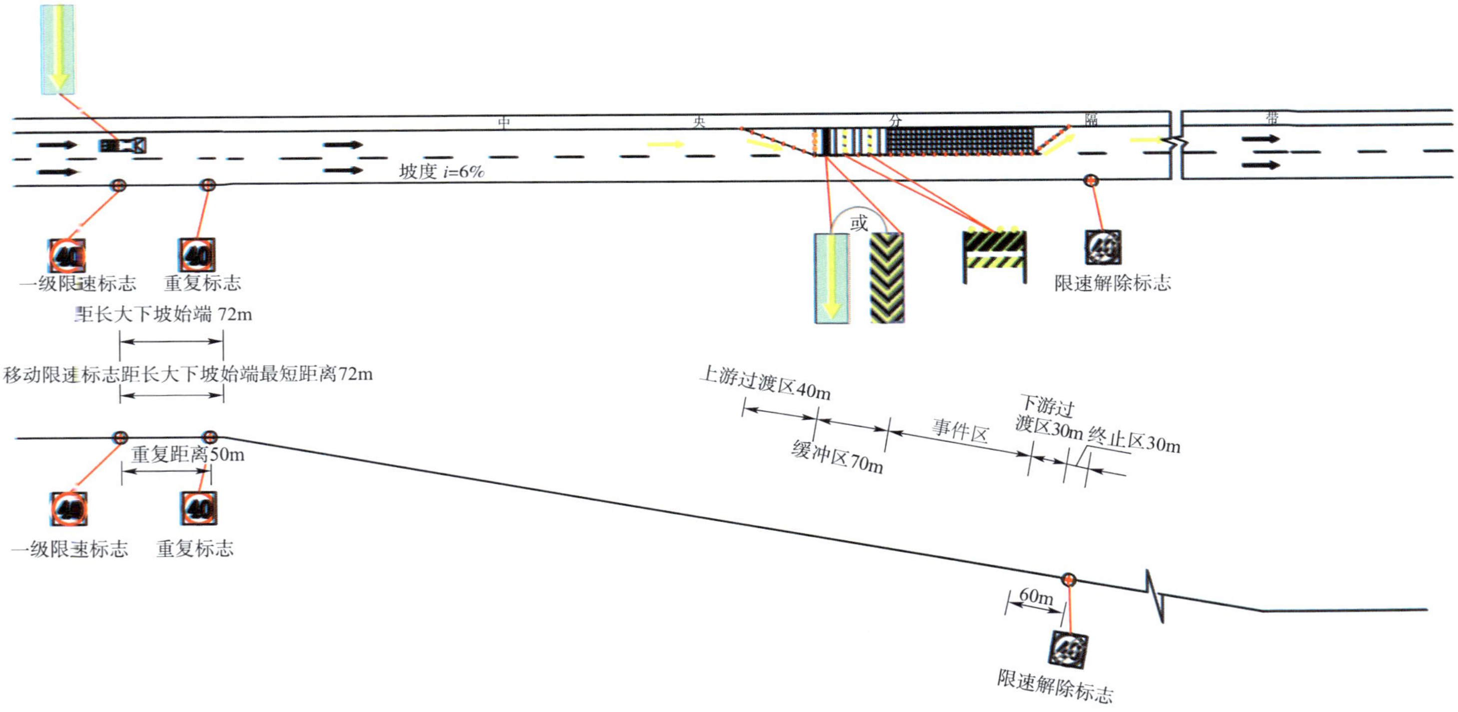

中央分隔带

坡度 $i=6\%$

或

一级限速标志　重复标志

限速解除标志

距长大下坡始端 72m

移动限速标志距长大下坡始端最短距离72m

重复距离50m

一级限速标志　重复标志

上游过渡区40m　缓冲区70m　事件区　下游过渡区30m　终止区30m

60m

限速解除标志

注：1. 交通量Q为任意常数，坡度 i=6%。

2. 此时，事件发生位置距长大下坡始端距离S：228m<S<1137m。

3. 排队长度大于100m且逐渐增加时，采用移动限速标志，最短距离为移动标志距长大于坡始端的距离。

a)

图　2.8

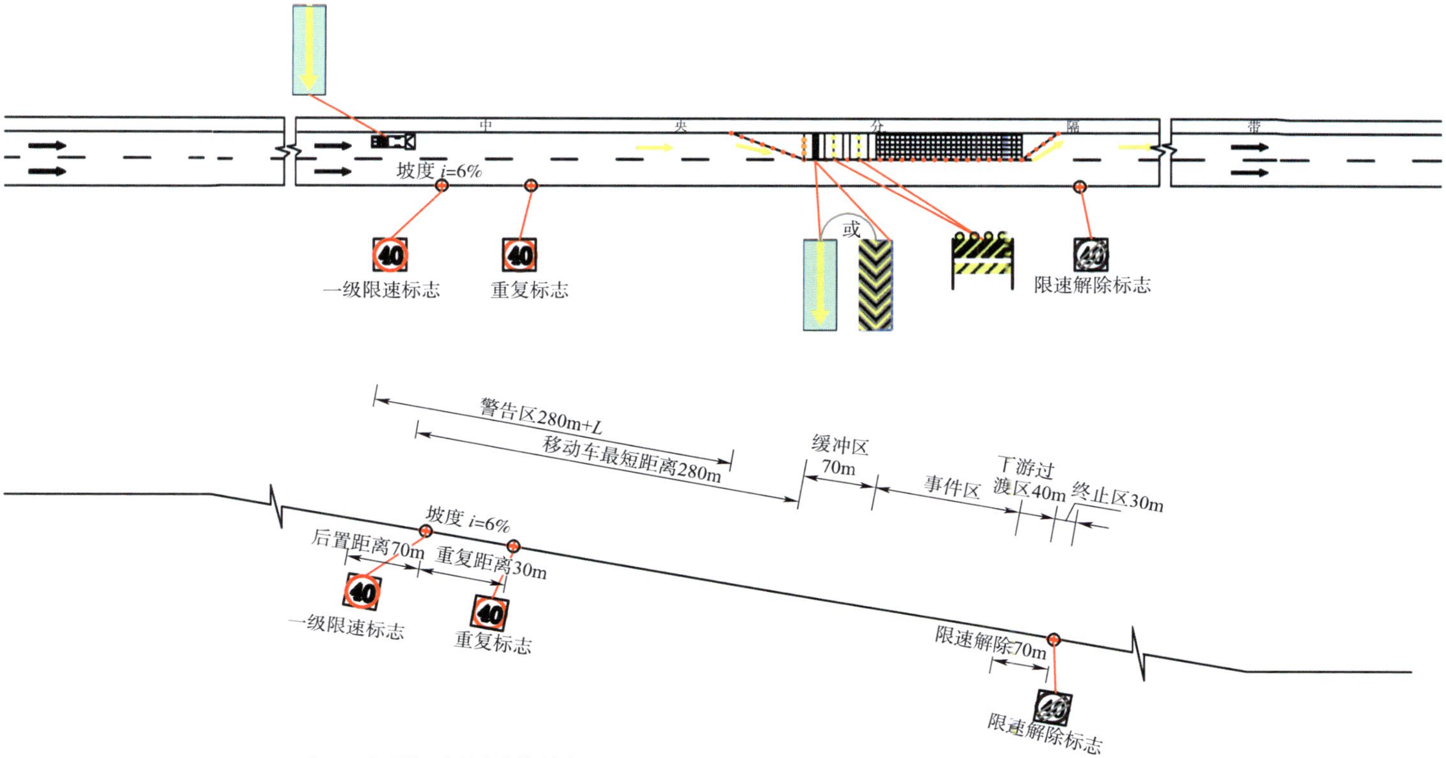

中央分隔带

坡度 i=6%

一级限速标志

重复标志

或

限速解除标志

警告区280m+L

移动车最短距离280m

缓冲区 70m

事件区

下游过渡区40m

终止区30m

坡度 i=6%

后置距离70m

重复距离30m

一级限速标志

重复标志

限速解除70m

限速解除标志

注：1. 交通量Q为任意常数,坡度 i=6%。

2. 此时，事件发生位置距长大下坡始端距离S：$1137\mathrm{m}<S$。

3. L为排队长度，排队长度大于100m且逐渐增加时，采用移动限速标志，最短距离为移动标志距排除尾部的距离。

b)

图 2.8　长大下坡发生事件时限速设置(设计车速 80km/h,交通量 Q 为任意常数,坡度 i = 6%)

2.2 设计速度 100km/h 时限速设置

长大下坡发生事件时限速设置(设计车速 100km/h,交通量 $Q \leqslant 1800$ 辆/h,坡度 $i=3\%$)如图 2.9 所示。

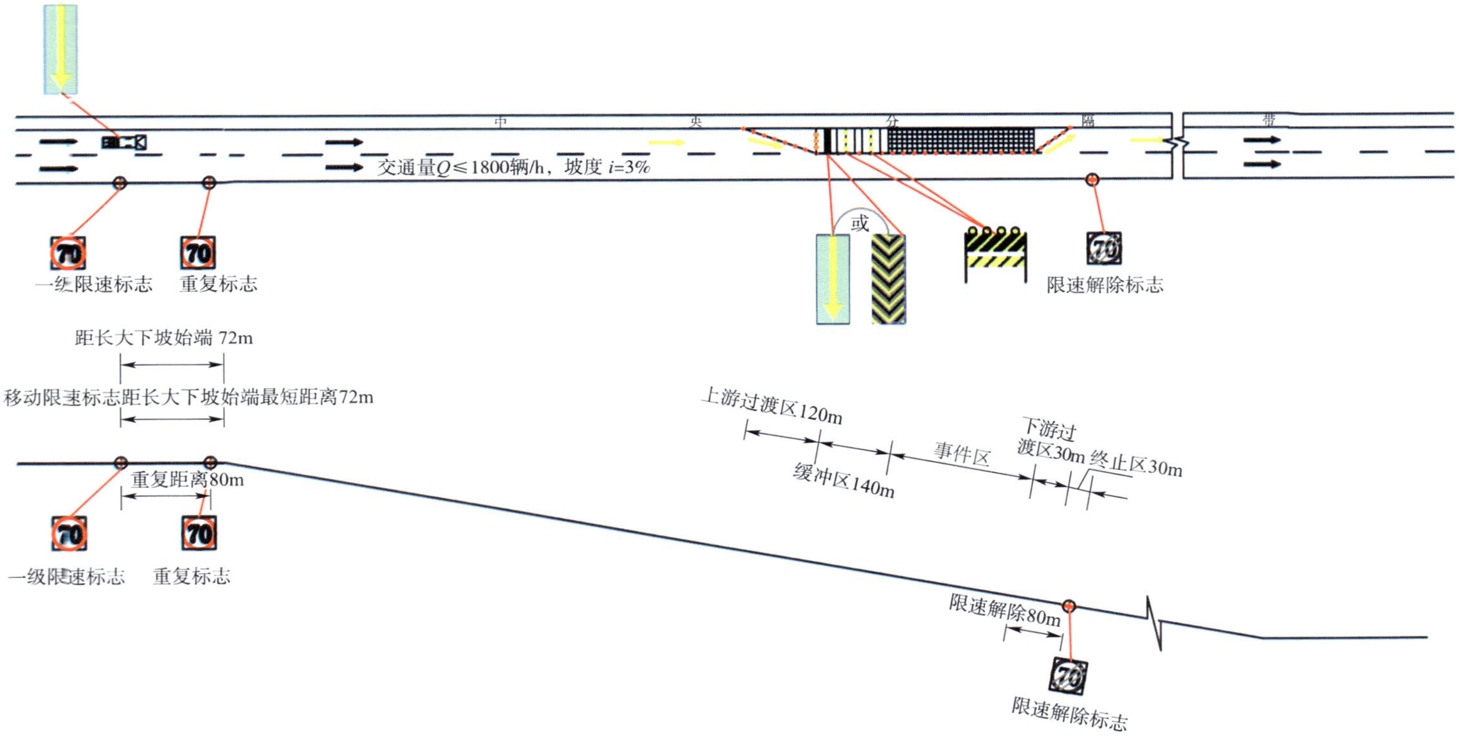

中 央 分 隔 带

交通量$Q \leqslant 1800$辆/h，坡度 $i=3\%$

或

一级限速标志　重复标志

限速解除标志

距长大下坡始端 72m

移动限速标志距长大下坡始端最短距离72m

重复距离80m

一级限速标志　重复标志

上游过渡区120m

缓冲区140m

事件区

下游过渡区30m

终止区30m

限速解除80m

限速解除标志

注：1. 交通量$Q \leqslant 1800$辆/h，坡度 $i=3\%$。

2. 此时，事件发生位置距长大下坡始端距离S：$302\text{m} < S < 1161\text{m}$。

3. 排队长度大于100m且逐渐增加时，采用移动限速标志，最短距离为移动标志距长大于坡始端的距离。

a)

图 2.9

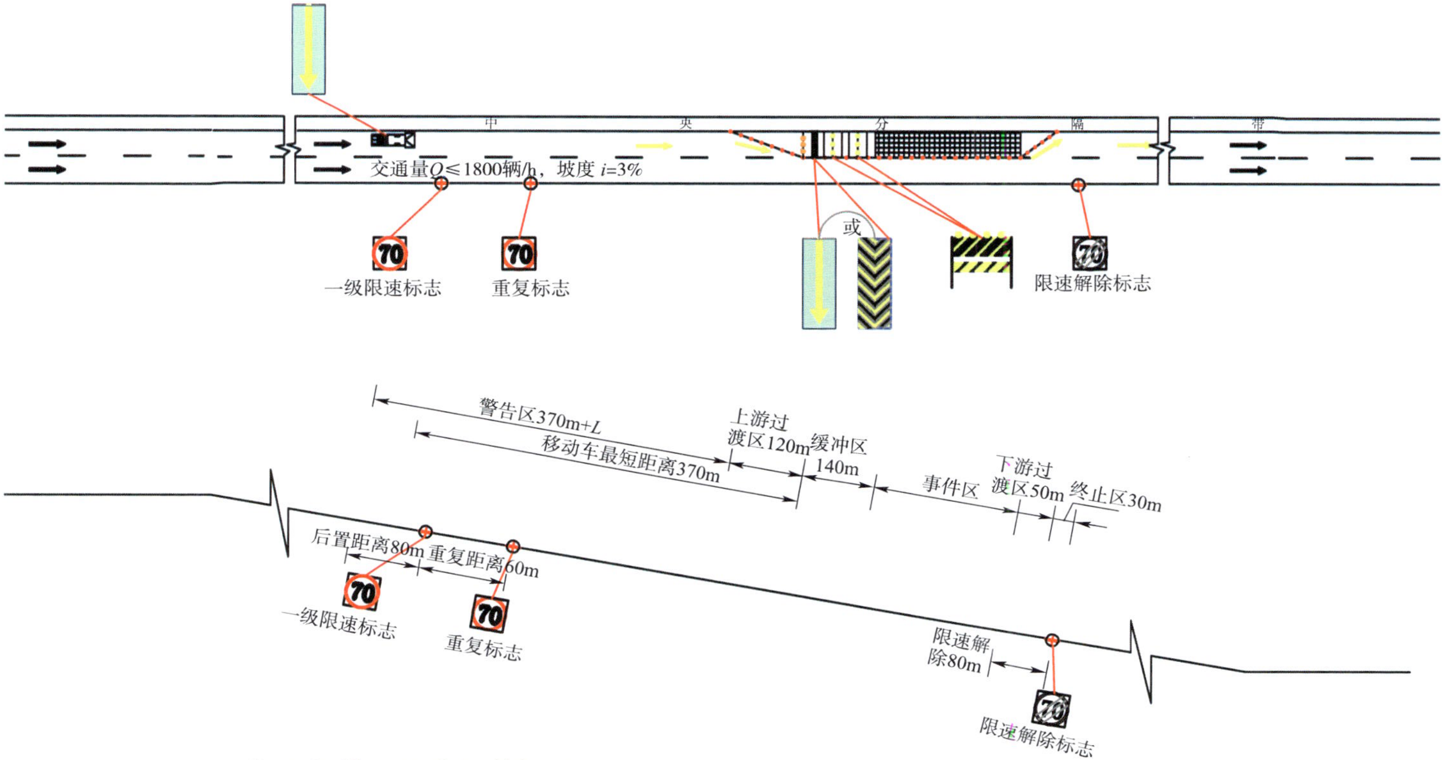

中央分隔带

交通量$Q \leqslant 1800$辆/h，坡度 i=3%

一级限速标志

重复标志

或

限速解除标志

警告区370m+L

移动车最短距离370m

上游过渡区120m

缓冲区140m

事件区

下游过渡区50m

终止区30m

后置距离80m

重复距离60m

一级限速标志

重复标志

限速解除80m

限速解除标志

注：1. 交通量$Q \leqslant 1800$辆/h，坡度 i=3%。

2. 此时，事件发生位置距长大下坡始端距离S：1161m<S。

3. L为排队长度，排队长度大于100m且逐渐增加时，采用移动限速标志，最短距离为移动标志距排除尾部的距离。

b)

图 2.9　长大下坡发生事件时限速设置(设计车速 100km/h,交通量 $Q \leqslant 1800$ 辆/h,坡度 i = 3%)

长大下坡发生事件时限速设置（设计车速 100km/h，交通量 1800 辆/h < Q < 2400 辆/h，坡度 $i=3\%$）如图 2.10 所示。

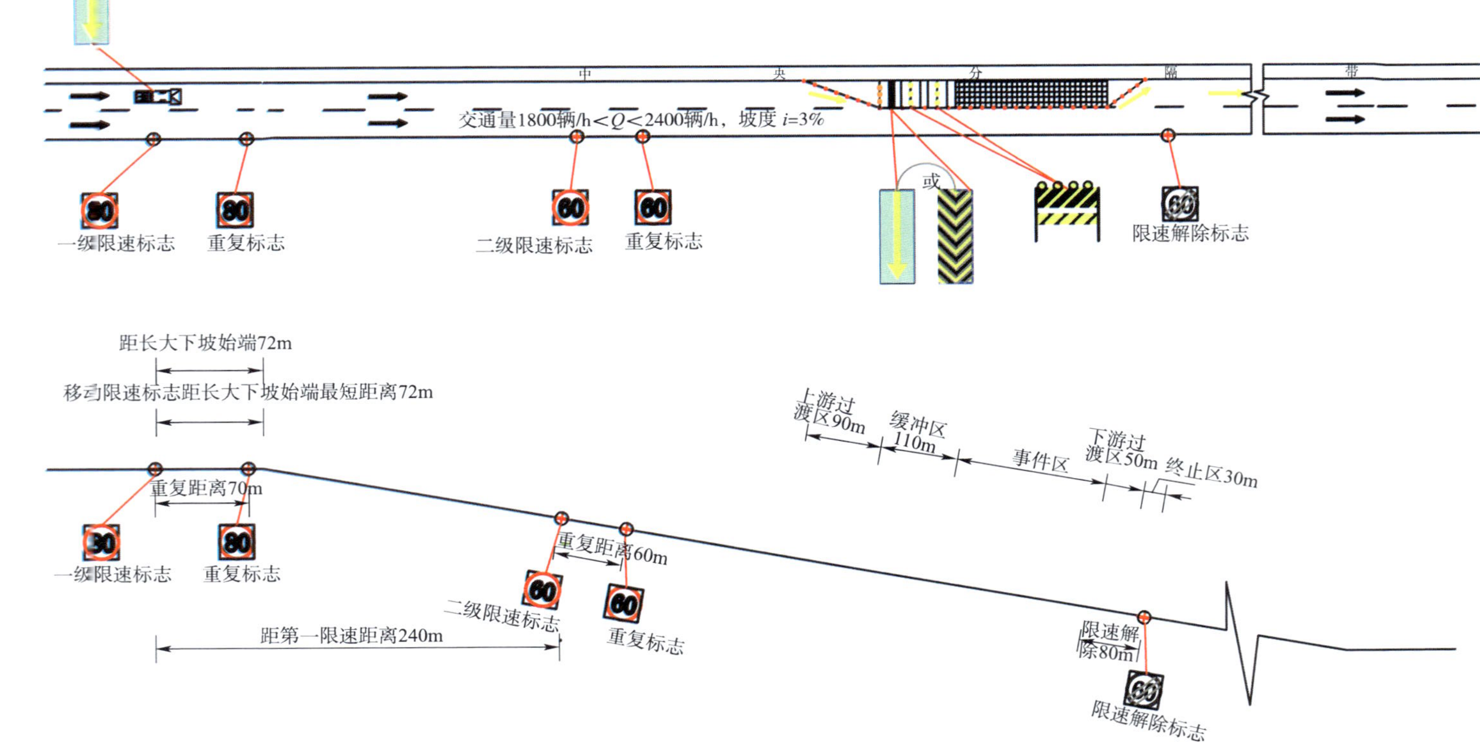

注：1. 交通量1800辆/h<Q<2400辆/h，坡度 i=3%。
2. 此时，事件发生位置距长大下坡始端距离S：296m<S<1184m。
3. 排队长度大于100m且逐渐增加时，采用移动限速标志，最短距离为移动标志距长大下坡始端的距离。

a)

图 2.10

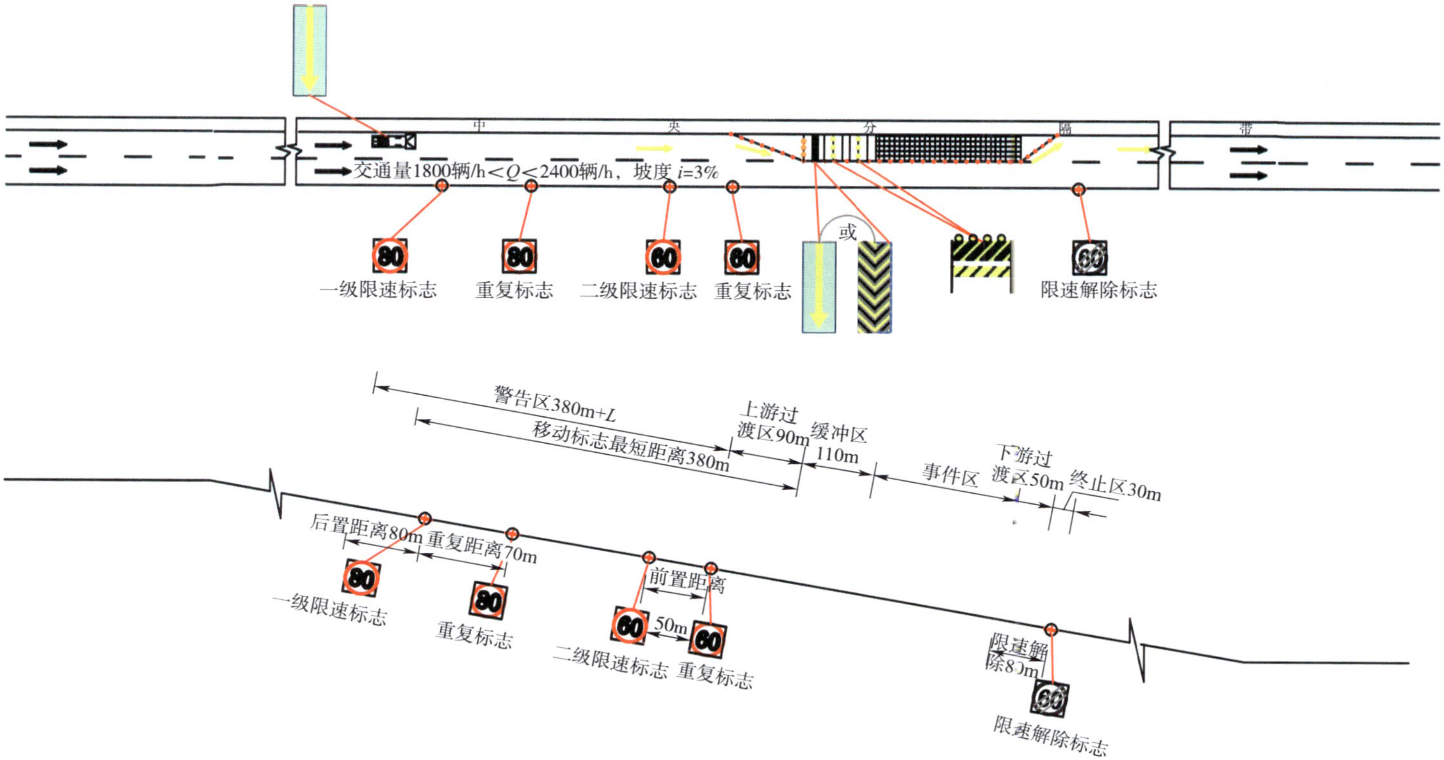

中央分隔带

交通量1800辆/h<Q<2400辆/h，坡度 i=3%

或

一级限速标志 重复标志 二级限速标志 重复标志 限速解除标志

警告区380m+L

移动标志最短距离380m

上游过渡区90m

缓冲区110m

事件区

下游过渡区50m

终止区30m

后置距离80m

重复距离70m

前置距离50m

限速解除80m

一级限速标志 重复标志 二级限速标志 重复标志 限速解除标志

注：1. 交通量1800辆/h<Q<2400辆/h，坡度 i=3%。

2. 此时，事件发生位置距长大下坡始端距离S：1184m<S。

3. L为排队长度，排队长度大于100m且逐渐增加时，采用移动限速标志，最短距离为移动标志距排除尾部的距离。

b)

图 2.10 长大下坡发生事件时限速设置（设计车速 100km/h，交通量 1800 辆/h < Q < 2400 辆/h，坡度 i = 3%）

长大下坡发生事件时限速设置（设计车速 100km/h，交通量 $Q \geqslant 2400$ 辆/h，坡度 $i=3\%$）如图 2.11 所示。

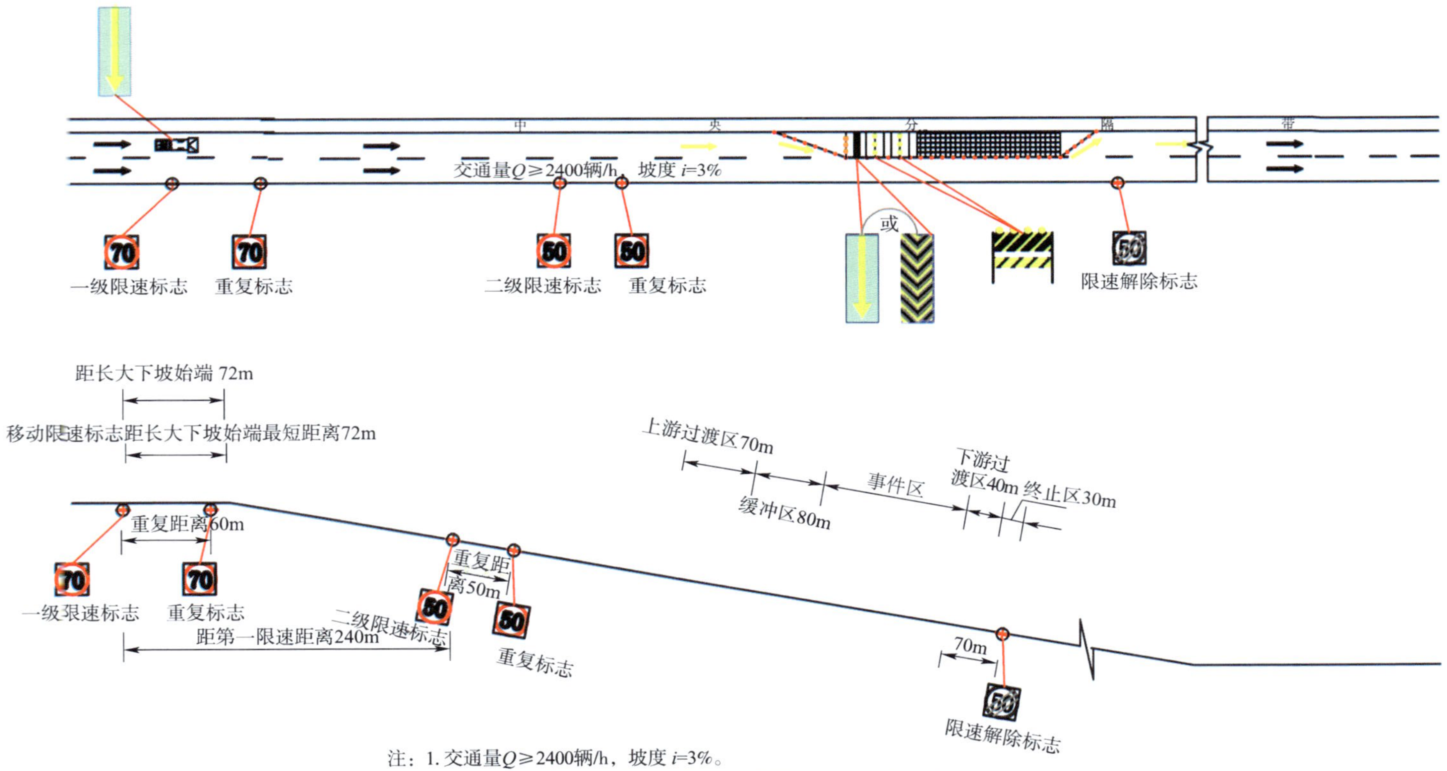

注：1. 交通量 $Q \geqslant 2400$ 辆/h，坡度 $i=3\%$。

2. 此时，事件发生位置距长大下坡始端距离 S：$289\text{m}<S<1204\text{m}$。

3. L 为排队长度，排队长度大于100m且逐渐增加时，采用移动限速标志，最短距离为移动标志距长大于坡始端的距离。

a)

图 2.11

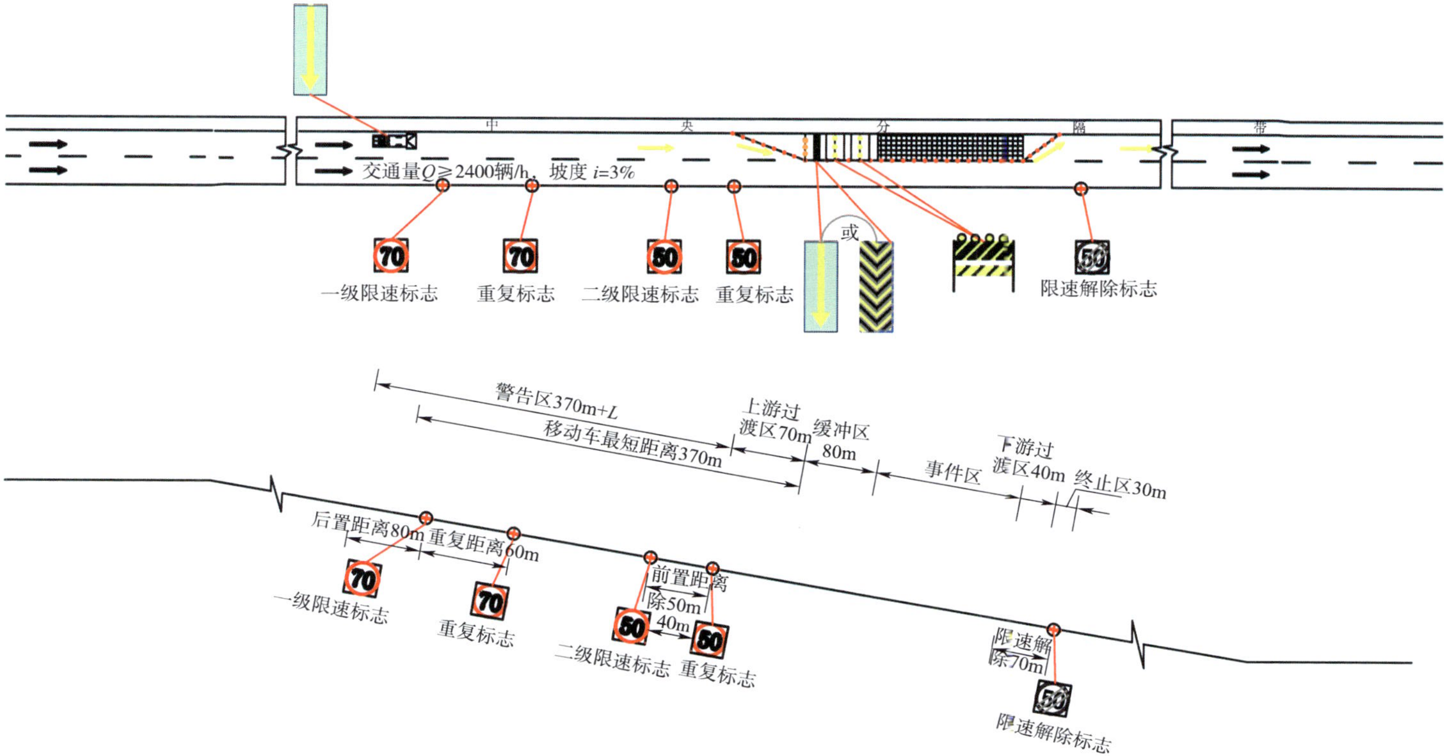

中央分隔带

交通量$Q \geq 2400$辆/h，坡度 i=3%

一级限速标志　重复标志　二级限速标志　重复标志　或　限速解除标志

警告区370m+L

移动车最短距离370m

上游过渡区70m　缓冲区80m　事件区　下游过渡区40m　终止区30m

后置距离80m　重复距离60m　前置距离50m　40m　限速解除70m

一级限速标志　重复标志　二级限速标志　重复标志　限速解除标志

注：1. 交通量$Q \geq 2400$辆/h，坡度 i=3%。

2. 此时，事件发生位置距长大下坡始端距离S：1204m＜S。

3. L为排队长度，排队长度大于100m且逐渐增加时，采用移动限速标志，最短距离为移动标志距排除尾部的距离。

b)

图 2.11　长大下坡发生事件时限速设置（设计车速 100km/h，交通量 $Q \geq 2400$ 辆/h，坡度 i = 3%）

长大下坡发生事件时限速设置(设计车速 100km/h,交通量 $Q \leqslant 1800$ 辆/h,坡度 $i = 4\%$)如图 2.12 所示。

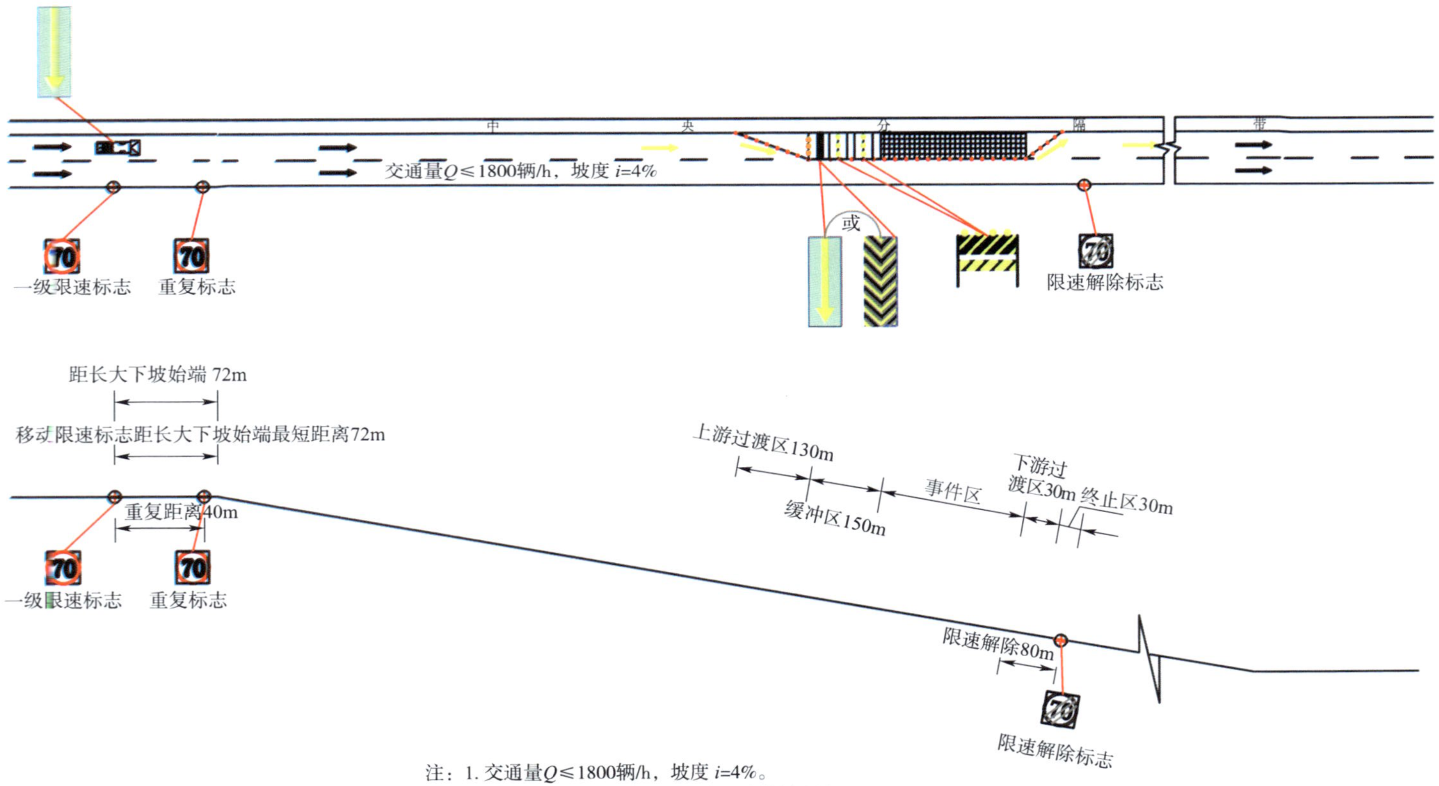

注：1. 交通量$Q \leqslant 1800$辆/h，坡度 i=4%。

2. 此时，事件发生位置距长大下坡始端距离S：311m<S<1166m。

3. 排队长度大于100m且逐渐增加时，采用移动限速标志，最短距离为移动标志距长大于坡始端的距离。

a)

图 2.12

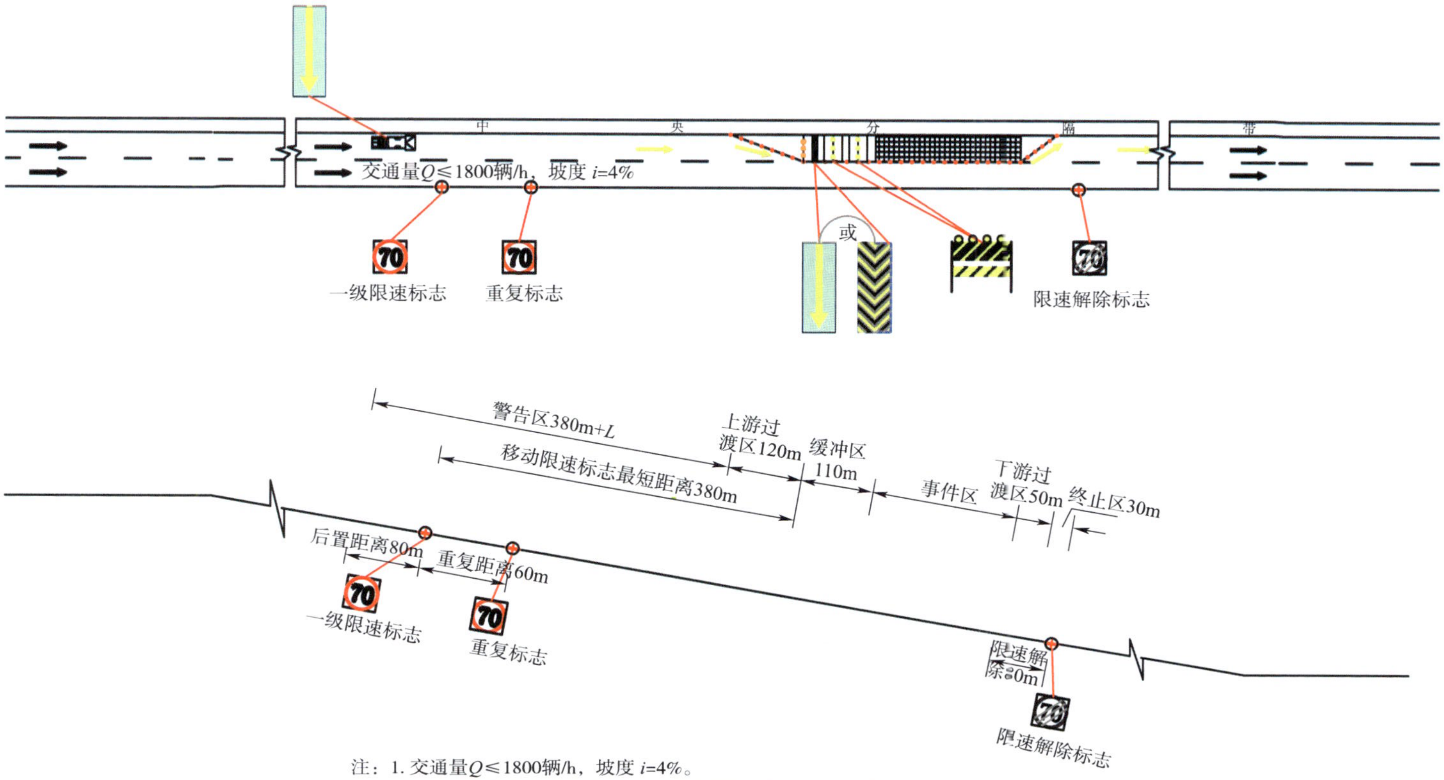

注：1. 交通量$Q\leq1800$辆/h，坡度 i=4%。

2. 此时，事件发生位置距长大下坡始端距离S：1166m<S。

3. L为排队长度，排队长度大于100m且逐渐增加时，采用移动限速标志，最短距离为移动标志距排除尾部的距离。

b)

图 2.12　长大下坡发生事件时限速设置（设计车速 100km/h，交通量 $Q\leq1800$ 辆/h，坡度 i = 4%）

长大下坡发生事件时限速设置（设计车速 100km/h，交通量 1800 辆/h $< Q <$ 2400 辆/h，坡度 $i = 4\%$）如图 2.13 所示。

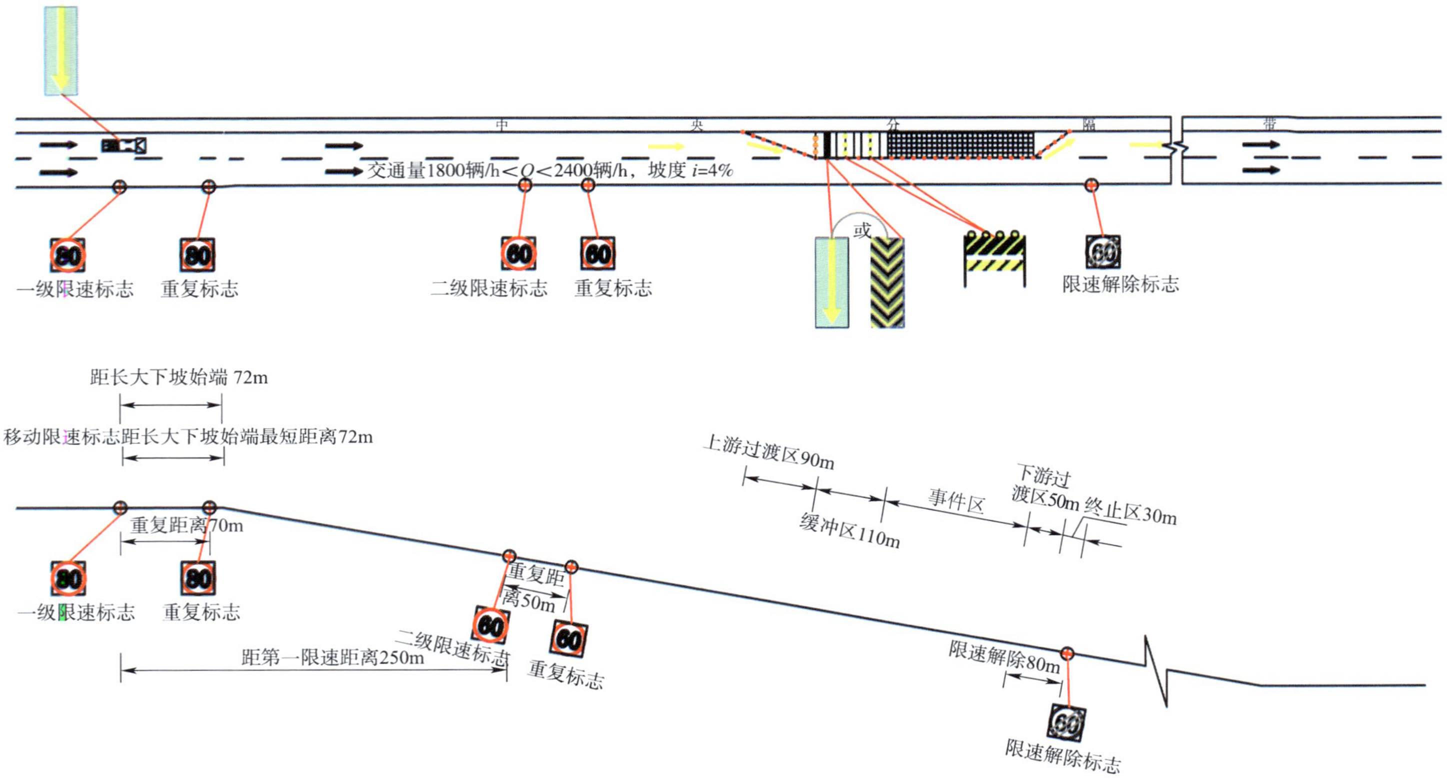

注：1. 交通量1800辆/h$<Q<$2400辆/h，坡度 i=4%。
2. 此时，事件发生位置距长大下坡始端距离S：304m$<S<$1190m。
3. 排队长度大于100m且逐渐增加时，采用移动限速标志，最短距离为移动标志距长大于坡始端的距离。

a)

图 2.13

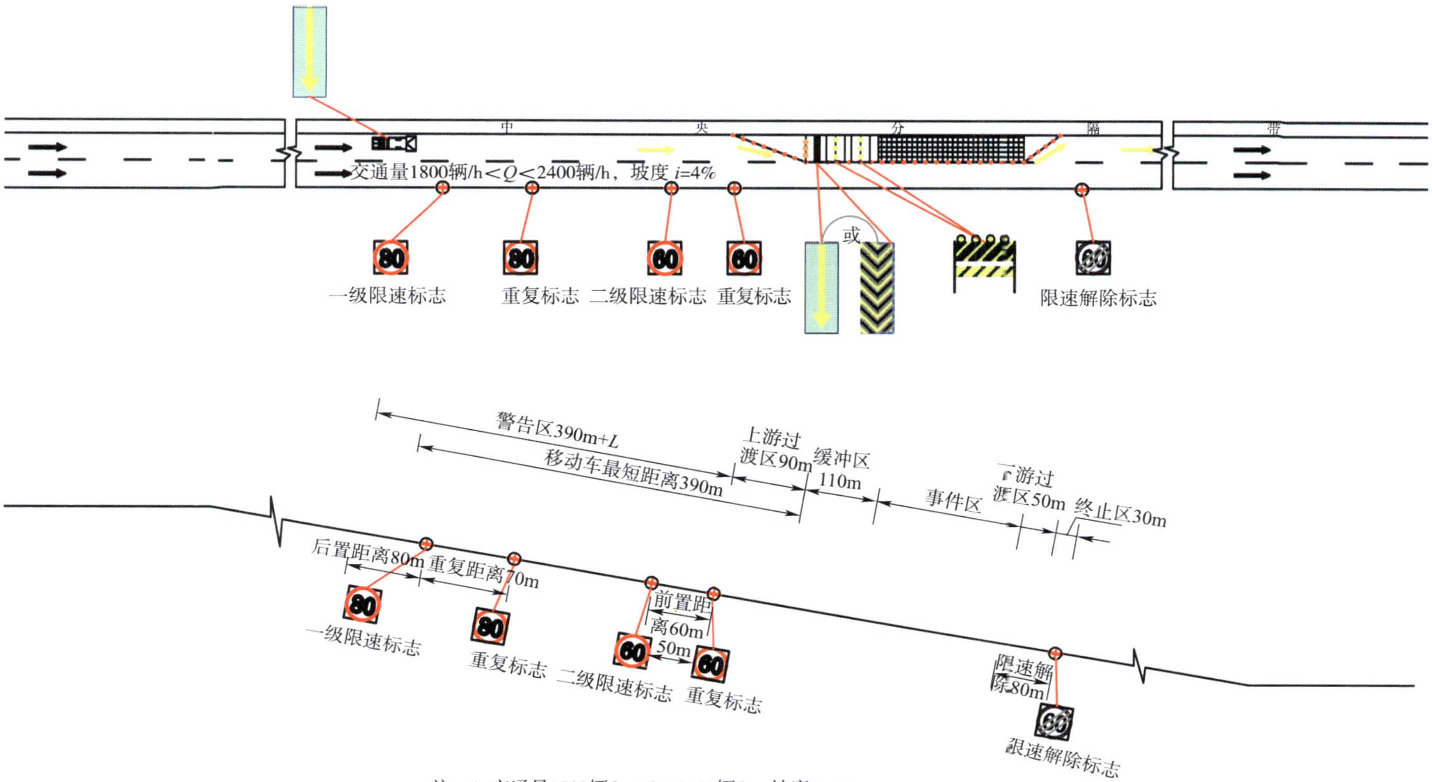

中央分隔带

交通量1800辆/h＜Q＜2400辆/h，坡度 i=4%

一级限速标志　重复标志　二级限速标志　重复标志　或　限速解除标志

警告区390m+L

移动车最短距离390m

上游过渡区90m　缓冲区110m　事件区　下游过渡区50m　终止区30m

后置距离80m　重复距离70m　前置距离60m　50m　限速解除80m

一级限速标志　重复标志　二级限速标志　重复标志　限速解除标志

注：1. 交通量1800辆/h＜Q＜2400辆/h，坡度 i=4%。

2. 此时，事件发生位置距长大下坡始端距离S：1190m＜S。

3. L为排队长度，排队长度大于100m且逐渐增加时，采用移动限速标志，最短距离为移动标志距排除尾部的距离。

b)

图2.13　长大下坡发生事件时限速设置（设计车速100km/h，交通量1800辆/h＜Q＜2400辆/h，坡度 i=4%）

长大下坡发生事件时限速设置(设计车速 100km/h,交通量 $Q \geqslant 2400$ 辆/h,坡度 $i=4\%$)如图 2.14 所示。

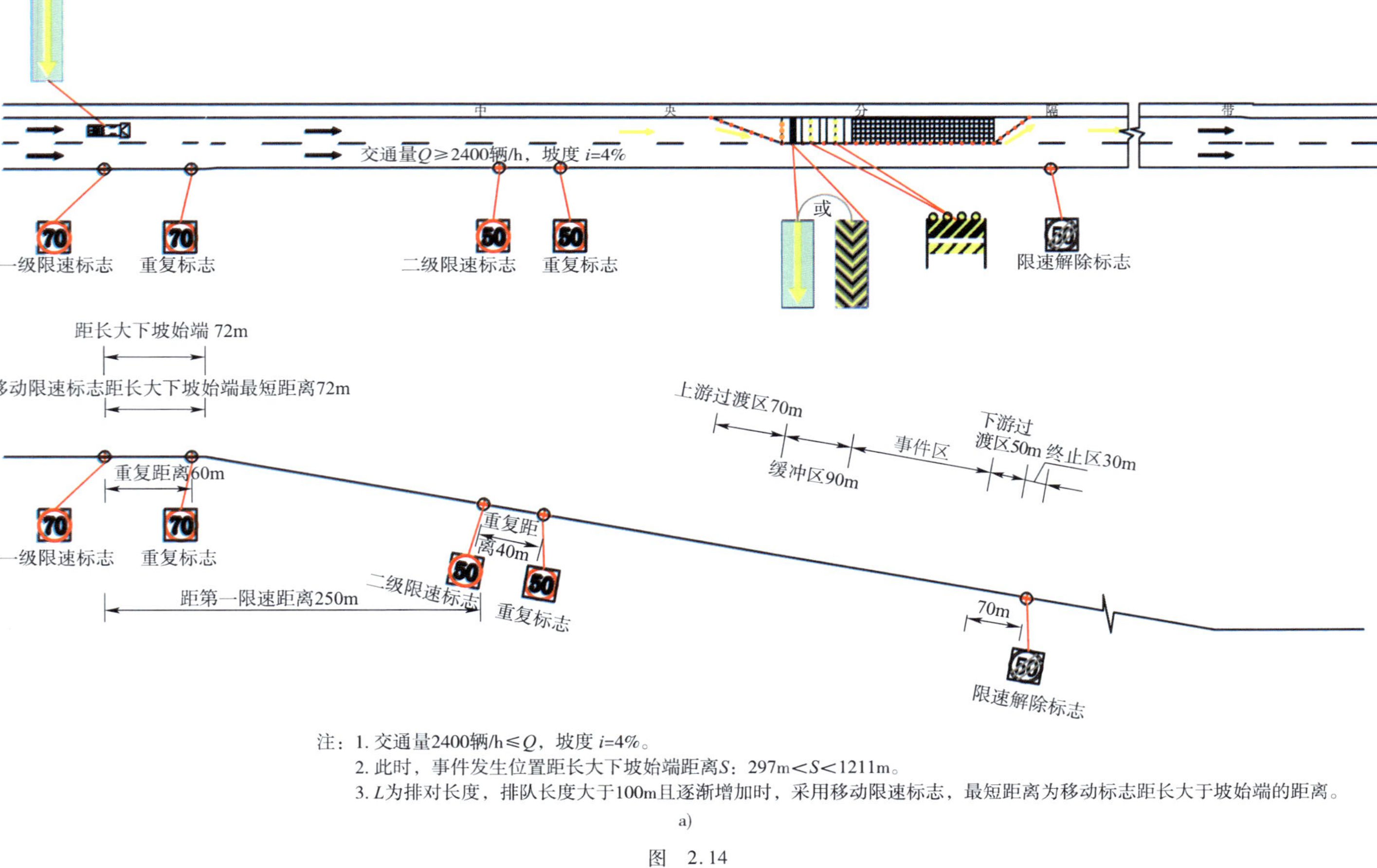

注：1. 交通量2400辆/h≤Q，坡度 i=4%。
2. 此时，事件发生位置距长大下坡始端距离S：297m<S<1211m。
3. L为排对长度，排队长度大于100m且逐渐增加时，采用移动限速标志，最短距离为移动标志距长大于坡始端的距离。

a)

图 2.14

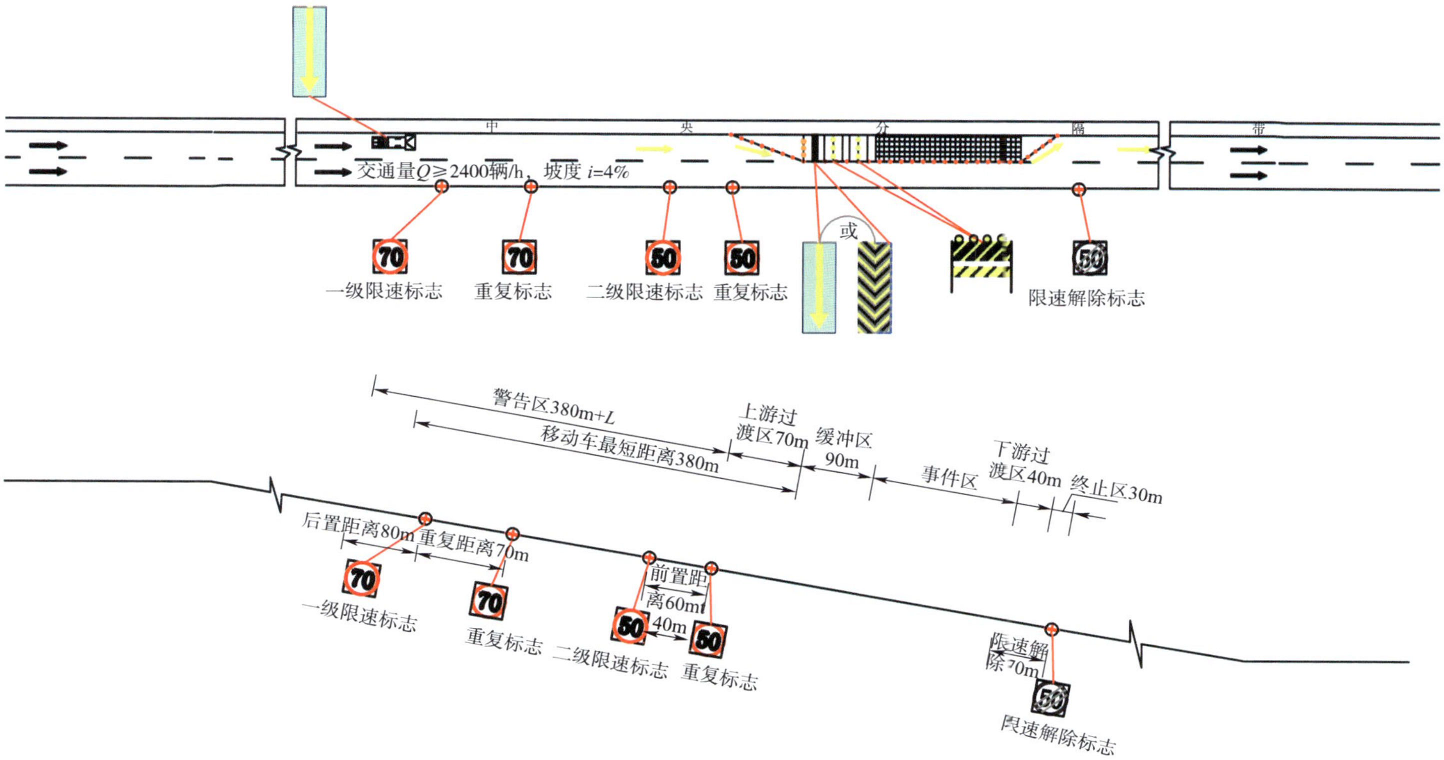

中央分隔带

交通量$Q \geqslant 2400$辆/h，坡度 i=4%

一级限速标志　重复标志　二级限速标志　重复标志　或　限速解除标志

警告区380m+L

移动车最短距离380m

上游过渡区70m　缓冲区90m　事件区　下游过渡区40m　终止区30m

后置距离80m　重复距离70m　前置距离60m　40m　限速解除70m

一级限速标志　重复标志　二级限速标志　重复标志　限速解除标志

注：1. 交通量$Q \geqslant 2400$辆/h，坡度 i=4%。

2. 此时，事件发生位置距长大下坡始端距离S：1211m<S。

3. L为排队长度，排队长度大于100m且逐渐增加时，采用移动限速标志，最短距离为移动标志距排除尾部的距离。

b)

图 2.14　长大下坡发生事件时限速设置（设计车速 100km/h，交通量 $Q \geqslant 2400$ 辆/h，坡度 i = 4%）

长大下坡发生事件时限速设置（设计车速 100km/h，交通量 Q 为任意常数，坡度 $i=5\%$）如图 2.15 所示。

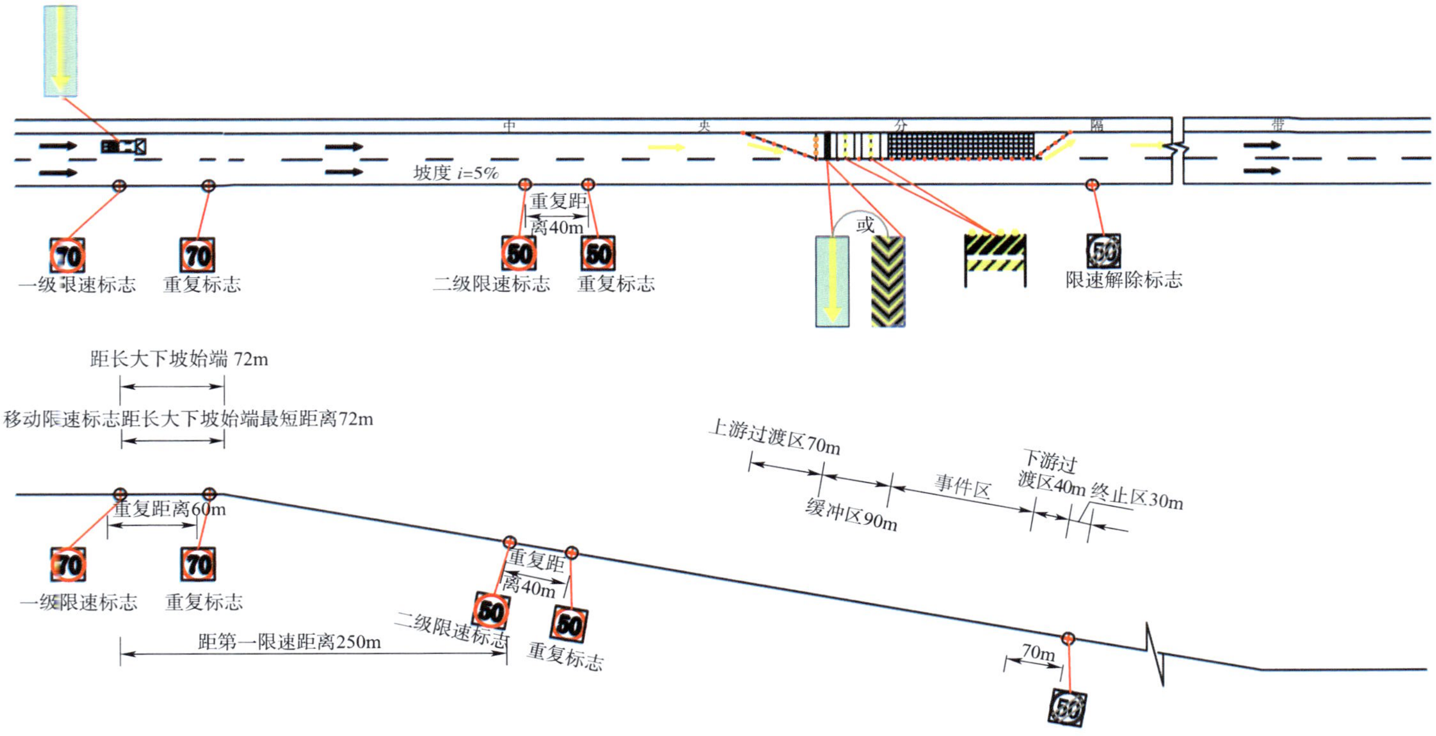

中央分隔带
坡度 i=5%
一级限速标志
重复标志
重复距离40m
二级限速标志
重复标志
或
限速解除标志
距长大下坡始端 72m
移动限速标志距长大下坡始端最短距离72m
重复距离60m
一级限速标志
重复标志
重复距离40m
二级限速标志
重复标志
距第一限速距离250m
上游过渡区70m
缓冲区90m
事件区
下游过渡区40m
终止区30m
70m

注：1. 交通量Q为任意常数，坡度 i=5%。
2. 此时，事件发生位置距长大下坡始端距离S：307m<S<1218m。
3. 排队长度大于100m且逐渐增加时，采用移动限速标志，最短距离为移动标志距长大于坡始端的距离。

a)

图　2.15

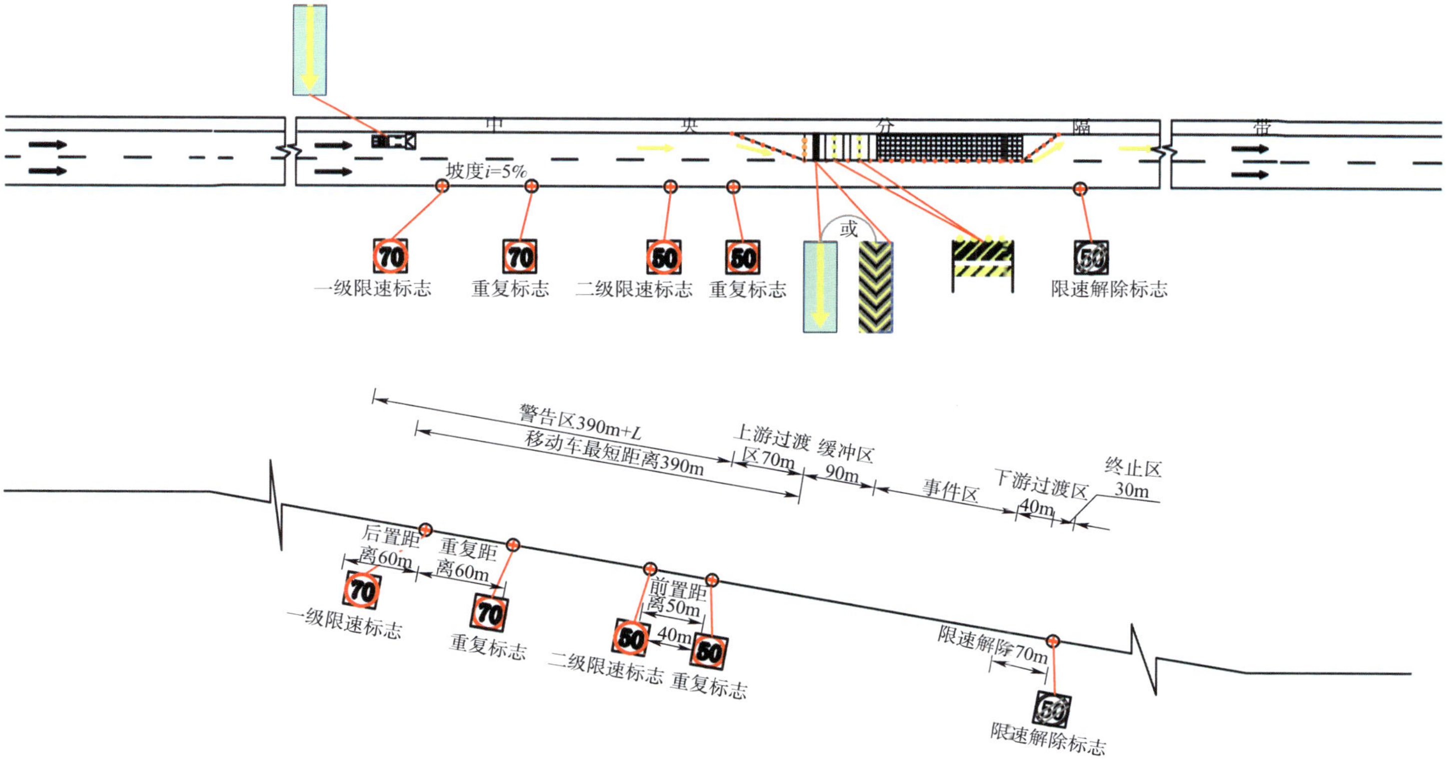

注：1. 交通量Q为任意常数，坡度i=5%，

2. 此时，事件发生位置距长大下坡始端距离S:1218m<S。

3. L为排队长度，排队长度大于100m且逐渐增加时，采用移动限速标志，最短距离为移动标志距排队尾部的距离。

b)

图2.15　长大下坡发生事件时限速设置（设计车速100km/h，交通量Q为任意常数，坡度i=5%）

长大下坡发生事件时限速设置（设计车速 100km/h，交通量 Q 为任意常数，坡度 $i=6\%$）如图 2.16 所示。

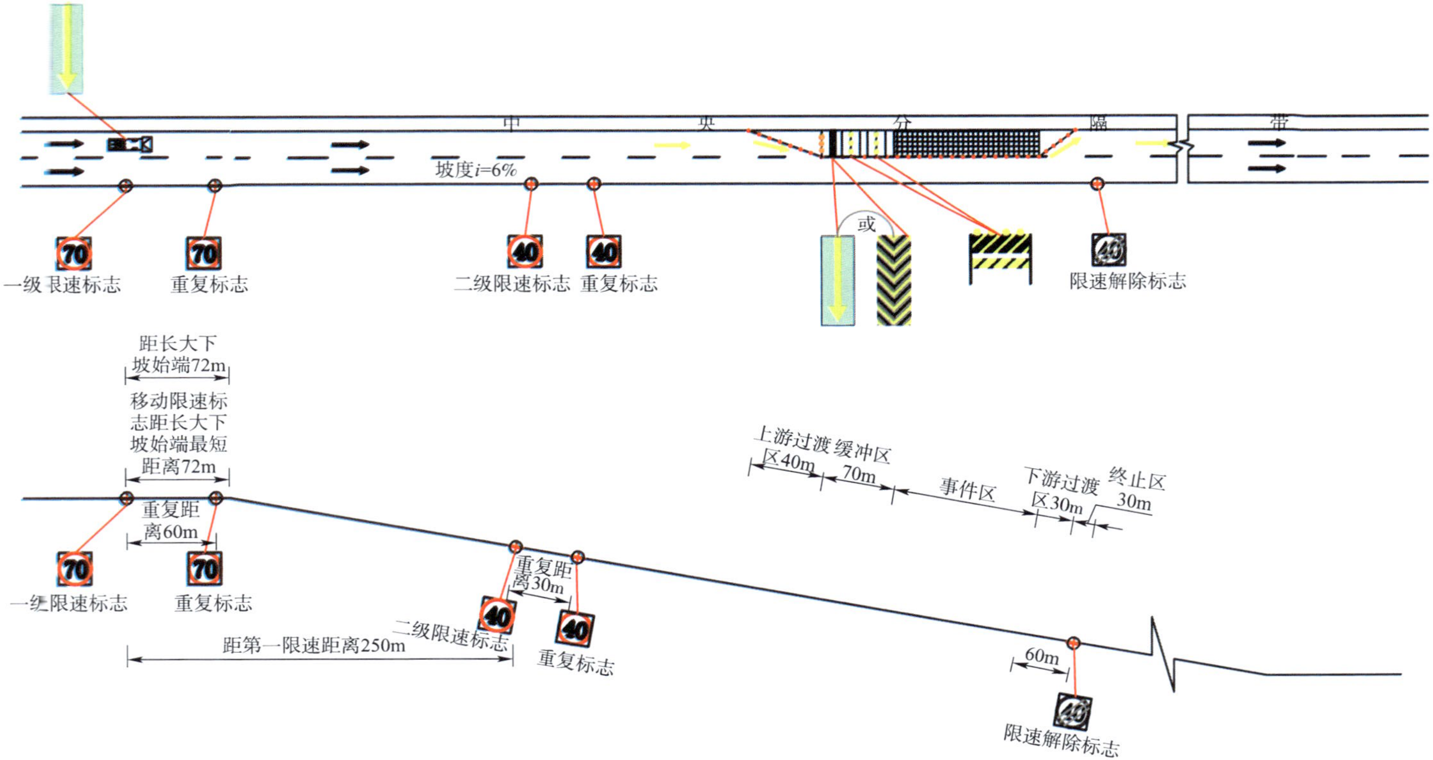

注：1. 交通量Q为任意常数，坡度$i=6\%$。

2. 此时，事件发生位置距长大下坡始端距离S：310m<S<1224m。

3. 排队长度大于100m且逐渐增加时，采用移动限速标志，最短距离为移动标志距长大下坡始端的距离。

a)

图 2.16

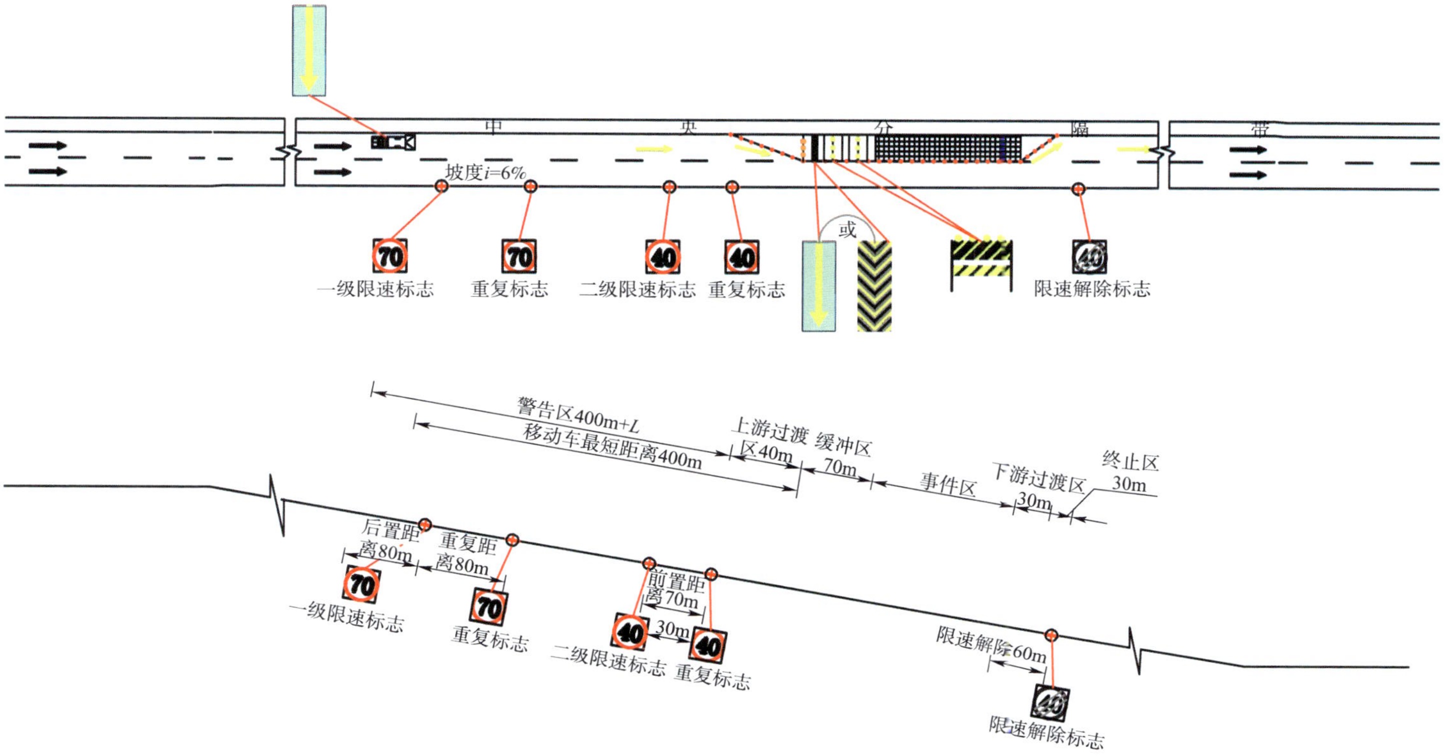

注：1. 交通量Q为任意常数，坡度i=6%。

2. 此时，事件发生位置距长大下坡始端距离S：1244m<S。

3. L为排队长度，排队长度大于100m且逐渐增加时，采用移动限速标志，最短距离为移动标志距排队尾部的距离。

b)

图 2.16　长大下坡发生事件时限速设置（设计车速 100km/h，交通量 Q 为任意常数，坡度 i = 6%）

2.3 设计速度 120km/h 时限速设置

长大下坡发生事件时限速设置（设计车速 120km/h，交通量 $Q \leqslant 1800$ 辆/h，坡度 $i = 3\%$）如图 2.17 所示。

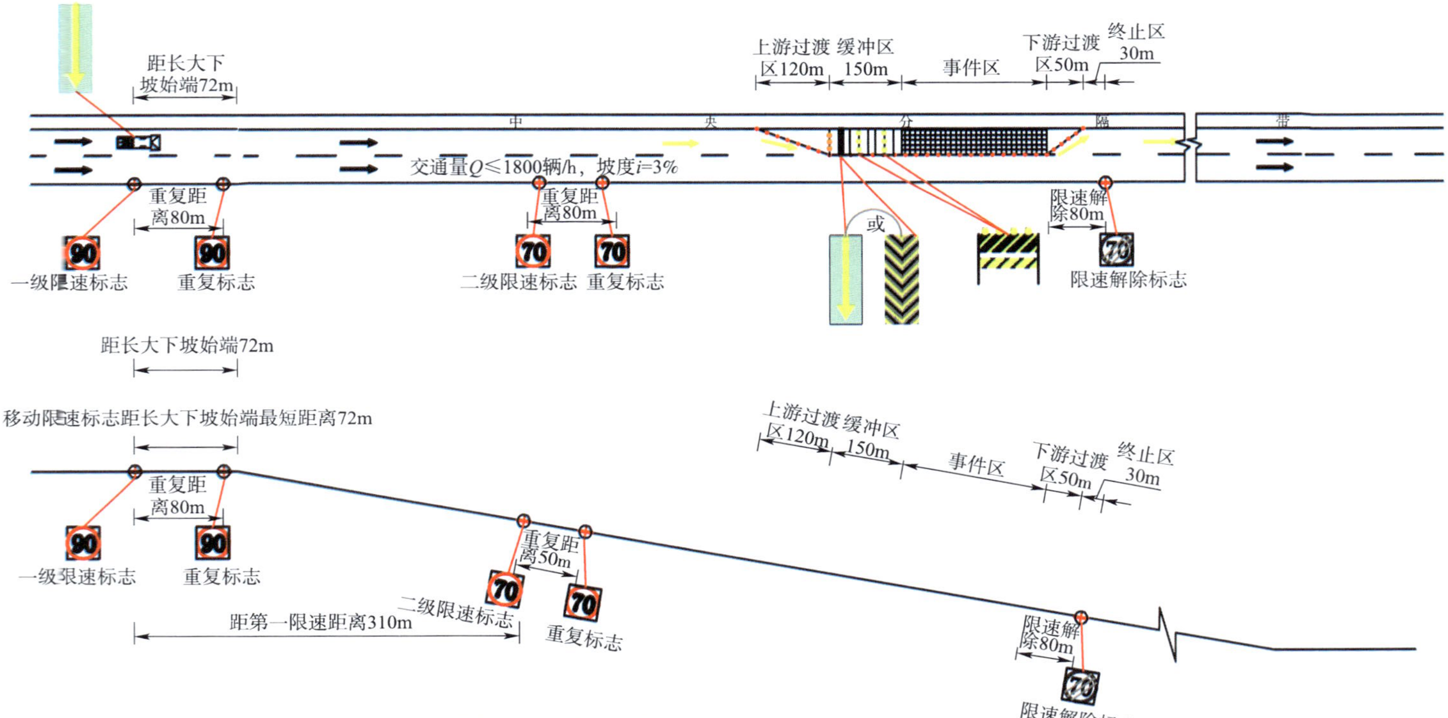

注：1. 交通量 $Q \leqslant 1800$ 辆/h，坡度 $i=3\%$。

2. 此时，事件发生位置距长大下坡始端距离 S：371m < S < 1229m。

3. 排队长度大于100m且逐渐增加时，采用移动限速标志，最短距离为移动标志距长大下坡始端的距离。

a)

图 2.17

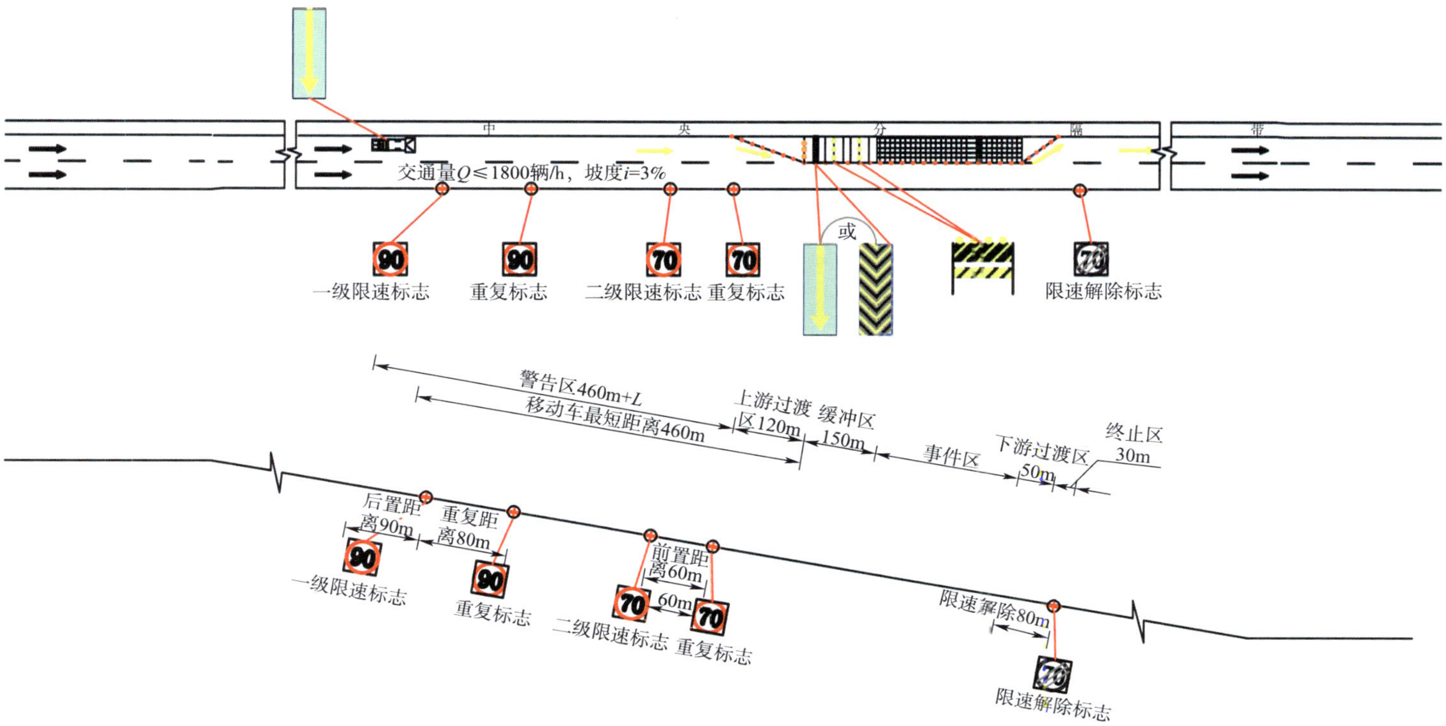

中央分隔带

交通量Q≤1800辆/h，坡度i=3%

一级限速标志　重复标志　二级限速标志　重复标志　或　限速解除标志

警告区460m+L

移动车最短距离460m

上游过渡区120m　缓冲区150m　事件区　下游过渡区50m　终止区30m

后置距离90m　重复距离80m　前置距离60m　60m　限速解除80m

一级限速标志　重复标志　二级限速标志　重复标志　限速解除标志

注：1. 交通量Q≤1800辆/h，坡度 i=3%。

2. 此时，事件发生位置距长大下坡始端距离S：1229m<S。

3. L为排队长度，排队长度大于100m且逐渐增加时，采用移动限速标志，最短距离为移动标志距排队尾部的距离。

b)

图 2.17　长大下坡发生事件时限速设置（设计车速 120km/h，交通量 Q≤1800 辆/h，坡度 i = 3%）

长大下坡发生事件时限速设置（设计车速120km/h，交通量1800辆/h＜Q＜2400辆/h，坡度i=3%）如图2.18所示。

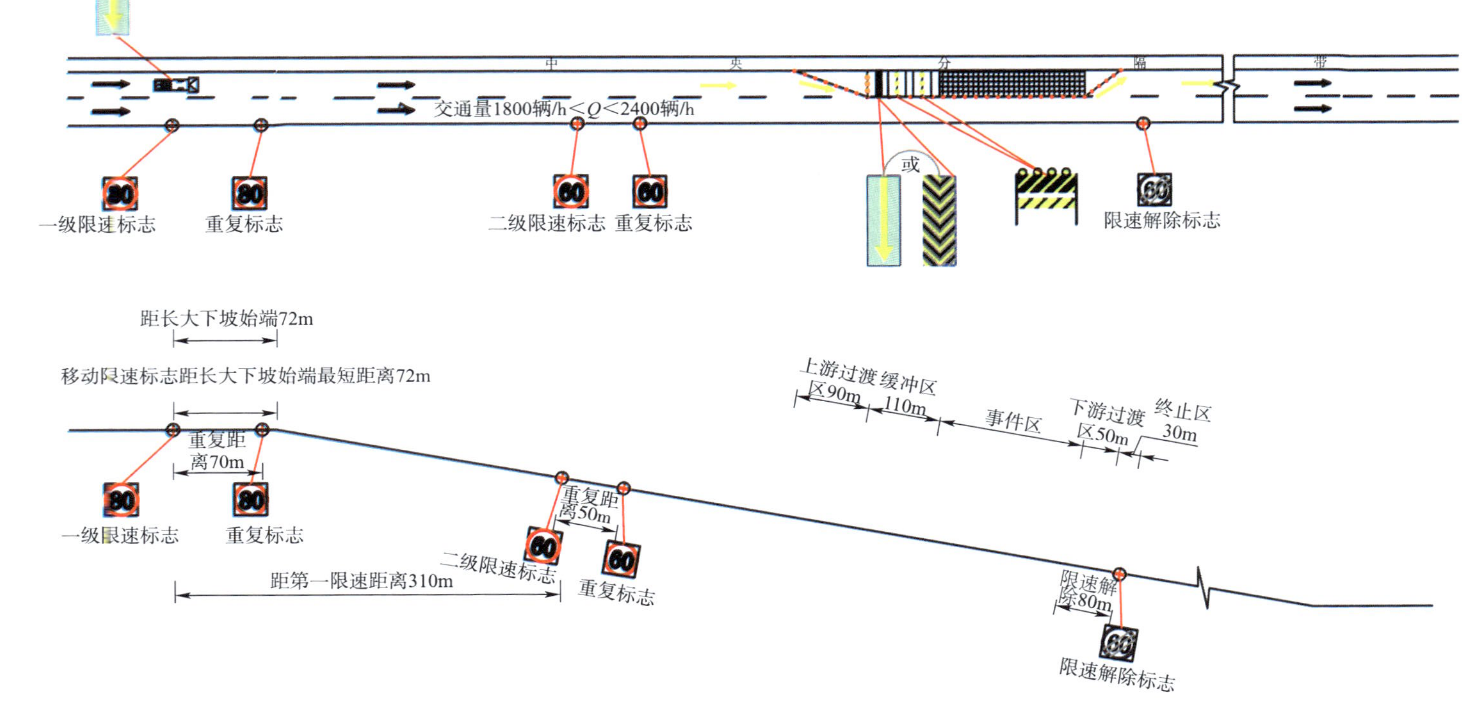

注：1. 交通量1800辆/h＜Q＜2400辆/h，坡度i=3%。
2. 此时，事件发生位置距长大下坡始端距离S：364m＜S＜1253m。
3. L为排队长度，排队长度大于100m且逐渐增加时，采用移动限速标志，最短距离为移动标志距长大下坡始端的距离。

a)

图 2.18

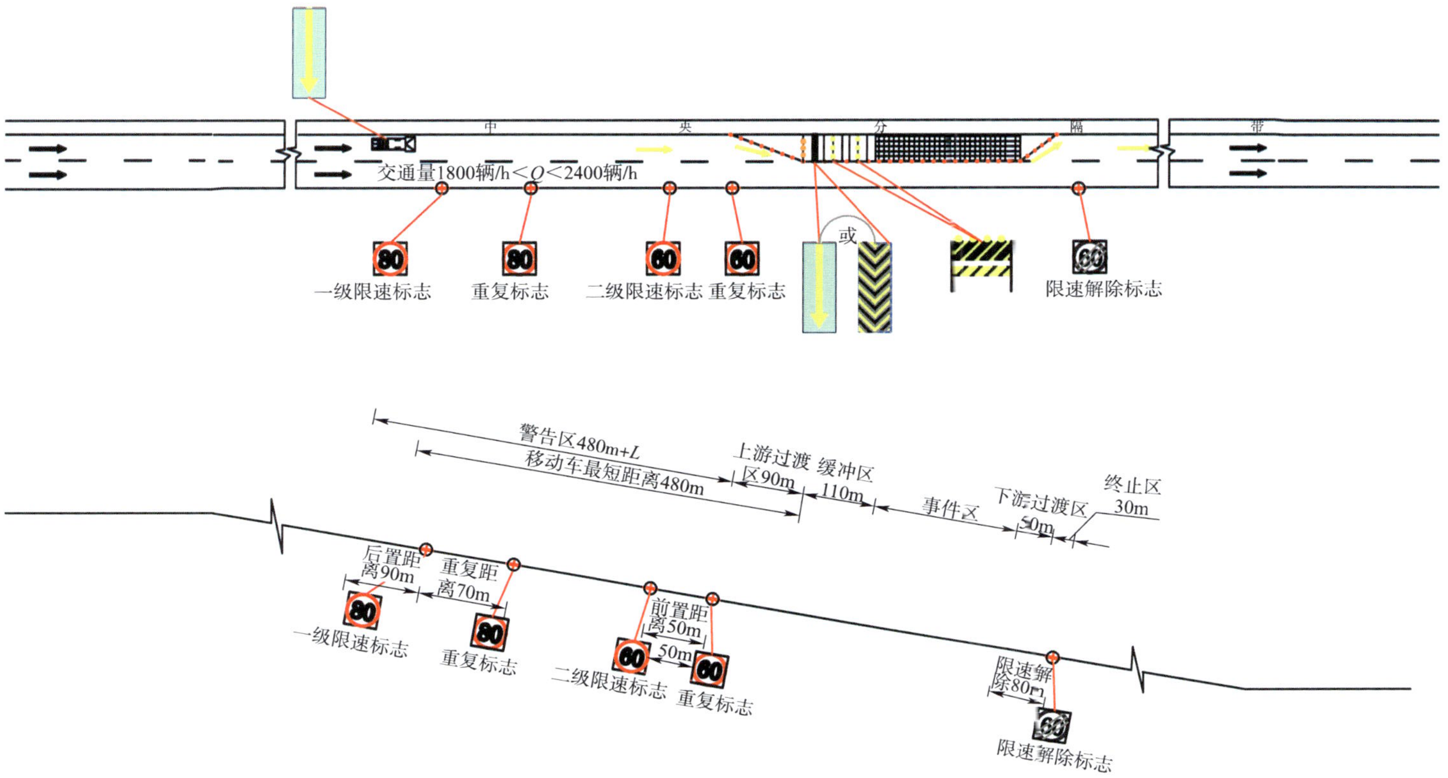

中
央
分
隔
带
交通量1800辆/h＜Q＜2400辆/h
80
一级限速标志
80
重复标志
60
二级限速标志
60
重复标志
或
60
限速解除标志
警告区480m+L
移动车最短距离480m
上游过渡区90m
缓冲区110m
事件区
下游过渡区50m
终止区30m
后置距离90m
重复距离70m
前置距离50m
50m
限速解除80m
一级限速标志
重复标志
二级限速标志
重复标志
限速解除标志

注：1. 交通量1800辆/h＜Q＜2400辆/h，坡度 i=3%。

2. 此时，事件发生位置距长大下坡始端距离S：1253m＜S。

3. L为排队长度，排队长度大于100m且逐渐增加时，采用移动限速标志，最短距离为移动标志距排队尾部的距离。

b)

图 2.18　长大下坡发生事件时限速设置（设计车速 120km/h，交通量 1800 辆/h＜Q＜2400 辆/h，坡度 i＝3%）

长大下坡发生事件时限速设置（设计车速 120km/h，交通量 $Q \leqslant 2400$ 辆/h，坡度 $i = 3\%$）如图 2.19 所示。

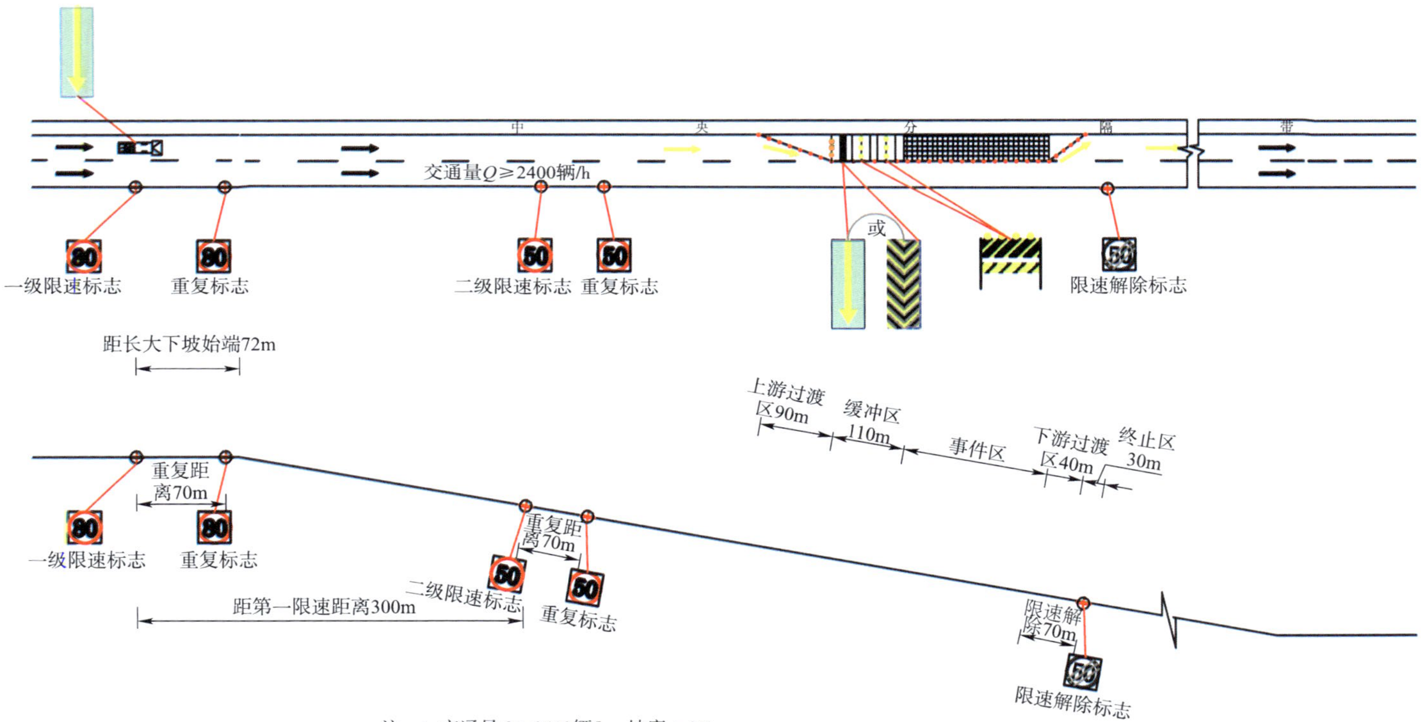

注：1. 交通量 $Q \geqslant 2400$ 辆/h，坡度 $i=3\%$。

2. 此时，事件发生位置距长大下坡始端距离 S：$357\text{m} < S < 1272\text{m}$。

3. L 为排队长度，排队长度大于100m且逐渐增加时，采用移动限速标志，最短距离为移动标志距长大下坡始端的距离。

a)

图 2.19

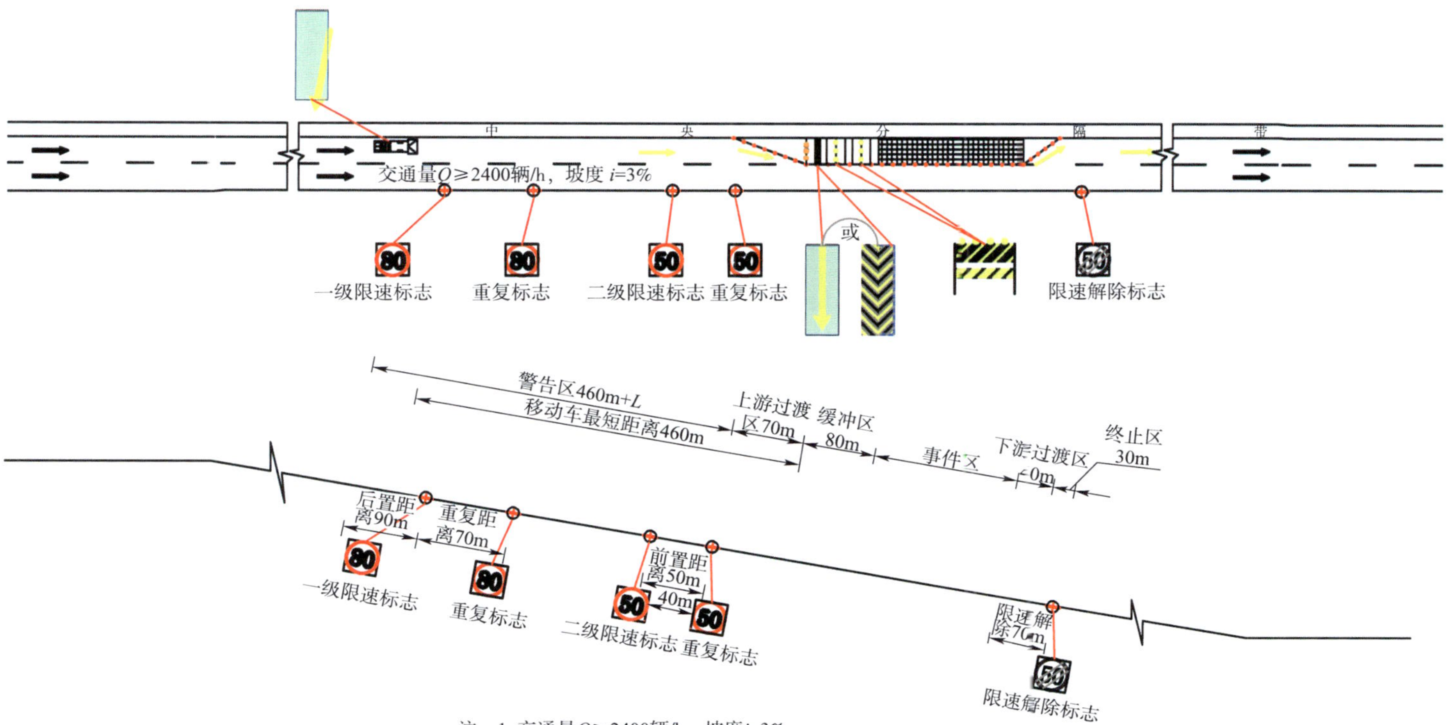

注：1. 交通量$Q \geqslant 2400$辆/h，坡度i=3%。

2. 此时，事件发生位置距长大下坡始端距离S：1272m＜S。

3. L为排队长度，排队长度大于100m且逐渐增加时，采用移动限速标志，最短距离为移动标志距排队尾部的距离。

b)

图 2.19　长大下坡发生事件时限速设置（设计车速 120km/h，交通量 $Q \geqslant 2400$ 辆/h，坡度 i = 3%）

长大下坡发生事件时限速设置(设计车速 120km/h,交通量 $Q \leqslant 1800$ 辆/h,坡度 $i=4\%$)如图 2.20 所示。

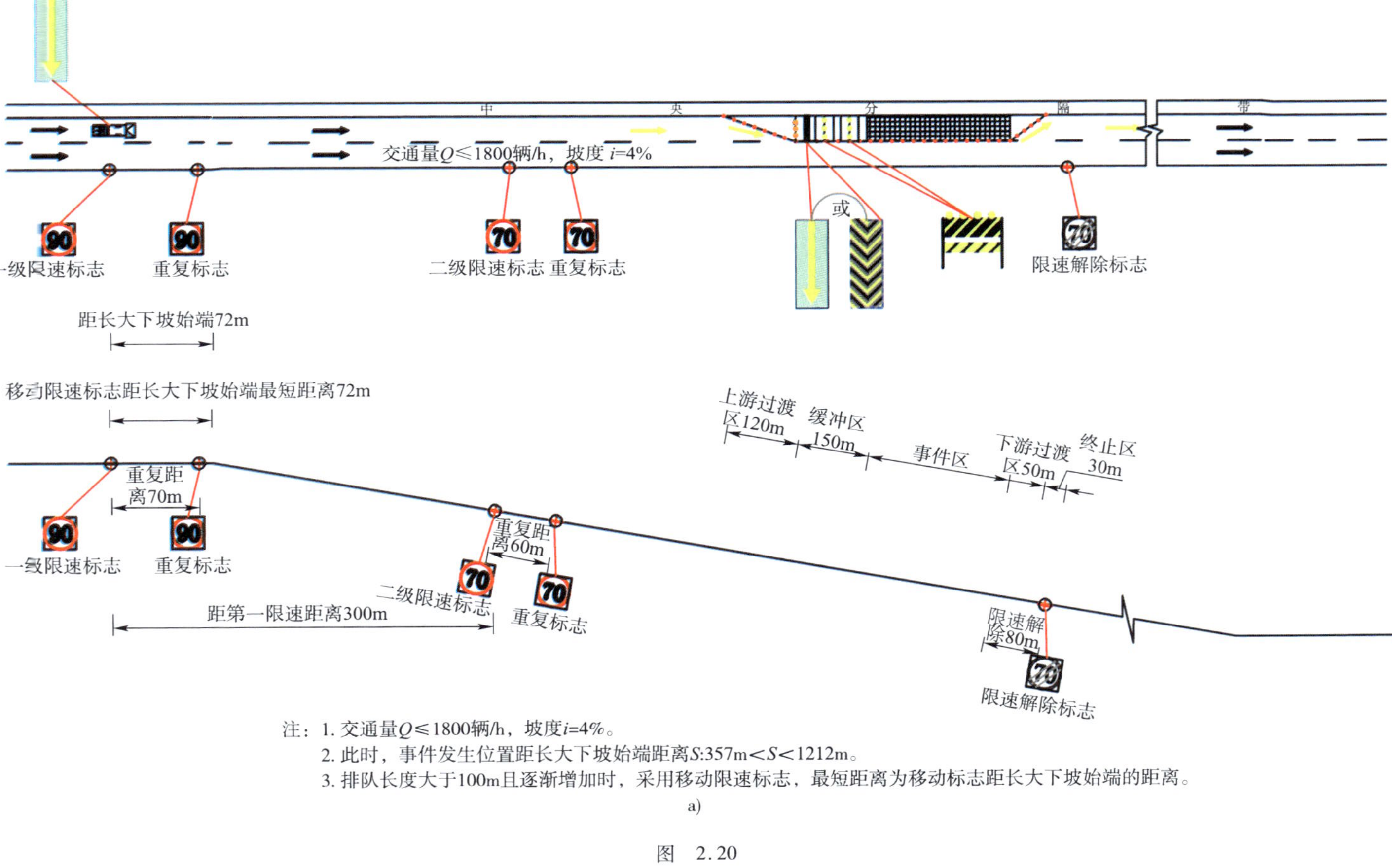

注：1. 交通量$Q \leqslant 1800$辆/h，坡度$i=4\%$。
2. 此时，事件发生位置距长大下坡始端距离S:357m<S<1212m。
3. 排队长度大于100m且逐渐增加时，采用移动限速标志，最短距离为移动标志距长大下坡始端的距离。

a)

图 2.20

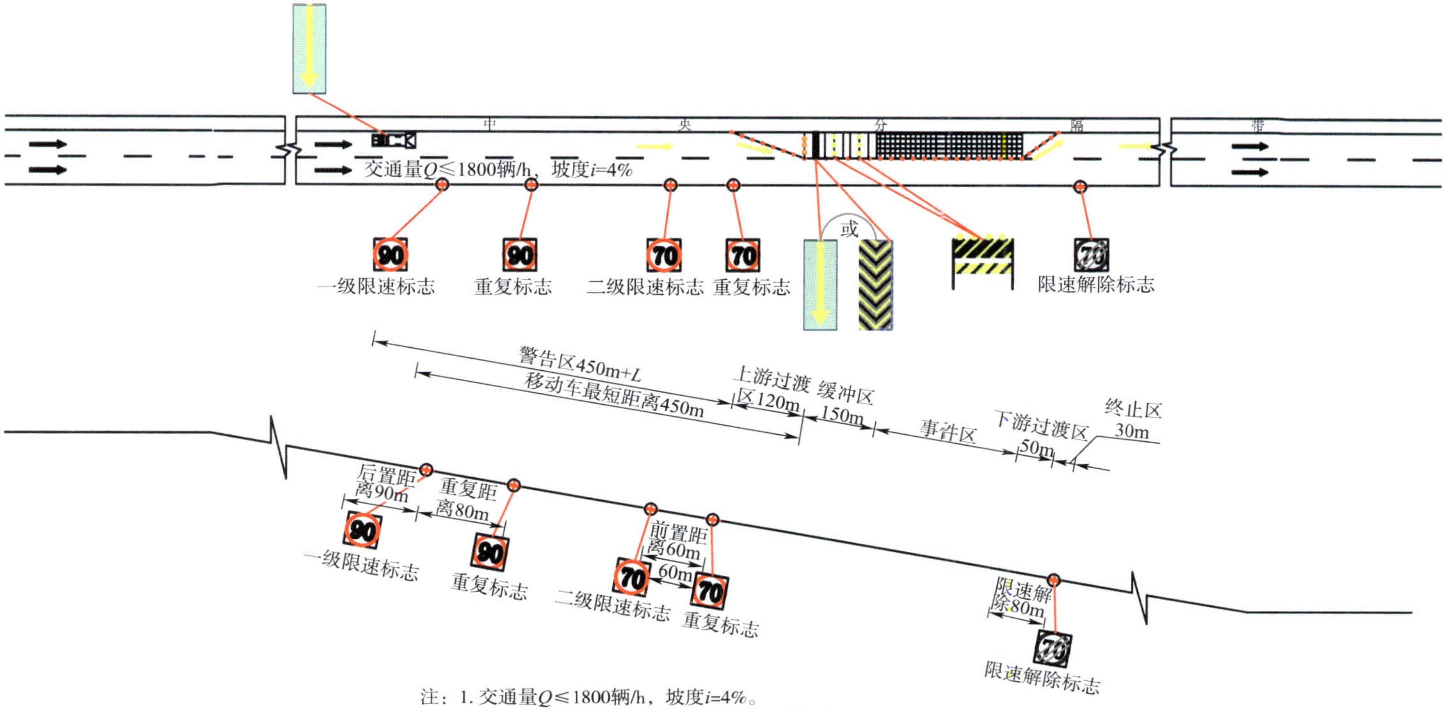

中央分隔带

交通量Q≤1800辆/h，坡度i=4%

一级限速标志　重复标志　二级限速标志　重复标志　或　限速解除标志

警告区450m+L

移动车最短距离450m

上游过渡区120m　缓冲区150m　事件区　下游过渡区50m　终止区30m

后置距离90m　重复距离80m　前置距离60m　60m　限速解除80m

一级限速标志　重复标志　二级限速标志　重复标志　限速解除标志

注：1. 交通量Q≤1800辆/h，坡度i=4%。

2. 此时，事件发生位置距长大下坡始端距离S:1212m<S。

3. 排队长度大于100m且逐渐增加时，采用移动限速标志，最短距离为移动标志距排队尾部的距离。

b)

图 2.20　长大下坡发生事件时限速设置(设计车速 120km/h，交通量 Q≤1800 辆/h，坡度 i=4%)

长大下坡发生事件时限速设置（设计车速 120km/h，交通量 1800 辆/h < Q < 2400 辆/h，坡度 i = 4%）如图 2.21 所示。

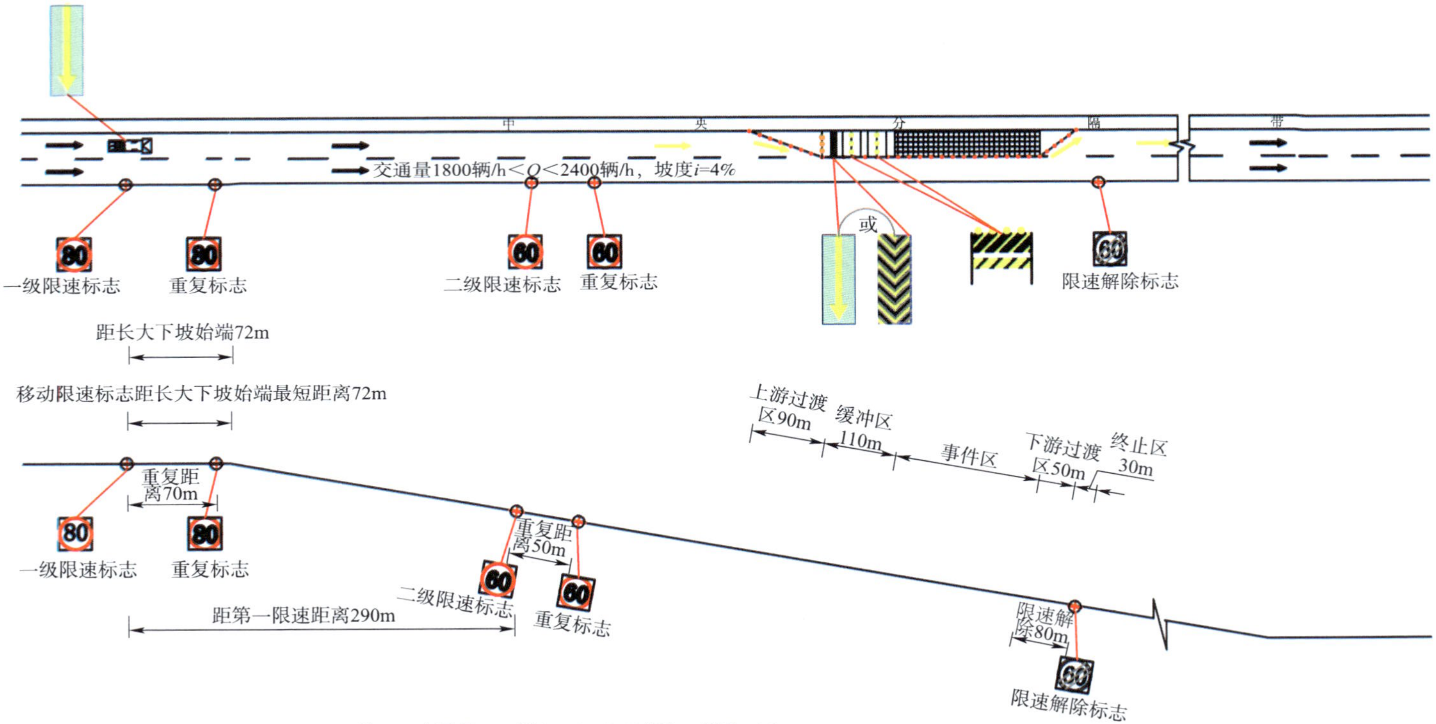

注：1. 交通量1800辆/h<Q<2400辆/h，坡度i=4%。
2. 此时，事件发生位置距长大下坡始端距离S：350m<S<1236m。
3. 排队长度大于100m且逐渐增加时，采用移动限速标志，最短距离为移动标志距长大下坡始端的距离。

a)

图 2.21

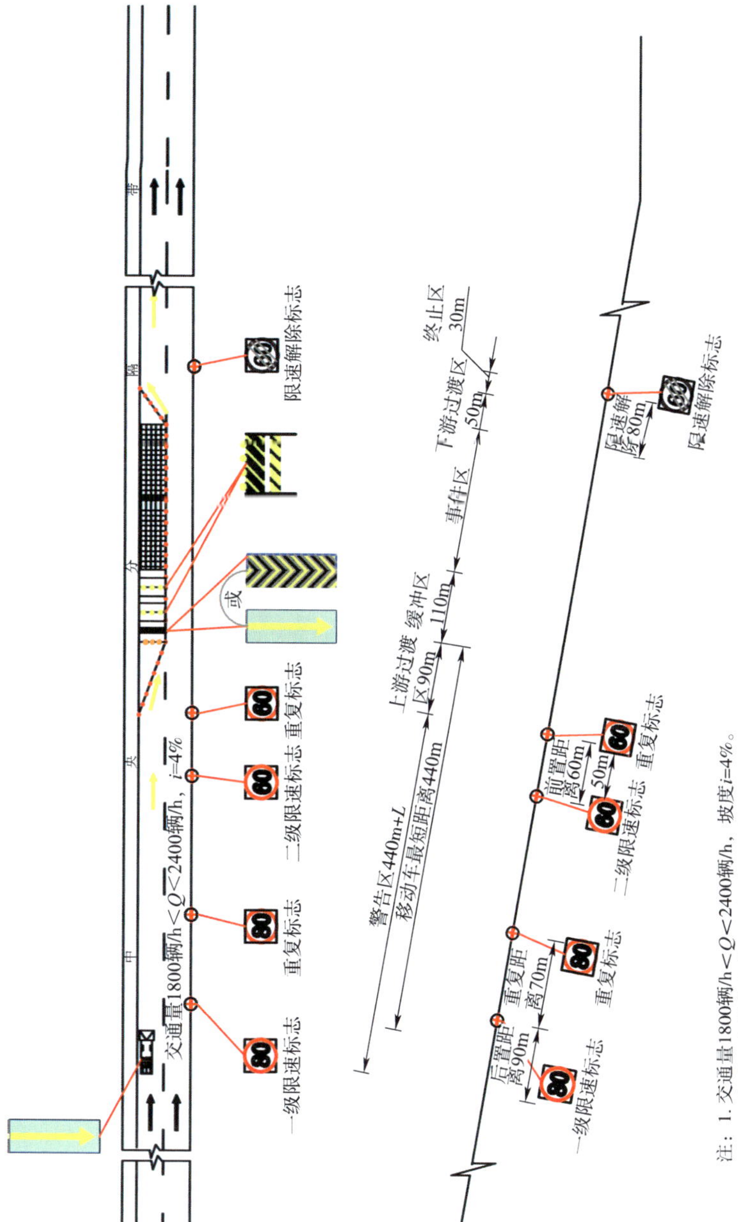

注：1. 交通量1800辆/h<Q<2400辆/h，坡度i=4%。
2. 此时，事件发生位置距长大下坡始端距离S：1236m<S。
3. L为排队长度，排队长度大于100m且逐渐增加时，采用移动限速标志，最短距离为移动标志距排队尾部的距离。

b)

图2.21　长大下坡发生事件时限速设置（设计车速120km/h，交通量1800辆/h<Q<2400辆/h，坡度i=4%）

长大下坡发生事件时限速设置（设计车速 120km/h，交通量 $Q \geqslant 2400$ 辆/h，坡度 $i=4\%$）如图 2.22 所示。

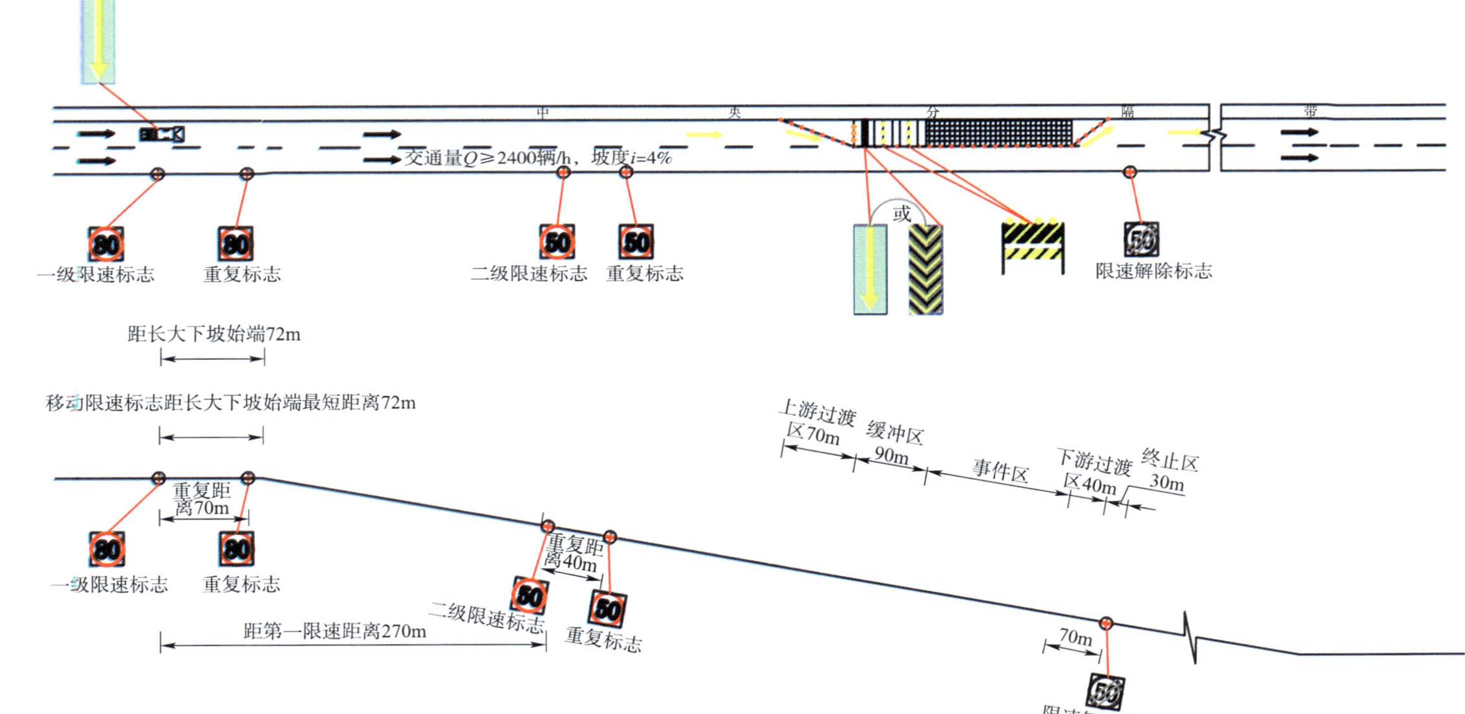

注：1. 交通量 $Q \geqslant 2400$ 辆/h，坡度 $i=4\%$。
2. 此时，事件发生位置距长大下坡始端距离 S：343m $< S <$ 1275m。
3. L 为排队长度，排队长度大于100m且逐渐增加时，采用移动限速标志，最短距离为移动标志距长大下坡始端的距离。

a)

图 2.22

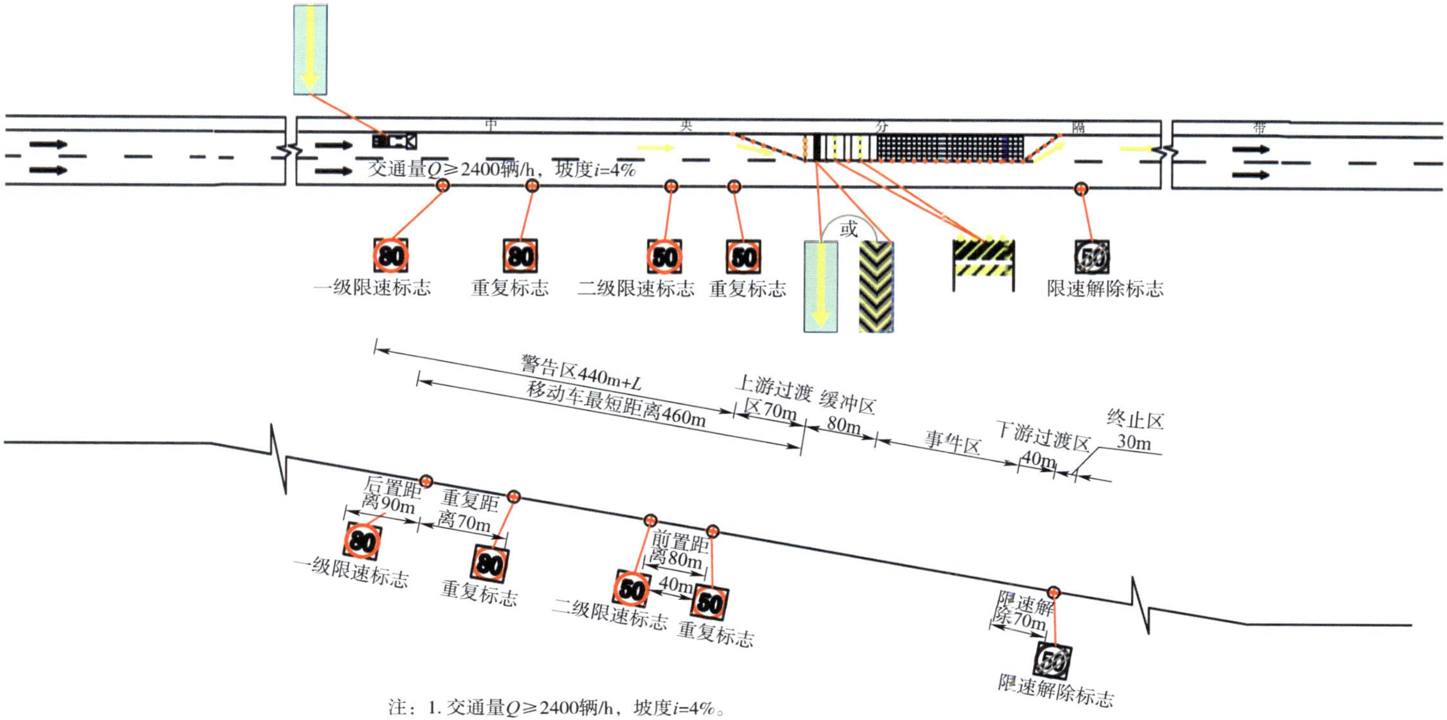

中央分隔带

交通量$Q \geqslant 2400$辆/h，坡度$i=4\%$

一级限速标志　重复标志　二级限速标志　重复标志　或　限速解除标志

警告区440m+L
移动车最短距离460m
上游过渡区70m
缓冲区80m
事件区
下游过渡区40m
终止区30m

后置距离90m　重复距离70m　前置距离80m　40m　限速解除70m

一级限速标志　重复标志　二级限速标志　重复标志　限速解除标志

注：1. 交通量$Q \geqslant 2400$辆/h，坡度$i=4\%$。
2. 此时，事件发生位置距长大下坡始端距离S：1275m$<S$。
3. L为排队长度，排队长度大于100m且逐渐增加时，采用移动限速标志，最短距离为移动标志距排队尾部的距离。

b)

图2.22　长大下坡发生事件时限速设置(设计车速120km/h，交通量$Q \geqslant 2400$辆/h，坡度$i=4\%$)

长大下坡发生事件时限速设置（设计车速 120km/h，交通量 Q 为任意常数，坡度 $i=5\%$）如图 2.23 所示。

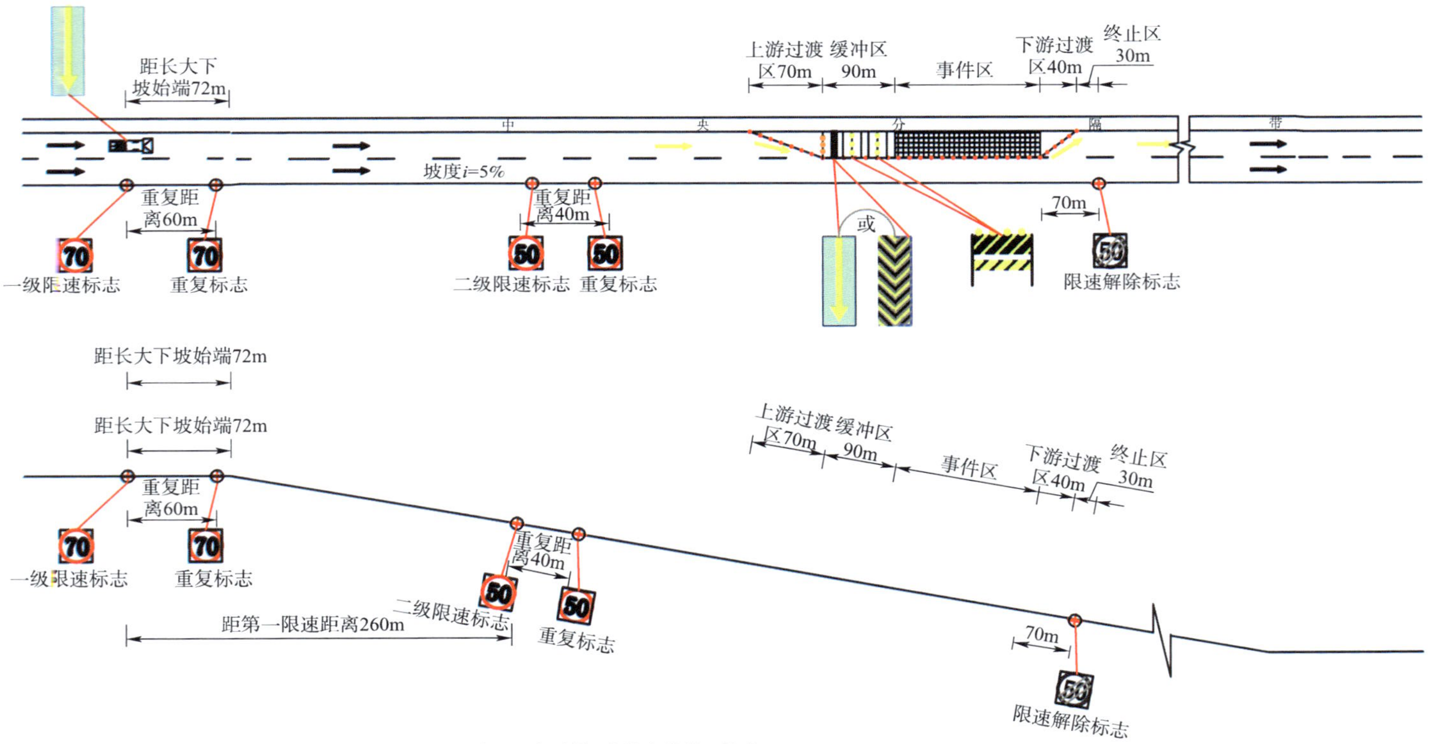

注：1. 交通量Q为任意常数，坡度$i=5\%$。

2. 此时，事件发生位置距长大下坡始端距离S：$308m<S<1218m$。

3. 排队长度大于100m且逐渐增加时，采用移动限速标志，最短距离为移动标志距长大下坡始端的距离。

a)

图 2.23

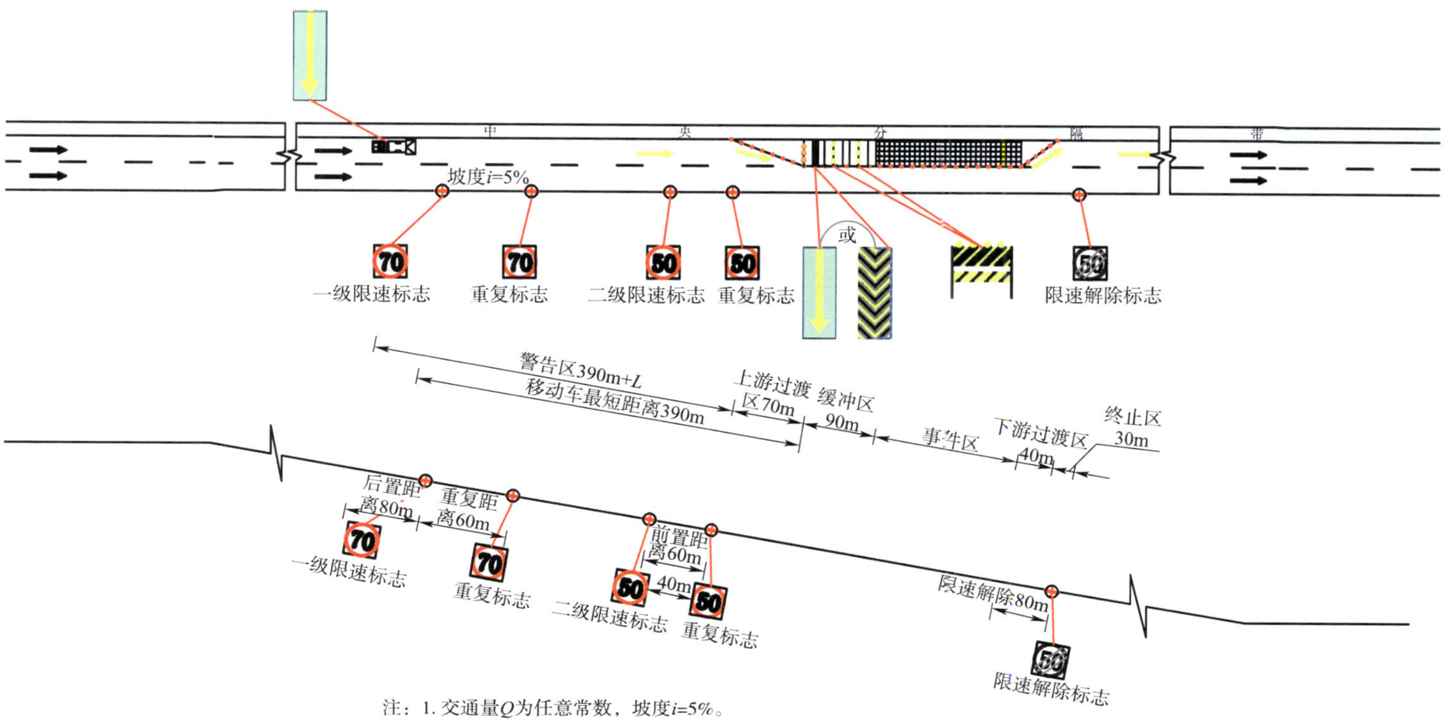

注：1. 交通量Q为任意常数，坡度i=5%。

2. 此时，事件发生位置距长大下坡始端距离S：1218m<S。

3. 排队长度大于100m且逐渐增加时，采用移动限速标志，最短距离为移动标志距排队尾部的距离。

b)

图 2.23 长大下坡发生事件时限速设置（设计车速 120km/h，交通量 Q 为任意常数，坡度 i = 5%）

长大下坡发生事件时限速设置（设计车速 120km/h，交通量 Q 为任意常数，坡度 $i=6\%$）如图 2.24 所示。

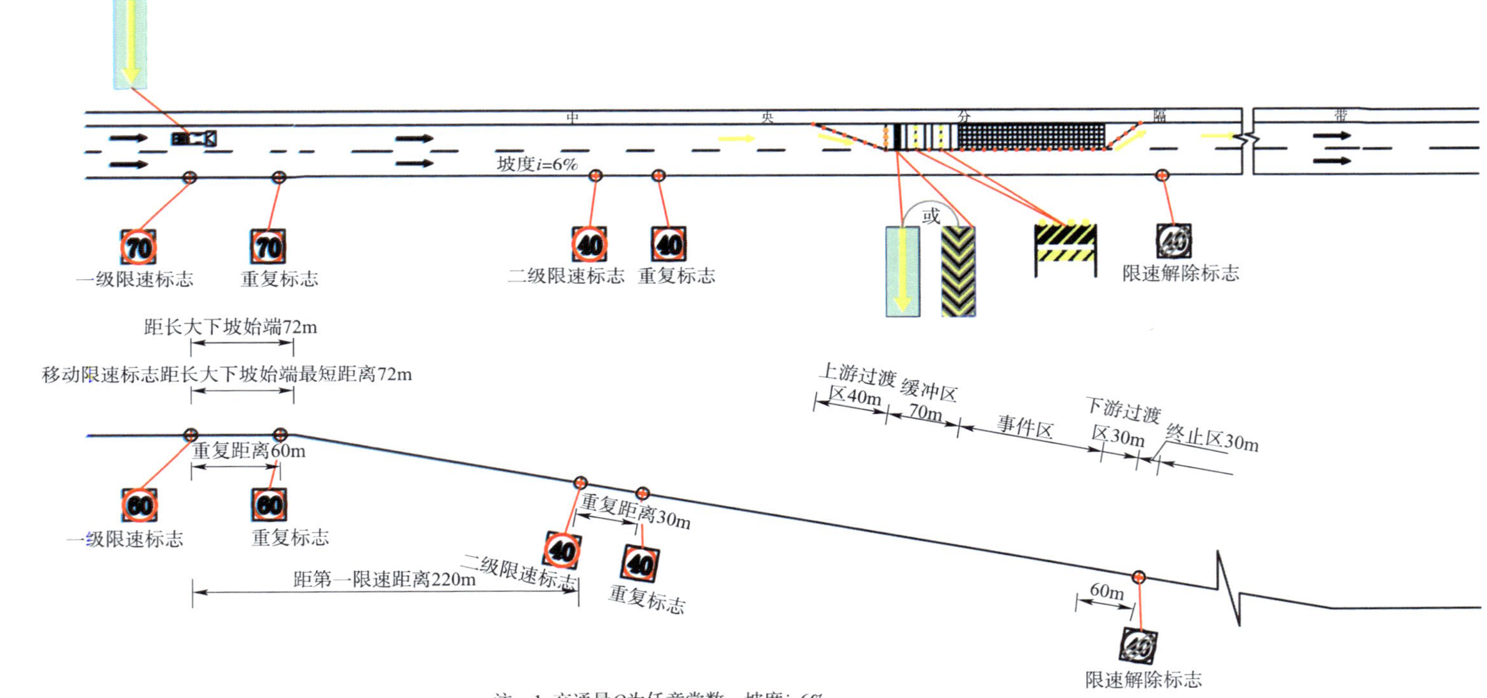

注：1. 交通量Q为任意常数，坡度i=6%。
2. 此时，事件发生位置距长大下坡始端距离S：264m<S<1198m。
3. 排队长度大于100m且逐渐增加时，采用移动限速标志，最短距离为移动标志距长大下坡始端的距离。

a)

图 2.24

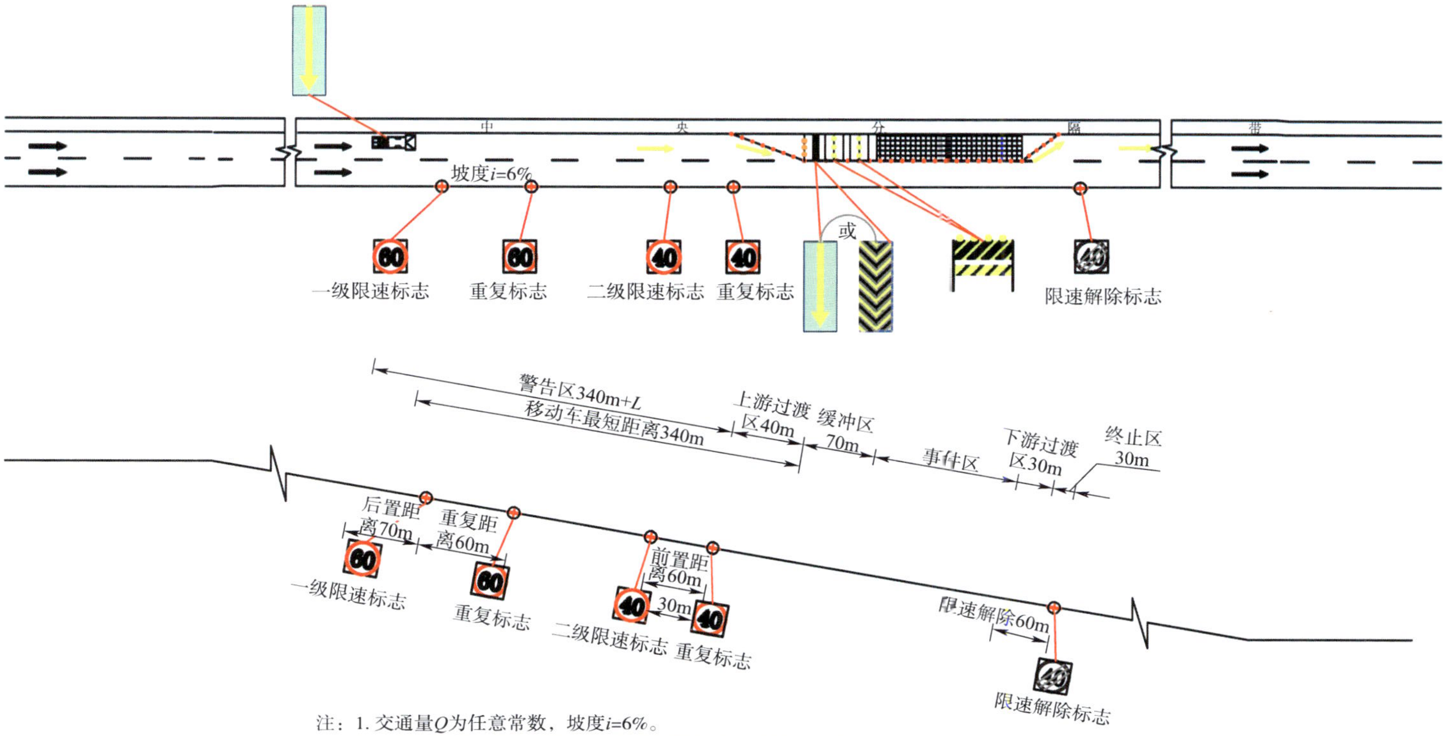

注：1. 交通量Q为任意常数，坡度i=6%。
2. 此时，事件发生位置距长大下坡始端距离S：1198m<S。
3. 排队长度大于100m且逐渐增加时，采用移动限速标志，最短距离为移动标志距排队尾部的距离。

b)

图 2.24 长大下坡发生事件时限速设置（设计车速 120km/h，交通量 Q 为任意常数，坡度 i = 6%）

3 事件发生在匝道

3.1 直接式匝道

3.1.1 设计速度 80km/h 时限速设置

直接式匝道事件发生在匝道上游时限速设置(设计车速 80km/h)如图 3.1 所示。

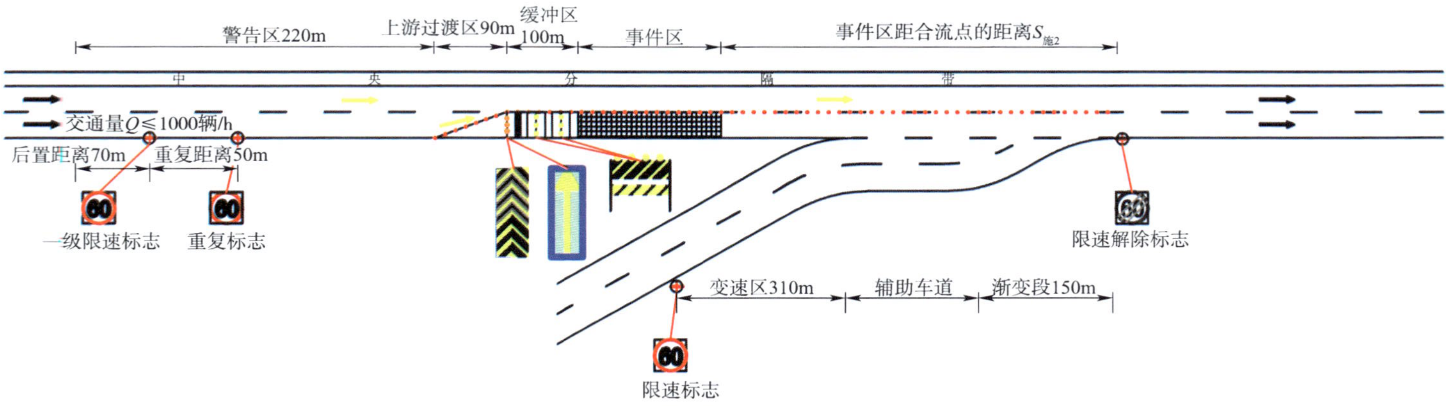

注：1. 交通量$Q\leqslant1000$辆/h。
2. 此时，事件区在合流点上游。
3. 匝道限速标志设置在加速车道始端。
4. $S_{施2}>150$m。

a)

图 3.1

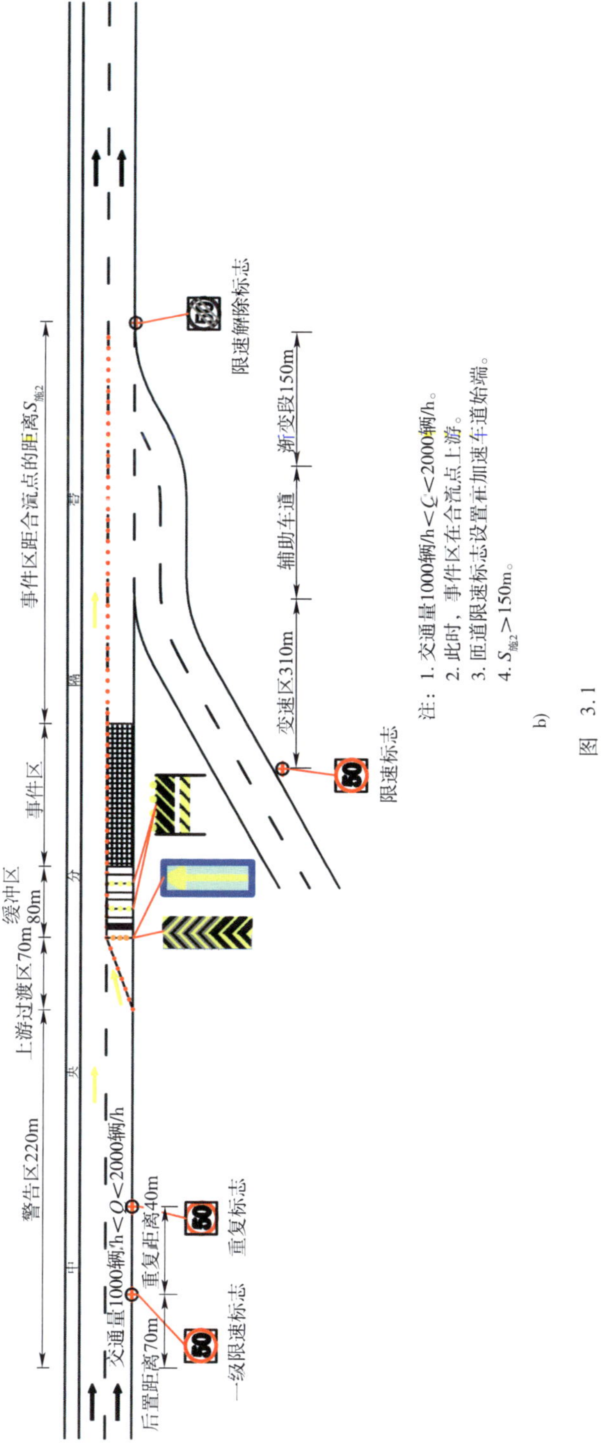

注：1. 交通量1000辆/h<Q<2000辆/h。
2. 此时，事件区在合流点上游。
3. 匝道限速标志设置在加速车道始端。
4. $S_{施2}$>150m。

b)

图　3.1

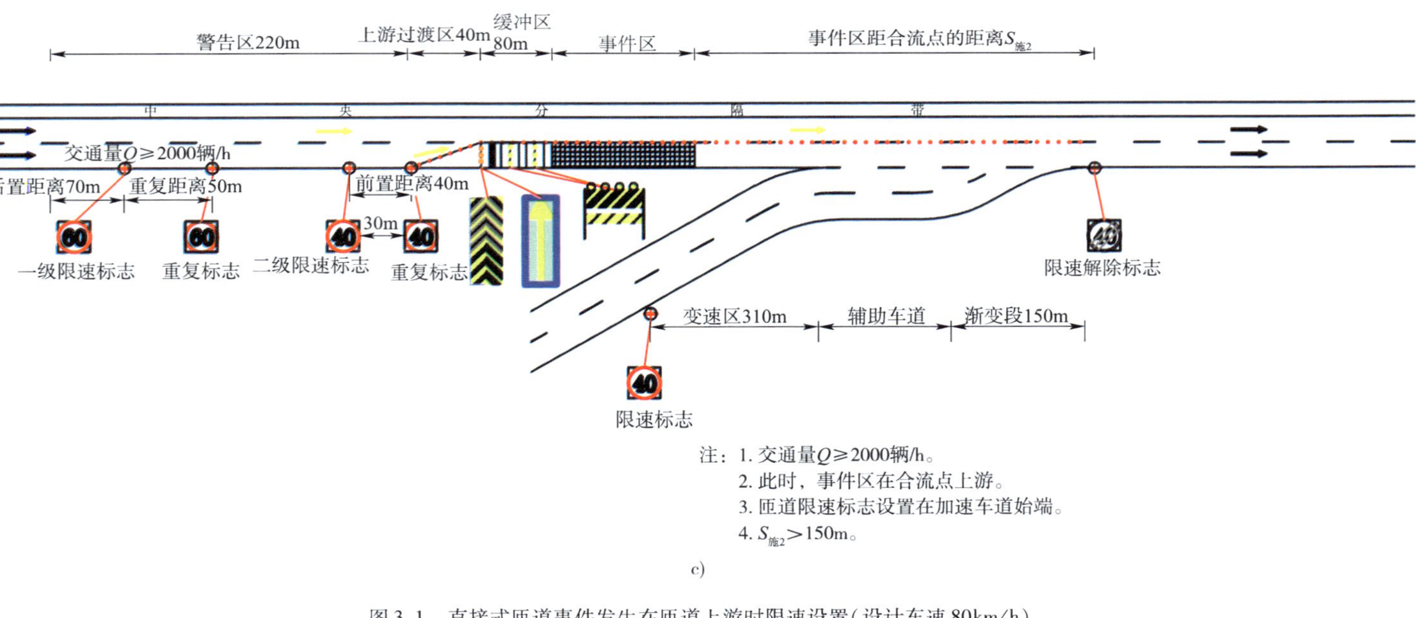

注：1. 交通量$Q \geq 2000$辆/h。
2. 此时，事件区在合流点上游。
3. 匝道限速标志设置在加速车道始端。
4. $S_{施2} > 150$m。

c)

图 3.1　直接式匝道事件发生在匝道上游时限速设置（设计车速 80km/h）

直接式匝道事件发生在匝道下游时限速设置(设计车速 80km/h)如图 3.2 所示。

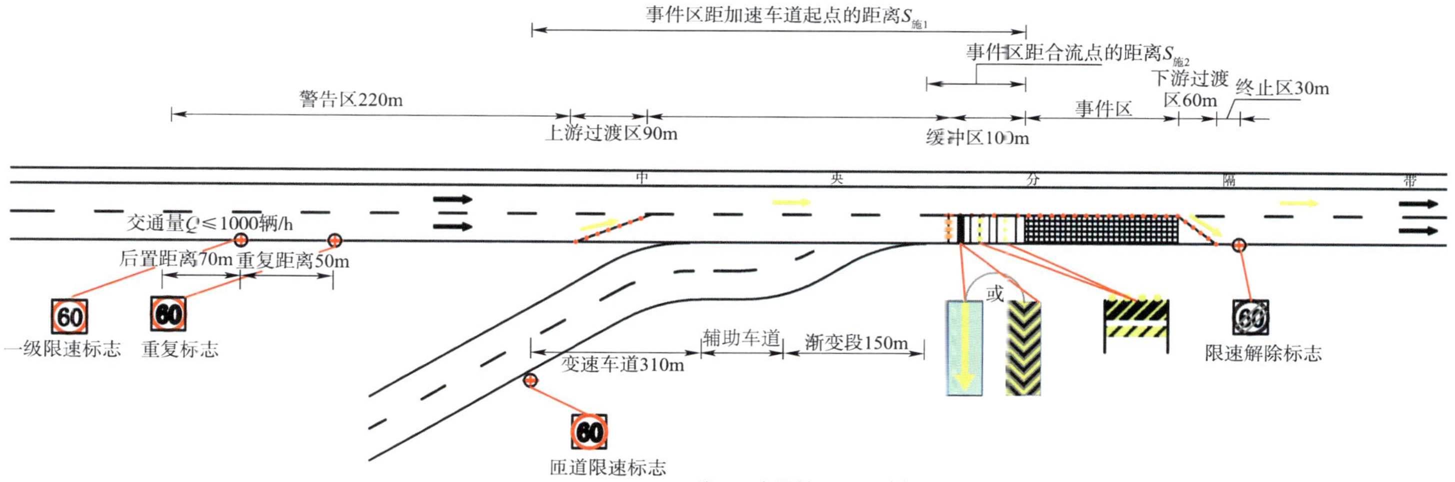

注：1. 交通量$Q\leqslant1000$辆/h。
2. 此时，事件区在合流点下游。
3. 匝道限速标志设置在加速车道始端。
4. $S_{施1}<410$m，$S_{施2}>100$m。
5. 此时，将警告区和上游过渡区提前放到匝道之前。

a)

图 3.2

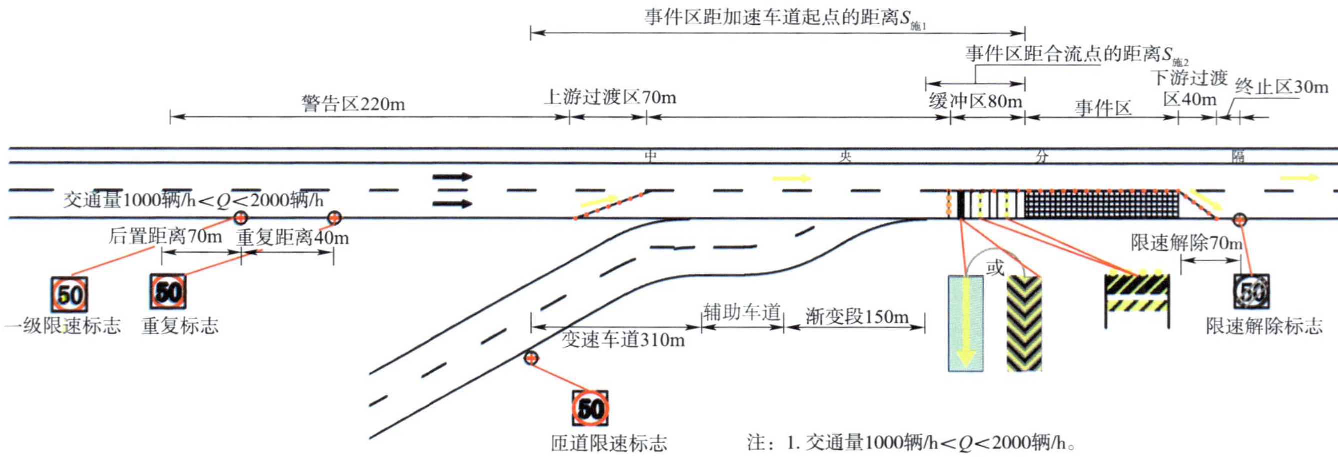

事件区距加速车道起点的距离$S_{施1}$
事件区距合流点的距离$S_{施2}$
警告区220m
上游过渡区70m
缓冲区80m
事件区
下游过渡区40m
终止区30m
中央分隔带
交通量1000辆/h<Q<2000辆/h
后置距离70m
重复距离40m
一级限速标志
重复标志
变速车道310m
辅助车道
渐变段150m
或
限速解除70m
限速解除标志
匝道限速标志

注：1. 交通量1000辆/h<Q<2000辆/h。
2. 此时，事件区在合流点下游。
3. 匝道限速标志设置在加速车道始端。
4. $S_{施1}$<370m，$S_{施2}$>80m。
5. 此时，将警告区和上游过渡区提前放到匝道之前。

b)

图 3.2

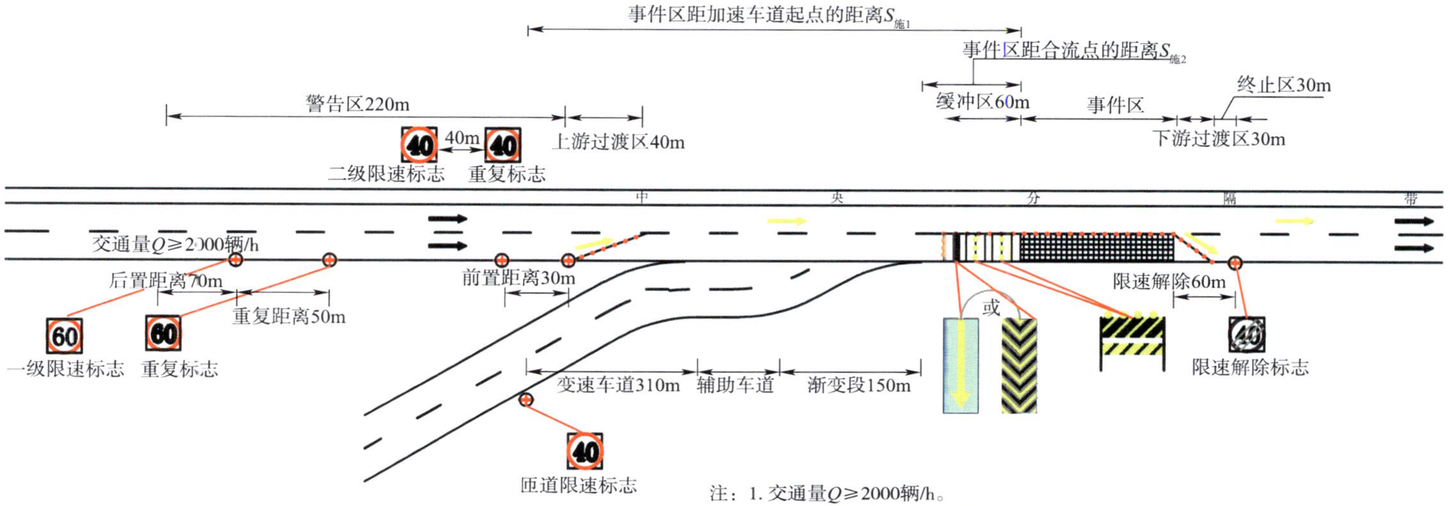

事件区距加速车道起点的距离$S_{施1}$

事件区距合流点的距离$S_{施2}$

警告区220m　上游过渡区40m　缓冲区60m　事件区　下游过渡区30m　终止区30m

二级限速标志　40m　重复标志

中央分隔带

交通量$Q \geq 2000$辆/h

后置距离70m　重复距离50m　前置距离30m　限速解除60m

一级限速标志　重复标志

或

限速解除标志

变速车道310m　辅助车道　渐变段150m

匝道限速标志

注：1. 交通量$Q \geq 2000$辆/h。

2. 此时，事件区在合流点下游。

3. 匝道限速标志设置在加速车道始端。

4. $S_{施1} < 320m$，$S_{施2} > 60m$。

5. 此时，将警告区和上游过渡区提前放到匝道之前。

c)

图 3.2　直接式匝道事件发生在匝道下游时限速设置（设计车速 80km/h）

3.1.2 设计速度 100km/h 时限速设置

直接式匝道事件发生在匝道上游时限速设置(设计车速 100km/h)如图 3.3 所示。

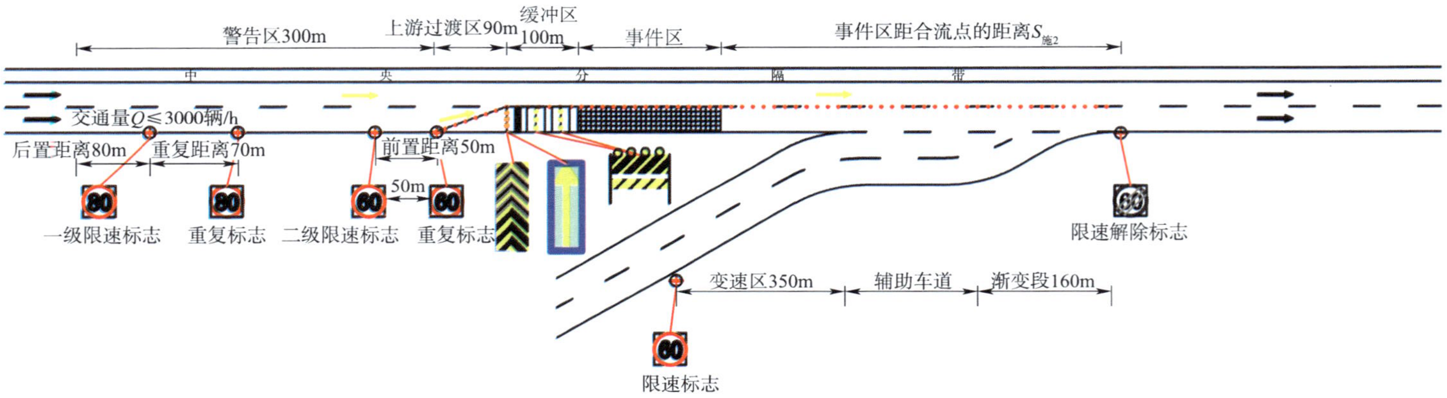

注：1. 交通量Q≤3000辆/h。
2. 此时，事件区在合流点上游。
3. 匝道限速标志设置在加速车道始端。
4. $S_{施2}$>160m。

a)

图 3.3

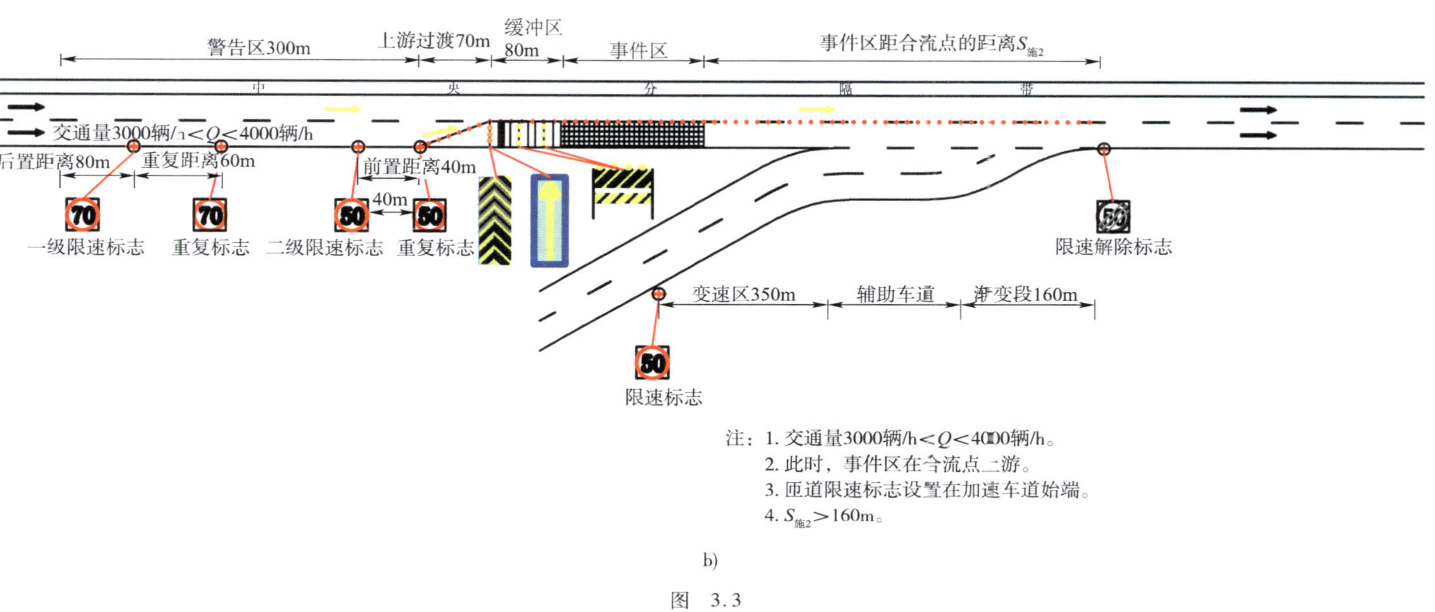

注：1. 交通量3000辆/h$<Q<$4000辆/h。
2. 此时，事件区在合流点上游。
3. 匝道限速标志设置在加速车道始端。
4. $S_{施2}>160$m。

b)

图 3.3

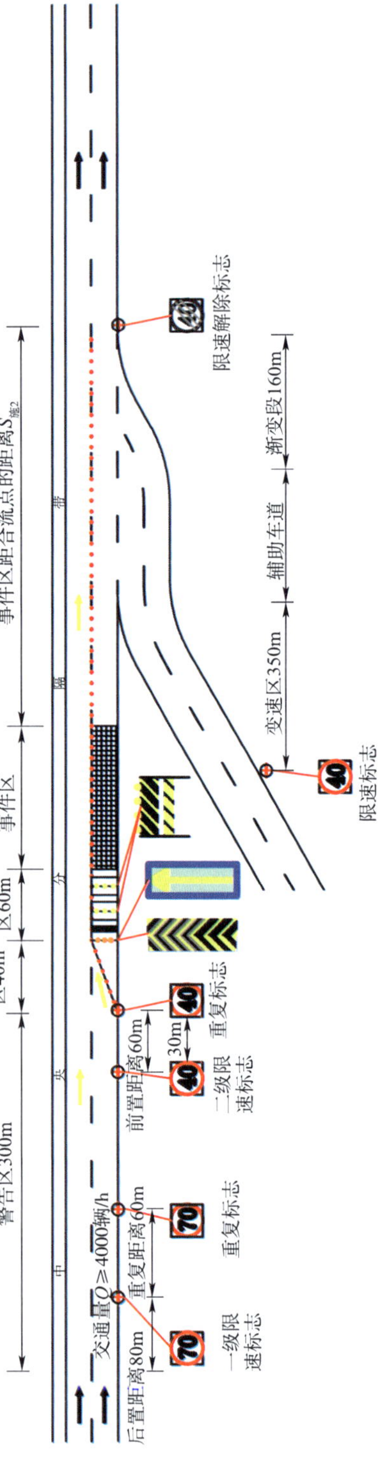

警告区300m
上游过渡区40m
缓冲区60m
事件区
事件区距合流点的距离$S_{施2}$
中 央 分 隔 带
交通量$Q \geqslant 4000$辆/h
后置距离80m
重复距离60m
前置距离60m
30m
一级限速标志
重复标志
二级限速标志
重复标志
限速解除标志
变速区350m
辅助车道
渐变段160m
限速标志

注：1. 交通量$Q \geqslant 4000$辆/h。
2. 此时，事件区在合流点上游。
3. 匝道限速标志设置在加速车道始端。
4. $S_{施2} > 160$m。

c)

图 3.3　直接式匝道事件发生在匝道上游时限速设置（设计车速 100km/h）

直接式匝道事件发生在匝道下游时限速设置（设计车速100km/h）如图3.4所示。

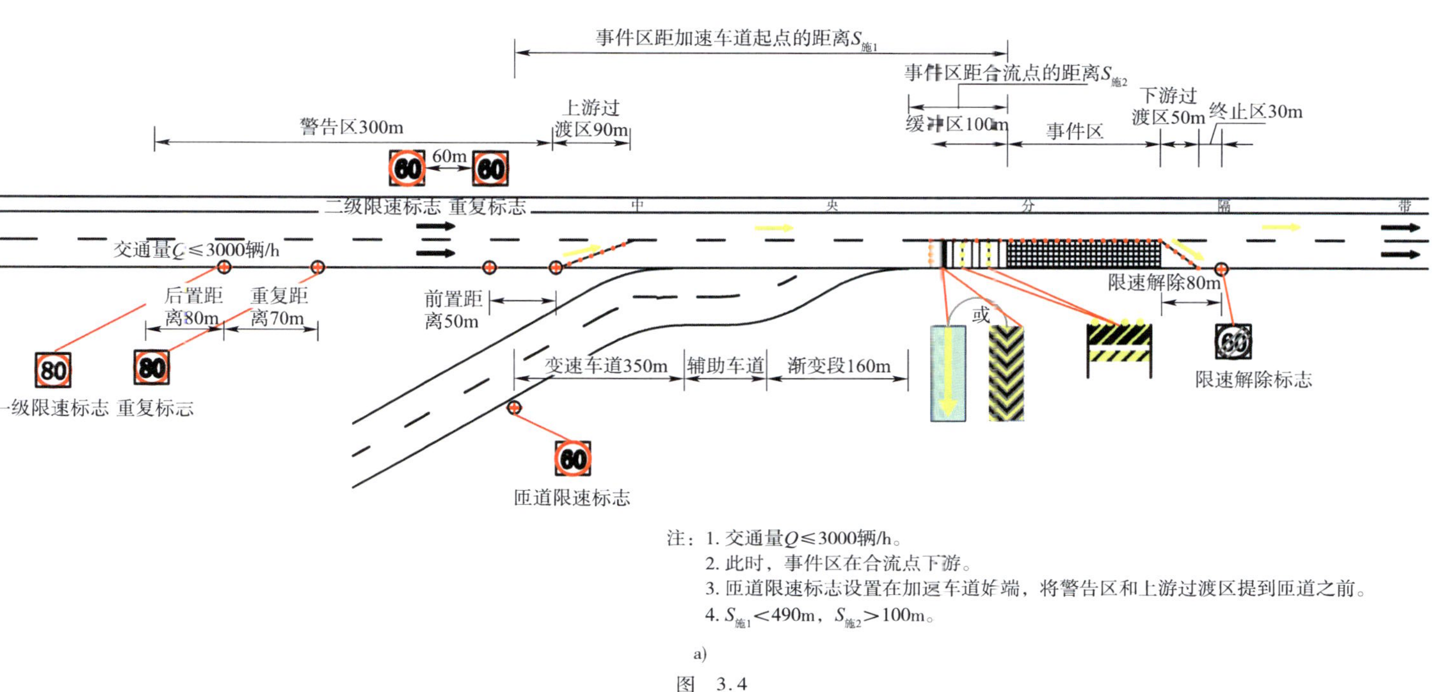

注：1. 交通量$Q\leq3000$辆/h。
2. 此时，事件区在合流点下游。
3. 匝道限速标志设置在加速车道始端，将警告区和上游过渡区提到匝道之前。
4. $S_{施1}<490$m，$S_{施2}>100$m。

a)

图　3.4

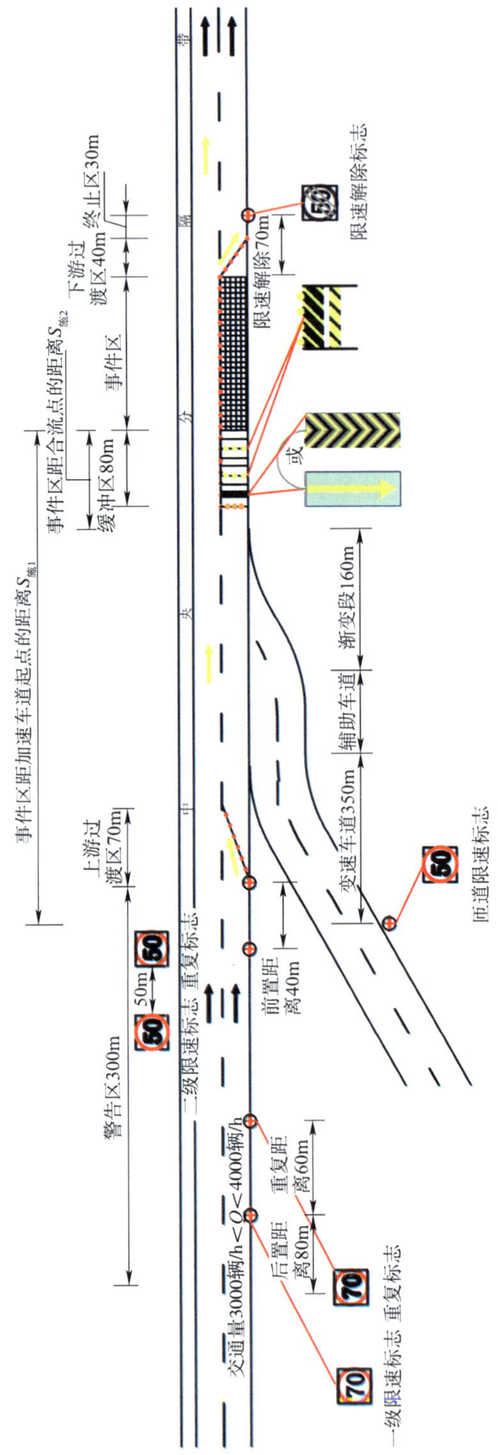

事件区距加速车道起点的距离$S_{施1}$
事件区距合流点的距离$S_{施2}$
警告区300m
上游过渡区70m
缓冲区80m
事件区
下游过渡区40m
终止区30m
50m
二级限速标志 重复标志
中央分隔带
交通量3000辆/h<Q<4000辆/h
后置距离80m
重复距离60m
前置距离40m
限速解除70m
或
一级限速标志 重复标志
变速车道350m
辅助车道
渐变段160m
限速解除标志
匝道限速标志

注：1. 交通量3000辆/h<Q<4000辆/h。
2. 此时，事件区在合流点下游。
3. 匝道限速标志设置在加速车道始端，将警告区和上游过渡区提到匝道之前。
4. $S_{施1}$<450m，$S_{施2}$>80m。

b)

图 3.4

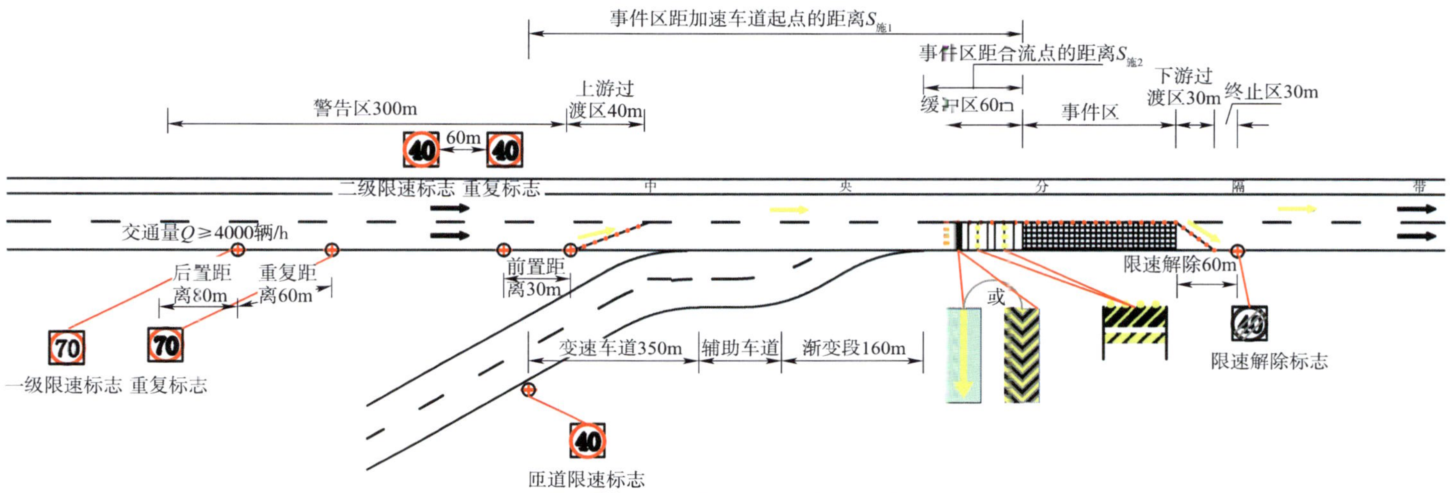

事件区距加速车道起点的距离$S_{施1}$

事件区距合流点的距离$S_{施2}$

警告区300m

上游过渡区40m

缓冲区60m

事件区

下游过渡区30m

终止区30m

60m

二级限速标志 重复标志

中央分隔带

交通量$Q\geq 4000$辆/h

后置距离80m

重复距离60m

前置距离30m

限速解除60m

或

一级限速标志 重复标志

变速车道350m

辅助车道

渐变段160m

限速解除标志

匝道限速标志

注：1. 交通量$Q\geq 4000$辆/h。

2. 此时，事件区在合流点下游。

3. 匝道限速标志设置在加速车道始端，将警告区和上游过渡区提到匝道之前。

4. $S_{施1}<400$m，$S_{施2}>60$m。

c)

图 3.4　直接式匝道事件发生在匝道下游时限速设置(设计车速 100km/h)

3.1.3 设计速度 120km/h 时限速设置

直接式匝道事件发生在匝道上游时限速设置(设计车速 120km/h)如图 3.5 所示。

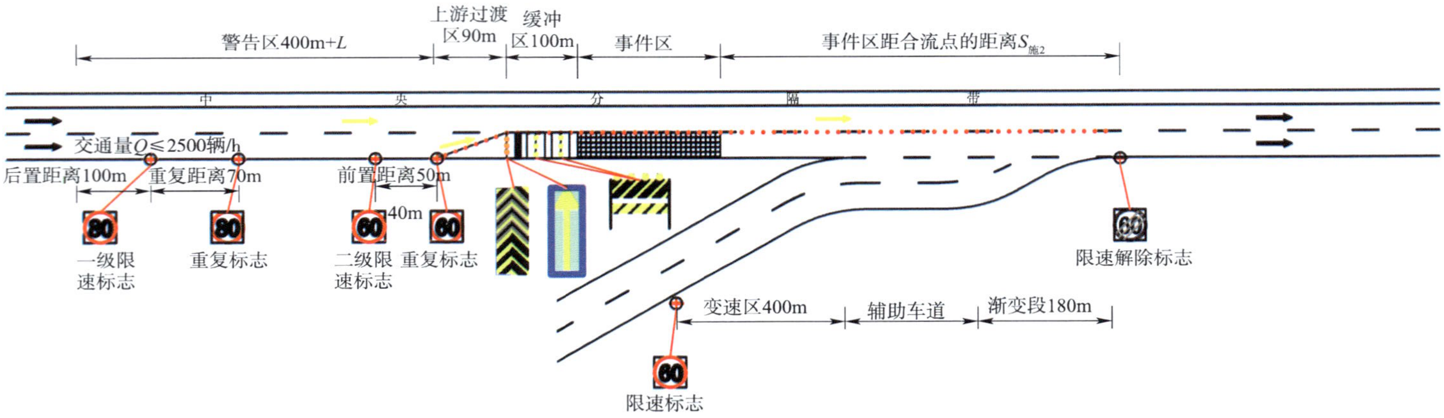

注：1. 交通量Q≤2500辆/h。
2. 此时，事件区在合流点上游。
3. 匝道限速标志设置在加速车道始端。
4. $S_{施2}$>180m。

a)

图 3.5

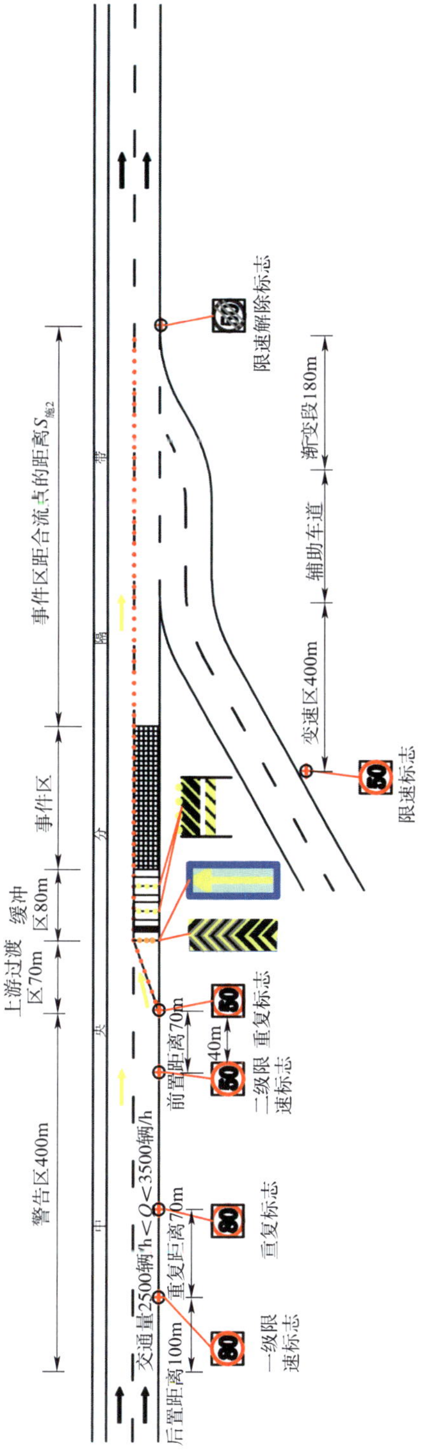

警告区400m

上游过渡区70m

缓冲区80m

事件区

事件区距合流点的距离$S_{施2}$

中央分隔带

交通量2500辆/h＜Q＜3500辆/h

后置距离100m

重复距离70m

前置距离70m

40m

80

一级限速标志

80

重复标志

50

二级限速标志

50

重复标志

50

限速解除标志

变速区400m

辅助车道

渐变段180m

50

限速标志

注：1. 交通量2500辆/h＜Q＜3500辆/h。

2. 此时，事件区在合流点上游。

3. 匝道限速标志设置在加速车道始端。

4. $S_{施2}$＞180m。

b)

图　3.5

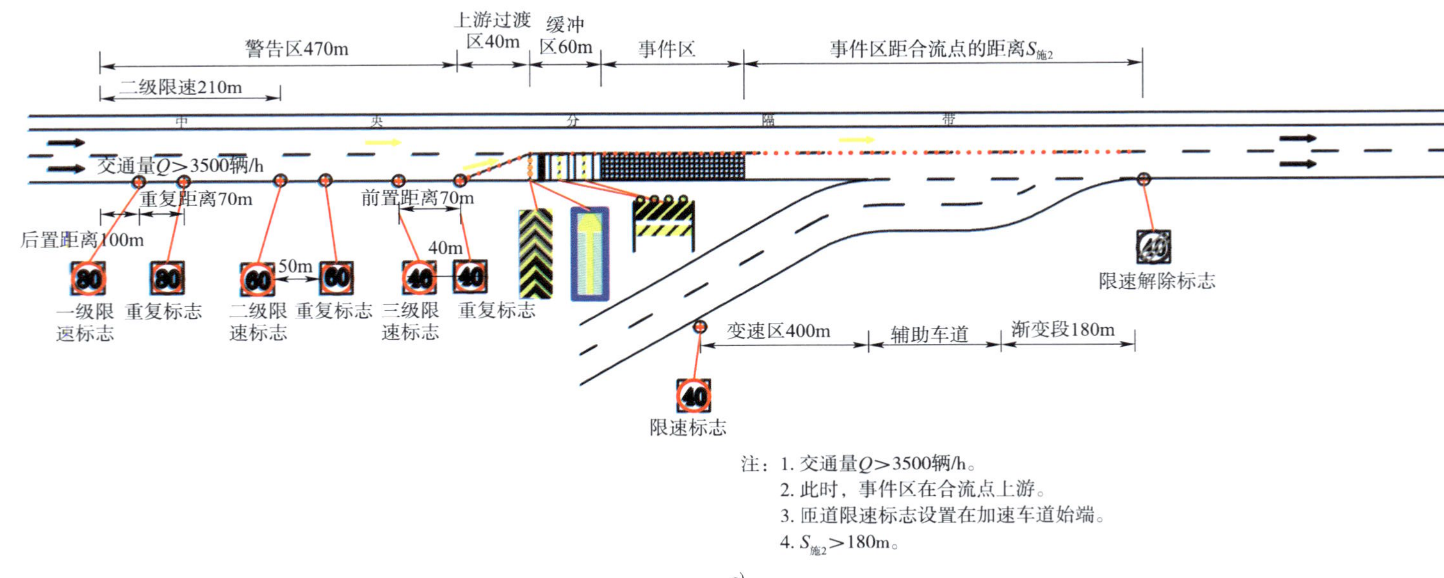

图 3.5　直接式匝道事件发生在匝道上游时限速设置（设计车速 120km/h）

直接式匝道事件发生在匝道下游时限速设置(设计车速120km/h)如图3.6所示。

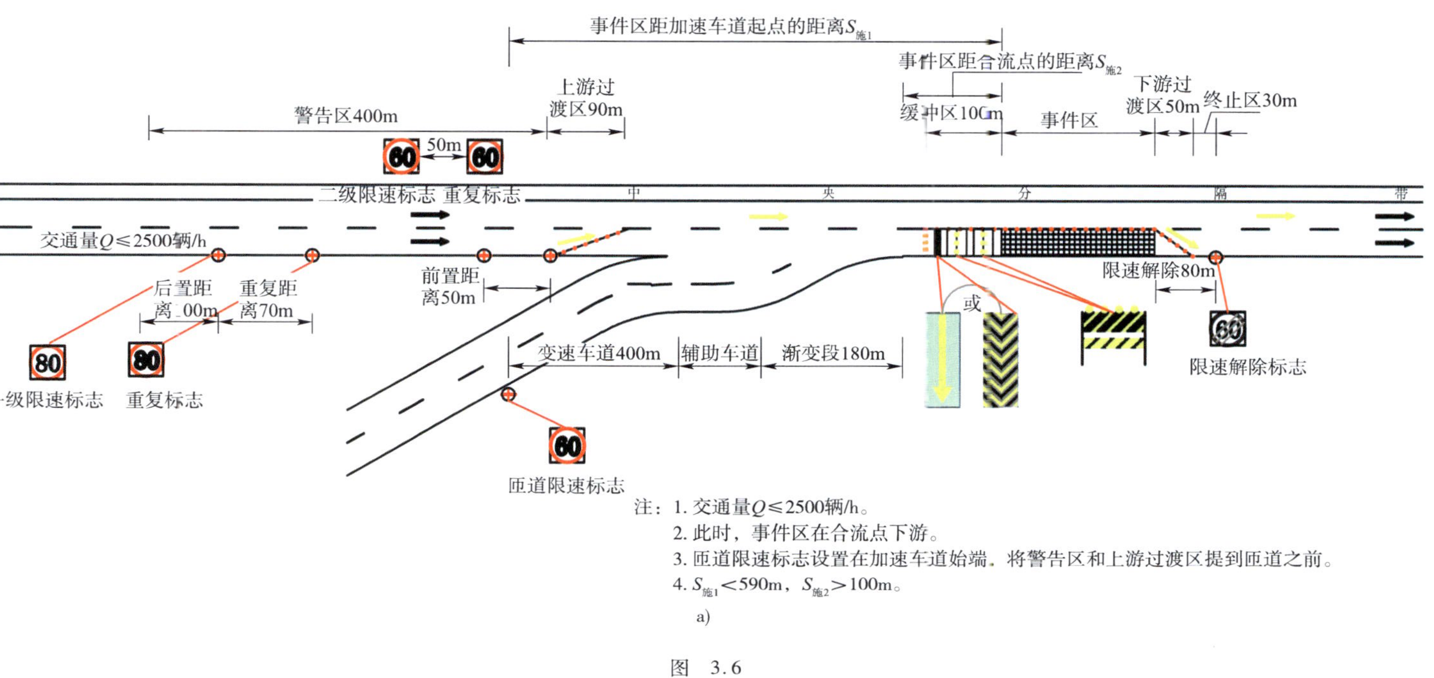

注：1. 交通量$Q\leq2500$辆/h。
2. 此时，事件区在合流点下游。
3. 匝道限速标志设置在加速车道始端，将警告区和上游过渡区提到匝道之前。
4. $S_{施1}<590$m，$S_{施2}>100$m。

a)

图 3.6

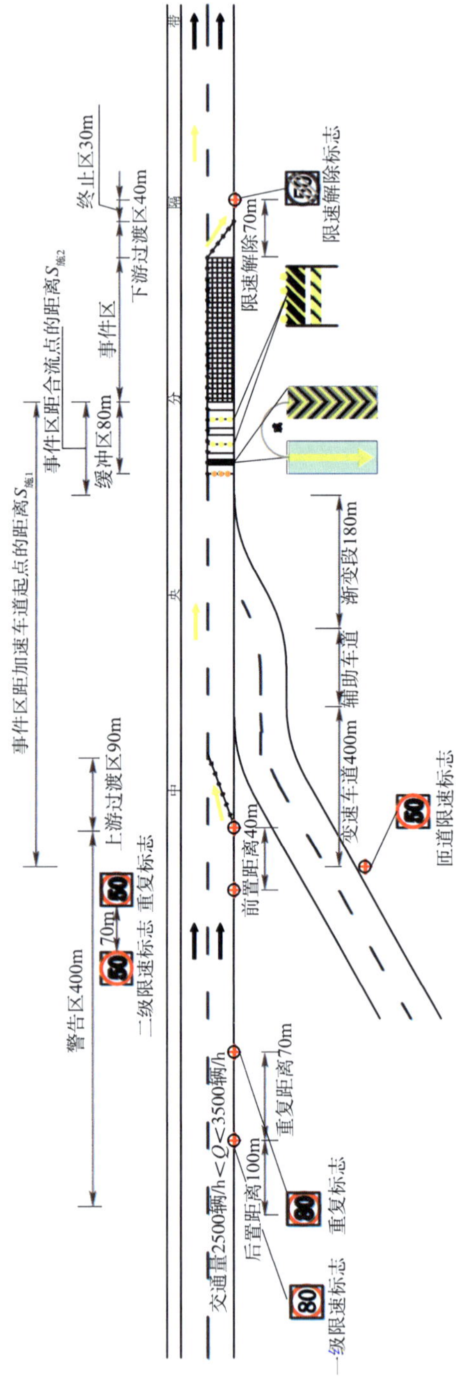

注：1. 交通量2500辆/h<Q<3500辆/h。
2. 此时，事件区在合流点下游。
3. 匝道限速标志设置在加速车道始端，将警告区和上游过渡区提到匝道之前。
4. $S_{施1}$<590m，$S_{施2}$>100m。

b)

图 3.6

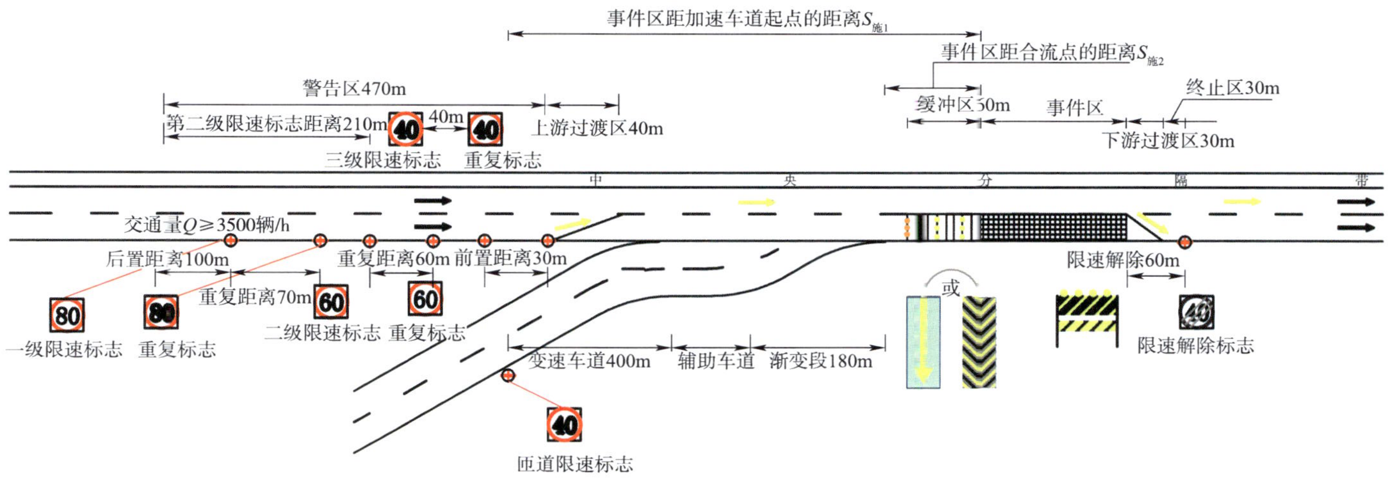

注：1.交通量$Q \geq 3500$辆/h。
2. 此时，事件区在合流点下游
3. 匝道限速标志设置在加速车道始端，将警告区和上游过渡区提到匝道之前。
4. $S_{施1}<570$m，$S_{施2}>60$m。

c)

图 3.6　直接式匝道事件发生在匝道下游时限速设置（设计车速 120km/h）

3.1.4 关闭匝道时限速设置

直接式匝道关闭匝道条件下，发生事件时限速设置如图3.7所示。

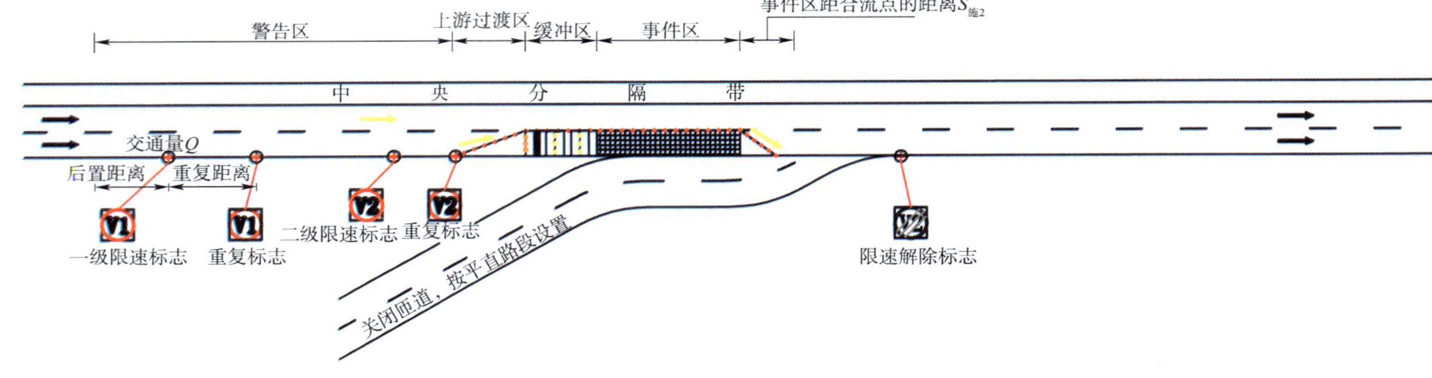

注：1. 此时，事件区或缓冲区在渐变段上。
2. $S_{施2}<150$m。

图3.7 直接式匝道关闭匝道条件下，发生事件时限速设置（按平直路段设置）

3.1.5 匝道不限速时限速设置

匝道不限速时，事件发生在匝道下游时限速设置（按平直路段设置）如图 3.8 所示。

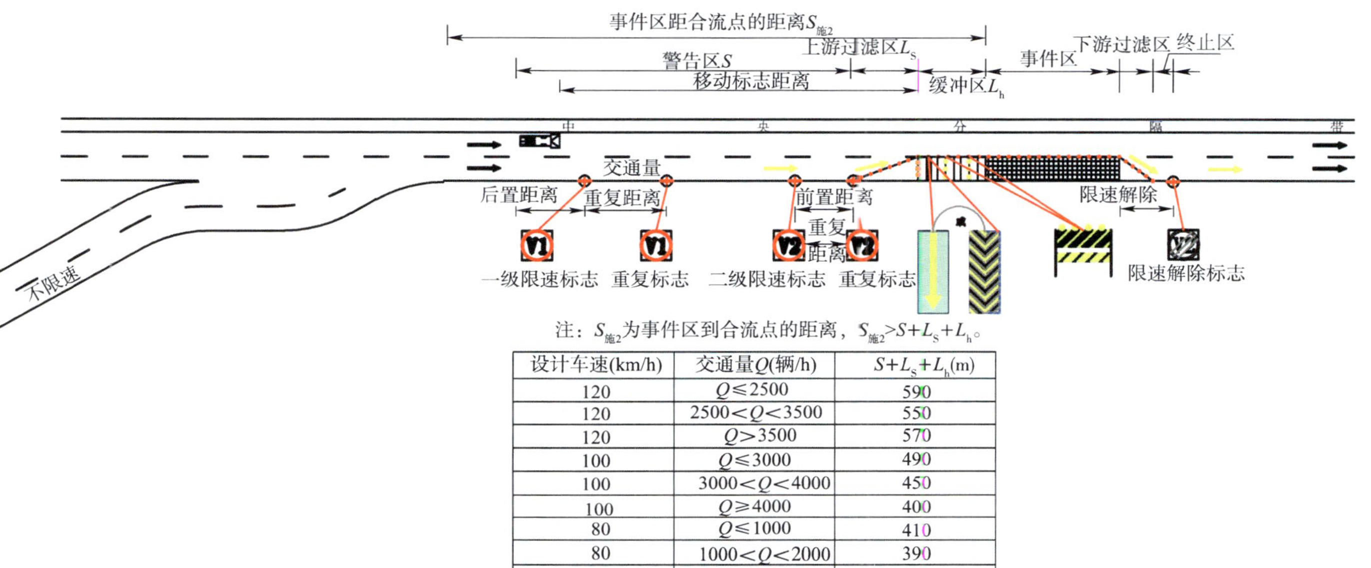

注：$S_{施2}$为事件区到合流点的距离，$S_{施2}>S+L_S+L_h$。

设计车速(km/h)	交通量Q(辆/h)	$S+L_S+L_h$(m)
120	$Q\leqslant2500$	590
120	$2500<Q<3500$	550
120	$Q>3500$	570
100	$Q\leqslant3000$	490
100	$3000<Q<4000$	450
100	$Q\geqslant4000$	400
80	$Q\leqslant1000$	410
80	$1000<Q<2000$	390
80	$Q\geqslant2000$	320

图 3.8　匝道不限速时，事件发生在匝道下游时限速设置（按平直路段设置）

3.2 平行式匝道

3.2.1 设计速度 80km/h 时限速设置

平行式式匝道事件发生在匝道上游时限速设置(设计车速 80km/h)如图 3.9 所示。

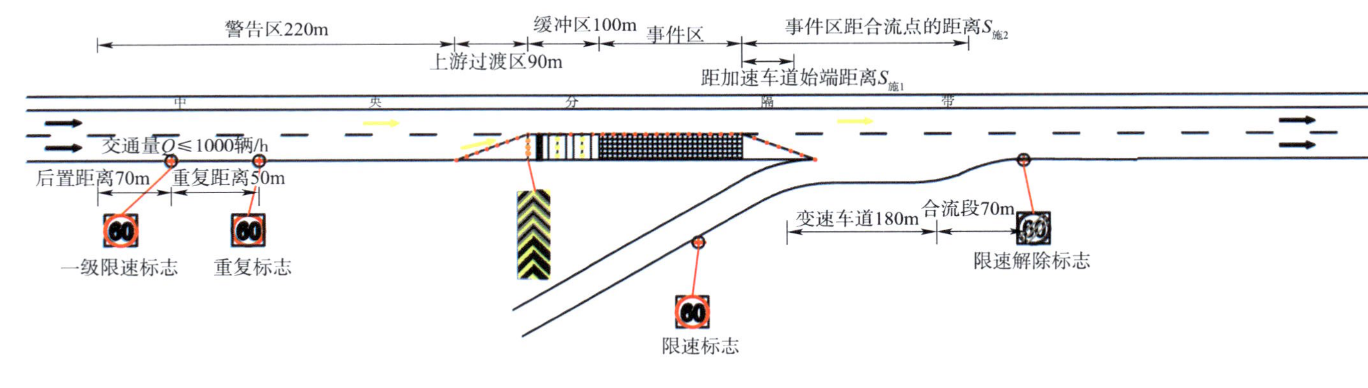

注：1. 此时，事件区在合流点上游，且解除限速标志在变速车道范围内。
2. 交通量$Q \leq 1000$辆/h。
3. $S_{施1} < 80\text{m} < S_{施2}$，将解除限速标志放在合流点处，匝道上限速标志放在匝道始端。

a)

图 3.9

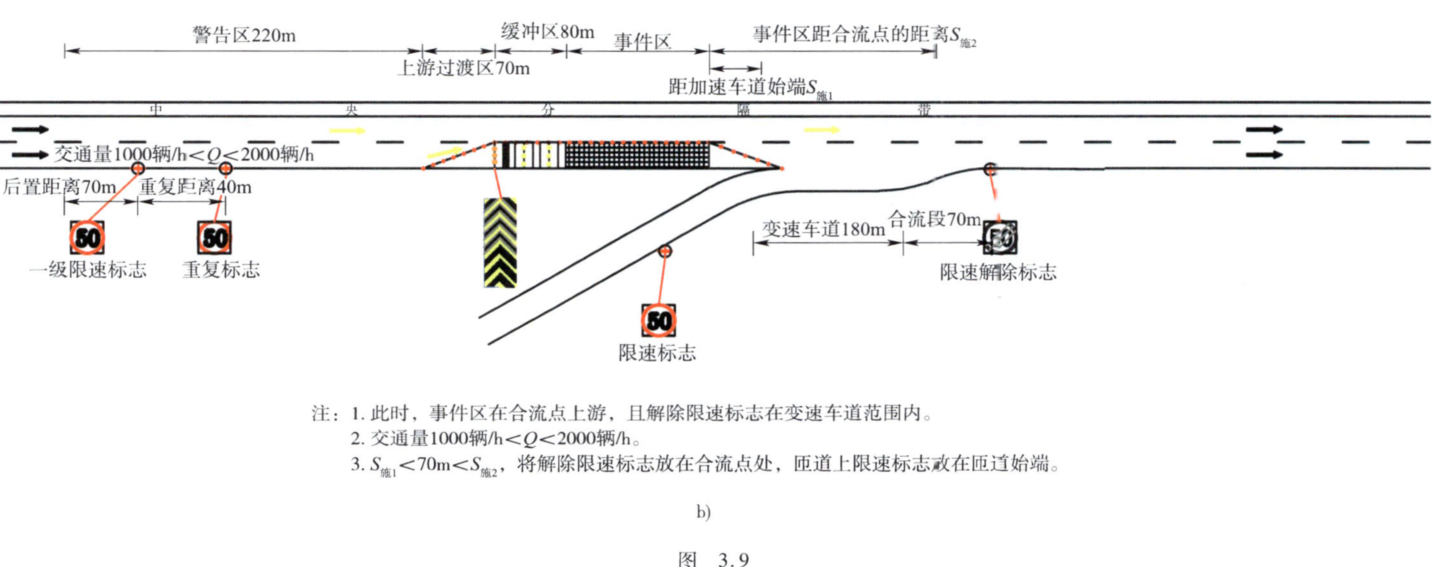

注：1. 此时，事件区在合流点上游，且解除限速标志在变速车道范围内。
2. 交通量1000辆/h<Q<2000辆/h。
3. $S_{施1}$<70m<$S_{施2}$，将解除限速标志放在合流点处，匝道上限速标志放在匝道始端。

b)

图 3.9

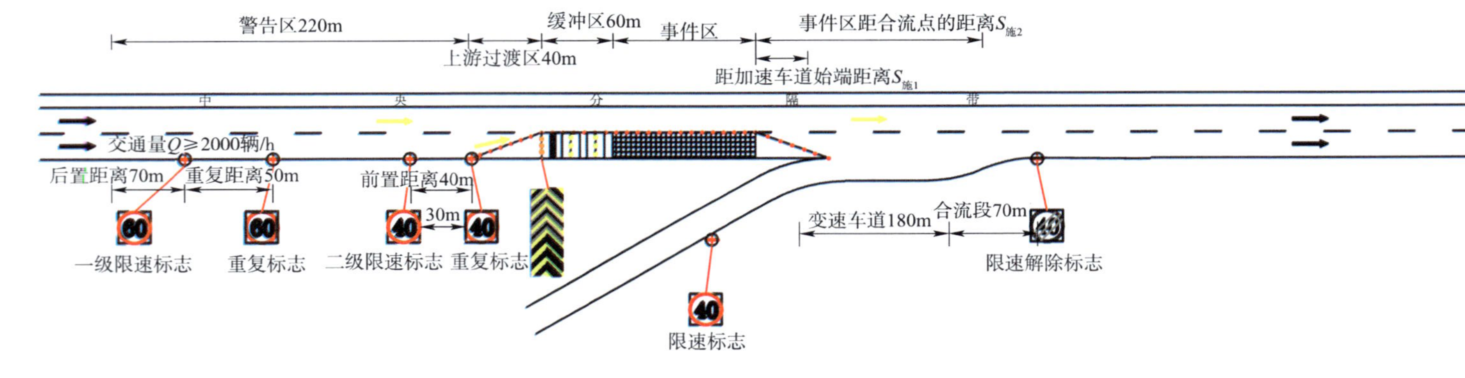

注：1. 此时，事件区在合流点上游，且解除限速标志在变速车道范围内。

2. 交通量$Q \geq 2000$辆/h。

3. $S_{施1} < 60m < S_{施2}$，将解除限速标志放在合流点处，匝道上限速标志放在匝道始端。

c)

图 3.9　平行式匝道事件发生在匝道上游时限速设置(设计车速 80km/h)

平行式匝道事件发生在事件区或缓冲区时限速设置（设计车速 80km/h）如图 3.10 所示。

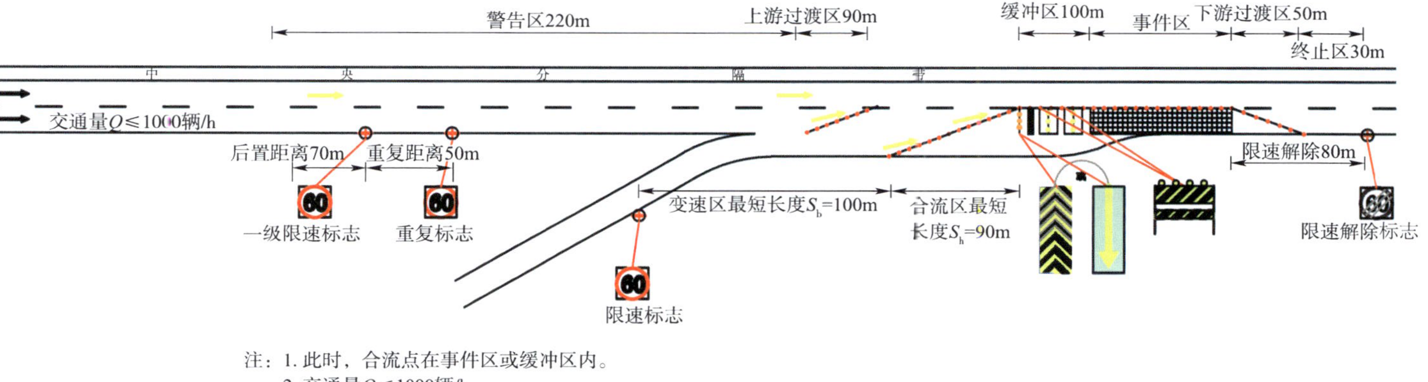

注：1. 此时，合流点在事件区或缓冲区内。

2. 交通量Q≤1000辆/h。

3. 当加速车道和渐变段能满足设置最短变速区和合流区的条件时，设置变速区和合流区，限速在加速车道上；若能满足最短合流区而不满足最短变速区时，设置合流区，限速在匝道上；若不满足设置最短合流区，则不设置变速区和合流区，只在匝道上限速。

a)

图 3.10

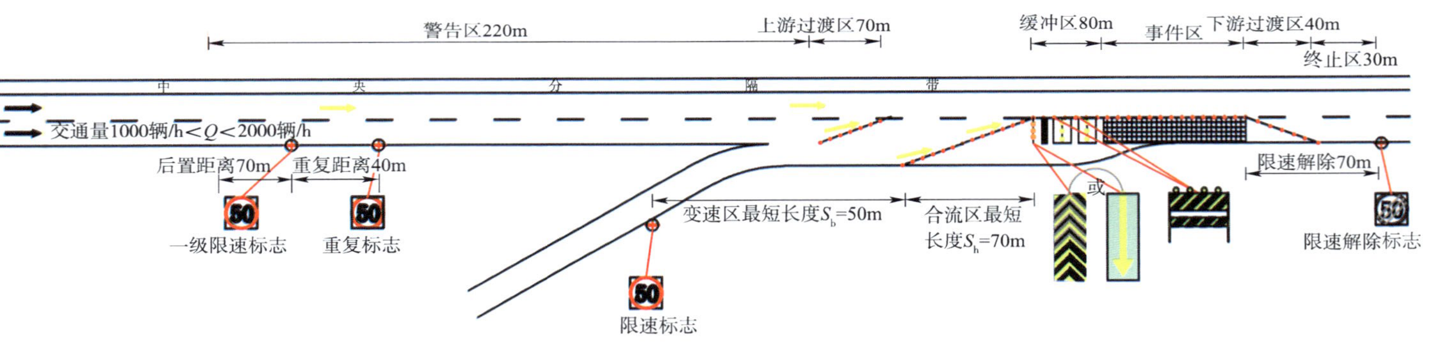

注：1. 此时，合流点在事件区或缓冲区内。

2. 交通量1000辆/h$<Q<$2000辆/h。

3. 当加速车道和渐变段能满足设置最短变速区和合流区的条件时，设置变速区和合流区，限速在加速车道上；若能满足最短合流区而不满足最短变速区时，设置合流区，限速在匝道上；若不满足设置最短合流区，则不设置变速区和合流区，只在匝道上限速。

b)

图 3.10

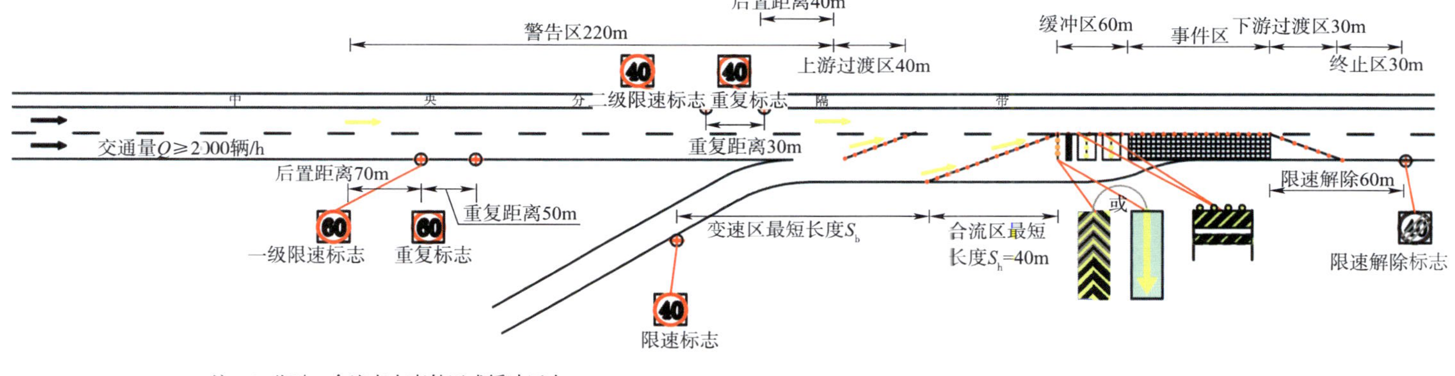

注：1. 此时，合流点在事件区或缓冲区内。

2. 交通量$Q \geqslant 2000$辆/h。

3. 当加速车道和渐变段能满足设置最短变速区和合流区的条件时，设置变速区和合流区，限速在加速车道上；若能满足最短合流区而不满足最短变速区时，设置合流区，限速在匝道上；若不满足设置最短合流区，则不设置变速区和合流区，只在匝道上限速。

c)

图 3.10　平行式匝道事件发生在事件区或缓冲区时限速设置（设计车速 80km/h）

平行式匝道发生事件时限速设置(设计车速 80km/h)见图 3.11。

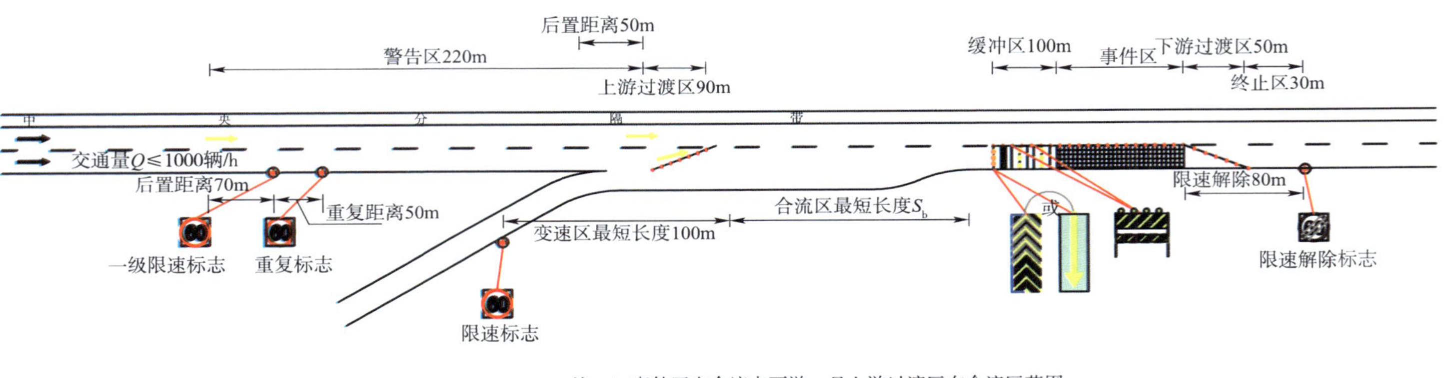

注：1. 事件区在合流点下游，且上游过渡区在合流区范围。
2. 交通量$Q \leq 1000$辆/h。
3. 在设置变速区后，剩下加速车道和渐变段可作为合流区供匝道车辆汇入主线。

a)

图 3.11

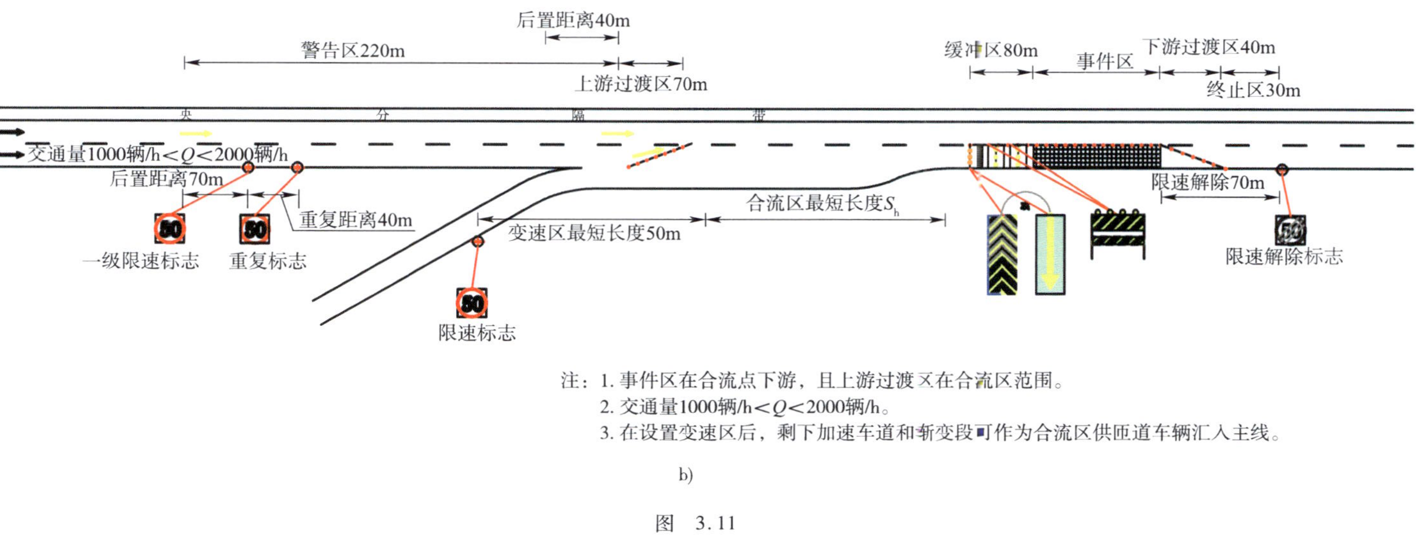

注：1. 事件区在合流点下游，且上游过渡区在合流区范围。
2. 交通量1000辆/h<Q<2000辆/h。
3. 在设置变速区后，剩下加速车道和渐变段可作为合流区供匝道车辆汇入主线。

b)

图 3.11

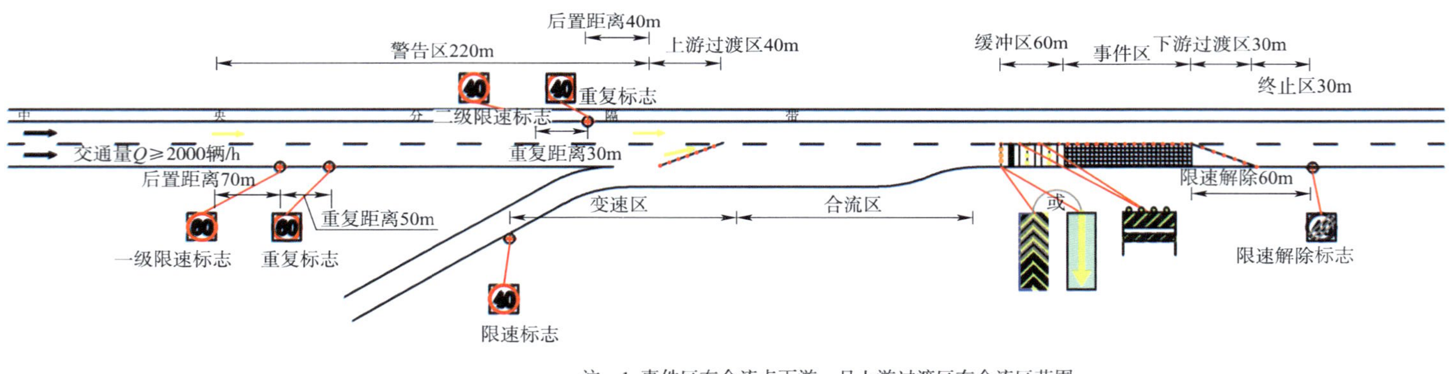

注：1. 事件区在合流点下游，且上游过渡区在合流区范围。
2. 交通量$Q\geqslant2000$辆/h。
3. 在设置变速区后，剩下加速车道和渐变段可作为合流区供匝道车辆汇入主线。

c)

图3.11　平行式匝道发生事件时限速设置(设计车速80km/h)

3.2.2　设计速度 100km/h 时限速设置

平行式匝道发生事件时限速设置（设计车速 100km/h，事件区在合流点上游）见图 3.12。

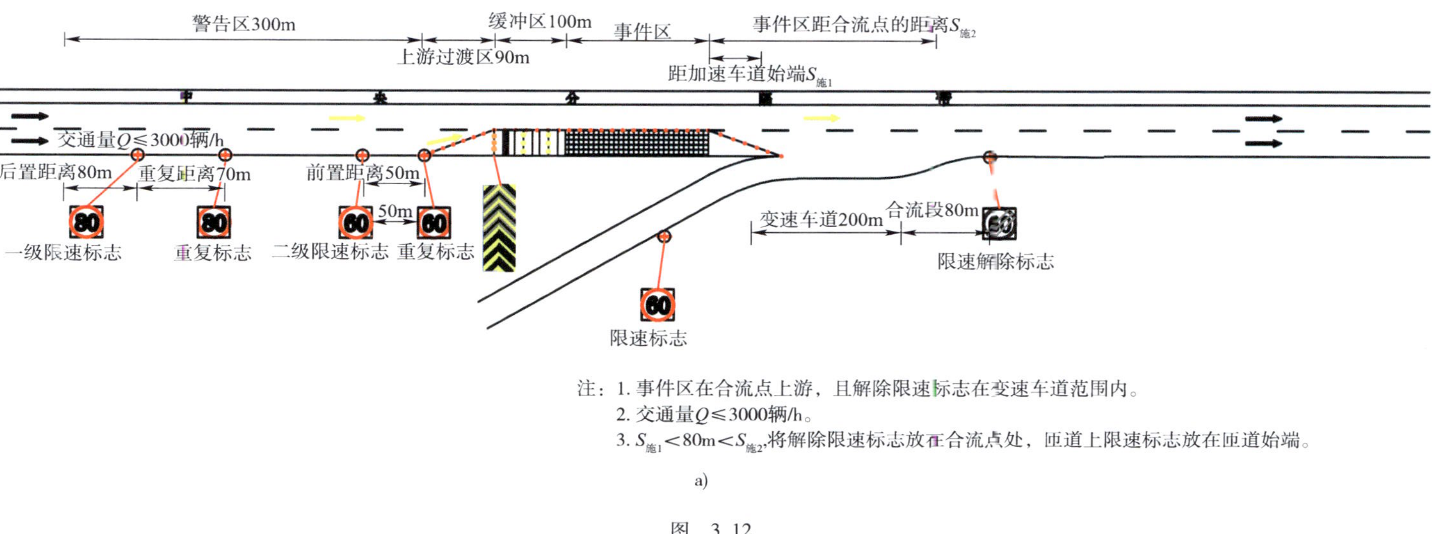

注：1. 事件区在合流点上游，且解除限速标志在变速车道范围内。
2. 交通量$Q\leq3000$辆/h。
3. $S_{施1}<80m<S_{施2}$，将解除限速标志放在合流点处，匝道上限速标志放在匝道始端。

a)

图　3.12

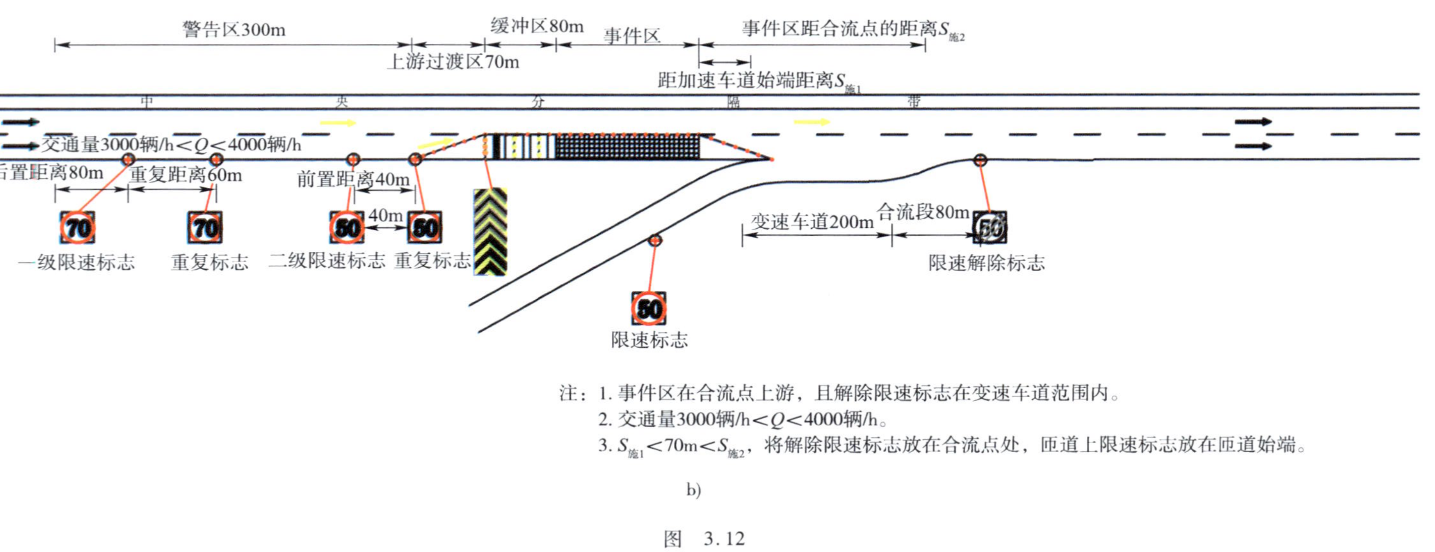

注：1. 事件区在合流点上游，且解除限速标志在变速车道范围内。

2. 交通量3000辆/h$<Q<$4000辆/h。

3. $S_{施1}<70\text{m}<S_{施2}$，将解除限速标志放在合流点处，匝道上限速标志放在匝道始端。

b)

图 3.12

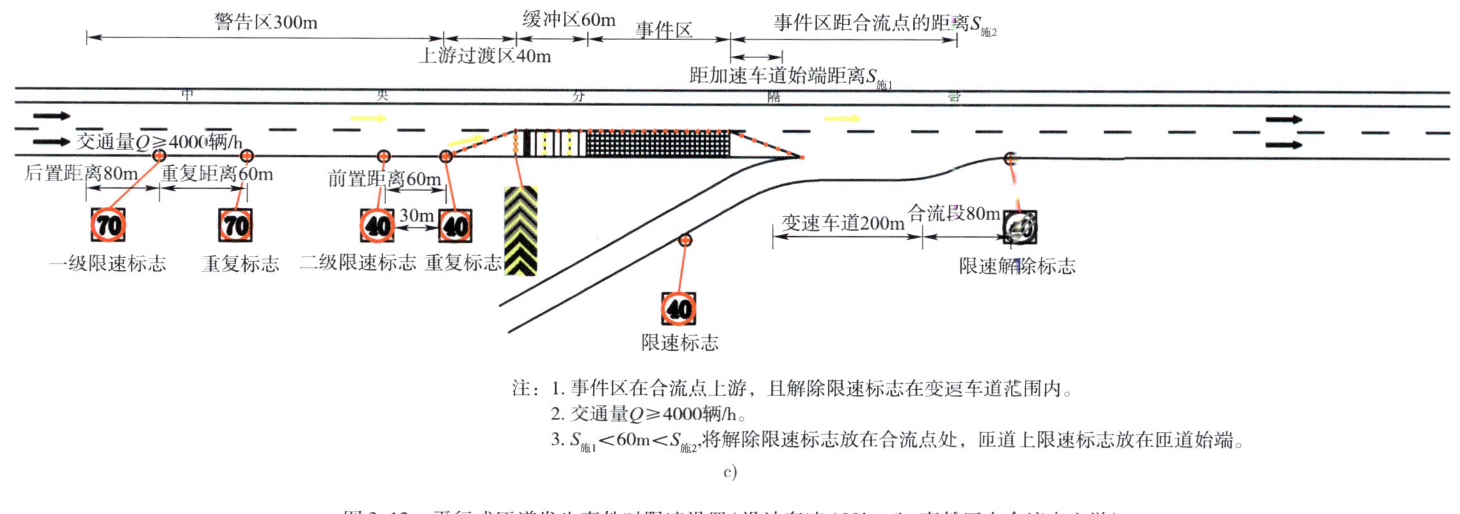

注：1. 事件区在合流点上游，且解除限速标志在变速车道范围内。
2. 交通量Q≥4000辆/h。
3. $S_{施1}$<60m<$S_{施2}$,将解除限速标志放在合流点处，匝道上限速标志放在匝道始端。

c)

图3.12　平行式匝道发生事件时限速设置（设计车速100km/h,事件区在合流点上游）

平行式匝道发生事件时限速设置（设计车速 100km/h，合流点在事件区或缓冲区内）见图 3.13。

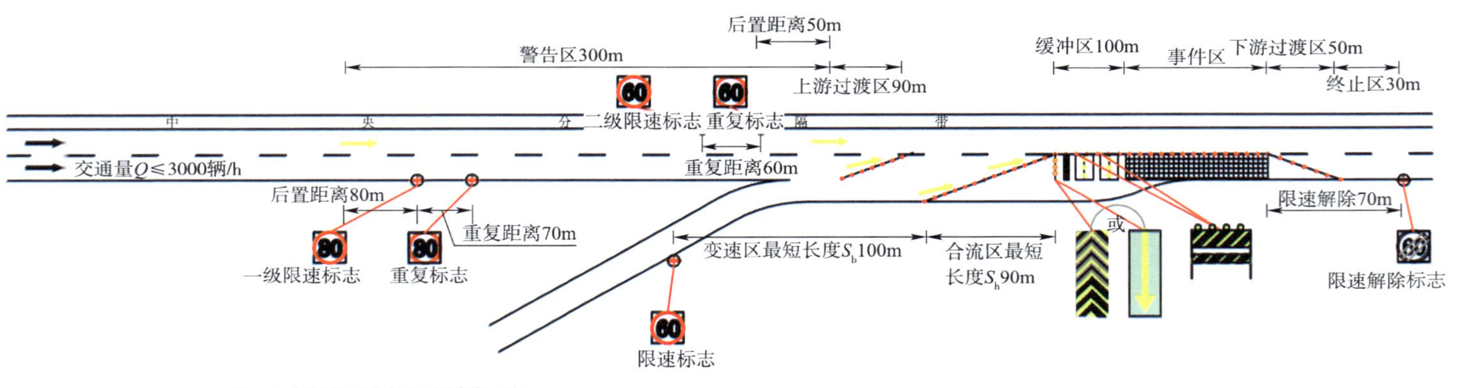

注：1. 合流点在事件区或缓冲区内。
2. 交通量$Q \leq 3000$辆/h。
3. 当加速车道和渐变段能满足设置最短变速区和合流区的条件时，设置变速区和合流区，限速在加速车道上；若能满足最短合流区而不满足最短变速区时，设置合流区，限速在匝道上；若不满足设置最短合流区，则不设置变速区和合流区，只在匝道上限速。

a)

图 3.13

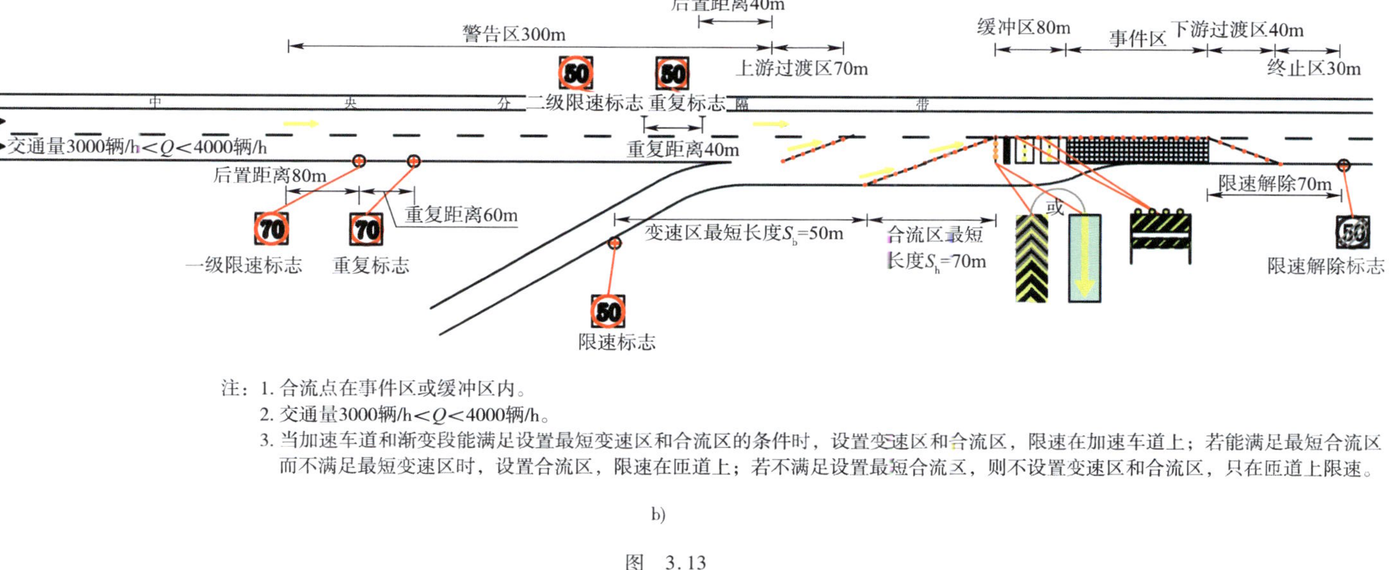

注：1. 合流点在事件区或缓冲区内。

2. 交通量3000辆/h<Q<4000辆/h。

3. 当加速车道和渐变段能满足设置最短变速区和合流区的条件时，设置变速区和合流区，限速在加速车道上；若能满足最短合流区而不满足最短变速区时，设置合流区，限速在匝道上；若不满足设置最短合流区，则不设置变速区和合流区，只在匝道上限速。

b)

图 3.13

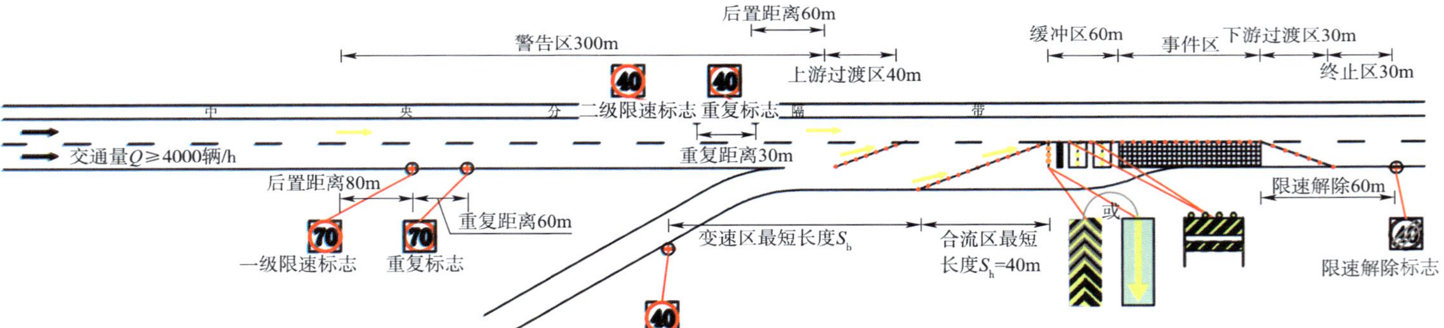

注：1. 合流点在事件区或缓冲区内。
2. 交通量$Q \geqslant 4000$辆/h。
3. 当加速车道和渐变段能满足设置最短变速区和合流区的条件时，设置变速区和合流区，限速在加速车道上；若能满足最短合流区而不满足最短变速区时，设置合流区，限速在匝道上；若不满足设置最短合流区，则不设置变速区和合流区，只在匝道上限速。

c)

图 3.13　平行式匝道发生事件时限速设置（设计车速 100km/h，合流点在事件区或缓冲区内）

平行式匝道发生事件时限速设置(设计车速 100km/h，事件区在合流点下游)见图 3.14。

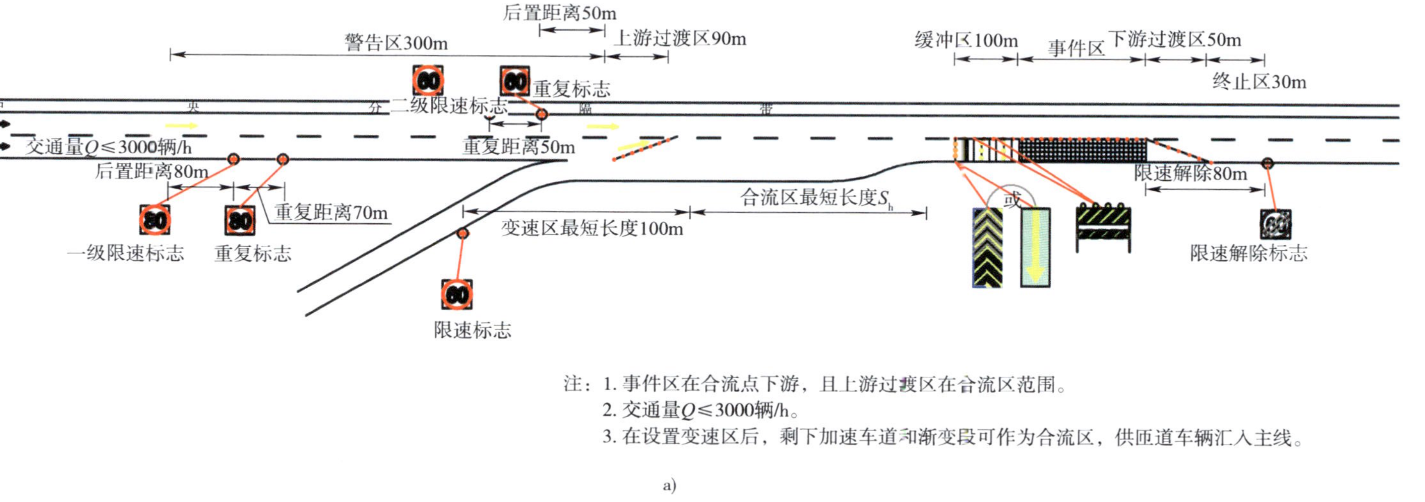

注：1. 事件区在合流点下游，且上游过渡区在合流区范围。
2. 交通量$Q \leq 3000$辆/h。
3. 在设置变速区后，剩下加速车道和渐变段可作为合流区，供匝道车辆汇入主线。

a)

图　3.14

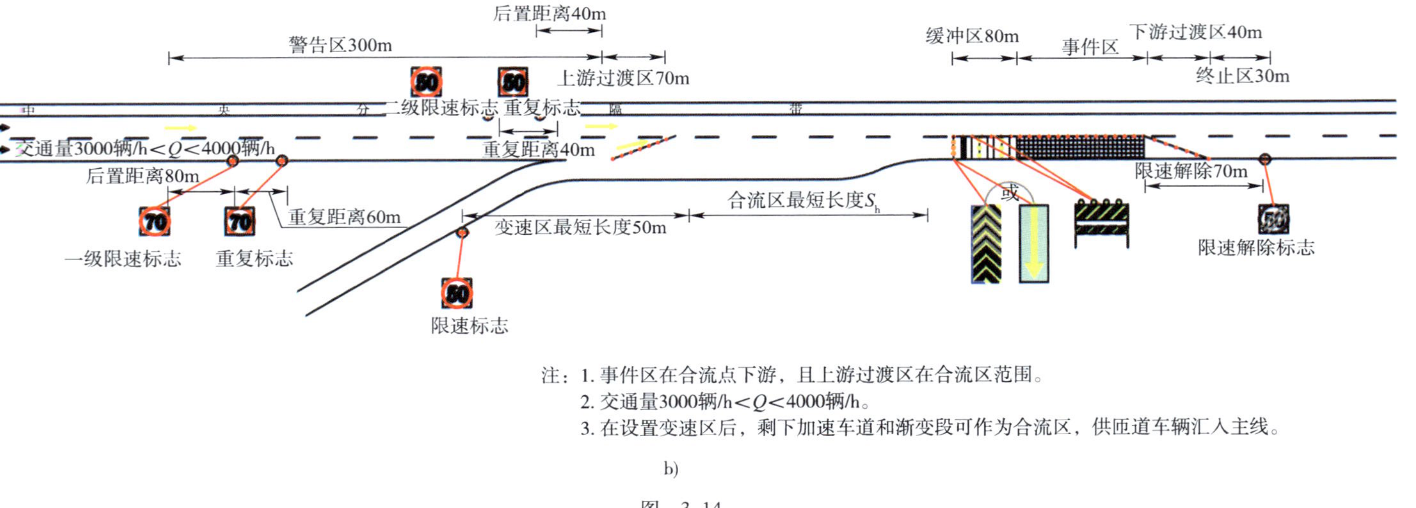

注：1. 事件区在合流点下游，且上游过渡区在合流区范围。
2. 交通量3000辆/h$<Q<$4000辆/h。
3. 在设置变速区后，剩下加速车道和渐变段可作为合流区，供匝道车辆汇入主线。

b)

图 3.14

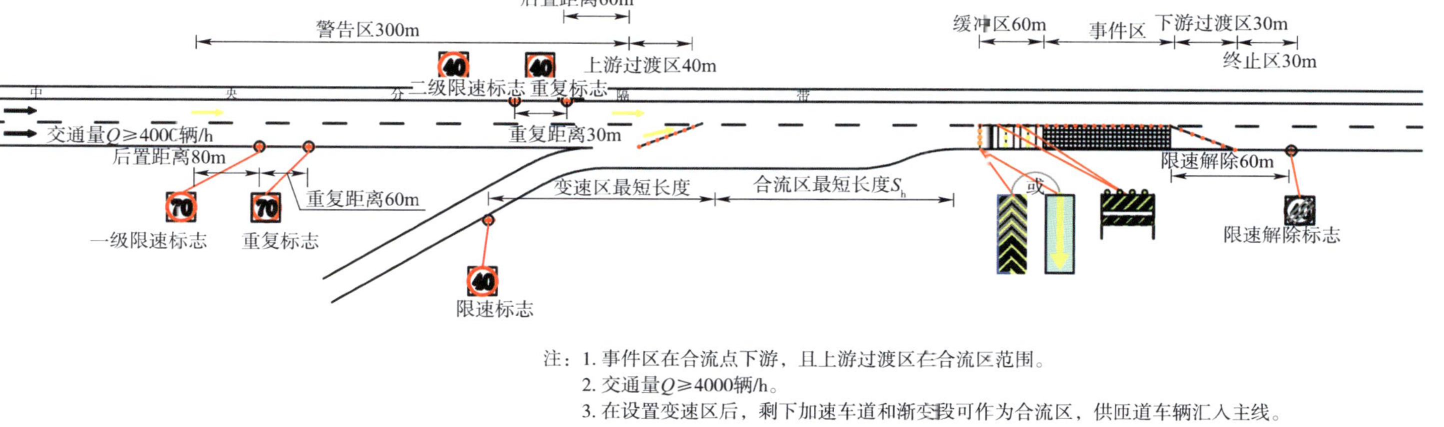

注：1. 事件区在合流点下游，且上游过渡区在合流区范围。
2. 交通量$Q\geq4000$辆/h。
3. 在设置变速区后，剩下加速车道和渐变段可作为合流区，供匝道车辆汇入主线。

c)

图3.14　平行式匝道发生事件时限速设置(设计车速100km/h,事件区在合流点下游)

3.2.3 设计速度 120km/h 时限速设置

平行式匝道发生事件时限速设置(设计车速 120km/h,事件区在河流点上游)见图 3.15。

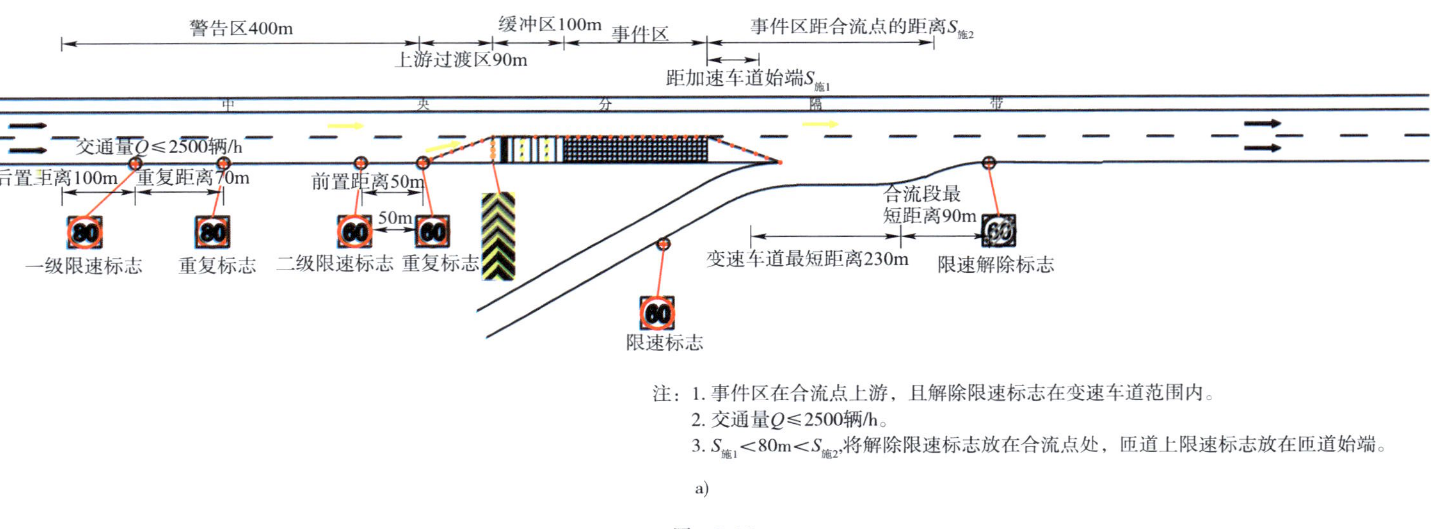

注：1. 事件区在合流点上游，且解除限速标志在变速车道范围内。
2. 交通量$Q≤2500$辆/h。
3. $S_{施1}<80m<S_{施2}$,将解除限速标志放在合流点处，匝道上限速标志放在匝道始端。

a)

图 3.15

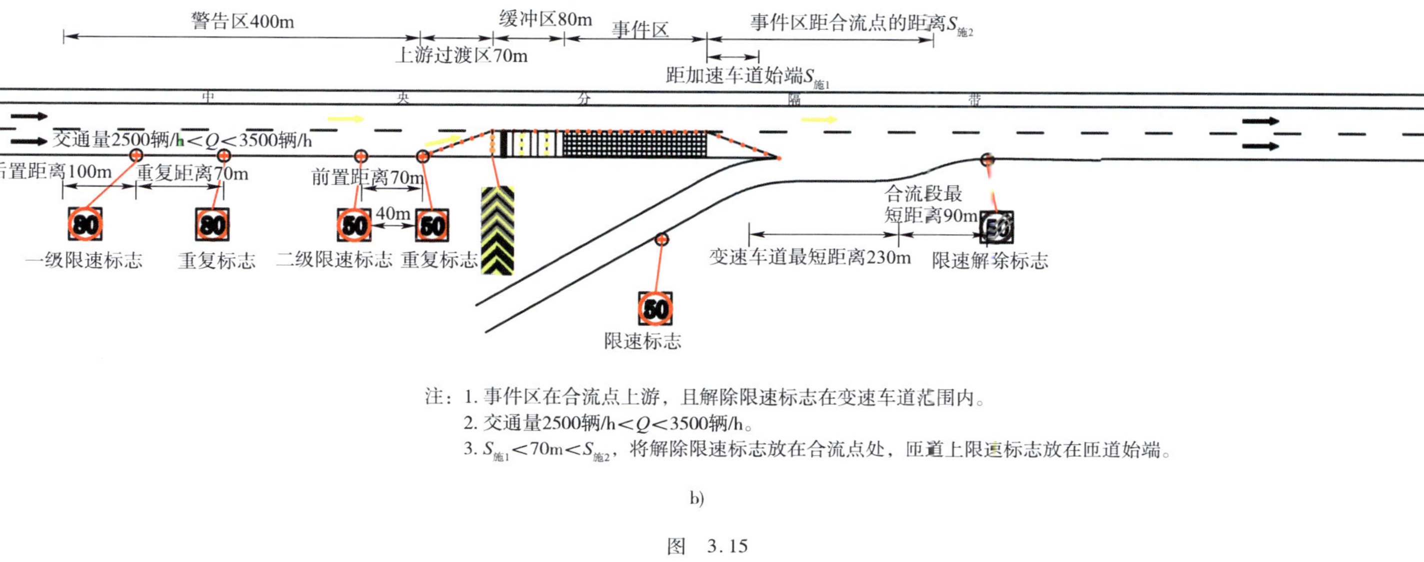

注：1. 事件区在合流点上游，且解除限速标志在变速车道范围内。
2. 交通量2500辆/h<Q<3500辆/h。
3. $S_{施1}$<70m<$S_{施2}$，将解除限速标志放在合流点处，匝道上限速标志放在匝道始端。

b)

图　3.15

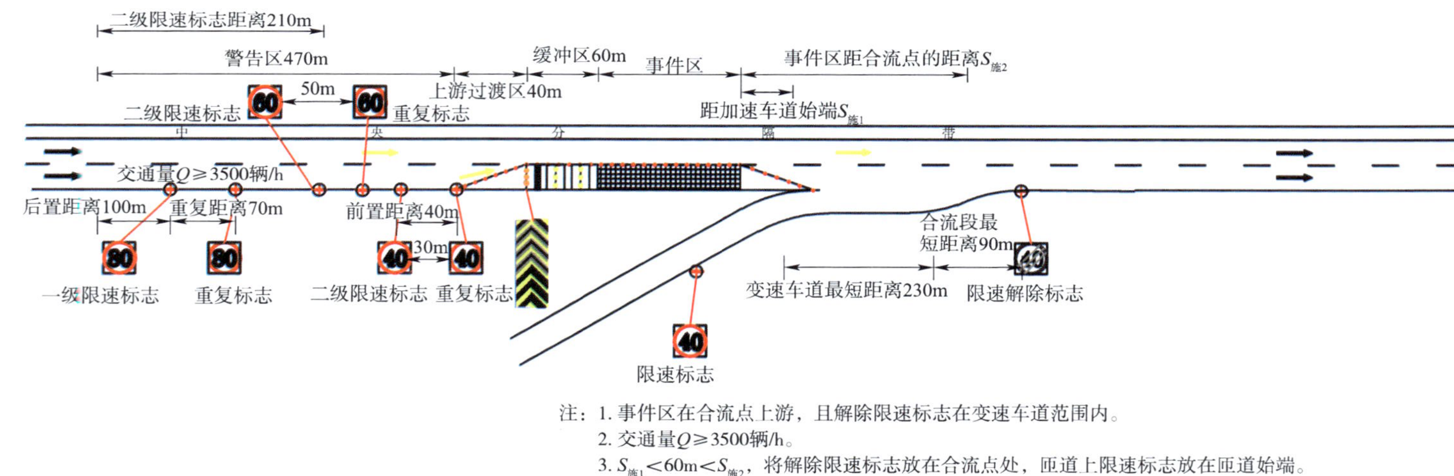

注：1. 事件区在合流点上游，且解除限速标志在变速车道范围内。

2. 交通量$Q \geq 3500$辆/h。

3. $S_{施1} < 60m < S_{施2}$，将解除限速标志放在合流点处，匝道上限速标志放在匝道始端。

c)

图 3.15　平行式匝道发生事件时限速设置（设计车速 120km/h，事件区在河流点上游）

平行式匝道发生事件时限速设置(设计车速 120km/h,合流点在事件区或缓冲区)见图 3.16。

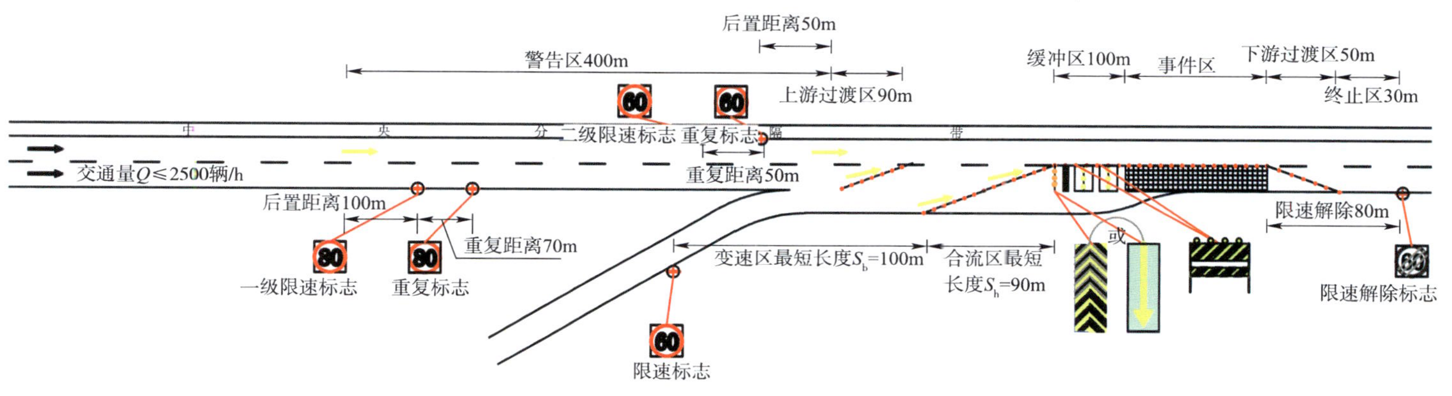

注：1. 合流点在事件区或缓冲区内。
2. 交通量Q≤2500辆/h。
3. 当加速车道和渐变段能满足设置最短变速区和合流区的条件时，设置变速区和合流区，限速在加速车道上；若能满足最短合流区而不满足最短变速区时，设置合流区，限速在匝道上；若不满足设置最短合流区　则不设置变速区和合流区，只在匝道上限速。

a)

图　3.16

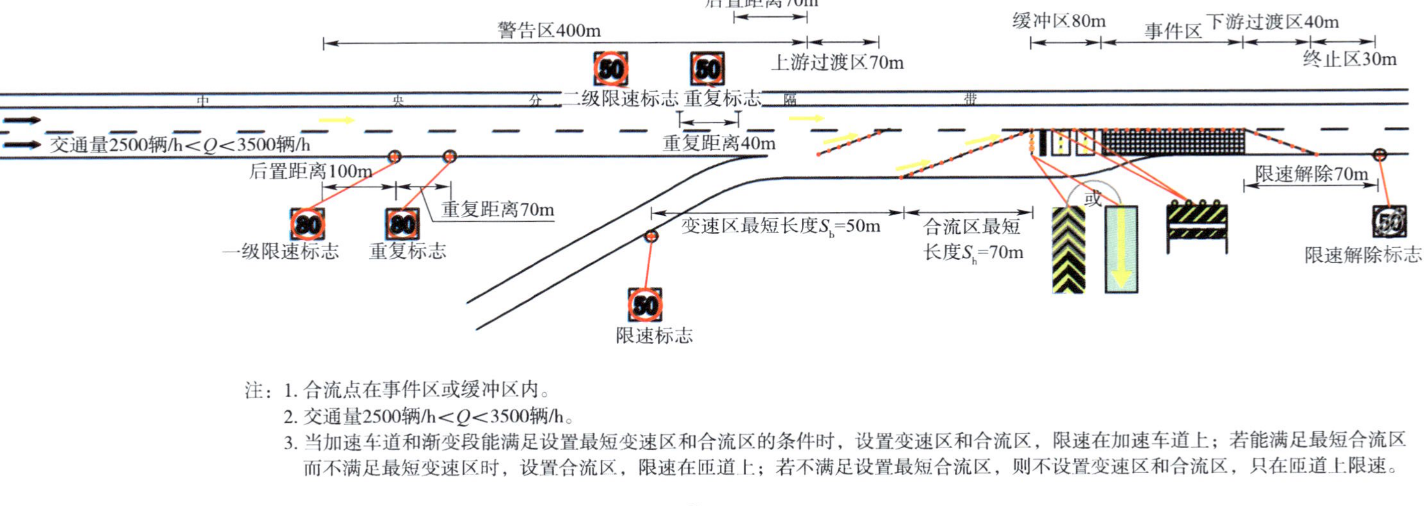

注：1. 合流点在事件区或缓冲区内。
2. 交通量2500辆/h<Q<3500辆/h。
3. 当加速车道和渐变段能满足设置最短变速区和合流区的条件时，设置变速区和合流区，限速在加速车道上；若能满足最短合流区而不满足最短变速区时，设置合流区，限速在匝道上；若不满足设置最短合流区，则不设置变速区和合流区，只在匝道上限速。

b)

图 3.16

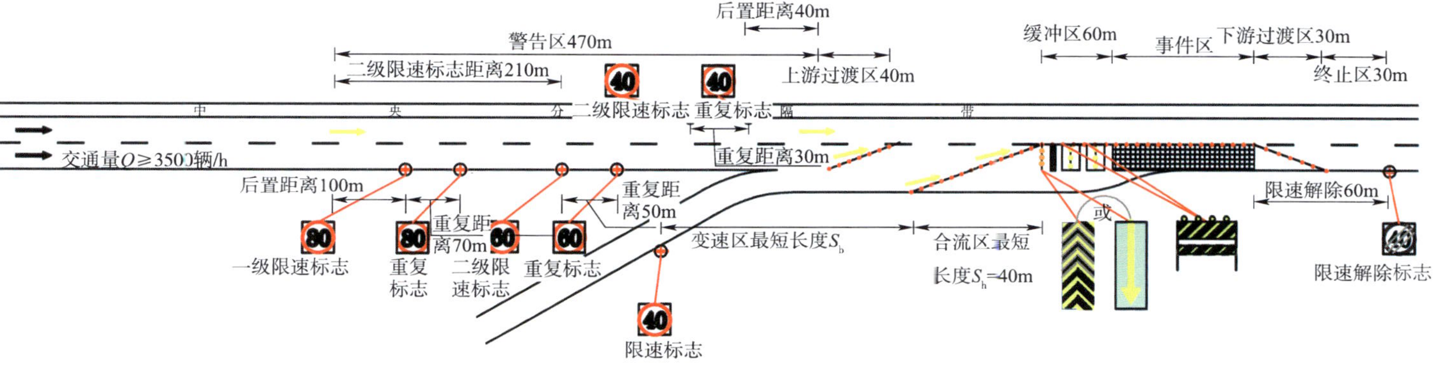

注：1. 合流点在事件区或缓冲区内

2. 交通量$Q \geqslant 3500$辆/h。

3. 当加速车道和渐变段能满足设置最短变速区和合流区的条件时，设置变速区和合流区，限速在加速车道上；若能满足最短合流区而不满足最短变速区时，设置合流区，限速在匝道上；若不满足设置最短合流区，则不设置变速区和合流区，只在匝道上限速。

c)

图 3.16　平行式匝道发生事件时限速设置(设计车速 120km/h,合流点在事件区或缓冲区内)

平行式匝道发生事件时限速设置(设计车速 120km/h,事件区在合流点下游)见图 3.17。

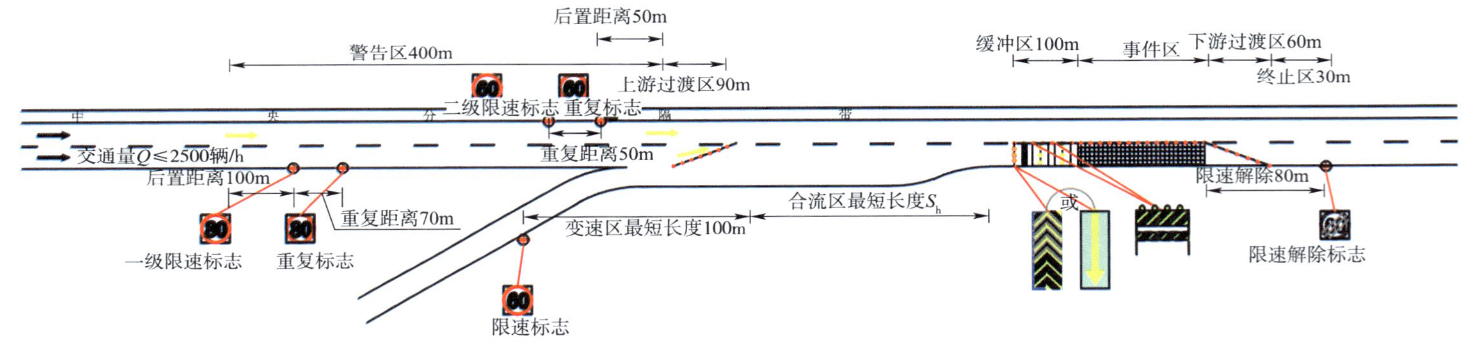

注:1. 事件区在合流点下游,且上游过渡区在合流区范围。
2. 交通量$Q \leq 2500$辆/h。
3. 在设置变速区后,剩下加速车道和渐变段可作为合流区供匝道车辆汇入主线。

a)

图 3.17

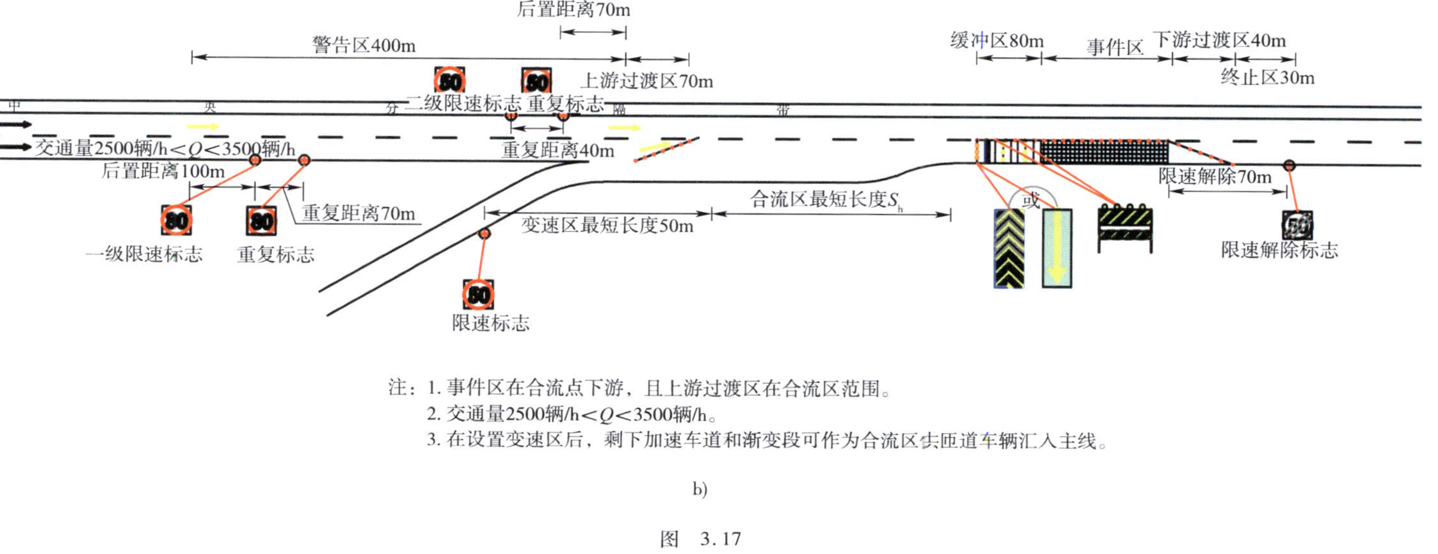

注：1. 事件区在合流点下游，且上游过渡区在合流区范围。

2. 交通量2500辆/h$<Q<$3500辆/h。

3. 在设置变速区后，剩下加速车道和渐变段可作为合流区宍匝道车辆汇入主线。

b)

图　3.17

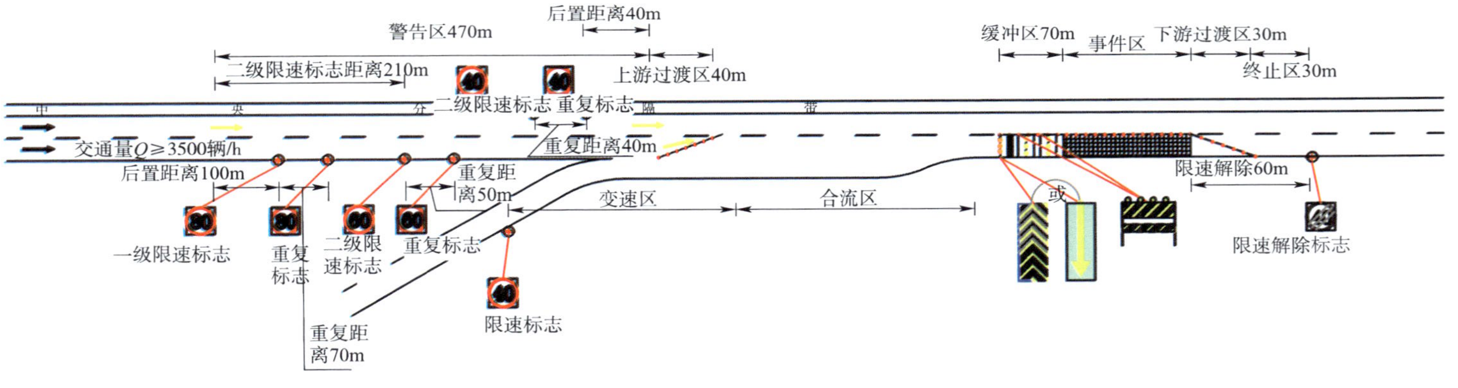

注：1. 事件区在合流点下游，且上游过渡区在合流区范围。

2. 交通量$Q \geq 3500$辆/h。

3. 在设置变速区后，剩下加速车道和渐变段可作为合流区供匝道车辆汇入主线。

4. 此种情况可设变速区，也可不设。

c)

图 3.17　平行式匝道发生事件时限速设置（设计车速 120km/h，事件区在合流点下游）

3.2.4 平行式匝道排队时事故限速设置

平行式匝道发生事件时限速设置见图3.18。

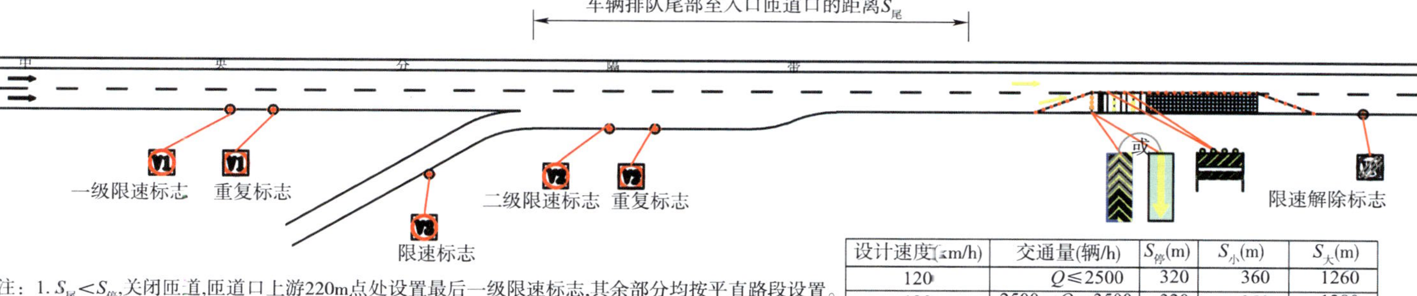

注：1. $S_{尾}<S_{停}$，关闭匝道，匝道口上游220m点处设置最后一级限速标志，其余部分均按平直路段设置。
2. $S_{停}<S_{尾}<S_{小}$，匝道口设置匝道限速标志，匝道口上游220m点处设置最后一级限速标志，其余部分均按平直路段设置。
3. $S_{小}<S_{尾}<S_{大}$，匝道口下游70m设置最后一级限速标志，其余部分均按平直路段设置。
4. $S_{尾}<S_{大}$，匝道口下游90~180m范围内设置最后一级限速标志，其余部分均按平直路段设置。
5. $S_{大}$为限速标志距离排队尾部的最大距离，$S_{小}$为限速标志距离排队尾部的最小距离，$S_{停}$为安全停车距离。

设计速度(km/h)	交通量(辆/h)	$S_{停}$(m)	$S_{小}$(m)	$S_{大}$(m)
120	$Q\leqslant2500$	320	360	1260
120	$2500<Q<3500$	320	350	1280
120	$Q\geqslant3500$	320	350	1290
100	$Q\leqslant3000$	240	280	1180
100	$3000<Q<4000$	240	270	1190
100	$Q\geqslant4000$	240	260	1210
80	$Q\leqslant1000$	170	210	1100
80	$1000<Q<2000$	170	200	1120
80	$Q\geqslant2000$	170	190	1140

图3.18　平行式匝道发生事件时限速设置

4 事件发生在隧道路段

4.1 不排队或排队长度小于 100m 时限速设置

4.1.1 事件点距离隧道出口较远

不排队或排队长度小于 100m，事件发生在距离隧道出口较远时限速设置（设计车速 100km/h）见图 4.1。

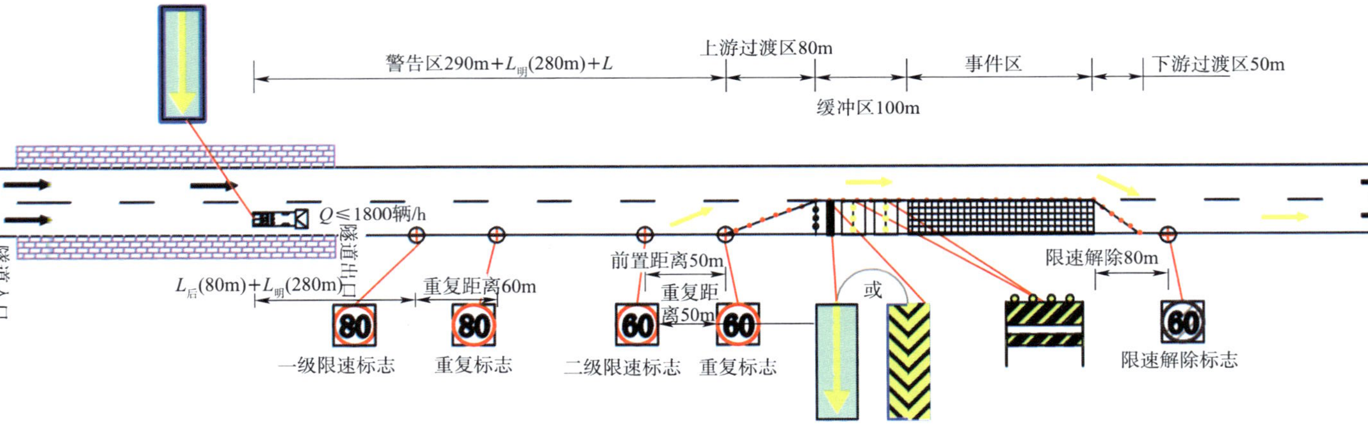

注：1. L为排队长度。

2. $L_{后}$：后置距离，即警告区标志距警告区起点的距离；

$L_{明}$：明适应距离，即驾驶员在明适应时间段内行驶的距离，从安全角度出发，将此明、暗适应时间t都取为10s，则明适应距离$L_{明}$=$L_{暗}$=280m。

3. 当S_2+$L_{明}$>$S_{施}$>S_2时，其中，S_2=670m+L，即670m+L<$S_{施}$<950m+L时，可按上图所示方法设置。t

a)

图 4.1

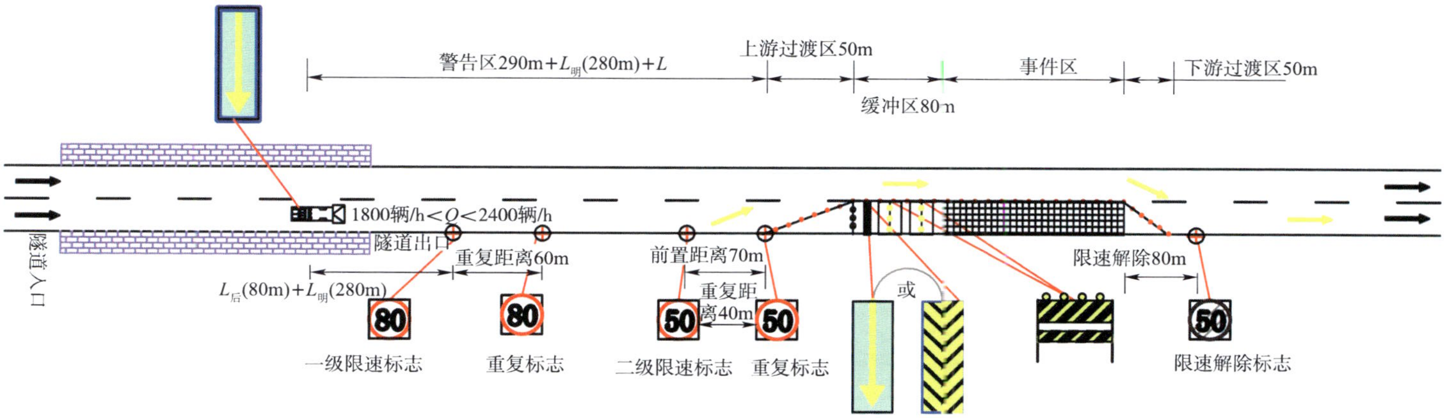

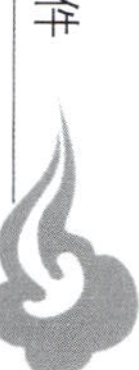

警告区290m+$L_{明}$(280m)+L
上游过渡区50m
缓冲区80m
事件区
下游过渡区50m
1800辆/h<Q<2400辆/h
隧道入口
隧道出口
重复距离60m
$L_{后}$(80m)+$L_{明}$(280m)
前置距离70m
重复距离40m
限速解除80m
或
80
80
50
50
50
一级限速标志
重复标志
二级限速标志
重复标志
限速解除标志

注：1. L为排队长度。

2. $L_{后}$：后置距离，即警告区标志距警告区起点的距离；

$L_{明}$：明适应距离，即驾驶员在明适应时间段内行驶的距离，从安全角度出发，将此适应时间t都取为10s,则明适应距离$L_{明}=L_{暗}$=280m。

3. 当$S_2+L_{明}>S_{施}>S_2$时，其中，S_2=620m+L，即620m+$L<S_{施}<$900m+L时，可按上图所示方法设置。

b)

图 4.1

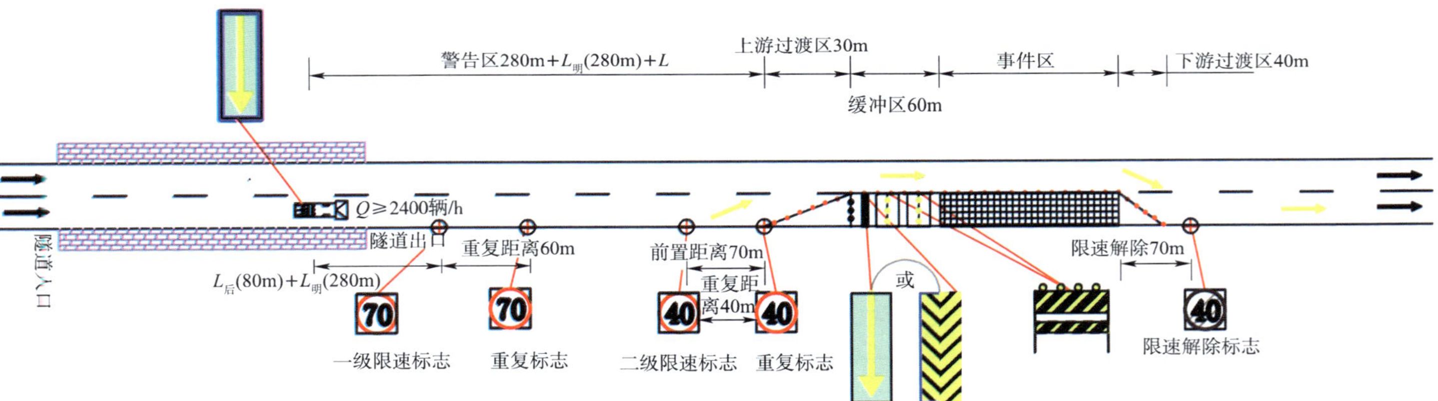

注：1. L为排队长度。
2. $L_{后}$：后置距离，即警告区标志距警告区起点的距离；
$L_{明}$：明适应距离，即驾驶员在明适应时间段内行驶的距离，从安全角度出发，将此适应时间t都取为10s,则明适应距离$L_{明}=L_{暗}=280m$。
3. 当$S_2+L_{明}>S_{施}>S_2$时，其中，$S_2=570m+L$，即$570m+L<S_{施}<850m+L$时，可按上图所示方法设置。

c)

图 4.1　不排队或排队长度小于 100m,事件发生在距离隧道出口较远时限设置(设计车速 100km/h)

不排队或排队长度小于 100m，事件发生在距离隧道出口较远时限速设置（设计车速 80km/h）见图 4.2。

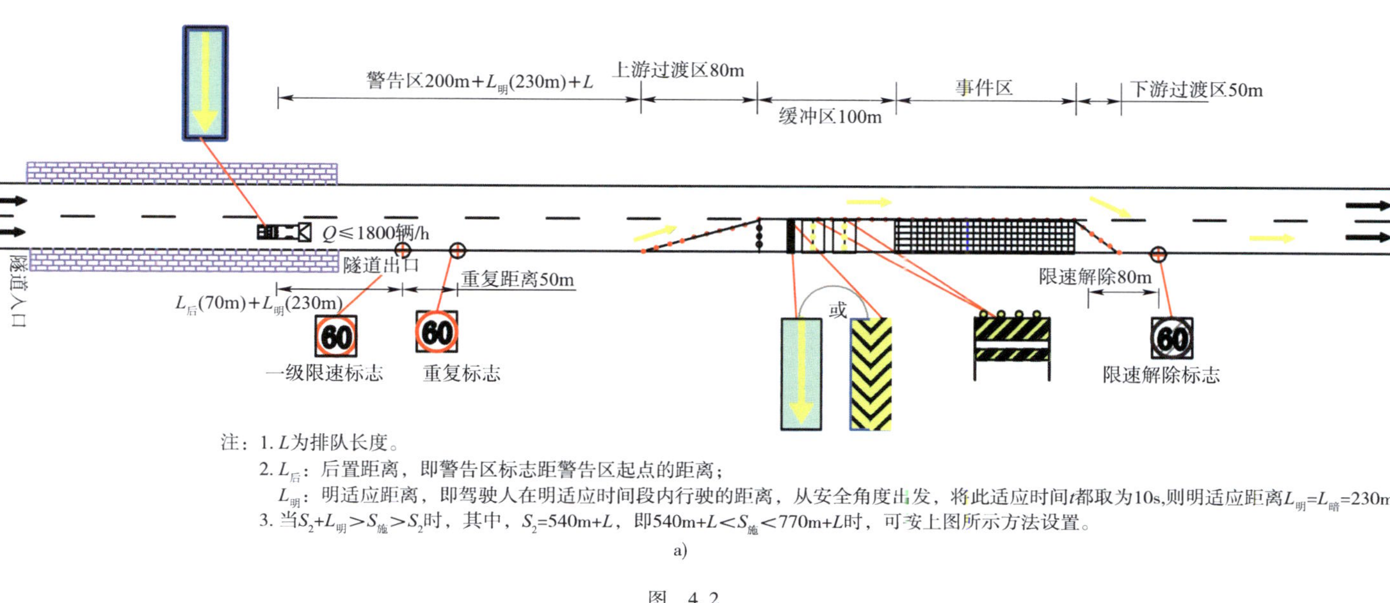

注：1. L为排队长度。

2. $L_{后}$：后置距离，即警告区标志距警告区起点的距离；

$L_{明}$：明适应距离，即驾驶人在明适应时间段内行驶的距离，从安全角度出发，将此适应时间t都取为10s，则明适应距离$L_{明}$=$L_{暗}$=230m。

3. 当$S_2+L_{明}>S_{施}>S_2$时，其中，S_2=540m+L，即540m+$L<S_{施}<$770m+L时，可按上图所示方法设置。

a)

图　4.2

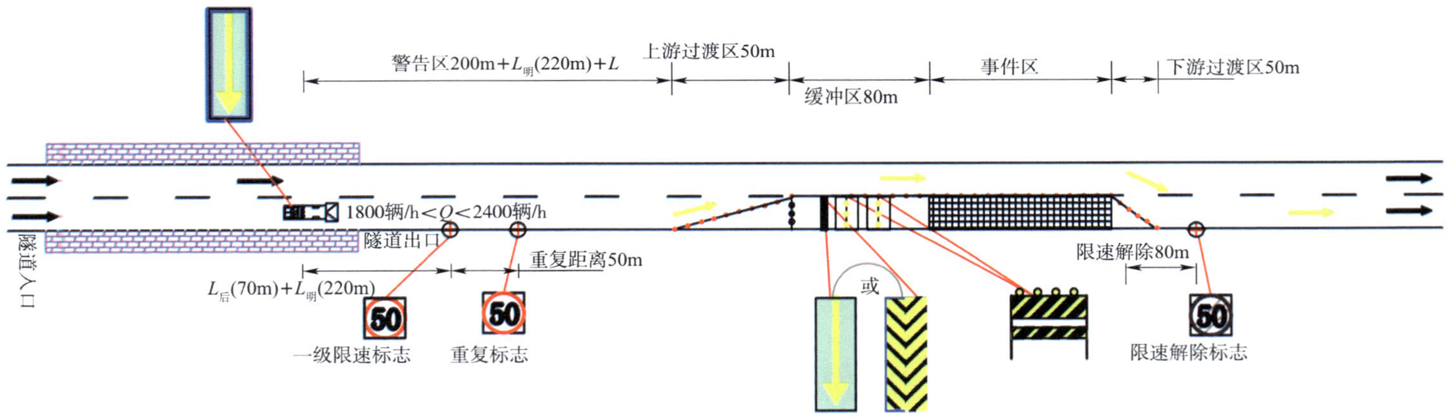

警告区200m+$L_{明}$(220m)+L

上游过渡区50m

缓冲区80m

事件区

下游过渡区50m

1800辆/h<Q<2400辆/h

隧道入口

隧道出口

$L_{后}$(70m)+$L_{明}$(220m)

重复距离50m

50

一级限速标志

50

重复标志

或

限速解除80m

50

限速解除标志

注：1. L为排队长度。

2. $L_{后}$：后置距离，即警告区标志距警告区起点的距离；

$L_{明}$：明适应距离，即驾驶人 在明适应时间段内行驶的距离，从安全角度出发，将此适应时间t都取为10s,则明适应距离$L_{明}$=$L_{暗}$=220m。

3. 当S_2+$L_{明}$>$S_{施}$>S_2时，其中，S_2=490m+L，即490m+L<$S_{施}$<770m+L时，可按上图所示方法设置。

b)

图 4.2

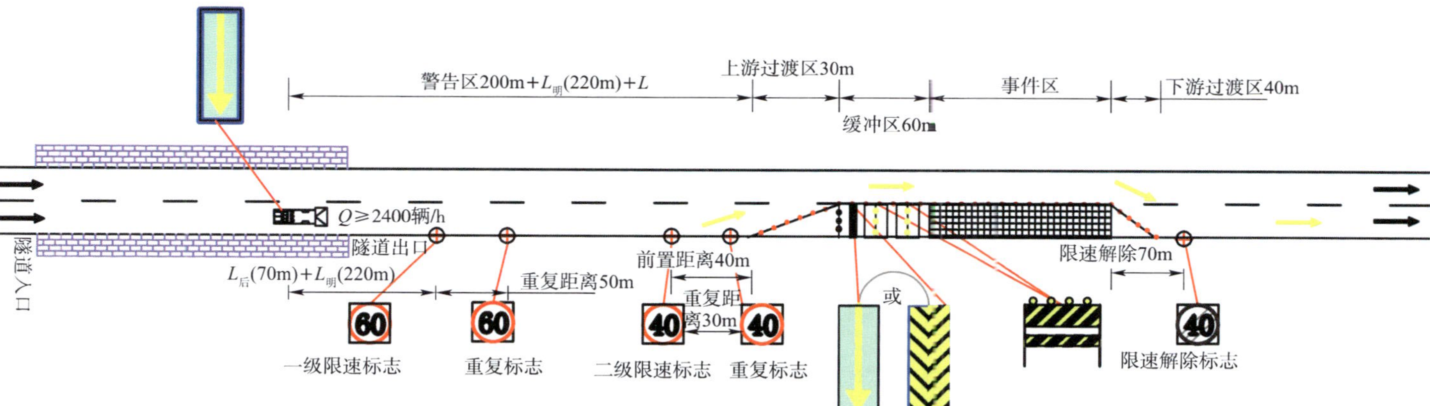

注：1. L为排队长度。

2. $L_{后}$：后置距离，即警告区标志距警告区起点的距离；

$L_{明}$：明适应距离，即驾驶员在明适应时间段内行驶的距离，从安全角度出发，将此适应时间t都取为10s,则明适应距离$L_{明}=L_{暗}$=220m。

3. 当$S_2+L_{明}>S_{施}>S_2$时，其中，S_2=450m+L，即450m+$L<S_{施}<$670m+L时，可按上图所示方法设置。

c)

图4.2　不排队或排队长度小于100m，事件发生在距离隧道出口远时限速设置（设计车速80km/h）

不排队或排队长度小于100m，事件发生在距离隧道出口较远时限速设置（设计车速60km/h）见图4.3。

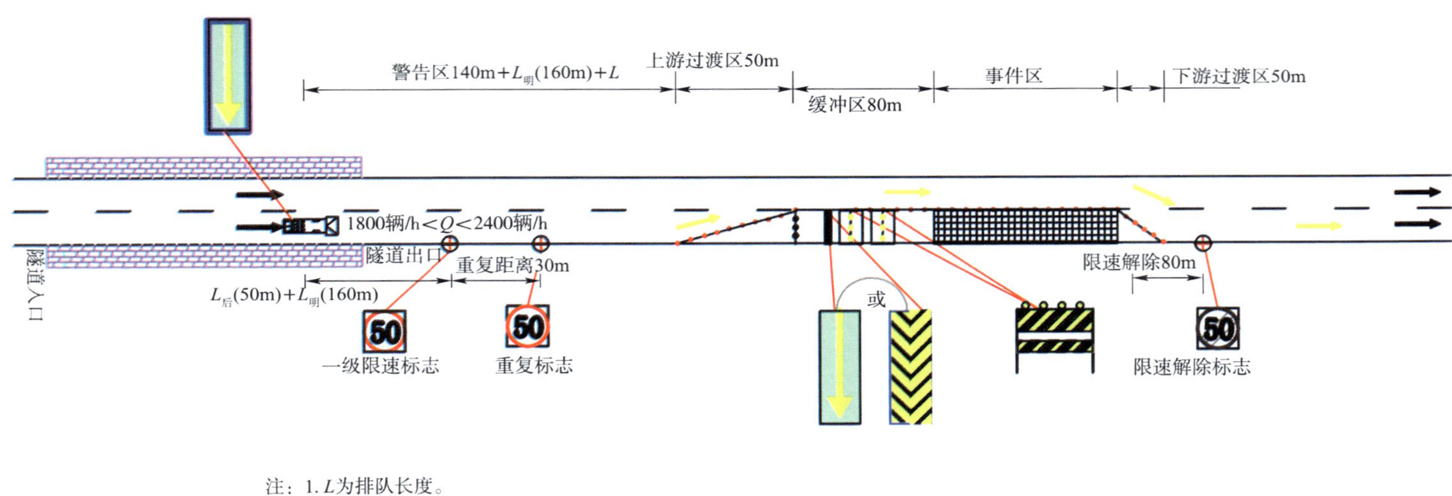

注：1. L为排队长度。

2. $L_{后}$：后置距离，即警告区标志距警告区起点的距离；

$L_{明}$：明适应距离，即驾驶员在明适应时间段内行驶的距离，从安全角度出发，将此适应时间t都取为10s，则明适应距离$L_{明}=L_{暗}=160$m。

3. 当$S_2+L_{明}>S_{施}>S_2$时，其中，$S_2=390\text{m}+L$，即$390\text{m}+L<S_{施}<550\text{m}+L$时，可按上图所示方法设置。

a)

图 4.3

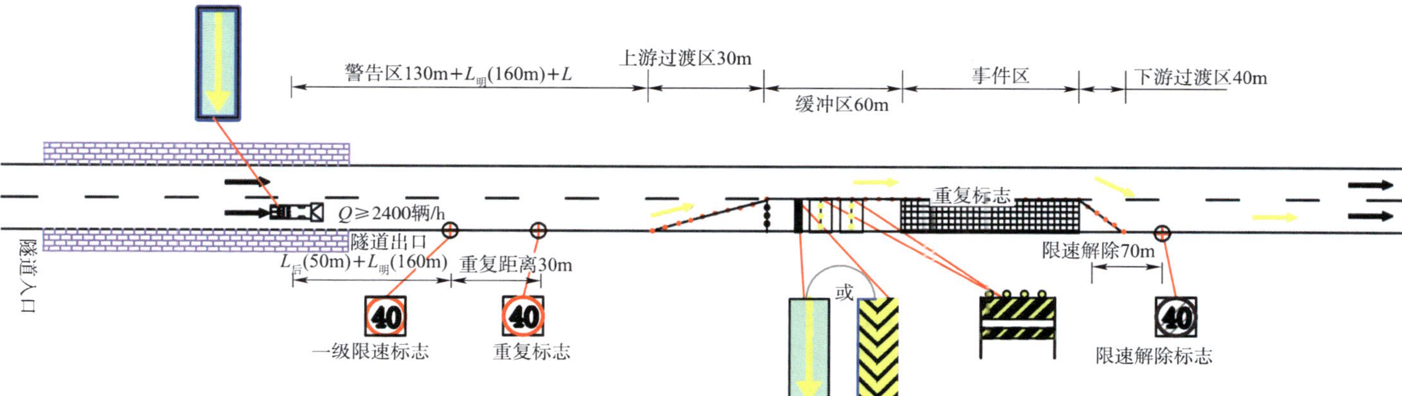

注：1. L为排队长度。

2. $L_{后}$：后置距离，即警告区标志距警告区起点的距离；

$L_{明}$：明适应距离，即驾驶员在明适应时间段内行驶的距离，从安全角度出发，将此适应时间t都取为10s,则明适应距离$L_{明}=L_{暗}=160m$。

3. 当$S_2+L_{明}>S_{施}>S_2$时，其中，$S_2=340m+L$，即$340m+L<S_{施}<500m+L$时，可按上图所示方法设置。

b)

图 4.3　不排队或排队长度小于 100m，事件发生在距离隧道出口较远时限速设置（设计车速 60km/h）

4.1.2 事件点距离隧道出口较近

不排队排队长度小于 100m，事件发生位置距离隧道出口较近时限速设置（设计车速 100km/h，隧道较短）见图 4.4。

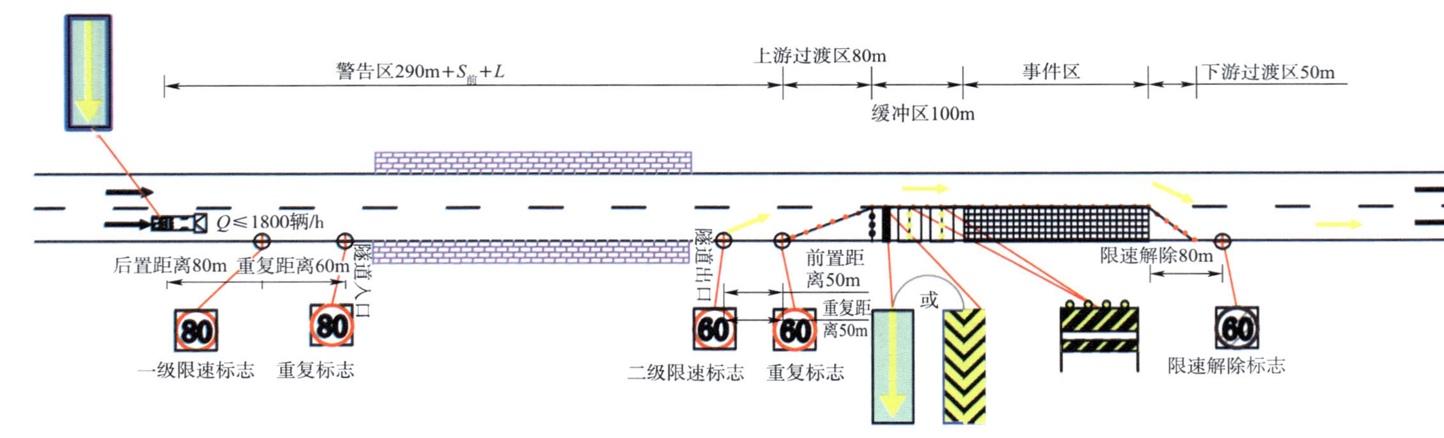

注：1. L为排队长度。

2. 当$S_1<S_{施}<S_1+L_{明}$，$S_{施}<S_2<S_{隧}+S_{施}-L_{暗}$时，其中，$S_1$=230m，$L_{明}=L_{暗}$=280m，$S_2$=670m，即230m<$S_{施}$<510m，$S_{施}<S_2<S_{隧}+S_{施}$−280m时，限速标志可以采用上图方式设置。

3. $S_{前}$为S_1与上游过渡区限速标志实际摆放位置与事件区距离的差值。

a)

图 4.4

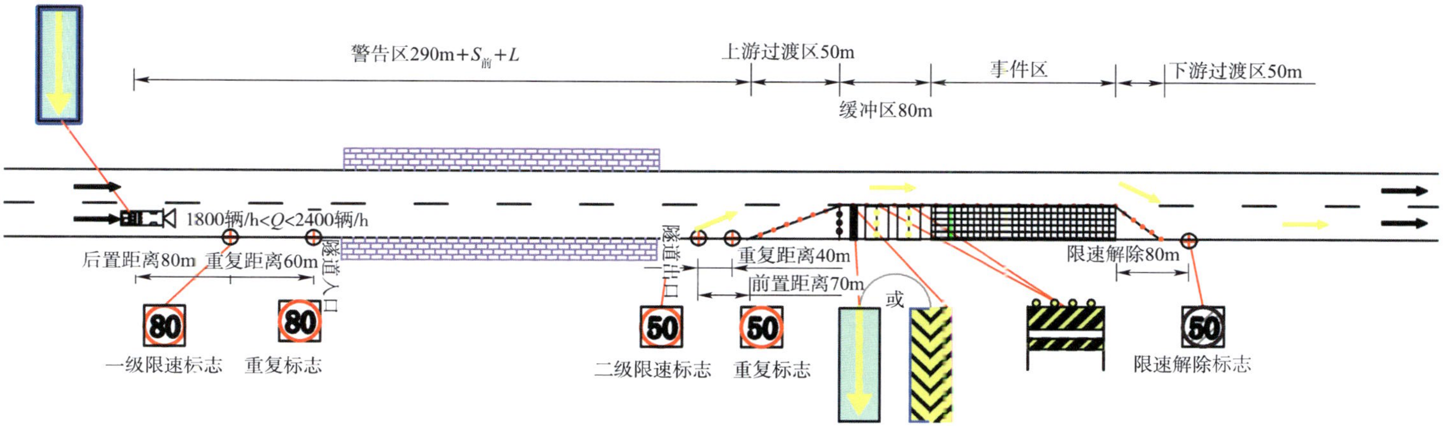

警告区290m+$S_{前}$+L
上游过渡区50m
缓冲区80m
事件区
下游过渡区50m
1800辆/h<Q<2400辆/h
后置距离80m
重复距离60m
隧道入口
隧道出口
重复距离40m
前置距离70m
或
限速解除80m
一级限速标志
重复标志
二级限速标志
重复标志
限速解除标志

注：1. L为排队长度。

2. 当$S_1<S_{施}<S_1+L_{明}$，$S_{施}<S_2<S_{隧}+S_{施}-L_{暗}$时，其中，$S_1$=200m，$L_{暗}=L_{明}$=280m，$S_2$=620m，即200m<$S_{施}$<480m，$S_{施}<S_2<S_{隧}+S_{施}$−280m时，限速标志可以采用上图方式设置。

3. $S_{前}$为S_1与上游过渡区限速标志实际摆放位置与事件区距离的差值。

b)

图 4.4

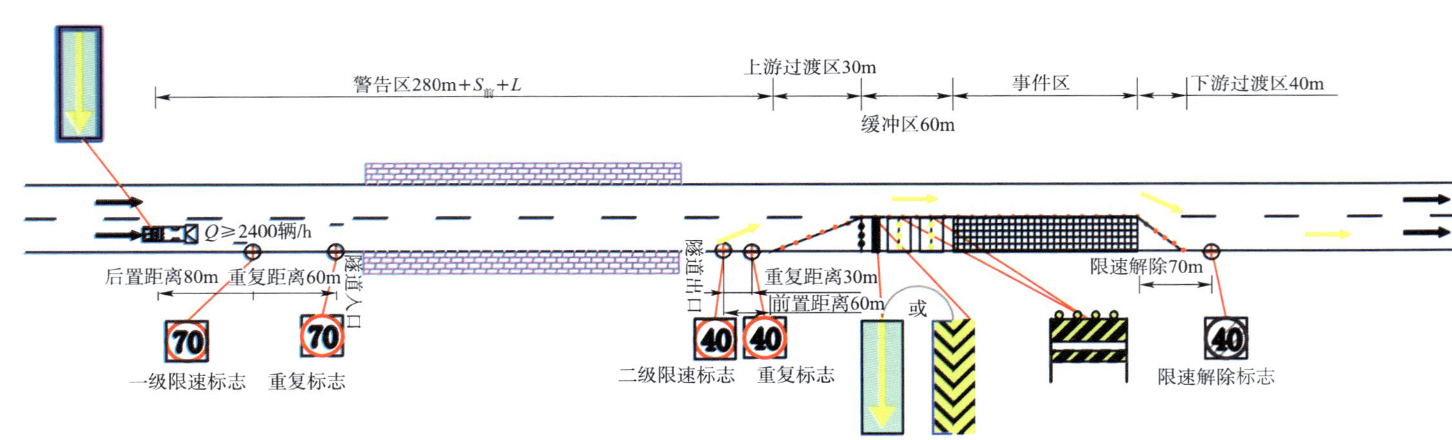

注：1. L为排队长度。

2. 当$S_1 < S_{施} < S_1 + L_{明}$，$S_{施} < S_2 < S_{隧} + S_{施} - L_{暗}$时，其中，$S_1$=150m，$L_{暗}=L_{明}$=280m，$S_2$=570m，即150m<$S_{施}$<430m，$S_{施} < S_2 < S_{隧} + S_{施}$−280m时，限速标志可以采用上图方式设置。

3. $S_{前}$为S_1与上游过渡区限速标志实际摆放位置与事件区距离的差值。

c)

图4.4　不排队或排队长度小于100m，事件发生位置距离隧道出口较近时限速设置（设计车速100km/h，隧道较短）

不排队或排队长度小于 100m,事件发生位置距离隧道出口较近时限速设置(设计车速 80km/h,隧道较短)见图 4.5。

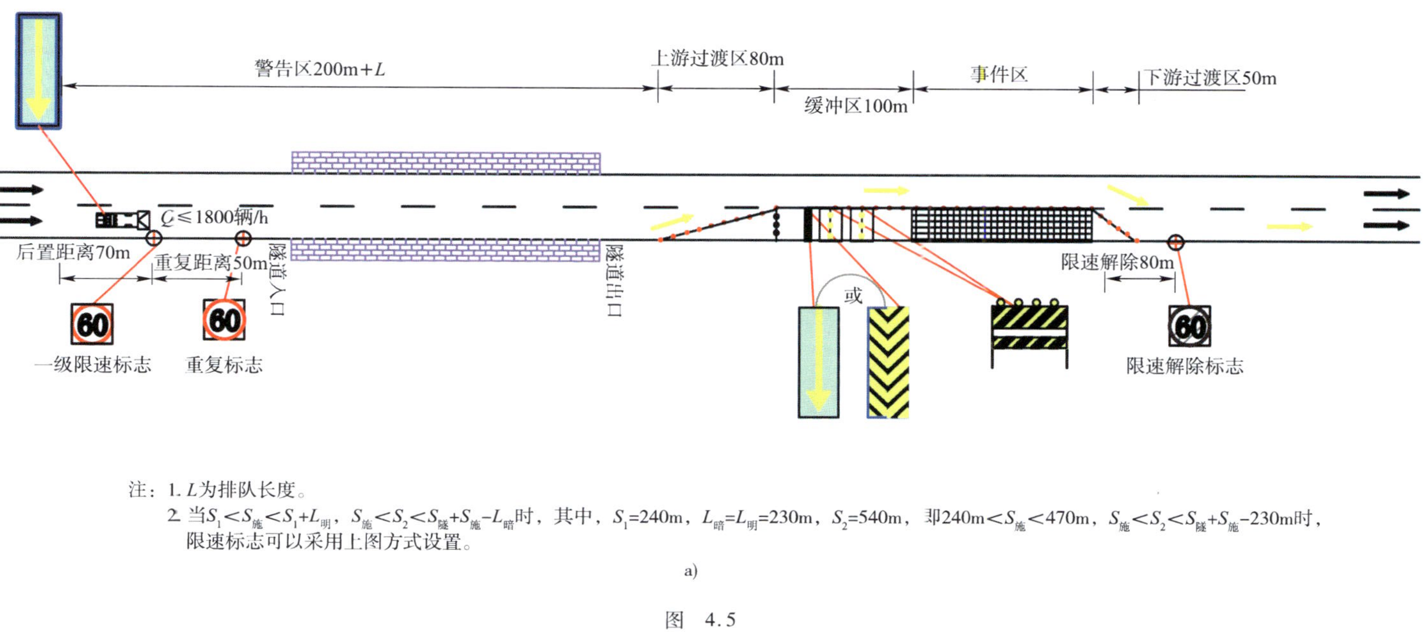

注：1. L为排队长度。

2. 当$S_1<S_{施}<S_1+L_{明}$，$S_{施}<S_2<S_{隧}+S_{施}-L_{暗}$时，其中，$S_1$=240m，$L_{暗}=L_{明}$=230m，$S_2$=540m，即240m$<S_{施}<$470m，$S_{施}<S_2<S_{隧}+S_{施}-$230m时，限速标志可以采用上图方式设置。

a)

图 4.5

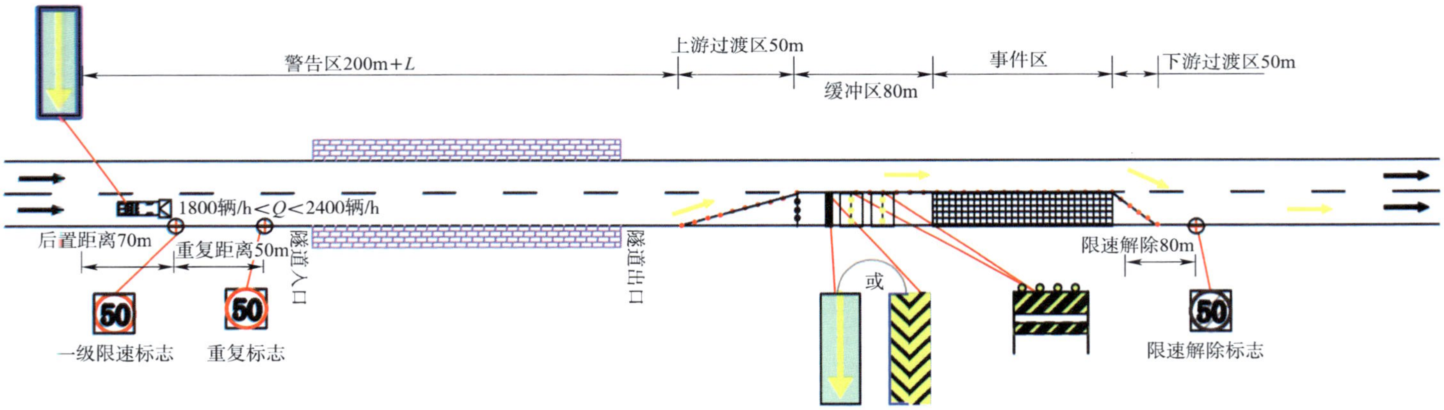

警告区200m+L
上游过渡区50m
缓冲区80m
事件区
下游过渡区50m
1800辆/h<Q<2400辆/h
后置距离70m
重复距离50m
隧道入口
隧道出口
或
限速解除80m
一级限速标志
重复标志
限速解除标志

注：1. L为排队长度。

2. 当$S_1<S_{施}<S_1+L_{明}$，$S_{施}<S_2<S_{隧}+S_{施}-L_{暗}$时，其中，$S_1=170m$，$L_{暗}=L_{明}=230m$，$S_2=490m$，即$170m<S_{施}<400m$，$S_{施}<S_2<S_{隧}+S_{施}-230m$时，限速标志可以采用上图方式设置。

b)

图 4.5

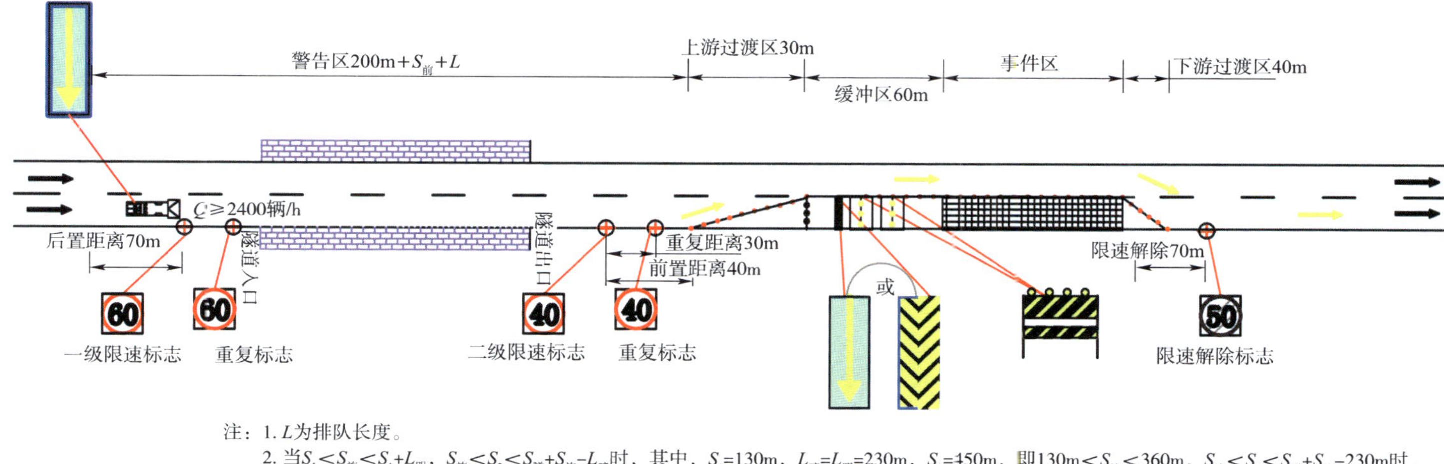

注：1. L为排队长度。

2. 当$S_1<S_{施}<S_1+L_{明}$，$S_{施}<S_2<S_{隧}+S_{施}-L_{暗}$时，其中，$S_1$=130m，$L_{暗}=L_{明}$=230m，$S_2$=450m，即130m<$S_{施}$<360m，$S_{施}<S_2<S_{隧}+S_{施}$-230m时，限速标志可以采用上图方式设置。

3. $S_{前}$为S_1与上游过渡区限速标志实际摆放位置与事件区距离的差值。

c)

图 4.5　不排队或排队长度小于100m，事件发生位置距离隧道出口较近时限速设置（设计车速80km/h，隧道较短）

不排队或排队长度小于 100m，事件发生位置距离隧道出口较近时限速设置（设计车速 60km/h，隧道较短）见图 4.6。

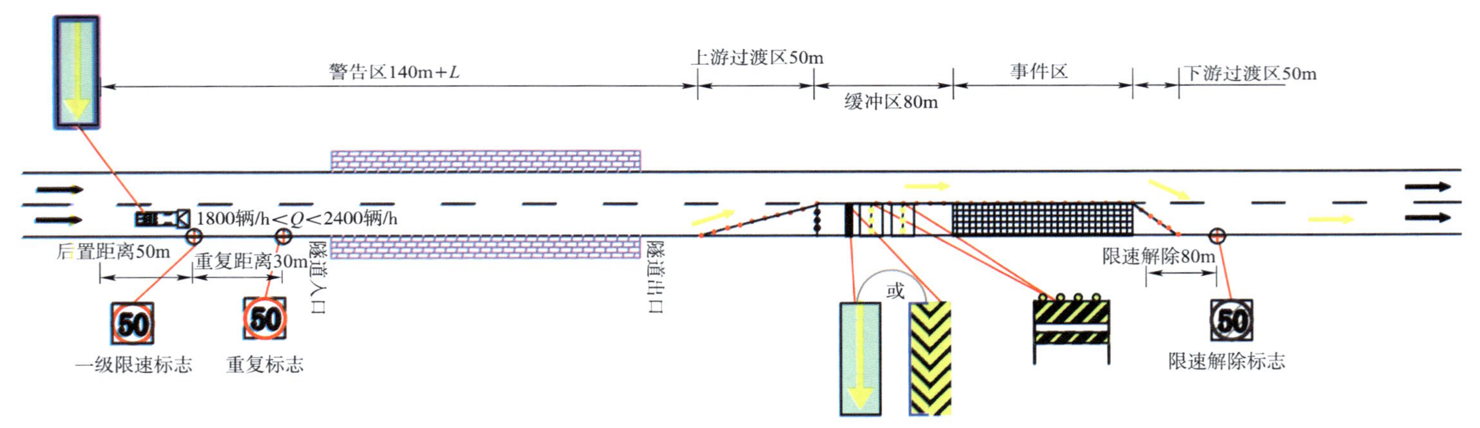

注：1. L为排队长度。

2. 当$S_1<S_{施}<S_1+L_{明}$，$S_{施}<S_2<S_{隧}+S_{施}-L_{暗}$时，其中，$S_1$=170m，$L_{暗}=L_{明}$=170m，$S_2$=390m，即170m$<S_{施}<$340m，$S_{施}<S_2<S_{隧}+S_{施}-L_{暗}$时，限速标志可以采用上图方式设置。

a)

图 4.6

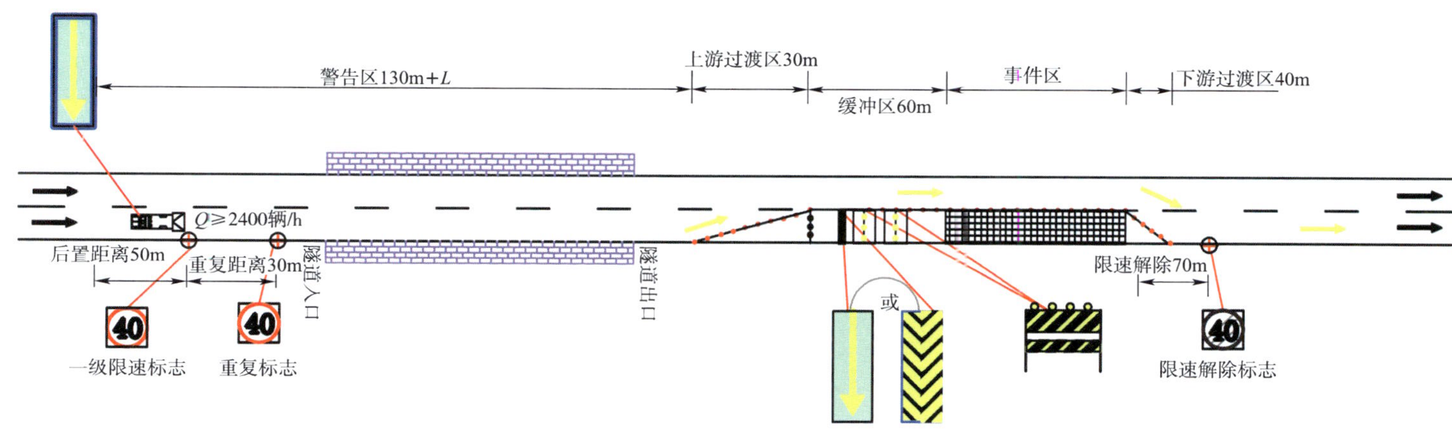

注：1. L为排队长度。

2. 当$S_1<S_{施}<S_1+L_{明}$，$S_{施}<S_2<S_{隧}+S_{施}-L_{暗}$时，其中，$S_1=120m$，$L_{暗}=L_{明}=170m$，$S_2=340m$，即$120m<S_{施}<290m$，$S_{施}<S_2<S_{隧}+S_{施}-170m$时，限速标志可以采用上图方式设置。

b)

图4.6　不排队或排队长度小于100m，事件发生位置距离隧道出口较近时限速设置（设计车速60km/h，隧道较短）

不排队或排队长度小于100m,事件发生位置距离隧道出口较近时限速设置(设计车速100km/h,隧道较长)见图4.7。

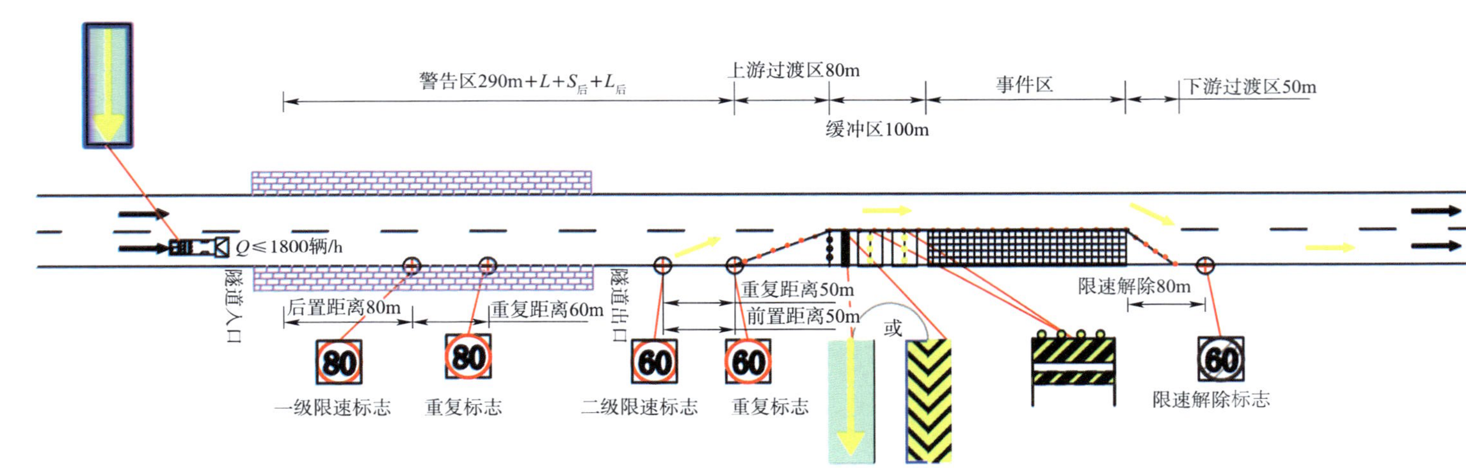

注：1. L为排队长度。

2. 当$S_1+L_{\text{暗}}<S_{\text{施}}<S_2$，$S_{\text{隧}}+S_{\text{施}}-L_{\text{暗}}<S_2<S_{\text{隧}}+S_{\text{施}}$时，其中，$S_1$=230m，$L_{\text{暗}}$=280m，$S_2$=670m+$L$，即510m<$S_{\text{施}}$<670m+$L$，$S_{\text{隧}}+S_{\text{施}}$-280m<$S_2<S_{\text{隧}}+S_{\text{施}}$时，限速标志可以采用上图方式设置。

3. $S_{\text{后}}$为警告区限速标志的实际摆放位置距离事件区的距离与S_2的差值；$L_{\text{后}}$为后置位置。

a)

图 4.7

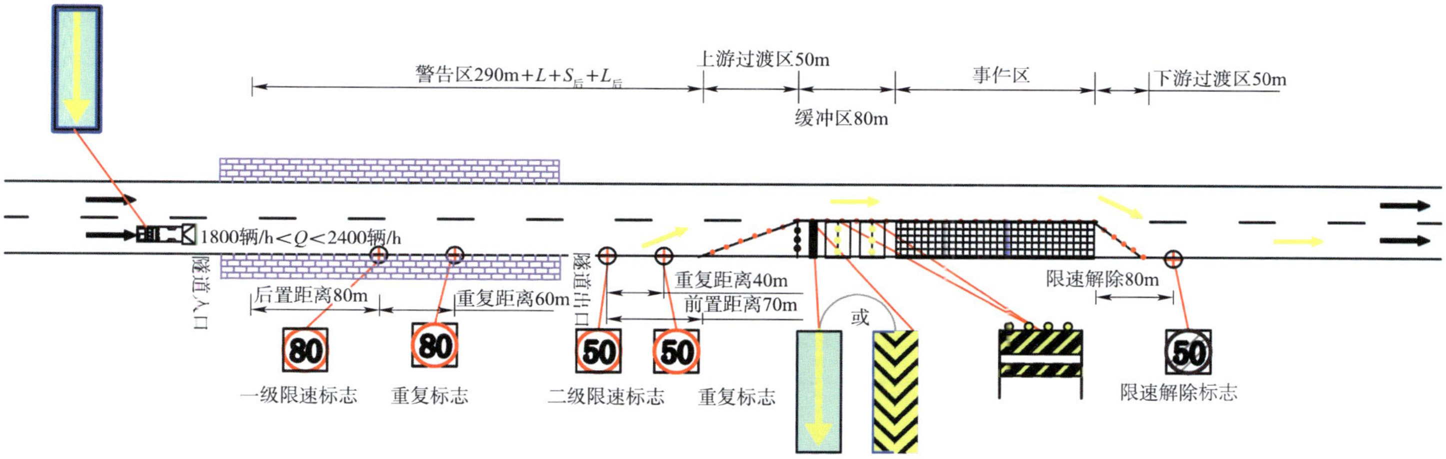

注：1. L为排队长度。

2. 当$S_1+L_暗<S_施<S_2$，$S_隧+S_施-L_暗<S_2<S_隧+S_施$时，其中，S_1=200m，$L_暗$=280m，S_2=620m+L，即480m<$S_施$<620m+L，$S_隧+S_施$−280m<$S_2<S_隧+S_施$时，限速标志可以采用上图方式设置。

3. $S_后$为警告区限速标志的实际摆放位置距离事件区的距离与S_2的差值；$L_后$为后置位置。

b)

图 4.7

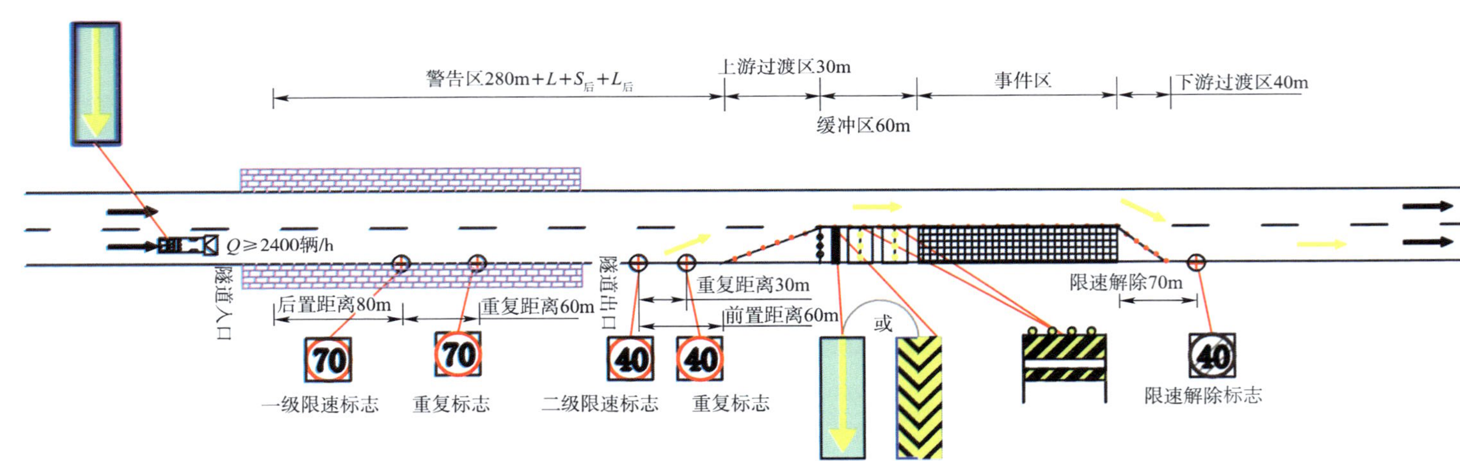

注：1. L为排队长度。

2. 当$S_1+L_{暗}<S_{施}<S_2$，$S_{隧}+S_{施}-L_{暗}<S_2<S_{隧}+S_{施}$时，其中，$S_1=150\text{m}$，$L_{暗}=280\text{m}$，$S_2=570\text{m}+L$，即$430\text{m}<S_{施}<570\text{m}+L$，$S_{隧}+S_{施}-280\text{m}<S_2<S_{隧}+S_{施}$时，限速标志可以采用上图方式设置。

3. $S_{后}$为警告区限速标志的实际摆放位置距离事件区的距离与S_2的差值；$L_{后}$为后置位置。

c)

图4.7　不排队或排队长度小于100m，事件发生位置距离隧道出口较近时限速设置（设计车速100km/h，隧道较长）

不排队或排队长度小于 100m，事件发生位置距离隧道出口较近时限速设置（设计车速 80km/h，隧道较长）见图 4.8。

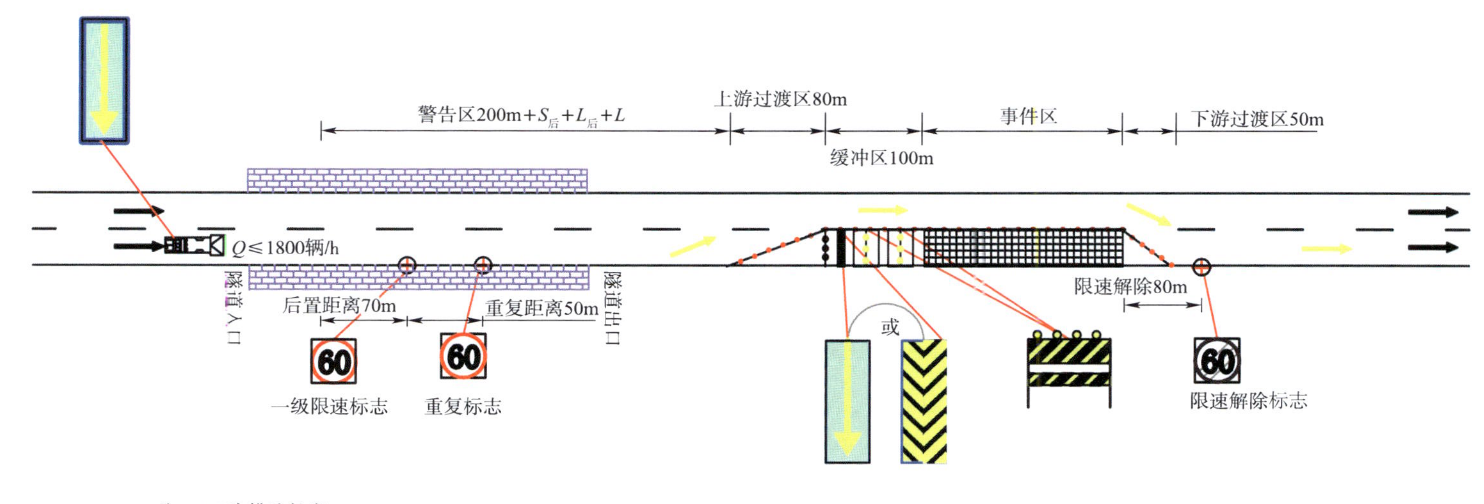

注：1. L为排队长度。

2. 当$S_1+L_暗<S_施<S_2$，$S_隧+S_施-L_暗<S_2<S_隧+S_施$时，其中，$S_1=240m$，$L_暗=230m$，$S_2=540m+L$，即$470m<S_施<540m+L$，$S_隧+S_施-230m<S_2<S_隧+S_施$时，限速标志可以采用上图方式设置。

3. $S_后$为警告区限速标志的实际摆放位置距事件区的距离与S_2的差值；$L_后$为后置位置。

a)

图　4.8

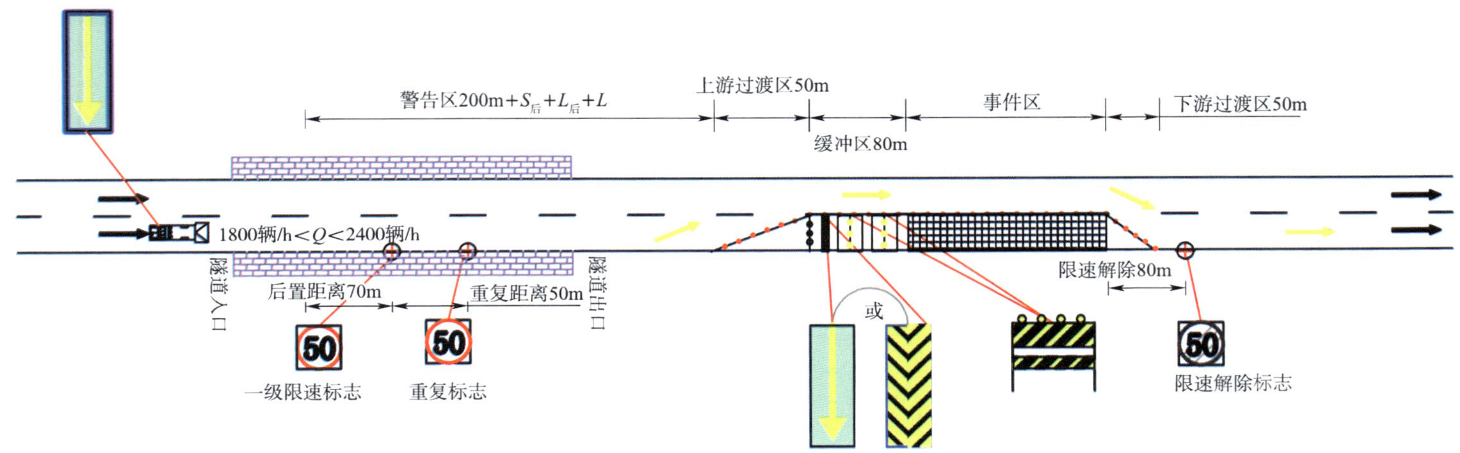

注：1. L为排队长度。

2. 当$S_1+L_暗<S_施<S_2$，$S_隧+S_施-L_暗<S_2<S_施+S_隧$时，其中，S_1=170m，$L_暗$=230m，S_2=490m+L，即400m<$S_施$<490m+L，$S_隧+S_施$-230m<$S_2+S_隧+S_施$时，限速标志可以采用上图方式设置。

3. $S_后$为警告区限速标志的实际摆放位置距事件区的距离与S_2的差值；$L_后$为后置位置。

b)

图 4.8

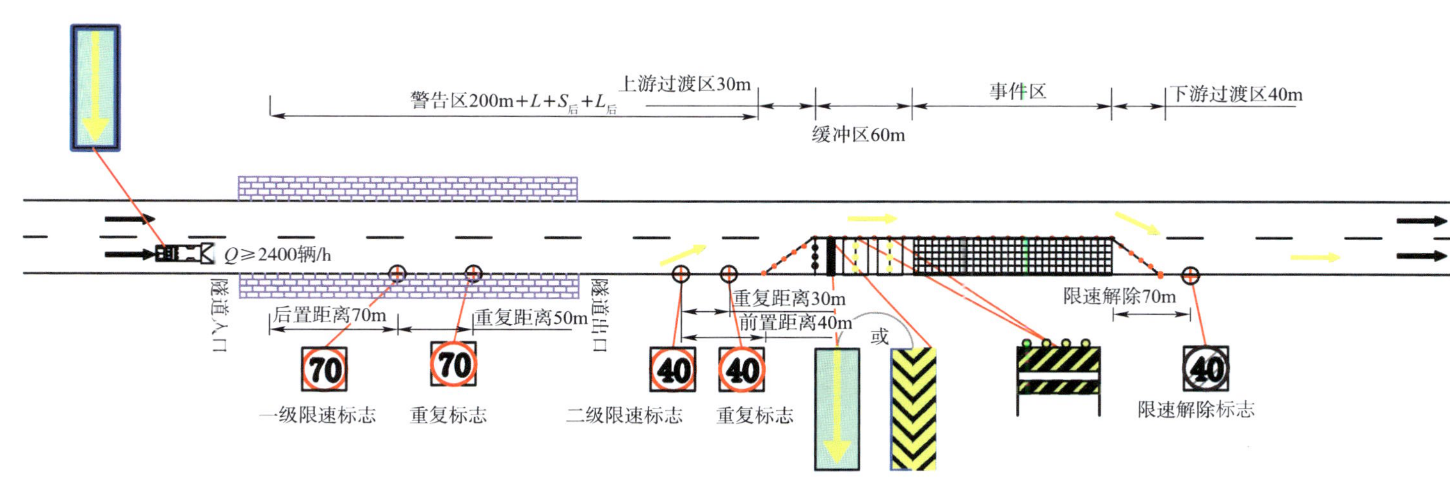

注：1. L为排队长度。

2. 当$S_1+L_{暗}<S_{施}<S_2$，$S_{隧}+S_{施}-L_{暗}<S_2<S_{施}+S_{隧}$时，其中，$S_1$=130m，$L_{暗}$=230m，$S_2$=450m+$L$，即360m<$S_{施}$<450m+$L$，$S_{隧}+S_{施}$-230m<$S_2$<$S_{隧}+S_{施}$时，限速标志可以采用上图方式设置。

3. $S_{后}$为警告区限速标志的实际摆放位置距事件区的距离与S_2的差值；$L_{后}$为后置位置。

c)

图 4.8　不排队或排队长度小于100m，事件发生位置距离隧道出口较近时限速设置（设计车速 80km/h，隧道较长）

不排队或排队长度小于100m,事件发生位置距离隧道出口较近时限速设置(设计车速60km/h,隧道较长)见图4.9。

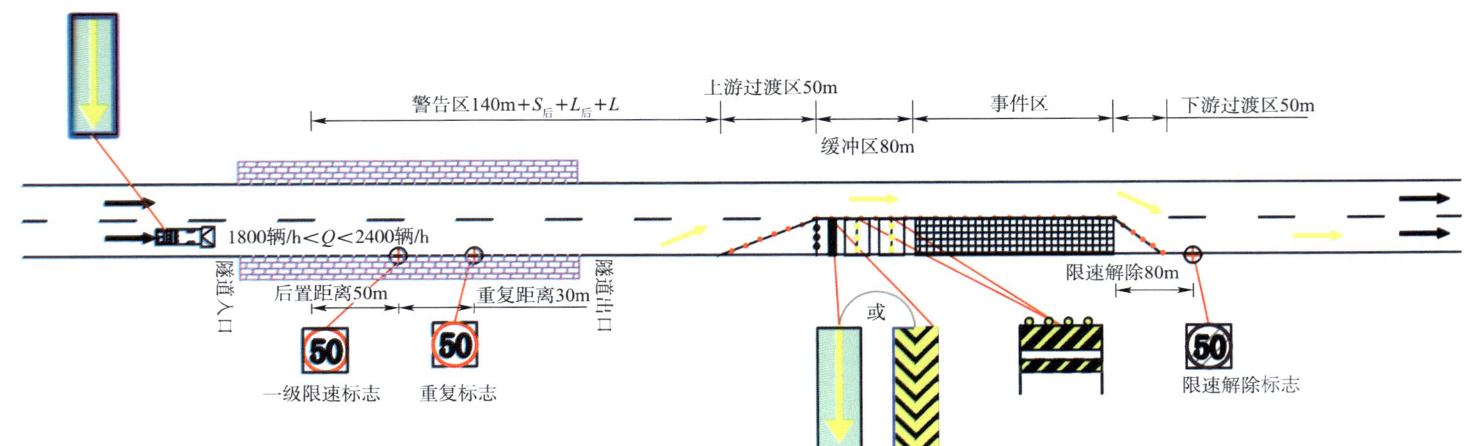

注：1. L为排队长度，当排队长度较长（>100m）且排队长度逐渐增加时，采用车载式限速标志或可移动限速标志。

2. 当$S_1+L_{暗}<S_{施}<S_2$，$S_{隧}+S_{施}>S_2>S_{施}>S_{隧}-L_{暗}$时，其中，$S_1$=170m，$L_{暗}$=170m，$S_2$=390m+$L$，即340m<$S_{施}$<390m+$L$，$S_{隧}+S_{施}-170m<S_2<S_{隧}+S_{施}$时，限速标志可以采用上图方式设置。

3. $S_{后}$为警告区限速标志的实际摆放位置距事件区的距离与S_2的差值；$L_{后}$为后置位置。

a)

图 4.9

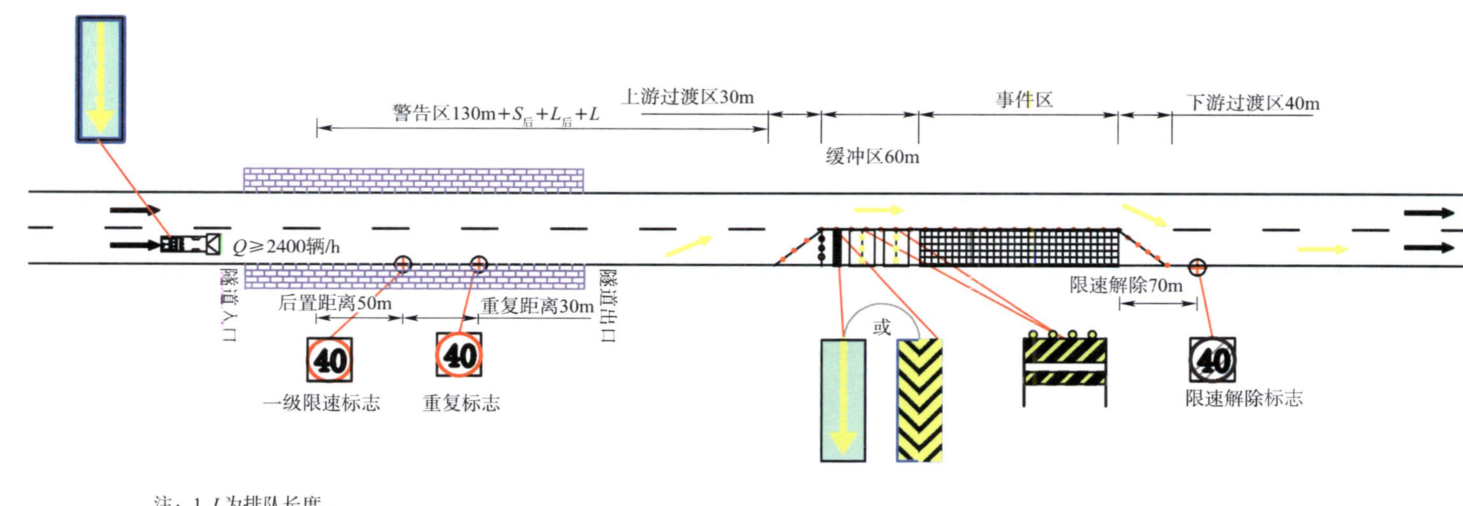

注：1. L为排队长度。

2. 当$S_2 > S_{施} > S_1 + L_{暗}$，$S_{隧}+S_{施}-L_{暗} < S_2 < S_{施}+S_{隧}$时，其中，$S_1$=120m，$L_{暗}$=170m，$S_2$=340m+$L$，即290m<$S_{施}$<340m+$L$，$S_{隧}+S_{施}$−170m<$S_2$<$S_{隧}+S_{施}$时，限速标志可以采用上图方式设置。

3. $S_{后}$为警告区限速标志实际的摆放位置距事件区的距离与S_2的差值；$L_{后}$为后置位置。

b)

图4.9　不排队或排队长度小于100m，事件发生位置距离隧道出口较近时限速设置（设计车速60km/h，隧道较长）

4.2 排队长度大于 100m 且逐渐增加时限速标志设置

4.2.1 事件点距离隧道出口较远

排队长度大于 100m 且逐渐增加，排队尾部距离隧道口较远时一级限速设置（设计车速 100km/h，限速 60km/h）见图 4.10。

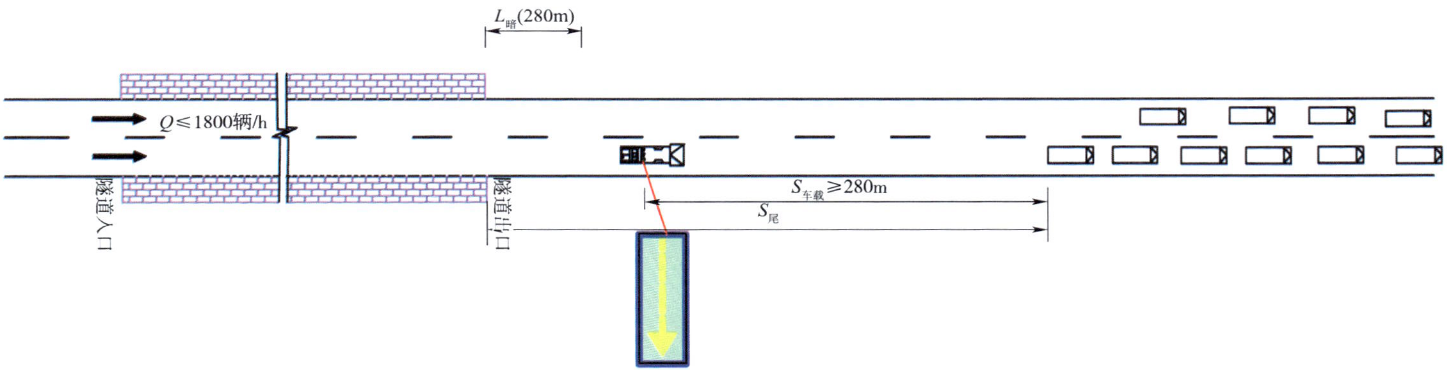

$L_{暗}$(280m)
$Q \leqslant 1800$辆/h
隧道入口
隧道出口
$S_{车载} \geqslant 280$m
$S_{尾}$

注：1. 排队长度较长(>100m)且排队长度逐渐增加时，采用车载式限速标志或可移动限速标志。

2. 当$S_{尾} > S_{大}$或$S_{小} < S_{尾} < S_{大}$时，其中，$S_{大}$=280m，$S_{小}$=1180m，即$S_{尾}$>1180m或280m<$S_{尾}$<1180m时，限速标志可以如上图方法设置。

图 4.10 排队长度大于 100m 且逐渐增加，排队尾部距离隧道口较远时一级限速设置（设计车速 100km/h，限速 60km/h）

排队长度大于 100m 且逐渐增加，排队尾部距离隧道口较远时一级限速设置（设计车速 100km/h，限速 50km/h）见图 4.11。

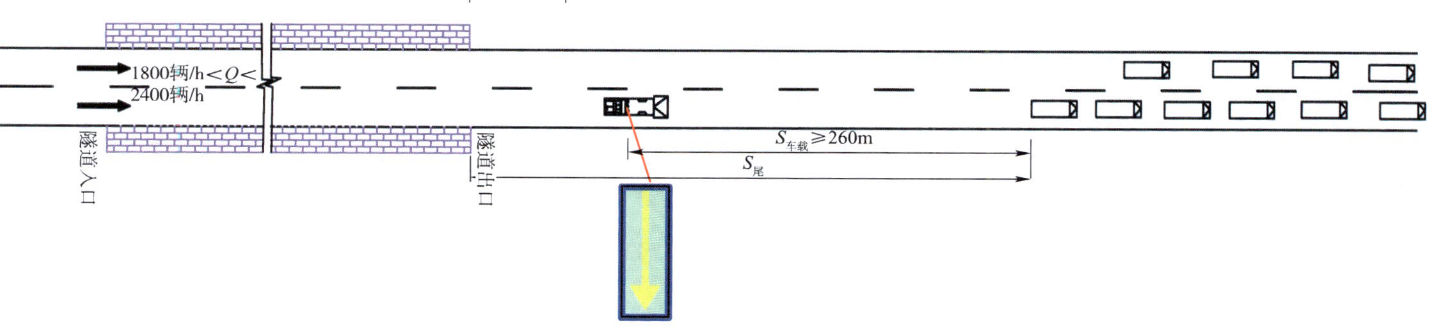

注：1. 排队长度较长(>100m)且排队长度逐渐增加时，采用车载式限速标志或可移动限速标志。
2. 当$S_{尾}>S_{大}$或$S_{小}<S_{尾}<S_{大}$时，其中，$S_{小}$=270m，$S_{大}$=1190m，即$S_{尾}$>1190m或270m<$S_{尾}$<1190m时，限速标志可以如上图方法设置。

图 4.11　排队长度大于 100m 且逐渐增加，排队尾部距离隧道口较远时一级限速设置（设计车速 100km/h，限速 50km/h）

排队长度大于 100m 且逐渐增加，排队尾部距离隧道口较远时一级限速设置（设计车速 100km/h，限速 40km/h）见图 4.12。

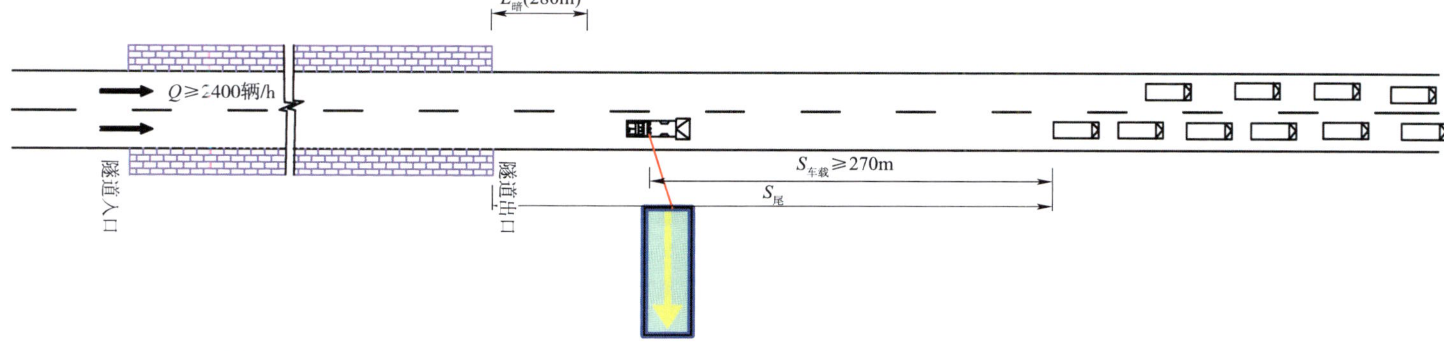

注：1. 排队长度较长(>100m)且排队长度逐渐增加时，采用车载式限速标志或可移动限速标志。
2. 当$S_{尾}>S_{大}$或$S_{小}<S_{尾}<S_{大}$时，其中，$S_{小}$=680m，$S_{大}$=1210m，即$S_{尾}$>1210m或260m<$S_{尾}$<1210m时，限速标志可以如上图方法设置。

图 4.12　排队长度大于 100m 且逐渐增加，排队尾部距离隧道口较远时一级限速设置（设计车速 100km/h，限速 40km/h）

排队长度大于 100m 且逐渐增加，排队尾部距离隧道口较远时一级限速设置（设计车速 80km/h，限速 60km/h）见图 4.13。

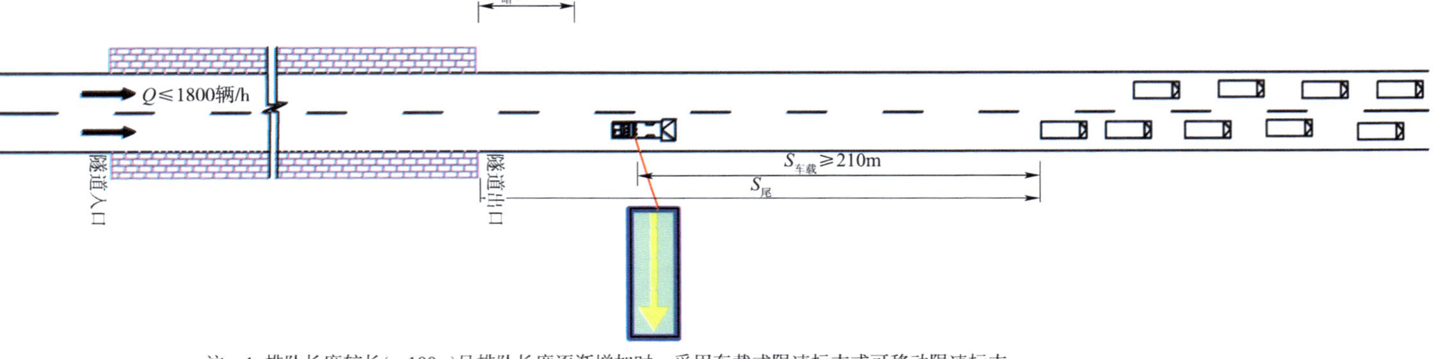

注：1. 排队长度较长(>100m)且排队长度逐渐增加时，采用车载式限速标志或可移动限速标志。
2. 当$S_{尾}>S_{大}$或$S_{小}<S_{尾}<S_{大}$时，其中，$S_{小}$=210m，$S_{大}$=1100m，即$S_{尾}$>1100m或210m<$S_{尾}$<1100m时，限速标志可以如上图方法设置。

图 4.13　排队长度大于 100m 且逐渐增加，排队尾部距离隧道口较远时一级限速设置（设计车速 80km/h，限速 60km/h）

排队长度大于 100m 且逐渐增加，排队尾部距离隧道口较远时一级限速设置（设计车速 80km/h，限速 50km/h）见图 4.14。

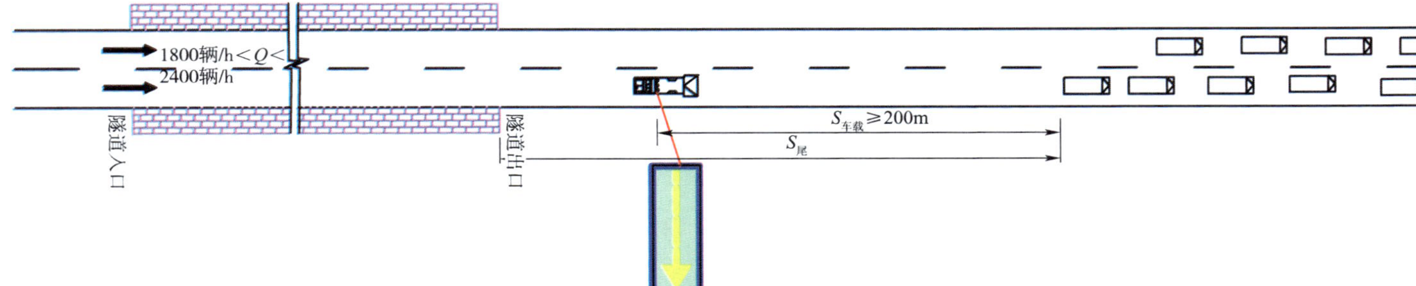

注：1. 排队长度较长(>100m)且排队长度逐渐增加时，采用车载式限速标志或可移动限速标志。
2. 当$S_{尾}>S_{大}$或$S_{小}<S_{尾}<S_{大}$时，其中，$S_{小}$=200m，$S_{大}$=1120m，即$S_{尾}$>1120m或200m<$S_{尾}$<1120m时，限速标志可以如上图方法设置。

图 4.14　排队长度大于 100m 且逐渐增加，排队尾部距离隧道口较远时一级限速设置（设计车速 80km/h，限速 50km/h）

排队长度大于 100m 且逐渐增加，排队尾部距离隧道口较远时一级限速设置（设计车速 80km/h，限速 40km/h）见图 4.15。

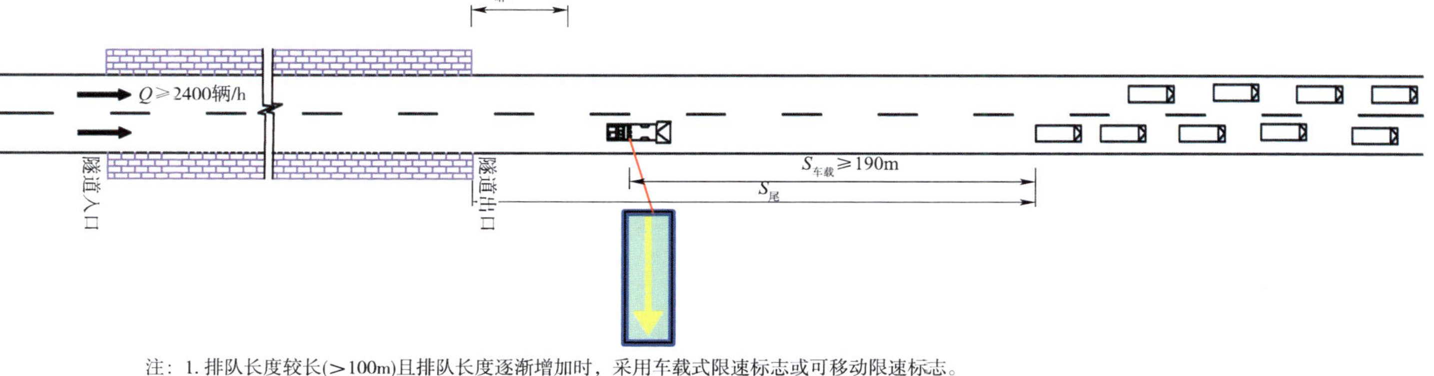

注：1. 排队长度较长(>100m)且排队长度逐渐增加时，采用车载式限速标志或可移动限速标志。
2. 当$S_{尾}>S_{大}$或$S_{小}<S_{尾}<S_{大}$时，其中，$S_{小}$=190m，$S_{大}$=1140m，即$S_{尾}>$1140m或190m$<S_{尾}<$1140m时，限速标志可如上图方法设置。

图 4.15　排队长度大于 100m 且逐渐增加，排队尾部距离隧道口较远时一级限速设置（设计车速 100km/h，限速 40km/h）

排队长度大于 100m 且逐渐增加，排队尾部距离隧道口较远时一级限速设置（设计车速 60km/h，限速 50km/h）见图 4.16。

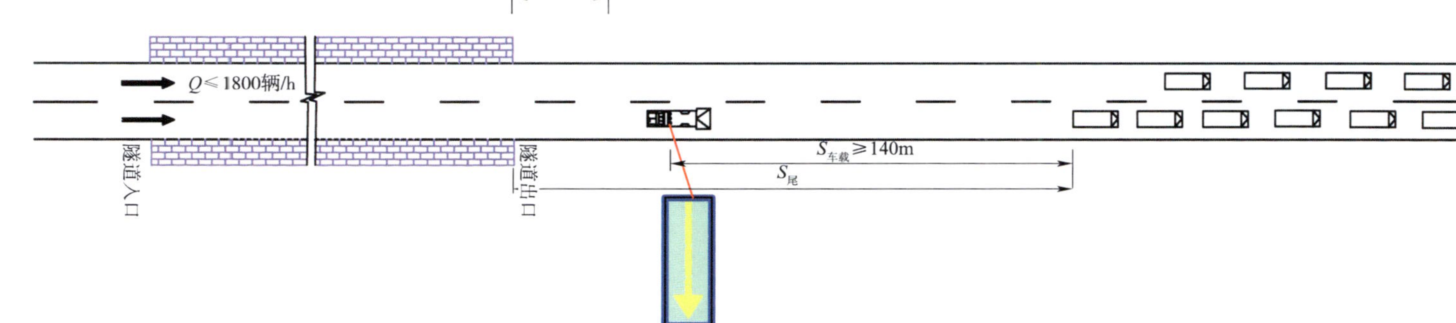

注：1. 排队长度较长(>100m)且排队长度逐渐增加时，采用车载式限速标志或可移动限速标志。
2. 当$S_{尾}>S_{大}$或$S_{小}<S_{尾}<S_{大}$时，其中，$S_{小}$=140m，$S_{大}$=1060m，即$S_{尾}>$1060m，或140m$<S_{尾}<$1060m时，限速标志可如上图方法设置。

图 4.16　排队长度大于 100m 且逐渐增加，排队尾部距离隧道口较远时一级限速设置（设计车速 100km/h，限速 50km/h）

排队长度大于 100m 且逐渐增加，排队尾部距离隧道口较远时一级限速设置（设计车速 100km/h，限速 40km/h）见图 4.17。

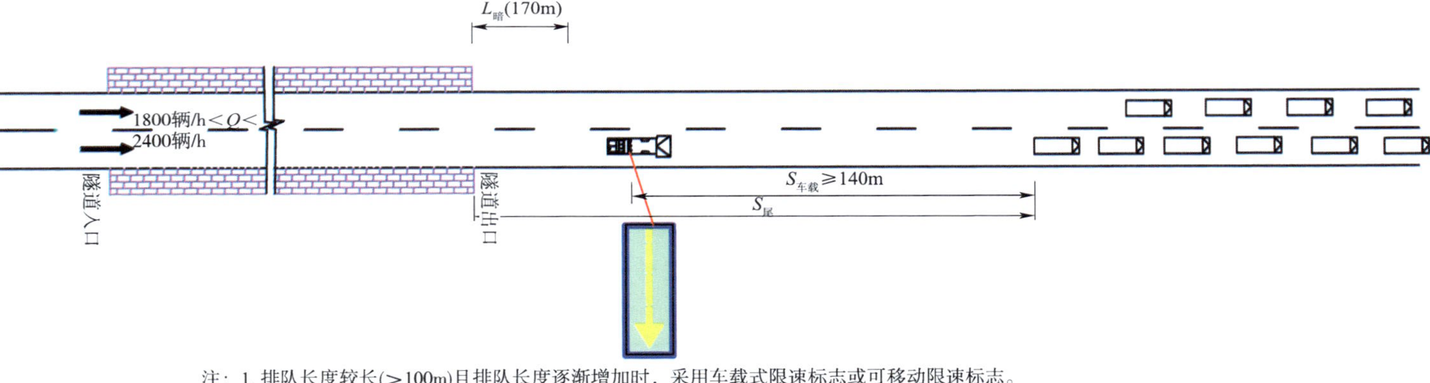

注：1. 排队长度较长(＞100m)且排队长度逐渐增加时，采用车载式限速标志或可移动限速标志。
2. 当$S_{尾}>S_{大}$或$S_{小}<S_{尾}<S_{大}$时，其中，$S_{小}$=140m，$S_{大}$=1080m，即$S_{尾}$>1080m或140m<$S_{尾}$<1080m时，限速标志可如上图方法设置。

图 4.17　排队长度大于 100m 且逐渐增加，排队尾部距离隧道口较远时一级限速设置（设计车速 100km/h，限速 40km/h）

4.2.2 事件点距离隧道出口较近

排队长度大于 100m 且逐渐增加，排队尾部距离隧道口较近时限速设置（排队尾部与隧道口的距离大于停车视距，隧道为短隧道，设计速度 100km/h，限速 60km/h）见图 4.18。

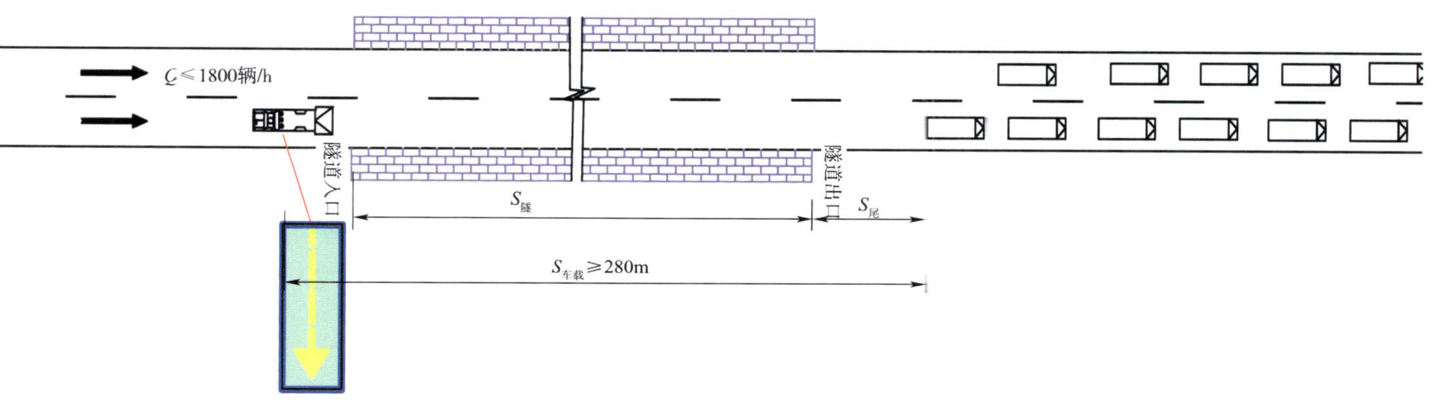

注：1. 排队长度较长(>100m)且排队长度逐渐增加时，采用车载式限速标志或可移动限速标志。

2. 当$S_{停}<S_{尾}<S_{小}$，$S_{小}<S_{尾}+S_{隧}<S_{大}$，其中，$S_{停}$=240m，$S_{小}$=280m，$S_{大}$=1180m，即240m<$S_{尾}$<280m，230m<$S_{尾}+S_{隧}$<1180m时，限速标志设置在隧道入口处，不调整停车反应时间，可如上图方法设置。

图 4.18　排队长度大于 100m 且逐渐增加，排队尾部距离隧道口较近时限速设置（排队尾部与隧道口的距离大于停车视距，隧道为短隧道，设计速度 100km/h，限速 60km/h）

排队长度大于100m且逐渐增加,排队尾部距离隧道口较近时限速设置(排队尾部与隧道口的距离大于停车视距,隧道为短隧道,设计速度100km/h,限速50km/h)见图4.19。

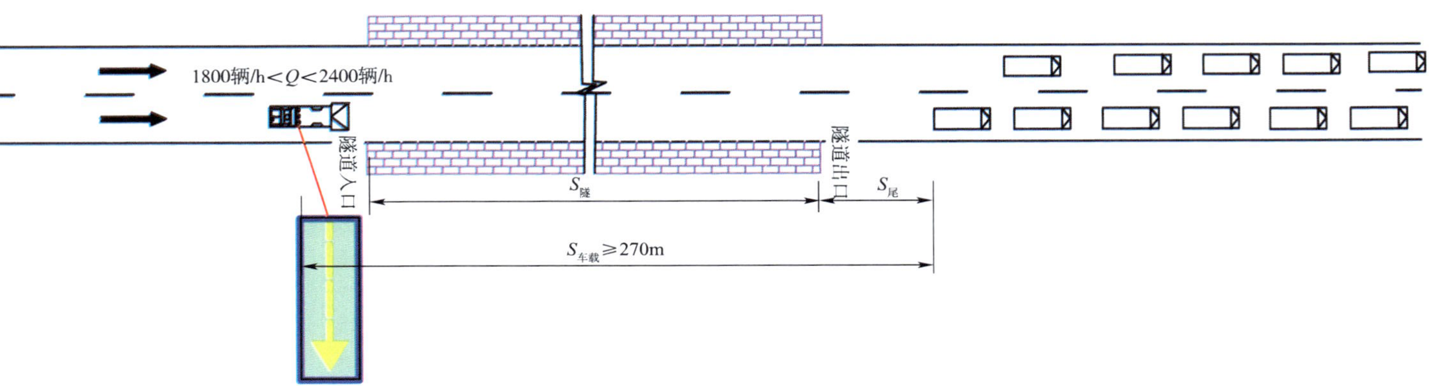

注:1. 排队长度较长(>100m)且排队长度逐渐增加时,采用车载式限速标志或可移动限速标志。

2. 当$S_{停}<S_{尾}<S_{小}$,$S_{小}<S_{尾}+S_{隧}<S_{大}$,其中,$S_{停}$=240m,$S_{小}$=270m,$S_{大}$=1190m,即240m<$S_{尾}$<270m,270m<$S_{尾}+S_{隧}$<1190m时,限速标志设置在隧道入口处,不调整停车反应时间,可如上图方法设置。

图4.19 排队长度大于100m且逐渐增加,排队尾部距离隧道口较近时限速设置(排队尾部与隧道口的距离大于停车视距,隧道为短隧道,设计速度100km/h,限速50km/h)

排队长度大于 100m 且逐渐增加，排队尾部距离隧道口较近时限速设置（排队尾部与隧道口的距离大于停车视距，隧道为短隧道，设计速度 100km/h，限速 40km/h）见图 4.20。

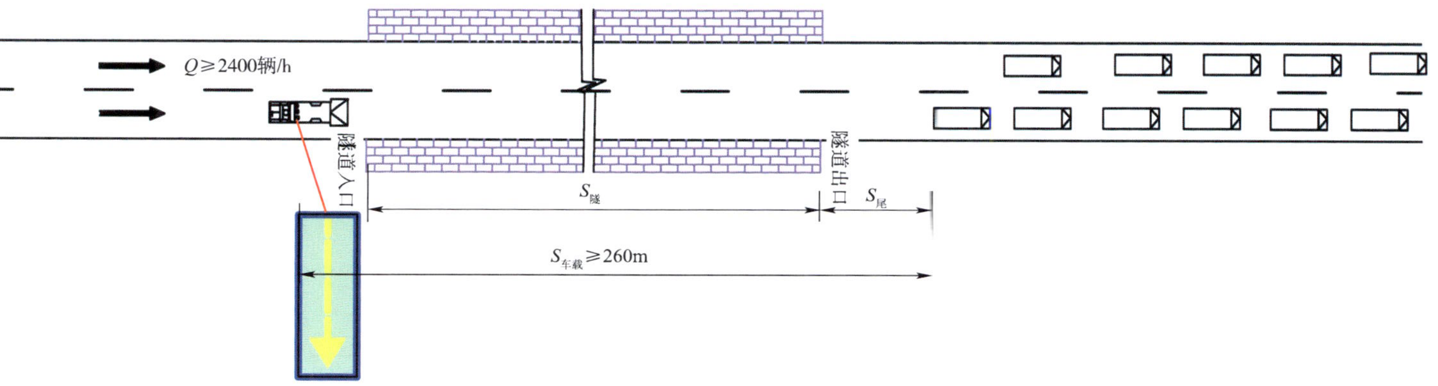

注：1. 排队长度较长(>100m)且排队长度逐渐增加时，采用车载式限速标志或可移动限速标志。

2. 当$S_{停}<S_{尾}<S_{小}$，$S_{小}<S_{尾}+S_{隧}<S_{大}$，其中，$S_{停}$=240m，$S_{小}$=260m，$S_{大}$=1210m，即240m<$S_{尾}$<260m，260m<$S_{尾}+S_{隧}$<1210m时，限速标志设置在隧道入口处，不调整停车反应时间，可如上图方法设置。

图 4.20 排队长度大于 100m 且逐渐增加，排队尾部距离隧道口较近时限速设置（排队尾部与隧道口的距离大于停车视距，隧道为短隧道，设计速度 100km/h，限速 40km/h）

排队长度大于100m且逐渐增加，排队尾部距离隧道口较近时限速设置（排队尾部与隧道口的距离大于停车视距，隧道为短隧道，设计速度80km/h，限速60km/h）见图4.21。

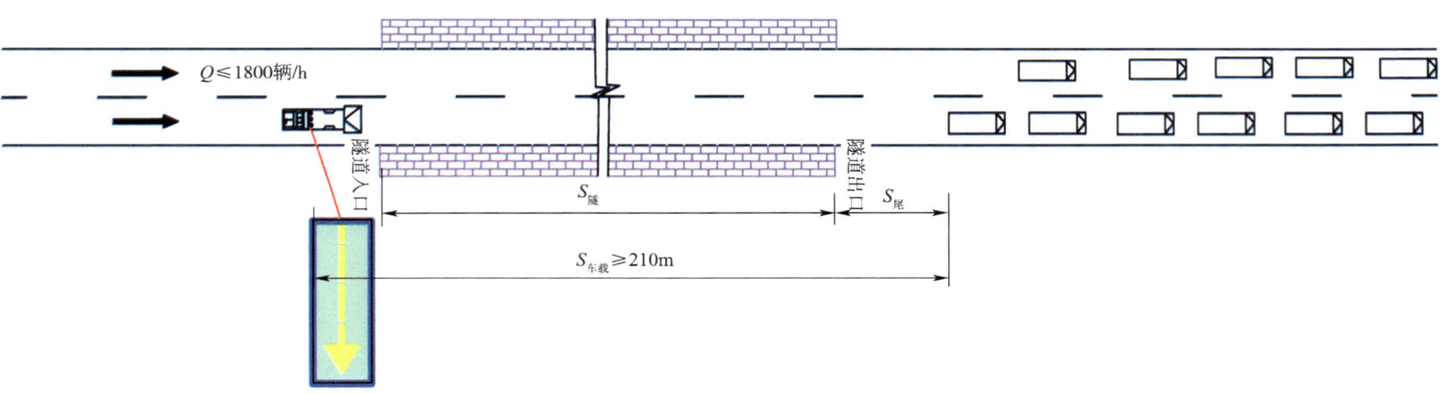

注：1. 排队长度较长(>100m)且排队长度逐渐增加时，采用车载式限速标志或可移动限速标志。
2. 当$S_{停}<S_{尾}<S_{小}$，$S_{小}<S_{尾}+S_{隧}<S_{大}$，其中，$S_{停}=170m$，$S_{小}=210m$，$S_{大}=1100m$，即$170m<S_{尾}<210m$，$210m<S_{尾}+S_{隧}<1100m$时，限速标志设置在隧道入口处，不调整停车反应时间，可如上图方法设置。

图4.21　排队长度大于100m且逐渐增加，排队尾部距离隧道口较近时限速设置（排队尾部与隧道口的距离大于停车视距，隧道为短隧道，设计速度80km/h，限速60km/h）

排队长度大于 100m 且逐渐增加，排队尾部距离隧道口较近时限速设置（排队尾部与隧道口的距离大于停车视距，隧道为短隧道，设计速度 80km/h，限速 50km/h）见图 4.22。

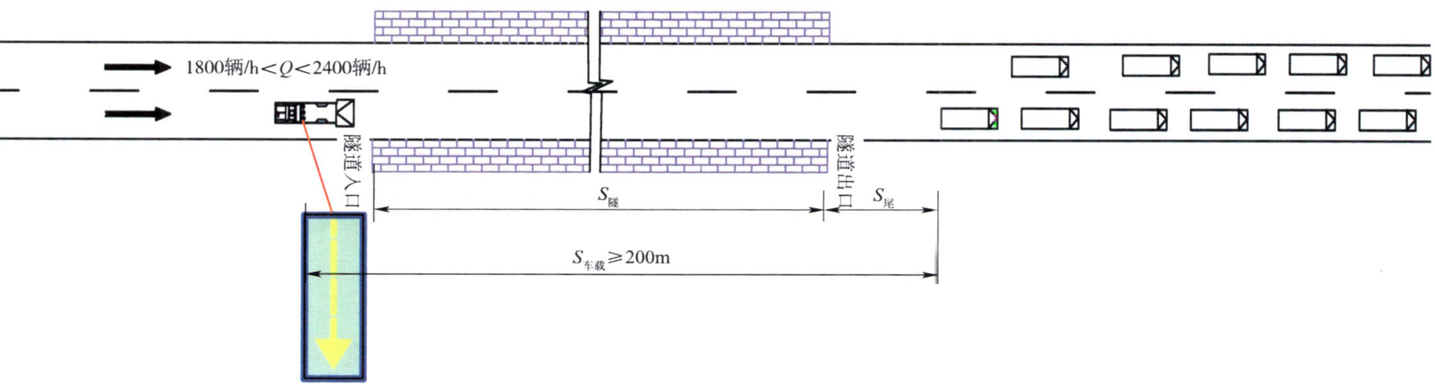

注：1. 排队长度较长(>100m)且排队长度逐渐增加时，采用车载式限速标志或可移动限速标志。

2. 当$S_{停}<S_{尾}<S_{小}$，$S_{小}<S_{尾}+S_{隧}<S_{大}$，其中，$S_{停}$=170m，$S_{小}$=200m，$S_{大}$=1120m，即170m<$S_{尾}$<200m，200m<$S_{尾}+S_{隧}$<1120m时，限速标志设置在隧道入口处，不调整停车反应时间，可如上图方法设置。

图 4.22　排队长度大于 100m 且逐渐增加，排队尾部距离隧道口较近时限速设置（排队尾部与隧道口的距离大于停车视距，隧道为短隧道，设计速度 80km/h，限速 50km/h）

排队长度大于 100m 且逐渐增加，排队尾部距离隧道口较近时限速设置（排队尾部与隧道口的距离大于停车视距，隧道为短隧道，设计速度 80km/h，限速 40km/h）见图 4.23。

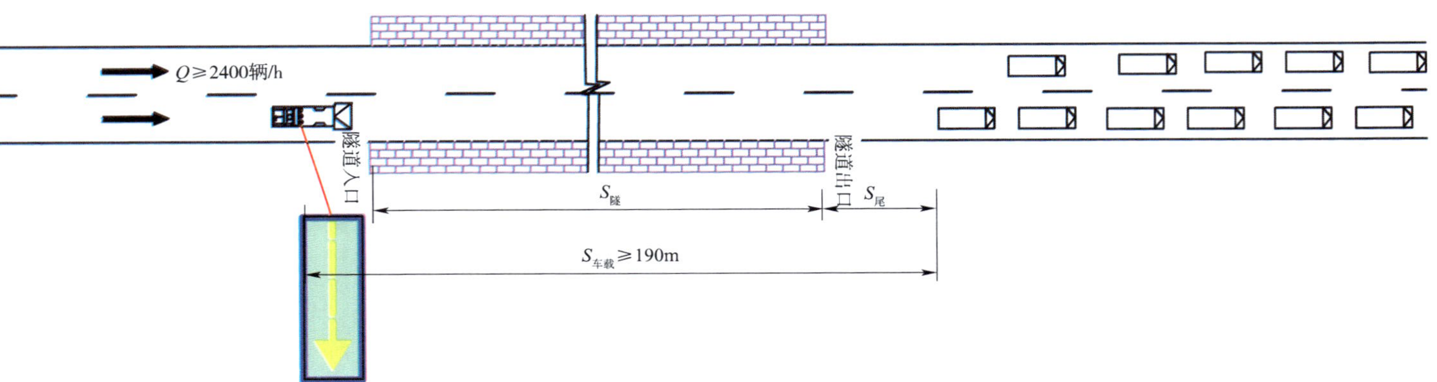

注：1. 排队长度较长（>100m）且排队长度逐渐增加时，采用车载式限速标志或可移动限速标志。
2. 当$S_{停}<S_{尾}<S_{小}$，$S_{小}<S_{尾}+S_{隧}<S_{大}$，其中，$S_{停}$=170m，$S_{小}$=190m，$S_{大}$=1140m，即170m<$S_{尾}$<190m，190m<$S_{尾}+S_{隧}$<1140m时，限速标志设置在隧道入口处，不调整停车反应时间，可如上图方法设置。

图 4.23　排队长度大于 100m 且逐渐增加，排队尾部距离隧道口较近时限速设置（排队尾部与隧道口的距离大于停车视距，隧道为短隧道，设计速度 80km/h，限速 40km/h）

排队长度大于 100m 且逐渐增加,排队尾部距离隧道口较近时限速设置(排队尾部与隧道口的距离大于停车视距,隧道为短隧道,设计速度 60km/h,限速 50km/h)见图 4.24。

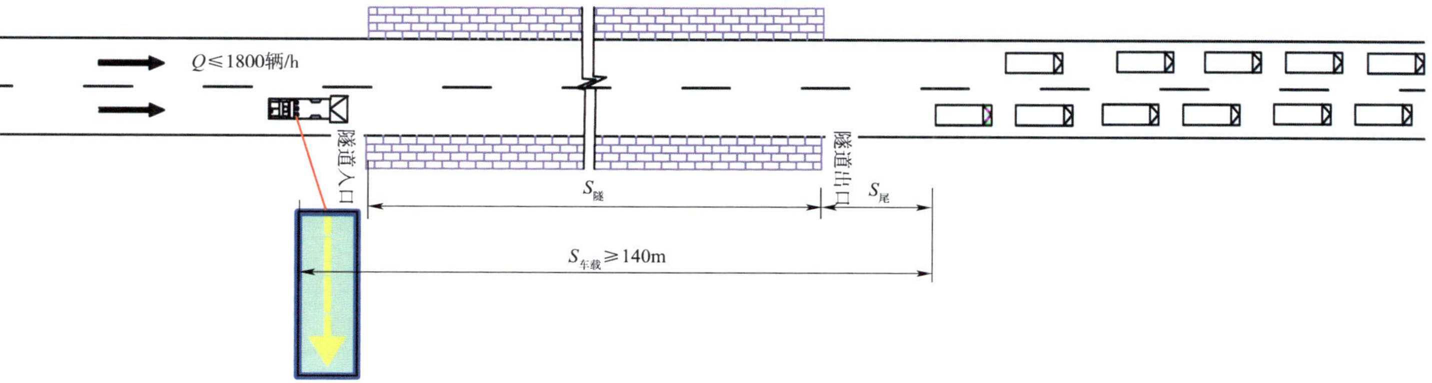

注:1. 排队长度较长(>100m)且排队长度逐渐增加时,采用车载式限速标志或可移动限速标志。
2. 当$S_{停}<S_{尾}<S_{小}$,$S_{小}<S_{尾}+S_{隧}<S_{大}$,其中,$S_{停}$=110m,$S_{小}$=140m,$S_{大}$=1060m,即110m<$S_{尾}$<140m,140m<$S_{尾}+S_{隧}$<1060m时,限速标志设置在隧道入口处,不调整停车反应时间,可如上图方法设置。

图 4.24　排队长度大于 100m 且逐渐增加,排队尾部距离隧道口较近时限速设置(排队尾部与隧道口的距离大于停车视距,隧道为短隧道,设计速度 60km/h,限速 50km/h)

排队长度大于 100m 且逐渐增加，排队尾部距离隧道口较近时限速设置（排队尾部与隧道口的距离大于停车视距，隧道为短隧道，设计速度 60km/h，限速 40km/h）见图 4.25。

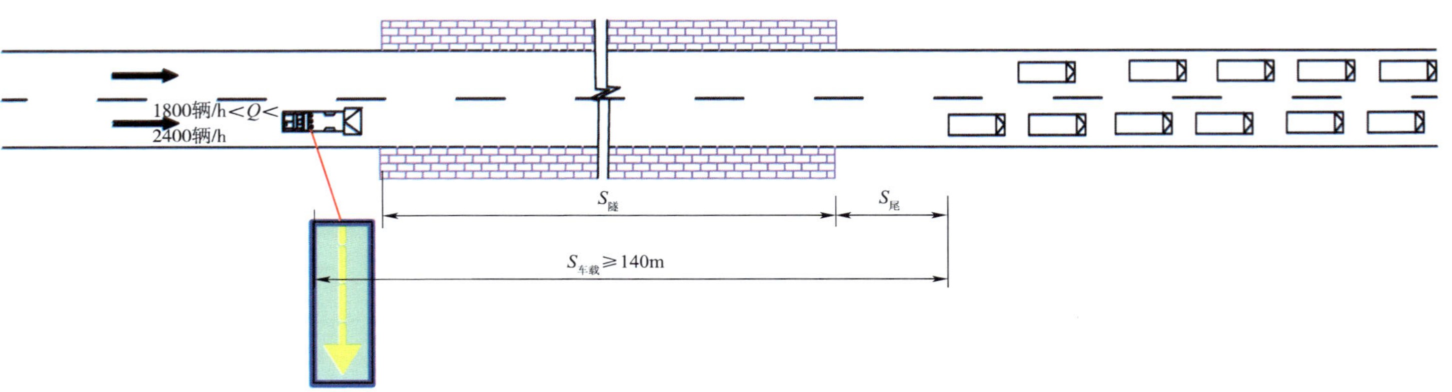

注：1. 排队长度较长(>100m)且排队长度逐渐增加时，采用车载式限速标志或可移动限速标志。
2. 当$S_{停}<S_{尾}<S_{小}$，$S_{小}<S_{尾}+S_{隧}<S_{大}$，其中，$S_{停}$=110m，$S_{小}$=140m，$S_{大}$=1080m，即110m<$S_{尾}$<140m，140m<$S_{尾}+S_{隧}$<1080m时，限速标志设置在隧道入口处，不调整停车反应时间，可如上图方法设置。

图 4.25 排队长度大于 100m 且逐渐增加，排队尾部距离隧道口较近时限速设置（排队尾部与隧道口的距离大于停车视距，隧道为短隧道，设计速度 60km/h，限速 40km/h）

排队长度大于 100m 且逐渐增加，排队尾部距离隧道口较近时限速设置（排队尾部与隧道口的距离小于停车视距，隧道为短隧道，设计速度 100km/h，限速 60km/h）见图 4.26。

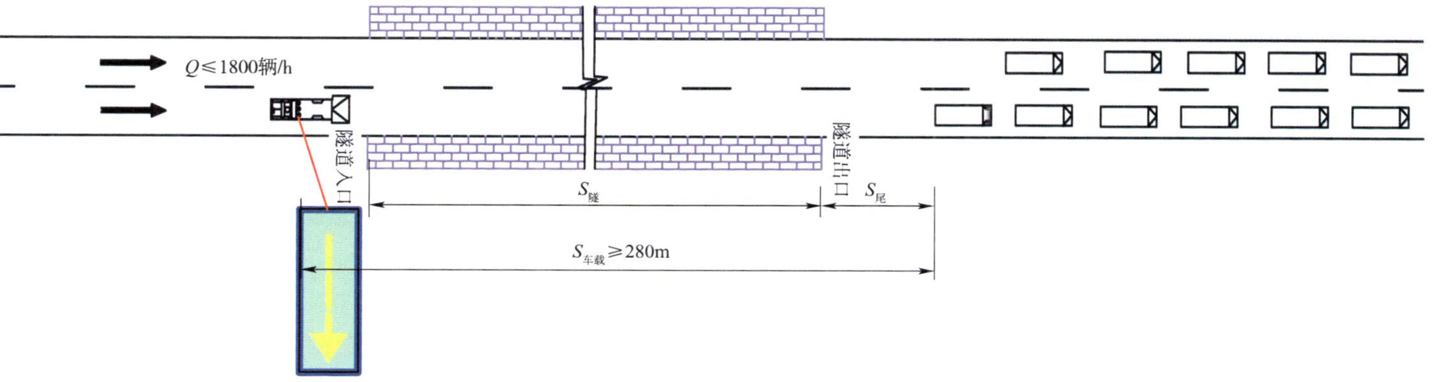

注：1. 排队长度较长（>100m）且排队长度逐渐增加时，采用车载式限速标志或可移动限速标志。
2. 当$S_{尾} < S_{停}$，$S_{小} < S_{尾} + S_{隧} < S_{大}$，其中，$S_{停}=510m$，$S_{小}=280m$，$S_{大}=1180m$，即$S_{尾} < 510m$，$280m < S_{尾} + S_{隧} < 1180m$时，限速标志设置在隧道入口处，调整停车反应时间，可如上图方法设置。

图 4.26 排队长度大于 100m 且逐渐增加，排队尾部距离隧道口较近时限速设置（排队尾部与隧道口的距离小于停车视距，隧道为短隧道，设计速度 100km/h，限速 60km/h）

排队长度大于 100m 且逐渐增加，排队尾部距离隧道口较近时限速设置(排队尾部与隧道口的距离小于停车视距，隧道为短隧道，设计速度 100km/h，限速 50km/h)见图 4.27。

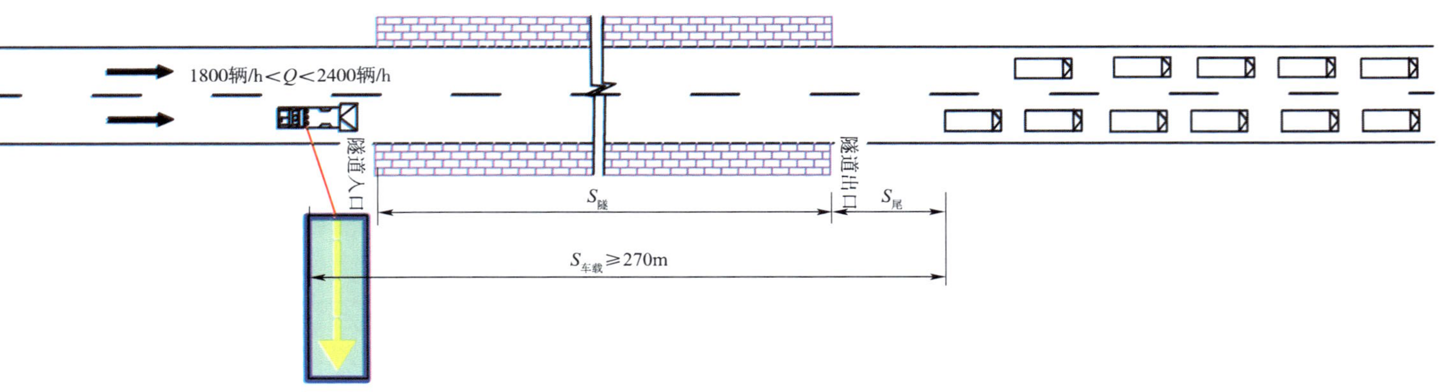

注：1. 排队长度较长(>100m)且排队长度逐渐增加时，采用车载式限速标志或可移动限速标志。
2. 当$S_{尾}<S_{停}$，$S_{小}<S_{尾}+S_{隧}<S_{大}$，其中，$S_{停}=510m$，$S_{小}=270m$，$S_{大}=1190m$，即$S_{尾}<510m$，$270m<S_{尾}+S_{隧}<1190m$时，限速标志设置在隧道入口处，调整停车反应时间，可如上图方法设置。

图 4.27 排队长度大于 100m 且逐渐增加，排队尾部距离隧道口较近时限速设置(排队尾部与隧道口的距离小于停车视距，隧道为短隧道，设计速度 100km/h，限速 50km/h)

排队长度大于 100m 且逐渐增加，排队尾部距离隧道口较近时限速设置（排队尾部与隧道口的距离小于停车视距，隧道为短隧道，设计速度 100km/h，限速 40km/h）见图 4.28。

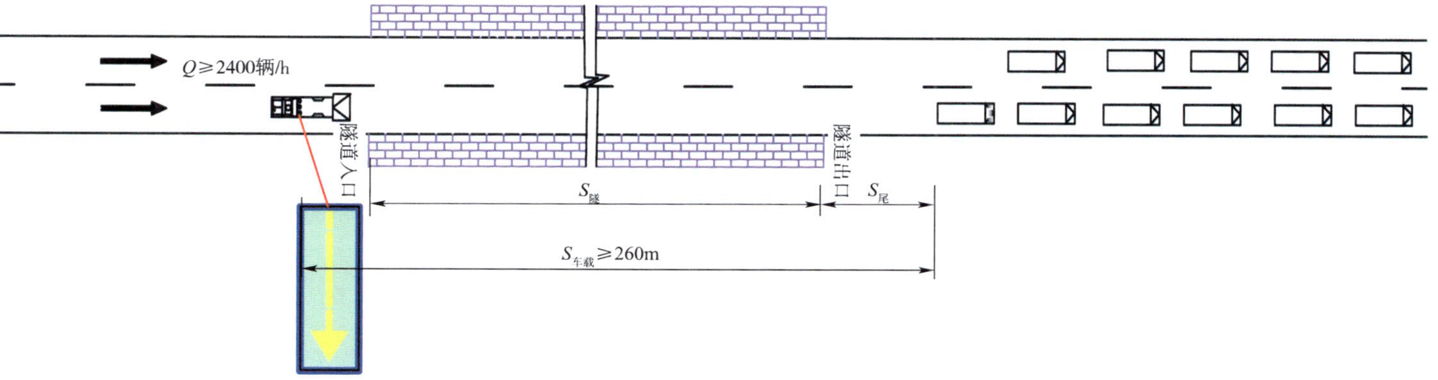

注：1. 排队长度较长（>100m）且排队长度逐渐增加时，采用车载式限速标志或可移动限速标志。
2. 当$S_{尾}<S_{停}$，$S_{小}<S_{尾}+S_{隧}<S_{大}$，其中，$S_{停}=510$m，$S_{小}=260$m，$S_{大}=1210$m，即$S_{尾}<510$m，$260\text{m}<S_{尾}+S_{隧}<1210$m时，限速标志设置在隧道入口处，调整停车反应时间，可如上图方法设置。

图 4.28　排队长度大于 100m 且逐渐增加，排队尾部距离隧道口较近时限速设置（排队尾部与隧道口的距离小于停车视距，隧道为短隧道，设计速度 100km/h，限速 40km/h）

排队长度大于 100m 且逐渐增加,排队尾部距离隧道口较近时限速设置(排队尾部与隧道口的距离小于停车视距,隧道为短隧道,设计速度 80km/h,限速 60km/h)见图 4.29。

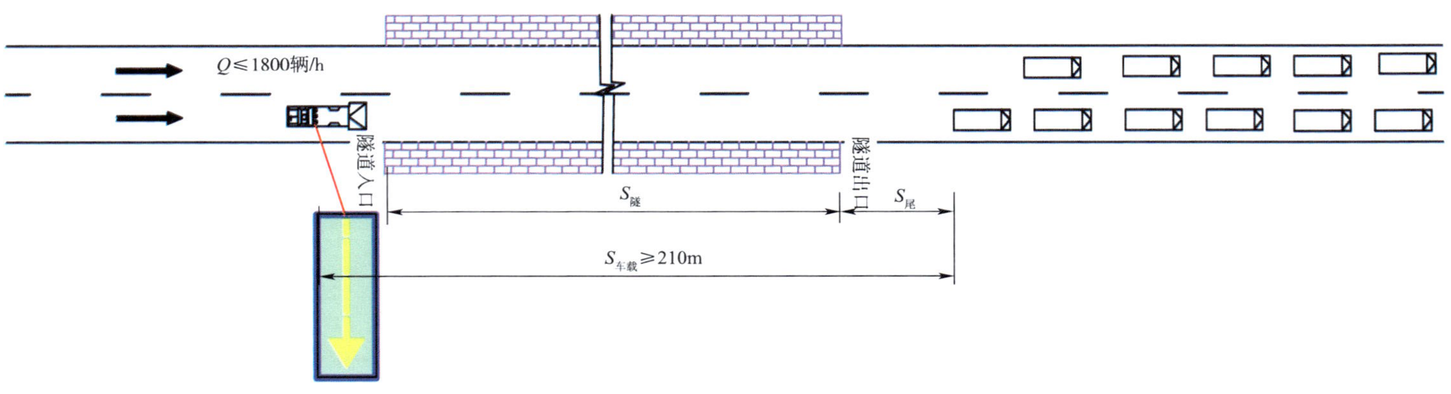

注:1. 排队长度较长(>100m)且排队长度逐渐增加时,采用车载式限速标志或可移动限速标志。

2. 当$S_{尾} < S_{停}$,$S_{小} < S_{尾}+S_{隧} < S_{大}$,其中,$S_{停}=390\text{m}$,$S_{小}=210\text{m}$,$S_{大}=1100\text{m}$,即$S_{尾} < 390\text{m}$,$210\text{m} < S_{尾}+S_{隧} < 1100\text{m}$时,限速标志设置在隧道入口处,调整停车反应时间,可如上图方法设置。

图 4.29 排队长度大于 100m 且逐渐增加,排队尾部距离隧道口较近时限速设置(排队尾部与隧道口的距离小于停车视距,隧道为短隧道,设计速度 80km/h,限速 60km/h)

排队长度大于 100m 且逐渐增加，排队尾部距离隧道口较近时限速设置（排队尾部与隧道口的距离小于停车视距，隧道为短隧道，设计速度 80km/h，限速 50km/h）见图 4.30。

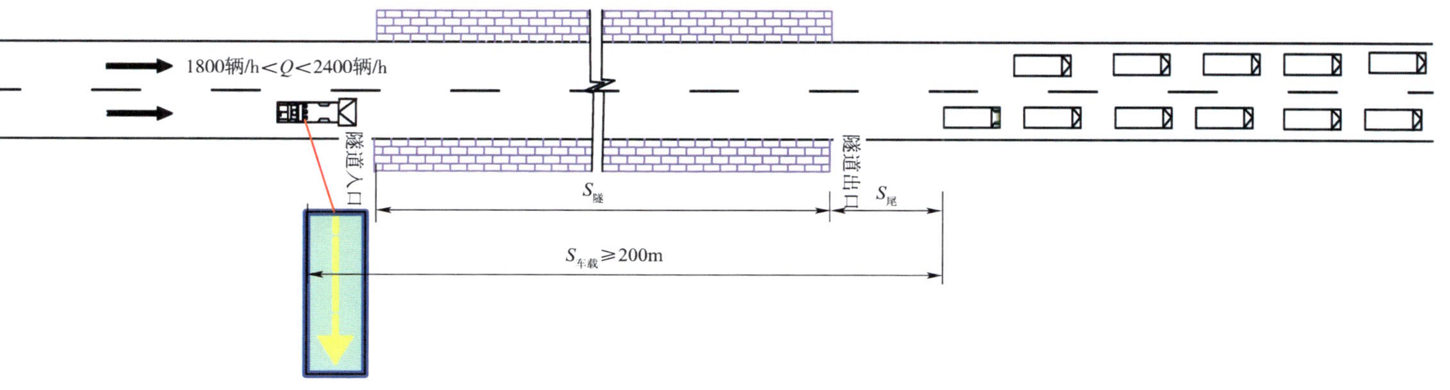

注：1. 排队长度较长(>100m)且排队长度逐渐增加时，采用车载式限速标志或可移动限速标志。
2. 当$S_{尾}<S_{停}$，$S_{小}<S_{尾}+S_{隧}<S_{大}$，其中，$S_{停}$=390m，$S_{小}$=200m，$S_{大}$=1120m，即$S_{尾}$<390m，200m<$S_{尾}+S_{隧}$<1120m时，限速标志设置在隧道入口处，调整停车反应时间，可如上图方法设置。

图 4.30 排队长度大于 100m 且逐渐增加，排队尾部距离隧道口较近时限速设置（排队尾部与隧道口的距离小于停车视距，隧道为短隧道，设计速度 80km/h，限速 50km/h）

排队长度大于 100m 且逐渐增加，排队尾部距离隧道口较近时限速设置（排队尾部与隧道口的距离小于停车视距，隧道为短隧道，设计速度 80km/h，限速 40km/h）见图 4.31。

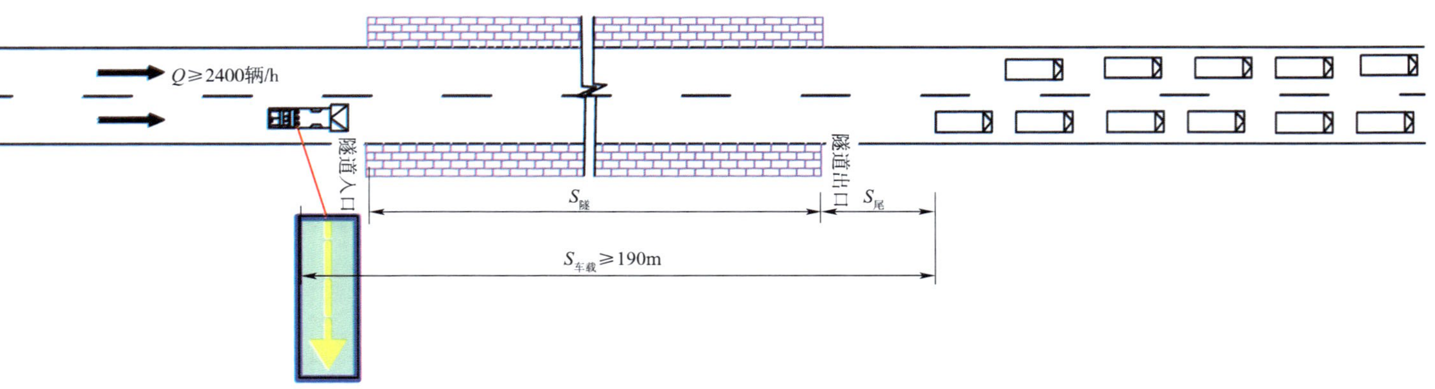

注：1. 排队长度较长(>100m)且排队长度逐渐增加时，采用车载式限速标志或可移动限速标志。
2. 当$S_{尾}<S_{停}$，$S_{小}<S_{尾}+S_{隧}<S_{大}$，其中，$S_{停}$=390m，$S_{小}$=190m，$S_{大}$=1140m，即$S_{尾}<390$m，190m$<S_{尾}+S_{隧}<1140$m时，限速标志设置在隧道入口处，调整停车反应时间，可如上图方法设置。

图 4.31　排队长度大于 100m 且逐渐增加，排队尾部距离隧道口较近时限速设置（排队尾部与隧道口的距离小于停车视距，隧道为短隧道，设计速度 80km/h，限速 40km/h）

排队长度大于 100m 且逐渐增加，排队尾部距离隧道口较近时限速设置（排队尾部与隧道口的距离小于停车视距，隧道为短隧道，设计速度 60km/h，限速 50km/h）见图 4.32。

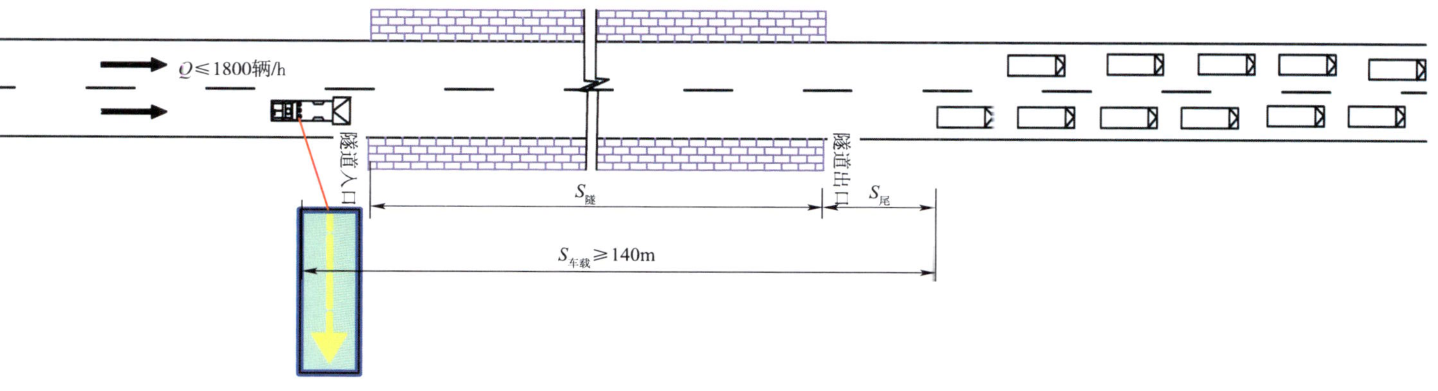

注：1. 排队长度较长(>100m)且排队长度逐渐增加时，采用车载式限速标志或可移动限速标志。
2. 当$S_{尾}<S_{停}$，$S_{小}<S_{尾}+S_{隧}<S_{大}$，其中，$S_{停}$=280m，$S_{小}$=140m，$S_{大}$=1060m，即$S_{尾}$<280m，140m<$S_{尾}+S_{隧}$<1060m时，限速标志设置在隧道入口处，调整停车反应时间，可如上图方法设置。

图 4.32 排队长度大于 100m 且逐渐增加，排队尾部距离隧道口较近时限速设置（排队尾部与隧道口的距离小于停车视距，隧道为短隧道，设计速度 60km/h，限速 50km/h）

排队长度大于 100m 且逐渐增加，排队尾部距离隧道口较近时限速设置（排队尾部与隧道口的距离小于停车视距，隧道为短隧道，设计速度 60km/h，限速 40km/h）见图 4.33。

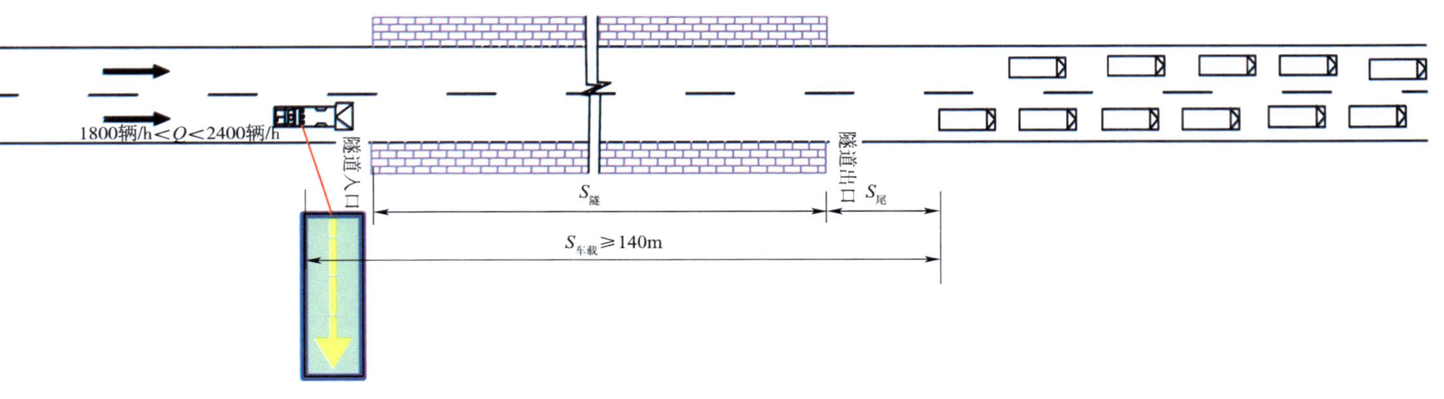

注：1. 排队长度较长（>100m）且排队长度逐渐增加时，采用车载式限速标志或可移动限速标志。

2. 当$S_{尾}<S_{停}$，$S_{小}<S_{尾}+S_{隧}<S_{大}$，其中，$S_{停}=280m$，$S_{小}=140m$，$S_{大}=1080m$，即$S_{尾}<280m$，$140m<S_{尾}+S_{隧}<1080m$时，限速标志设置在隧道入口处，调整停车反应时间，可如上图方法设置。

图 4 33　排队长度大于 100m 且逐渐增加，排队尾部距离隧道口较近时限速设置（排队尾部与隧道口的距离小于停车视距，隧道为短隧道，设计速度60km/h，限速 40km/h）

排队长度大于 100m 且逐渐增加，排队尾部距离隧道口较近时限速设置（排队尾部与隧道口的距离大于停车视距，隧道为中长隧道，设计速度 100km/h，限速 60km/h）见图 4.34。

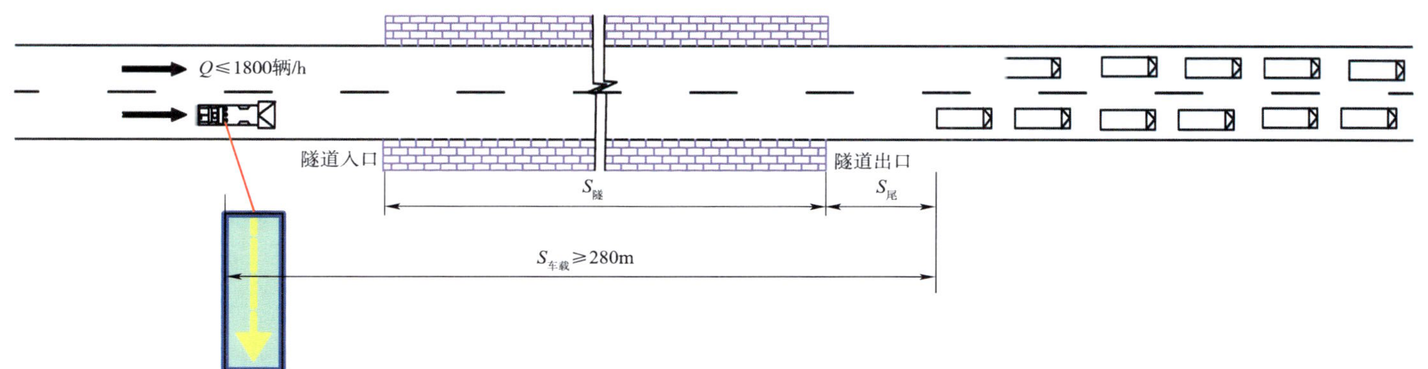

注：1. 排队长度较长(>100m)且排队长度逐渐增加时，采用车载式限速标志或可移动限速标志。
2. 当$S_{停}<S_{尾}<S_{小}$，$S_{尾}+S_{隧}>S_{大}$，其中，$S_{停}=240m$，$S_{小}=280m$，$S_{大}=1180m$，即$240m<S_{尾}<280m$，$S_{尾}+S_{隧}>1180m$时，限速标志设置在隧道入口上游200m范围处，不调整停车反应时间，可如上图方法设置。

交通量(辆/h)	限速值(km/h)	$S_{停}$(m)	$S_{小}$(m)	$S_{大}$(m)	$S_{尾}$(m)	$S_{尾}+S_{隧}$(m)	$S_{车载}$(m)
$1800<Q<2400$	50	240	270	1190	240~270	>1190	270
$Q≥2400$	40	240	260	1210	240~260	>1210	260

图 4.34　排队长度大于 100m 且逐渐增加，排队尾部距离隧道口较近时限速设置（排队尾部与隧道口的距离大于停车视距，隧道为中长隧道，设计速度 100km/h，限速 60km/h）

排队长度大于100m且逐渐增加，排队尾部距离隧道口较近时限速设置（设计速度80km/h，限速60km/h，不调整停车反应时间）见图4.35。

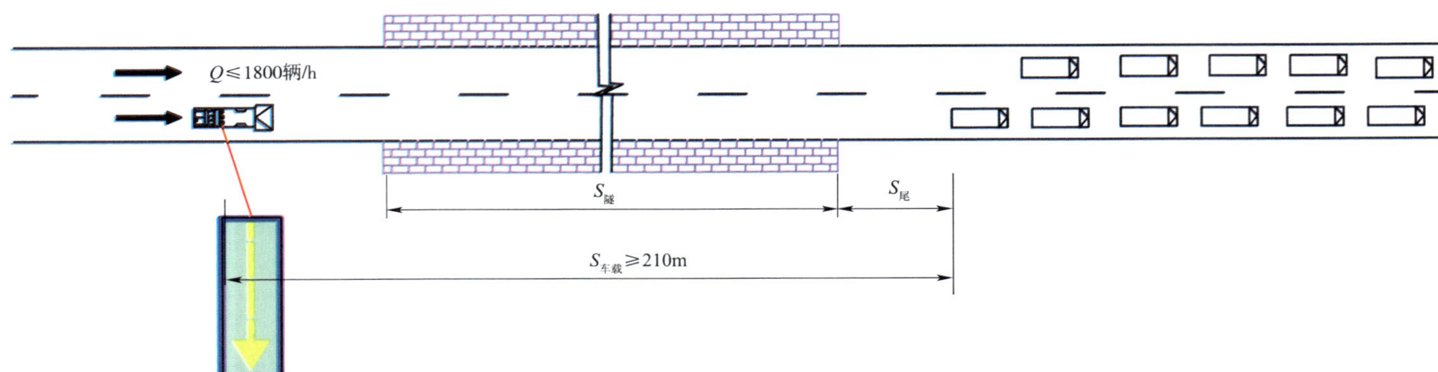

注：1. 排队长度较长(>100m)且排队长度逐渐增加时，采用车载式限速标志或可移动限速标志。
2. 当$S_{停}<S_{尾}<S_{小}$，$S_{尾}+S_{隧}>S_{大}$，其中，$S_{停}$=170m，$S_{小}$=210m，$S_{大}$=1100m，即170m<$S_{尾}$<210m，$S_{尾}+S_{隧}$>1100m时，限速标志设置在隧道入口上游200m范围处，不调整停车反应时间，可如上图方法设置。

交通量(辆/h)	限速值(km/h)	$S_{停}$(m)	$S_{小}$(m)	$S_{大}$(m)	$S_{尾}$(m)	$S_{尾}+S_{隧}$(m)	$S_{车载}$(m)
1800<Q<2400	50	170	200	1120	170~200	>1120	200
Q≥2400	40	170	190	1140	170~190	>1140	190

图4.35 排队长度大于100m且逐渐增加，排队尾部距离隧道口较近时限速设置（设计速度80km/h，限速60km/h，不调整停车反应时间）

排队长度大于 100m 且逐渐增加，排队尾部距离隧道口较近时限速设置（排队尾部与隧道口的距离大于停车视距，隧道为中长隧道，设计速度 60km/h，限速 50km/h）见图 4.36。

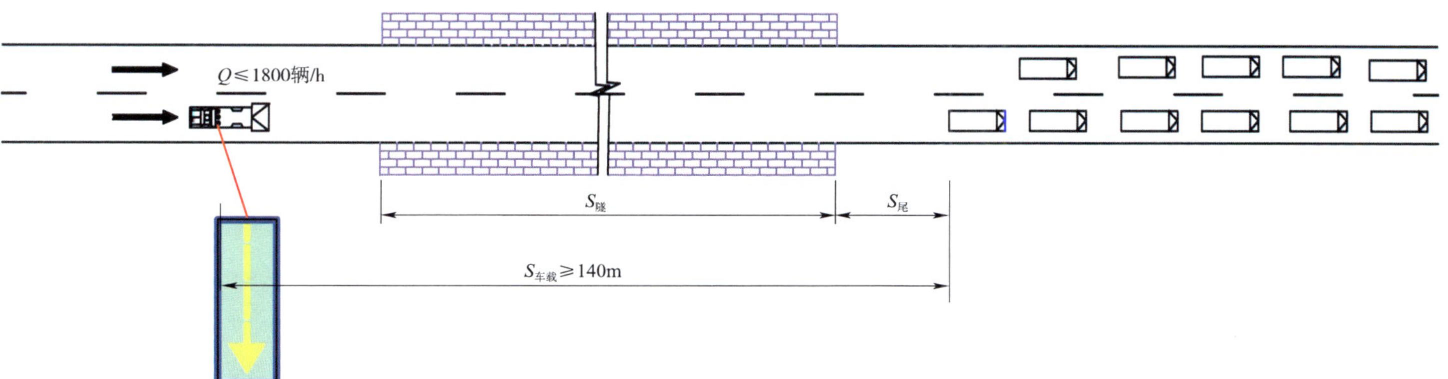

注：1. 排队长度较长（>100m）且排队长度逐渐增加时，采用车载式限速标志或可移动限速标志。
2. 当$S_{停}<S_{尾}<S_{小}$，$S_{尾}+S_{隧}>S_{大}$，其中，$S_{停}=110$m，$S_{小}=140$m，$S_{大}=1060$m，即110m$<S_{尾}<$140m，$S_{尾}+S_{隧}>$1060m时，限速标志设置在隧道入口上游200m范围处，不调整停车反应时间，可如上图方法设置。

交通量(辆/h)	限速值(km/h)	$S_{停}$(m)	$S_{小}$(m)	$S_{大}$(m)	$S_{尾}$(m)	$S_{尾}+S_{隧}$(m)	$S_{车载}$(m)
1800<Q<2400	40	110	140	1080	110~14)	>1080	140

图 4.36　排队长度大于 100m 且逐渐增加，排队尾部距离隧道口较近时限速设置（排队尾部与隧道口的距离大于停车视距，隧道为中长隧道，设计速度 60km/h，限速 50km/h）

排队长度大于 100m 且逐渐增加，排队尾部距离隧道口较近时限速设置（排队尾部与隧道口的距离小于停车视距，隧道为中长隧道，设计速度 100km/h，限速 60km/h）见图 4.37。

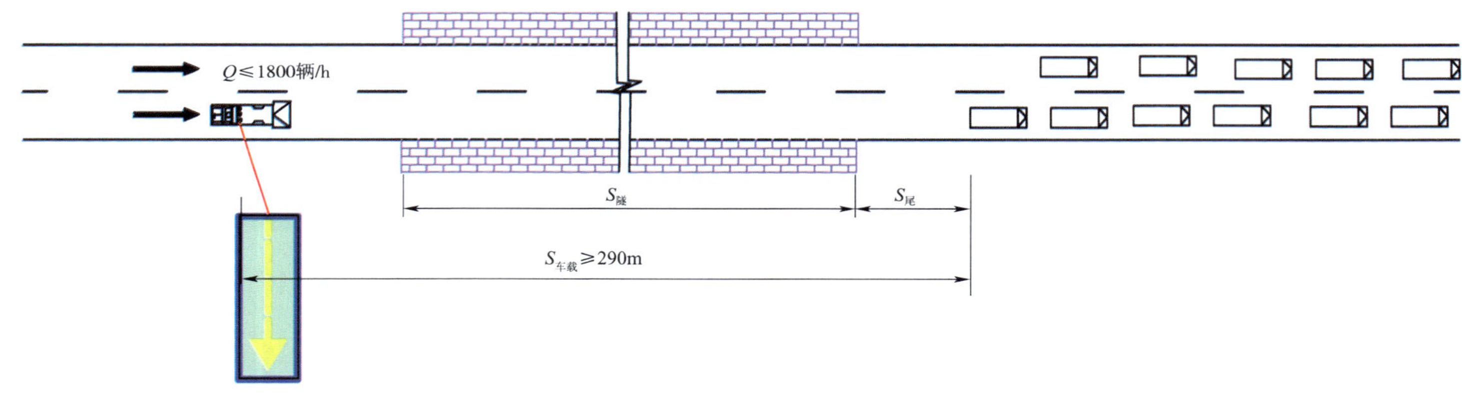

注：1. 排队长度较长(>100m)且排队长度逐渐增加时，采用车载式限速标志或可移动限速标志。

2. 当$S_{尾}<S_{停}$，$S_{尾}+S_{隧}>S_{大}$，其中，$S_{停}=510$m，$S_{大}=1180$m，即$S_{尾}<510$m，$S_{尾}+S_{隧}>1180$m时，限速标志设置在隧道入口上游200m范围处，调整停车反应时间，可如上图方法设置。

交通量(辆/h)	限速值(km/h)	$S_{停}$(m)	$S_{大}$(m)	$S_{尾}$(m)	$S_{尾}+S_{隧}$(m)	$S_{车载}$(m)
$1800<Q<2400$	50	510	1180	<510	>1180	≥270
$Q\geqslant 2400$	40	510	1190	<510	>1190	≥260

图 4.37　排队长度大于 100m 且逐渐增加，排队尾部距离隧道口较近时限速设置（排队尾部与隧道口的距离小于停车视距，隧道为中长隧道，设计速度 100km/h，限速 60km/h）

排队长度大于 100m 且逐渐增加，排队尾部距离隧道口较近时限速设置（排队尾部与隧道口的距离小于停车视距，隧道为中长隧道，设计速度 80km/h，限速 60km/h）见图 4.38。

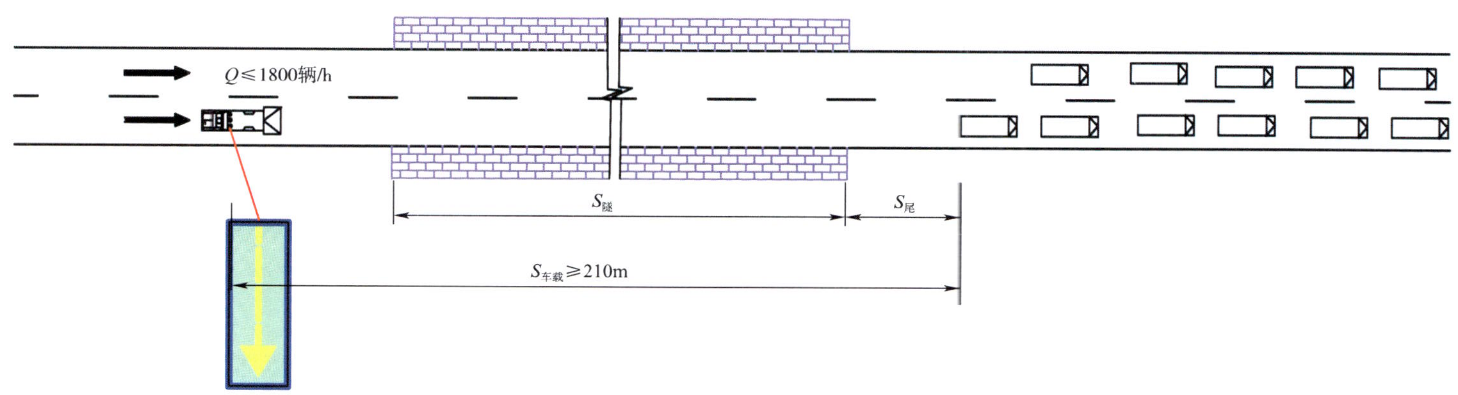

注：1. 排队长度较长(>100m)且排队长度逐渐增加时，采用车载式限速标志或可移动限速标志。

2. 当$S_{尾}<S_{停}$，$S_{尾}+S_{隧}>S_{大}$，其中，$S_{停}$=390m，$S_{大}$=1100m，即$S_{尾}<390$m，$S_{尾}+S_{隧}>1100$m时，限速标志设置在隧道入口上游200m范围处，调整停车反应时间，可如上图方法设置。

交通量(辆/h)	限速值(km/h)	$S_{停}$(m)	$S_{大}$(m)	$S_{尾}$(m)	$S_{尾}+S_{隧}$(m)	$S_{车载}$(m)
1800<Q<2400	50	390	1120	<390	>1120	≥200
Q≥2400	40	390	1140	<390	>1140	≥190

图 4.38　排队长度大于 100m 且逐渐增加，排队尾部距离隧道口较近时限速设置（排队尾部与隧道口的距离小于停车视距，隧道为中长隧道，设计速度 80km/h，限速 60km/h）

排队长度大于 100m 且逐渐增加，排队尾部距离隧道口较近时限速设置（排队尾部与隧道口的距离小于停车视距，隧道为中长隧道，设计速度 60km/h，限速 50km/h）见图 4.39。

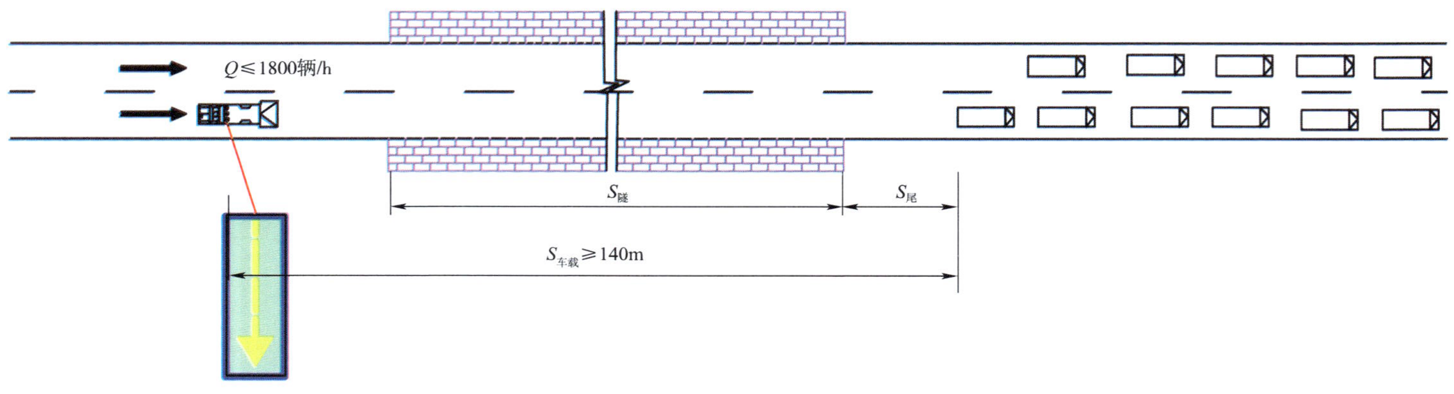

注：1. 排队长度较长(>100m)且排队长度逐渐增加时，采用车载式限速标志或可移动限速标志。
2. 当$S_{尾}<S_{停}$，$S_{尾}+S_{隧}>S_{大}$，其中，$S_{停}=280$m，$S_{大}=1060$m，即$S_{尾}<280$m，$S_{尾}+S_{隧}>1060$m时，限速标志设置在隧道入口上游200m范围处，调整停车反应时间，可如上图方法设置。

交通量(辆/h)	限速值(km/h)	$S_{停}$(m)	$S_{大}$(m)	$S_{尾}$(m)	$S_{尾}+S_{隧}$(m)	$S_{车载}$(m)
$1800<Q<2400$	40	280	1080	<280	>1080	≥140

图 4.39　排队长度大于 100m 且逐渐增加，排队尾部距离隧道口较近时限速设置（排队尾部与隧道口的距离小于停车视距，隧道为中长隧道，设计速度 60km/h，限速 50km/h）

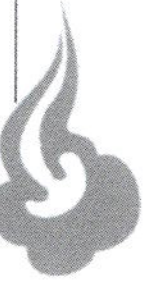

4.3 隧道平曲线路段限速设置

4.3.1 事件发生在隧道进口处

事件发生在隧道进口处时限速设置(设计车速 120km/h)见图 4.40。

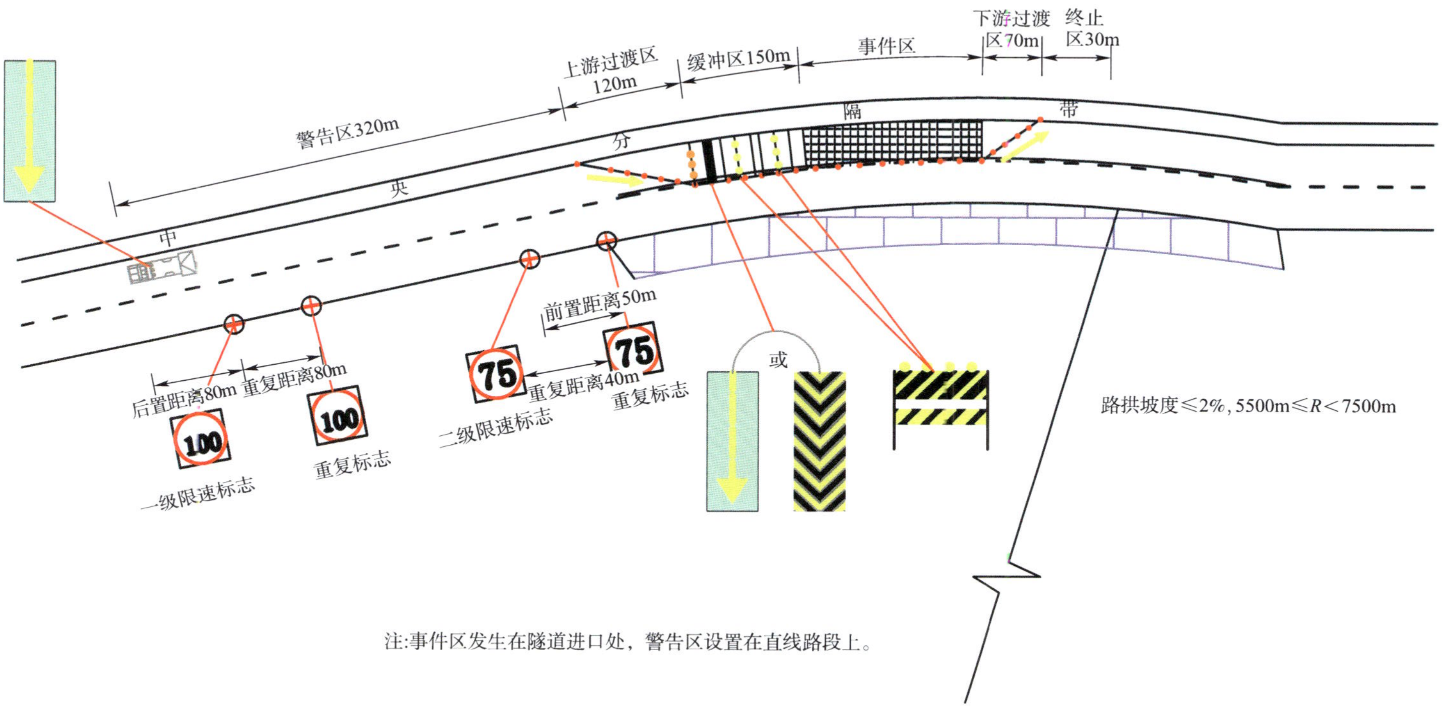

注:事件区发生在隧道进口处，警告区设置在直线路段上。

a)

图 4.40

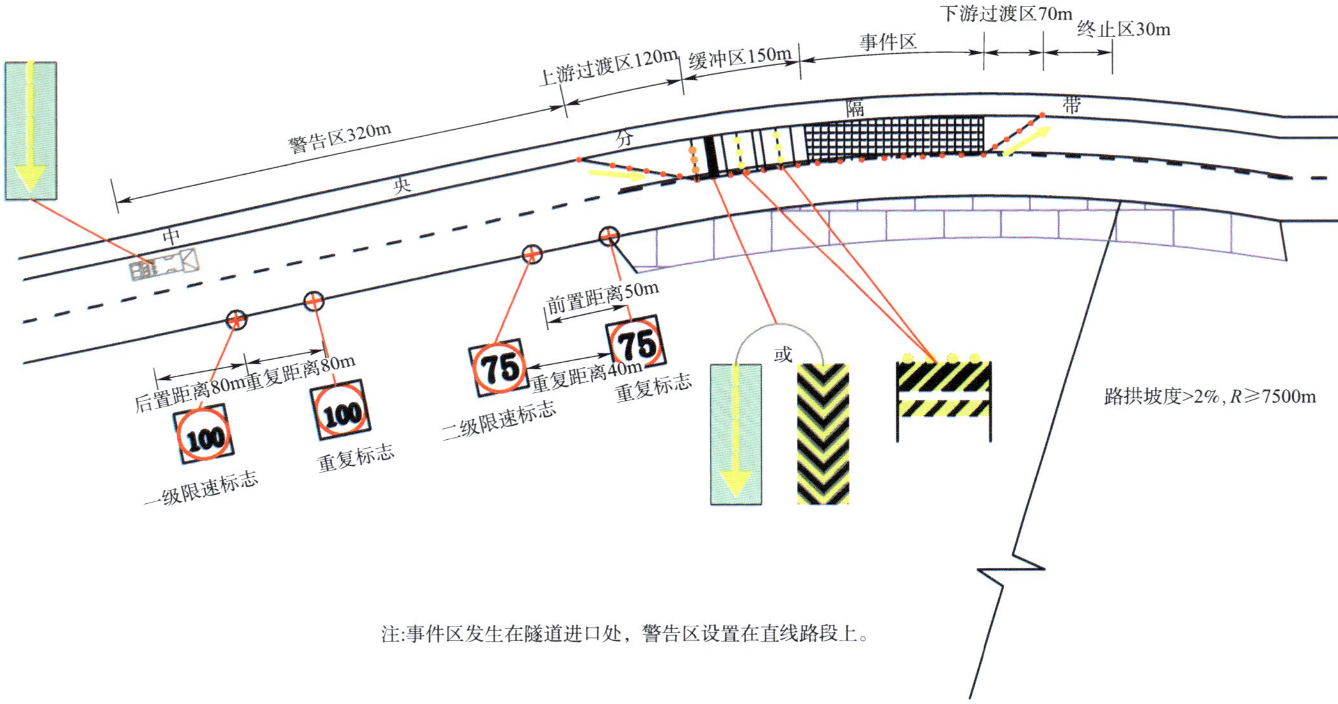

注：事件区发生在隧道进口处，警告区设置在直线路段上。

b）

图 4.40　事件发生在隧道进口处时限速设置（设计车速 120km/h）

事件发生在隧道进口处时限速设置（设计车速 100km/h）见图 4.41。

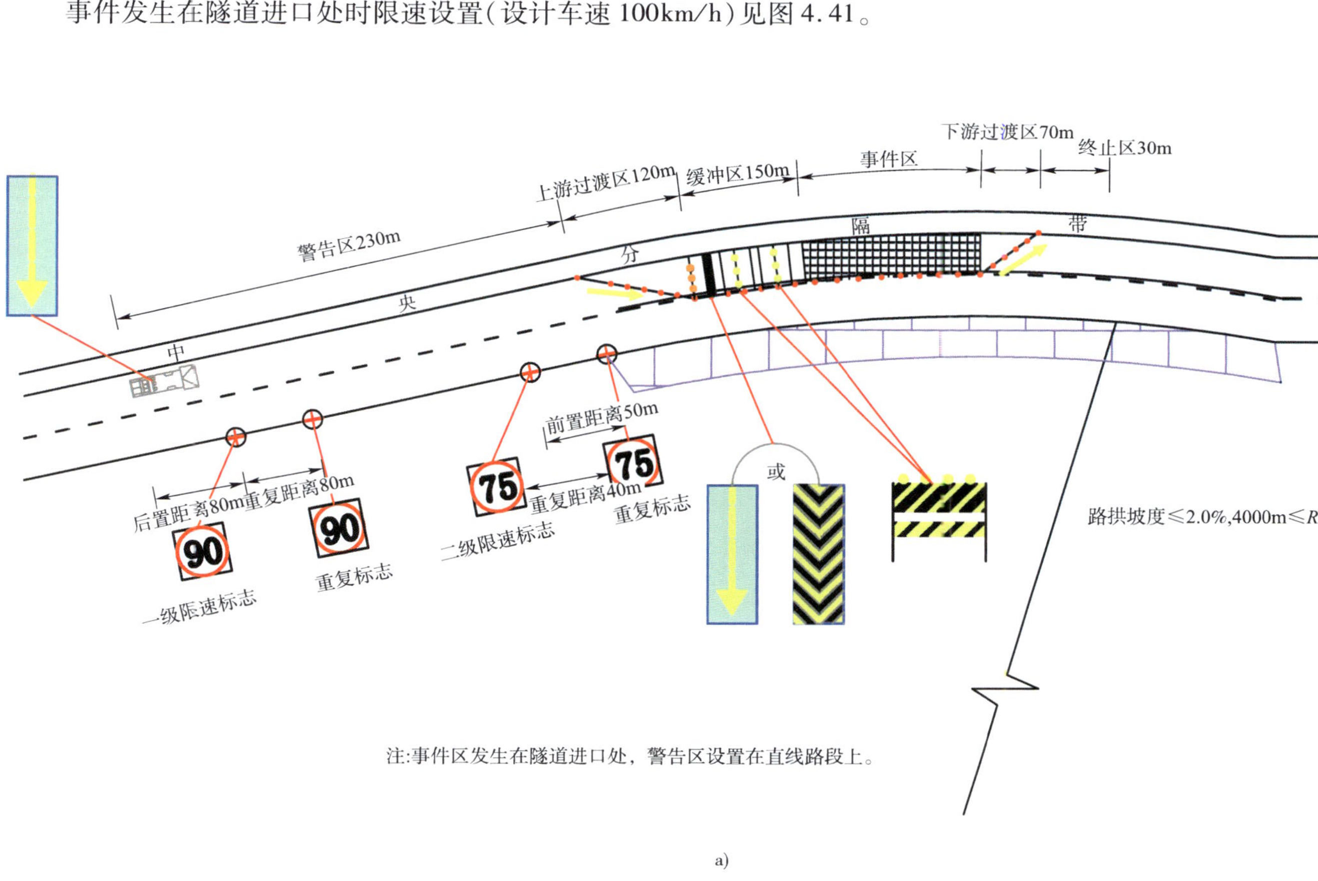

注：事件区发生在隧道进口处，警告区设置在直线路段上。

a)

图 4.41

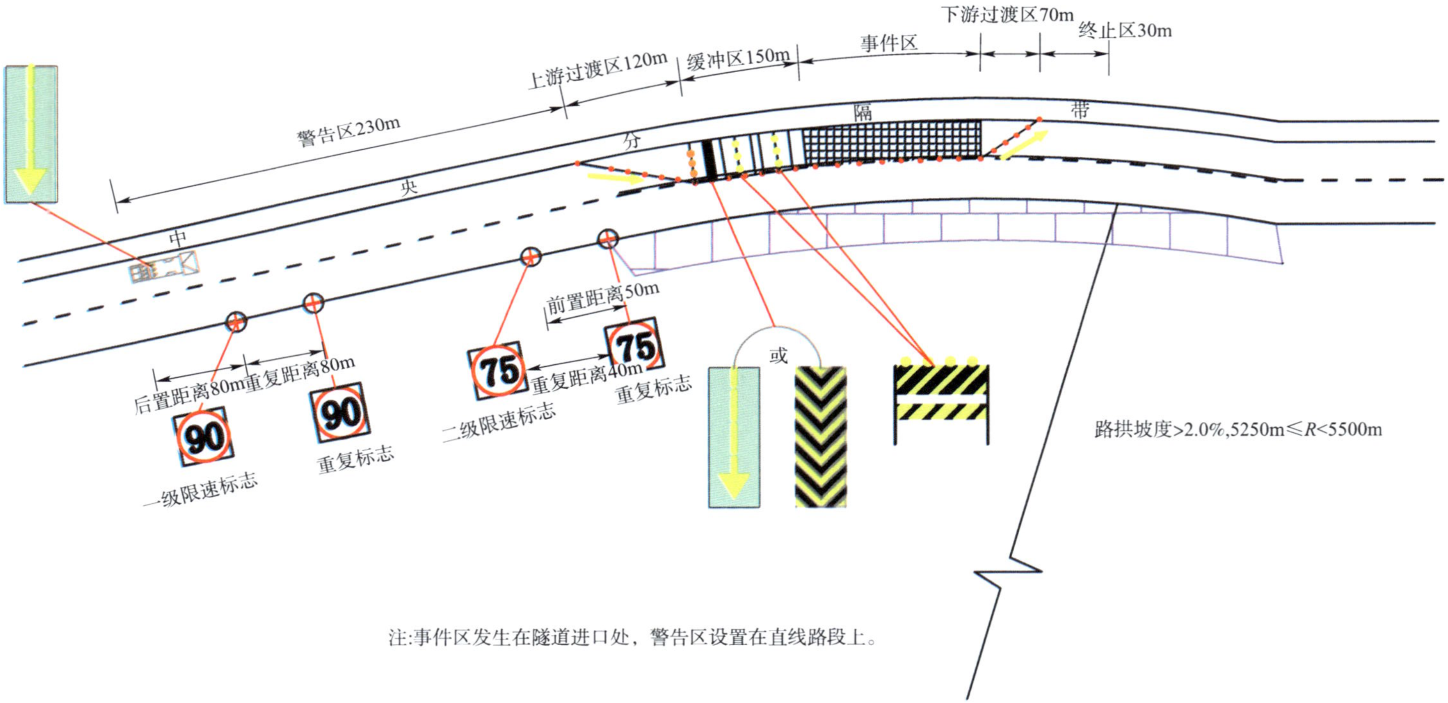

注:事件区发生在隧道进口处，警告区设置在直线路段上。

b)

图 4.41 事件发生在隧道进口处时限速设置(设计车速 100km/h)

事件发生在隧道进口处时限速设置(设计车速 80km/h)见图 4.42。

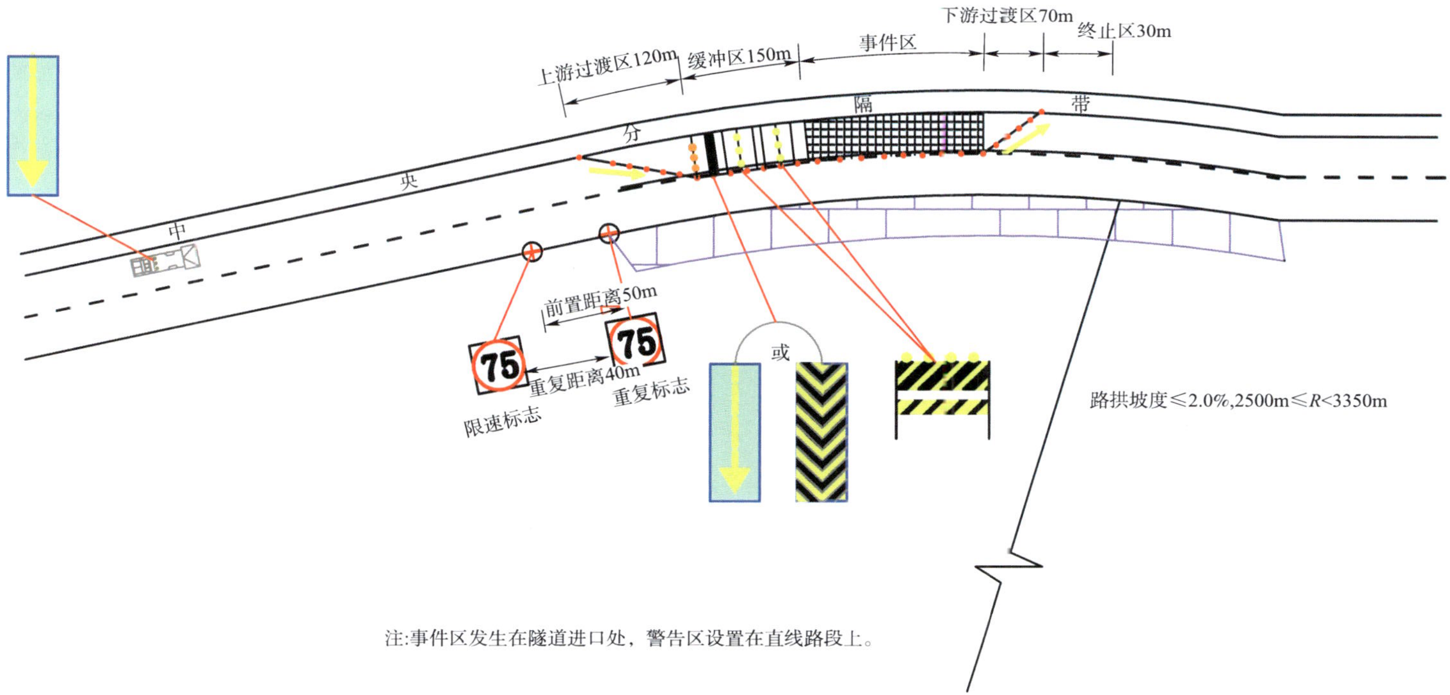

注:事件区发生在隧道进口处，警告区设置在直线路段上。

a)

图 4.42

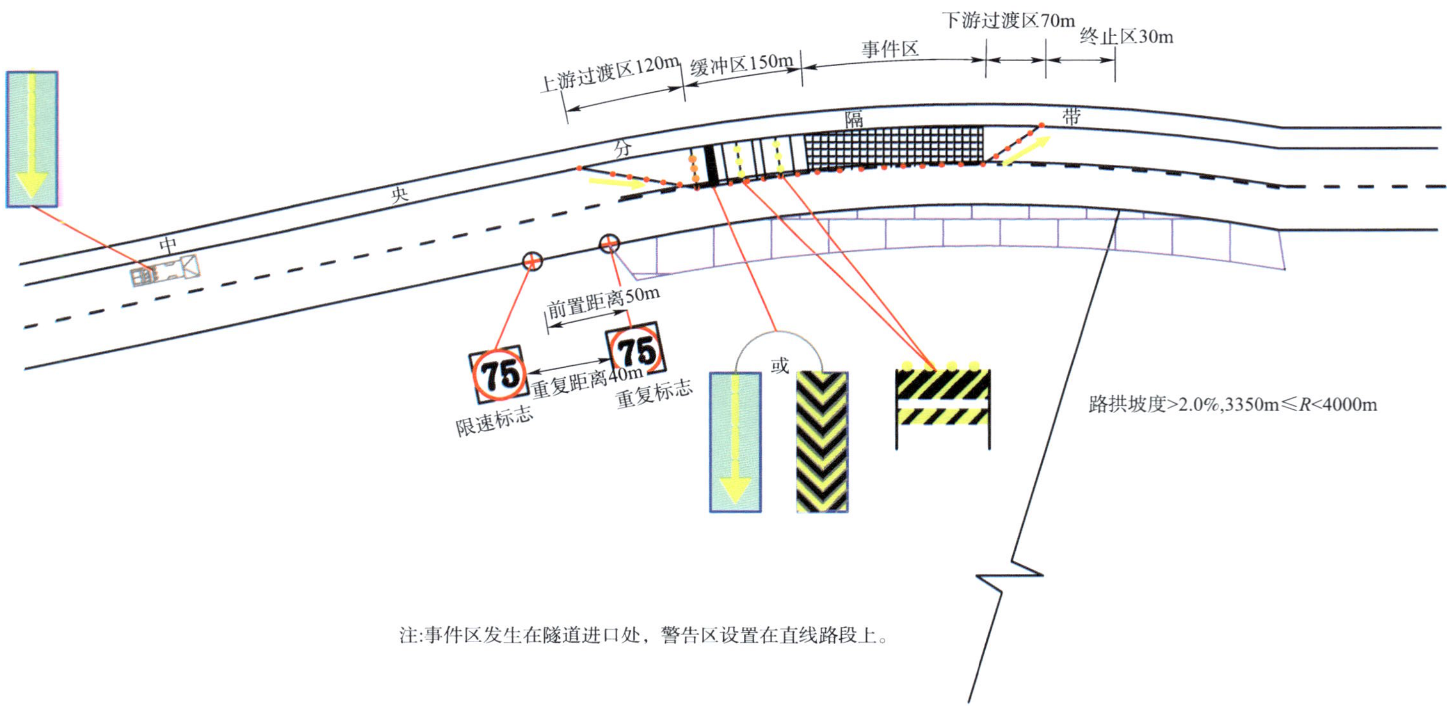

注:事件区发生在隧道进口处，警告区设置在直线路段上。

b)

图 4.42　事件发生在隧道进口处时限速设置(设计车速 80km/h)

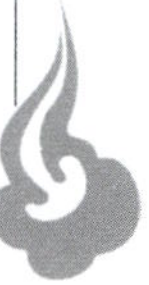

事件发生在隧道进口处时限速设置（设计车速 60km/h）见图 4.43。

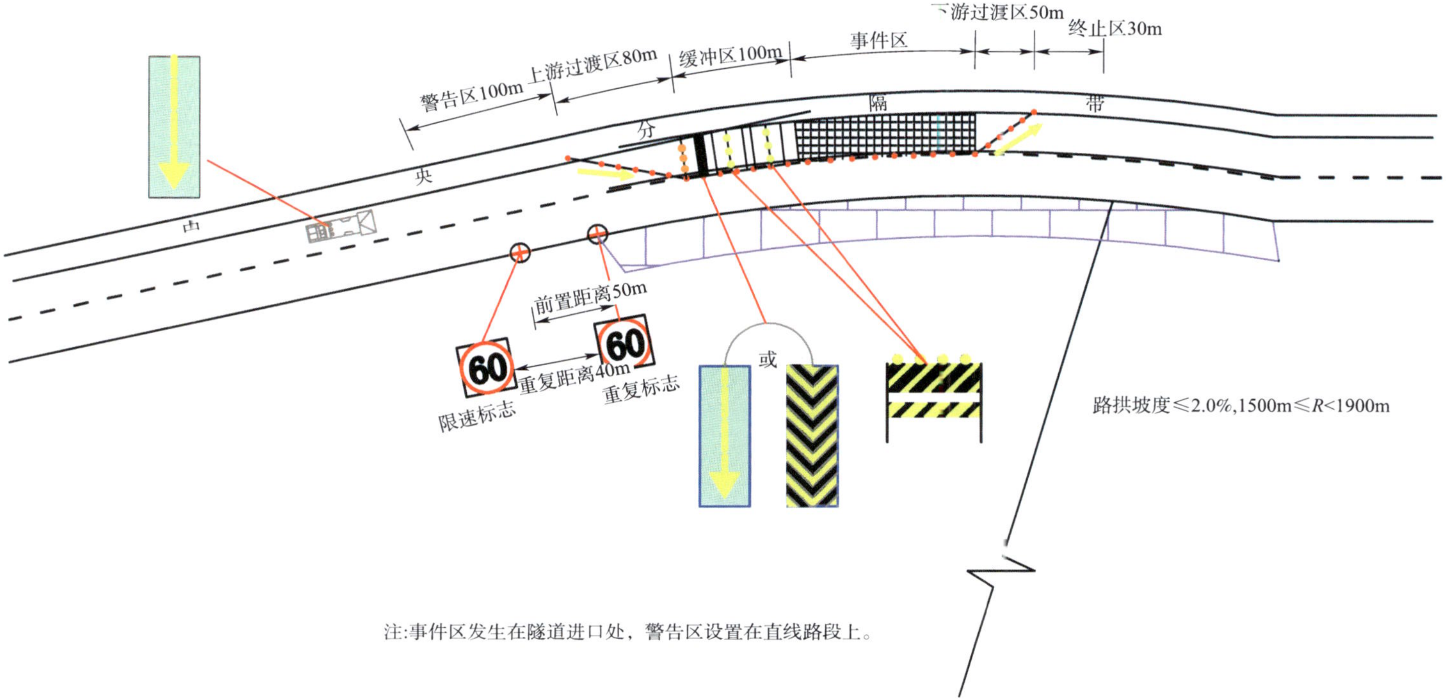

警告区100m
上游过渡区80m
缓冲区100m
事件区
下游过渡区50m
终止区30m
中
央
分
隔
带
前置距离50m
重复距离40m
限速标志
重复标志
或
60
60
路拱坡度≤2.0%,1500m≤R<1900m

注：事件区发生在隧道进口处，警告区设置在直线路段上。

a)

图　4.43

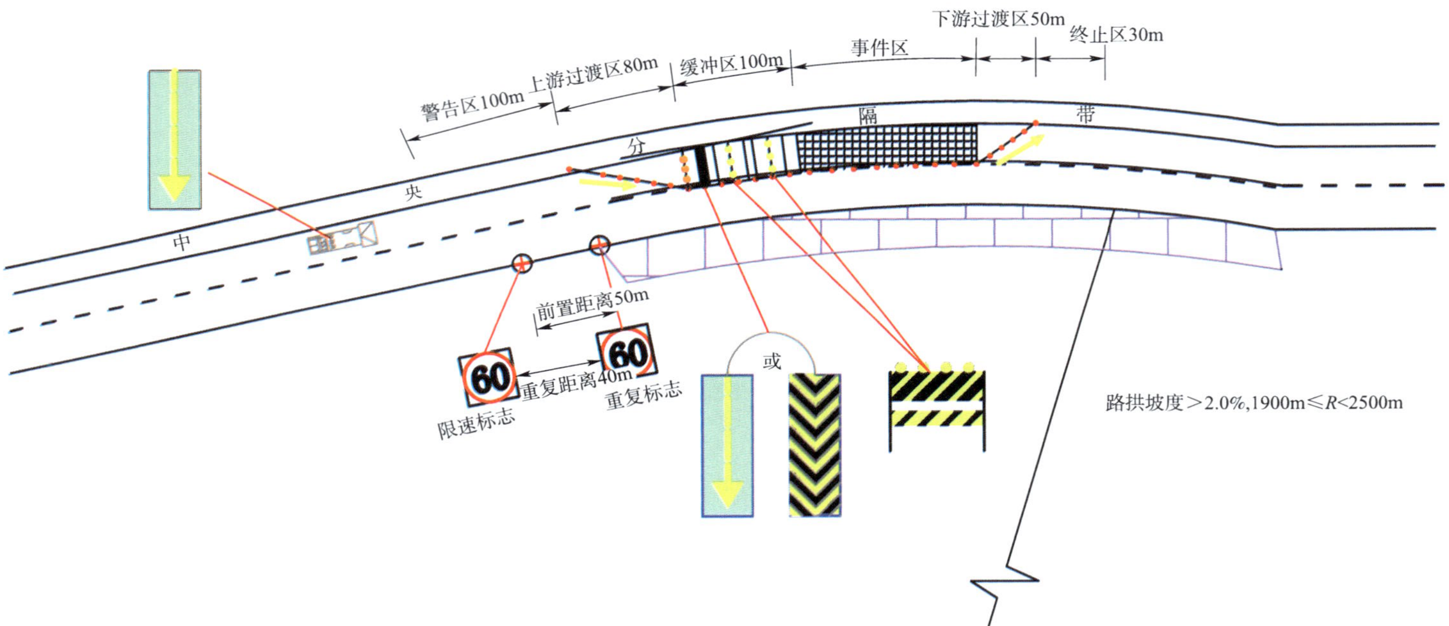

注:事件区发生在隧道进口处，警告区设置在直线路段上。

b)

图 4.43　事件发生在隧道进口处时限速设置(设计车速 60km/h)

4.3.2　事件发生在隧道平曲线内

事件发生在隧道平曲线内时限速设置（设计车速 120km/h）见图 4.44。

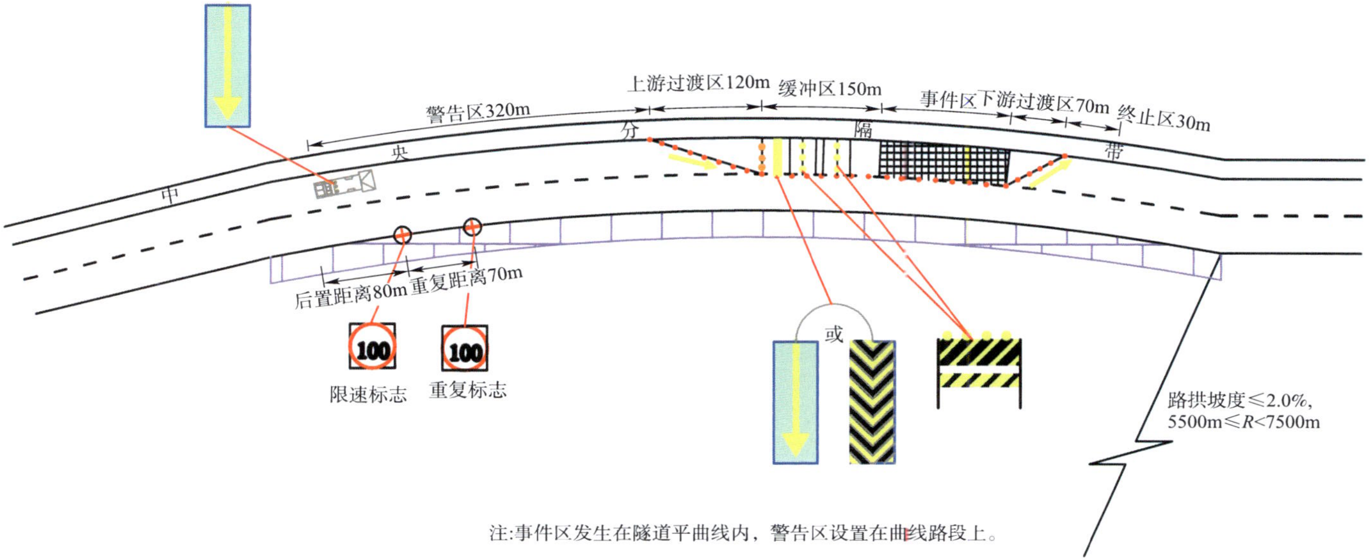

注：事件区发生在隧道平曲线内，警告区设置在曲线路段上。

a)

图　4.44

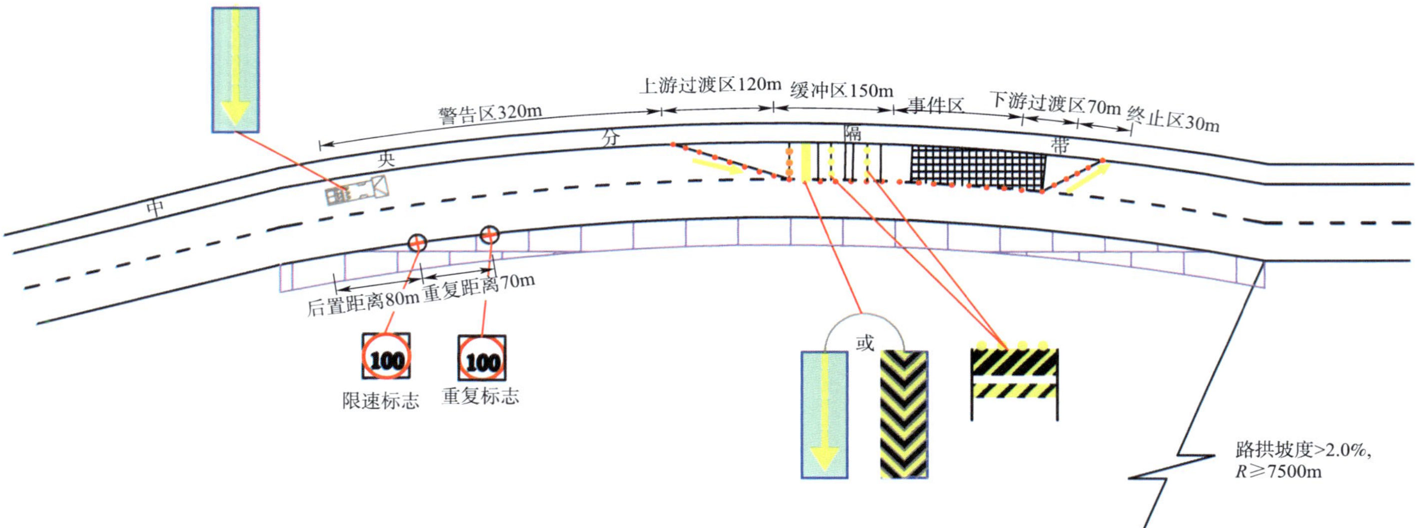

注:事件区发生在隧道平曲线内，警告区设置在曲线路段上。

b)

图 4.44　事件发生在隧道平曲线内时限速设置(设计车速 120km/h)

事件发生在隧道平曲线内时限速设置(设计车速 100km/h)见图 4.45。

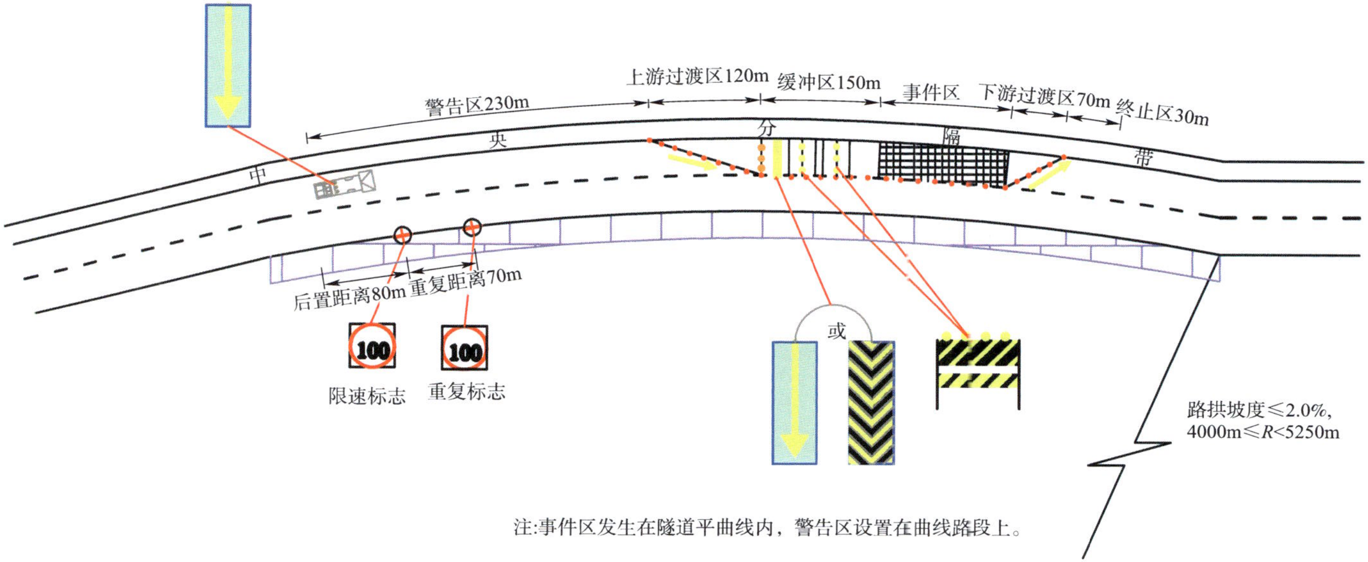

a)

图 4.45

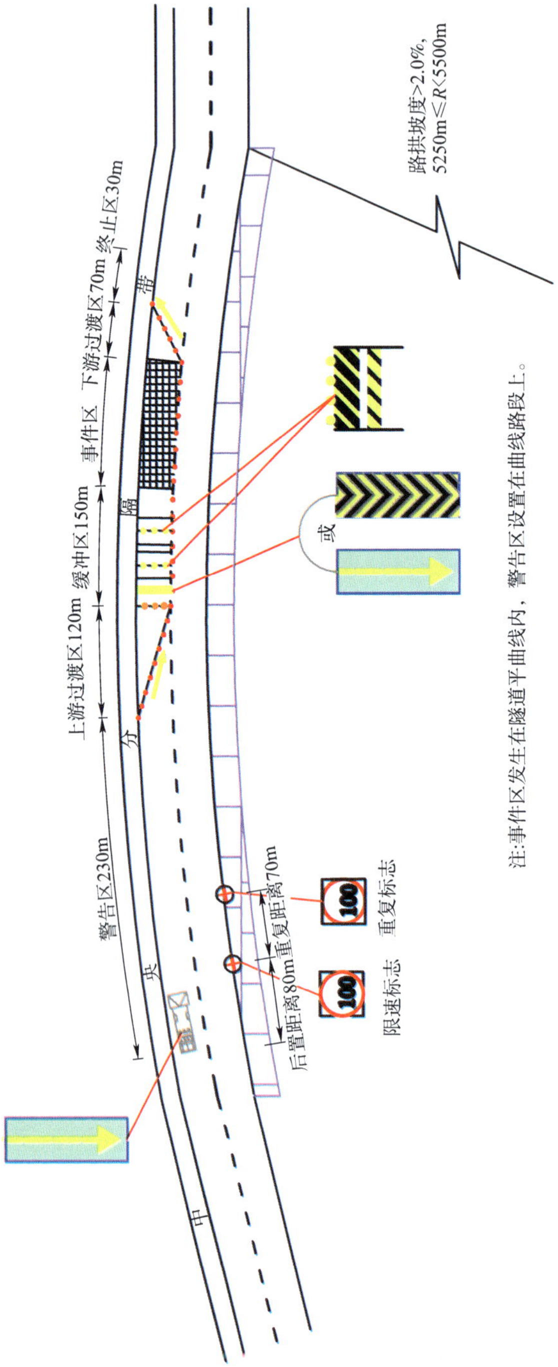

注:事件区发生在隧道平曲线内，警告区设置在曲线路段上。

b)

图4.45　事件发生在隧道平曲线内时限速设置(设计车速100km/h)

事件发生在隧道平曲线内时限速设置(设计车速 80km/h)见图 4.46。

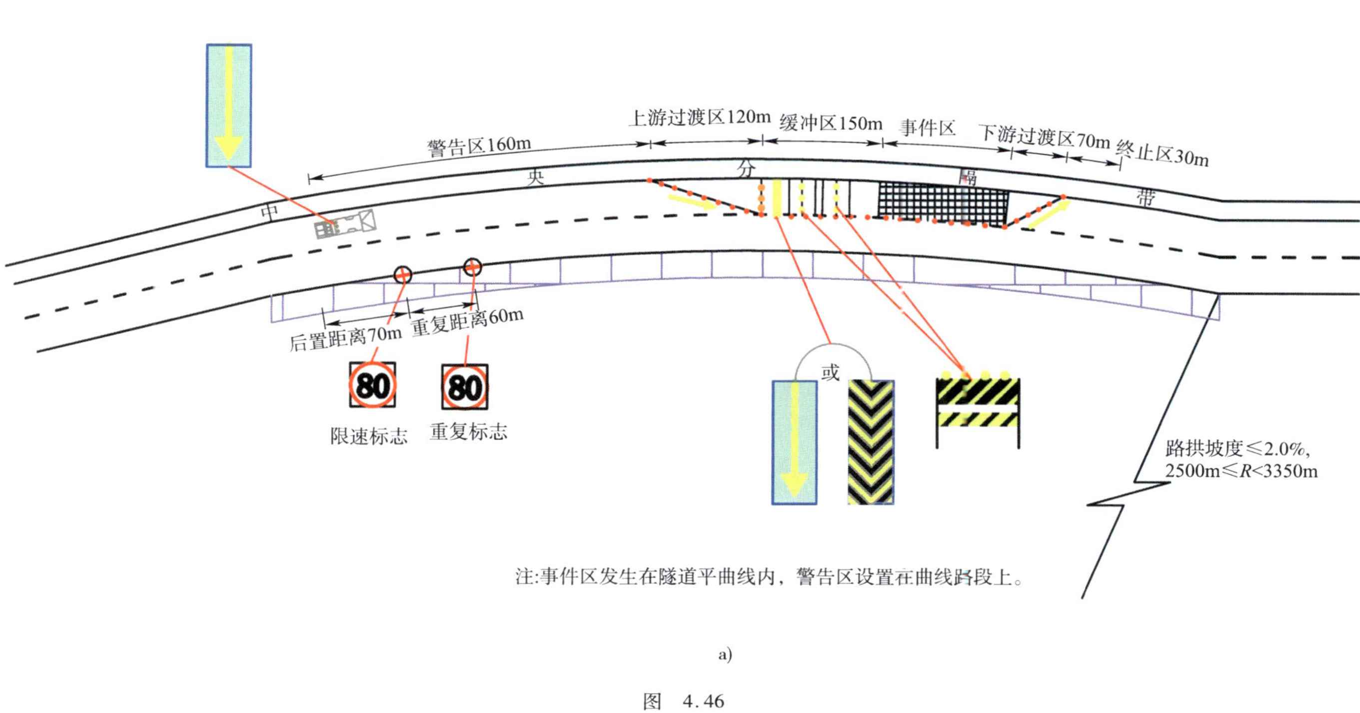

a)

图 4.46

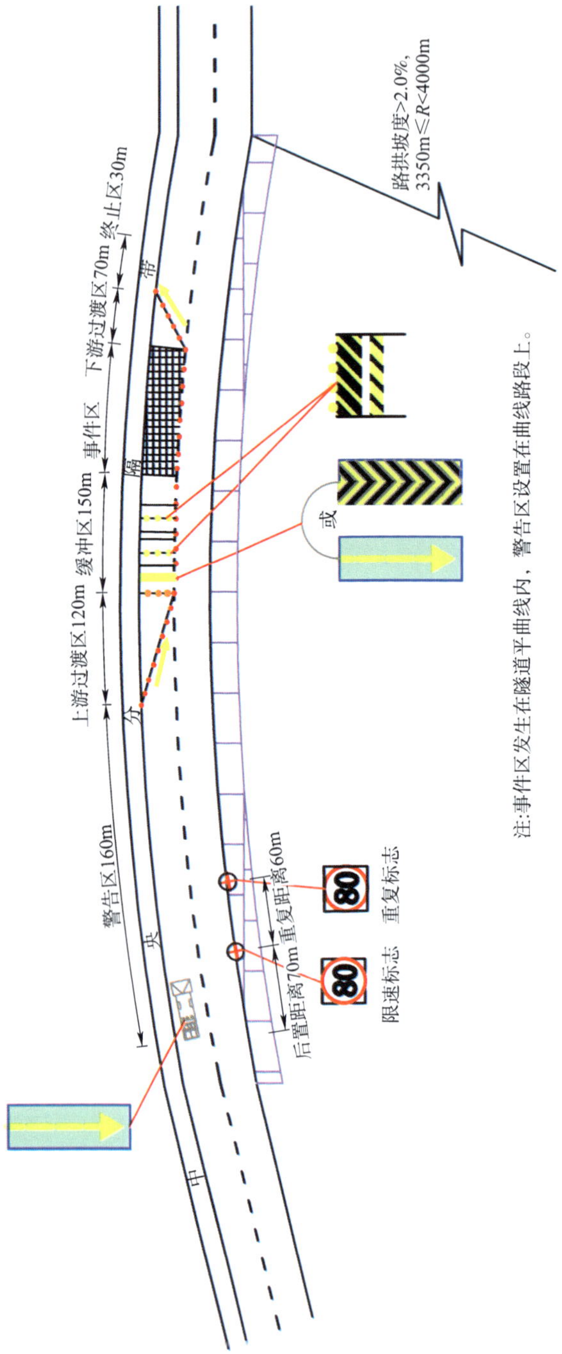

警告区160m
上游过渡区120m
缓冲区150m
事件区
下游过渡区70m
终止区30m
中
央
分
隔
带
后置距离70m
重复距离60m
限速标志
重复标志
或
路拱坡度>2.0%,
3350m≤R<4000m

注:事件区发生在隧道平曲线内，警告区设置在曲线路段上。

b)

图 4.46　事件发生在隧道平曲线内时限速设置(设计车速 80km/h)

事件发生在隧道平曲线内时限速设置(设计车速 60km/h)见图 4.47。

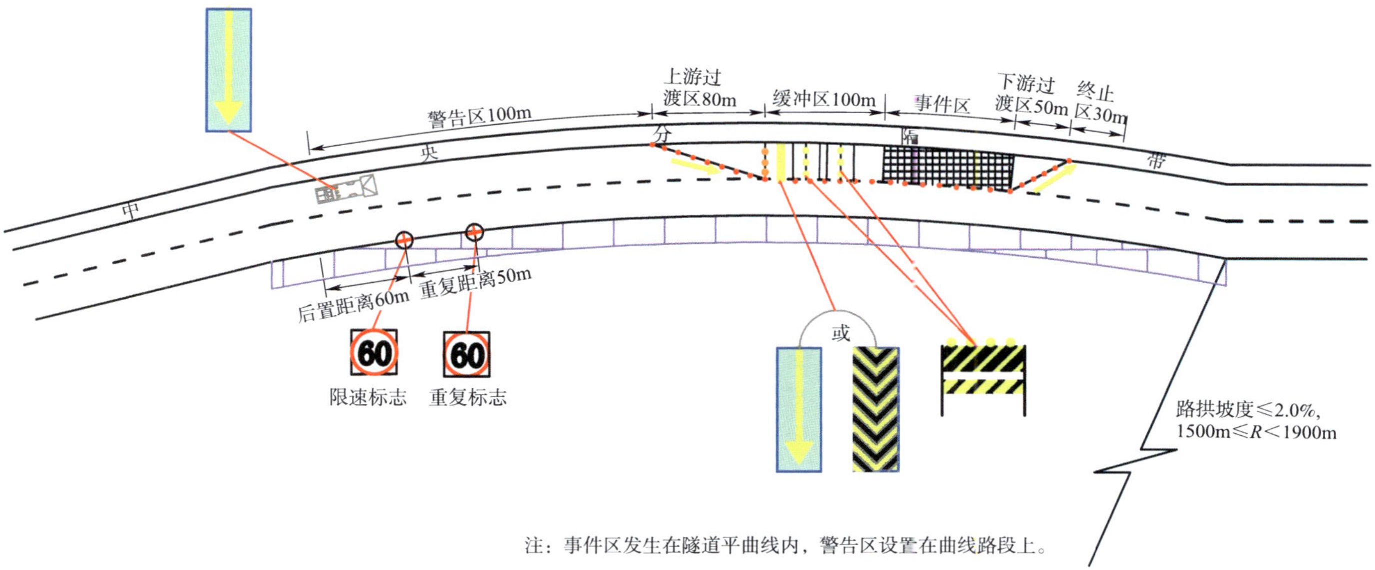

注：事件区发生在隧道平曲线内，警告区设置在曲线路段上。

a)

图 4.47

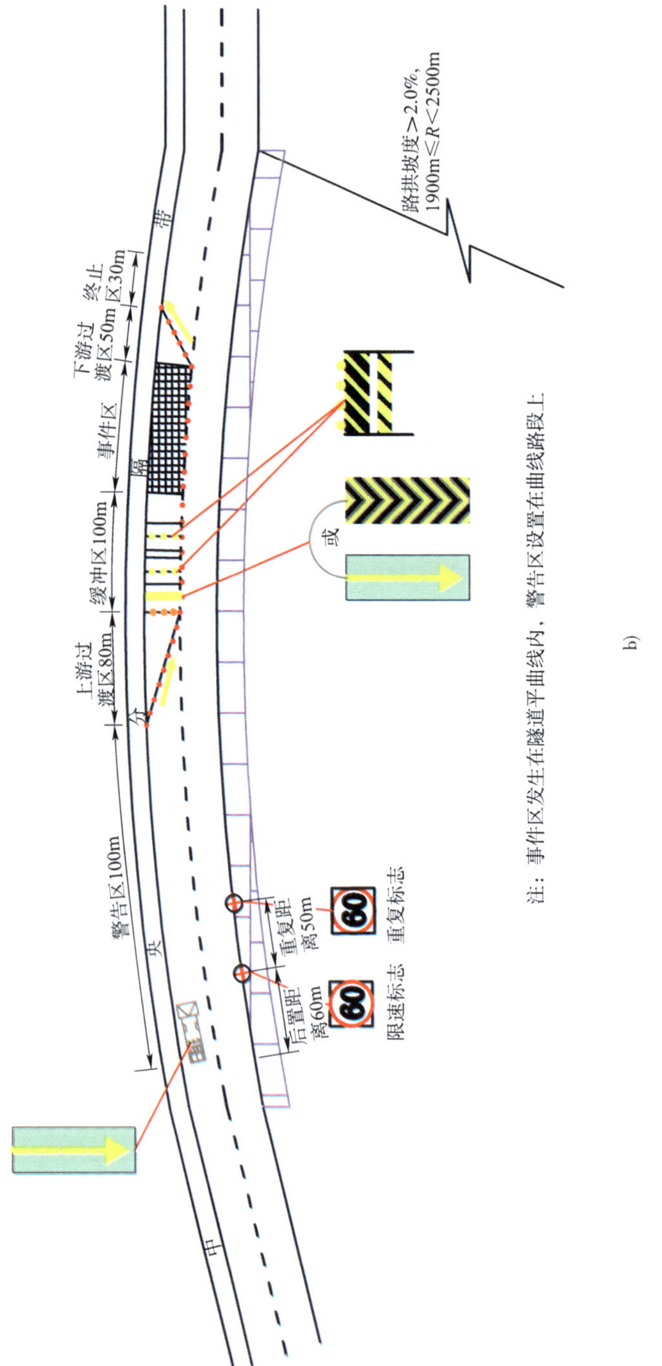

注：事件区发生在隧道平曲线内，警告区设置在曲线路段上

b)

图 4.47 事件发生在隧道平曲线内时限速设置（设计车速 60km/h）

5　事件发生在平曲线路段

5.1　设计速度 80km/h 时限速设置

平曲线路段发生事件时限速设置（设计车速 80km/h）见图 5.1。

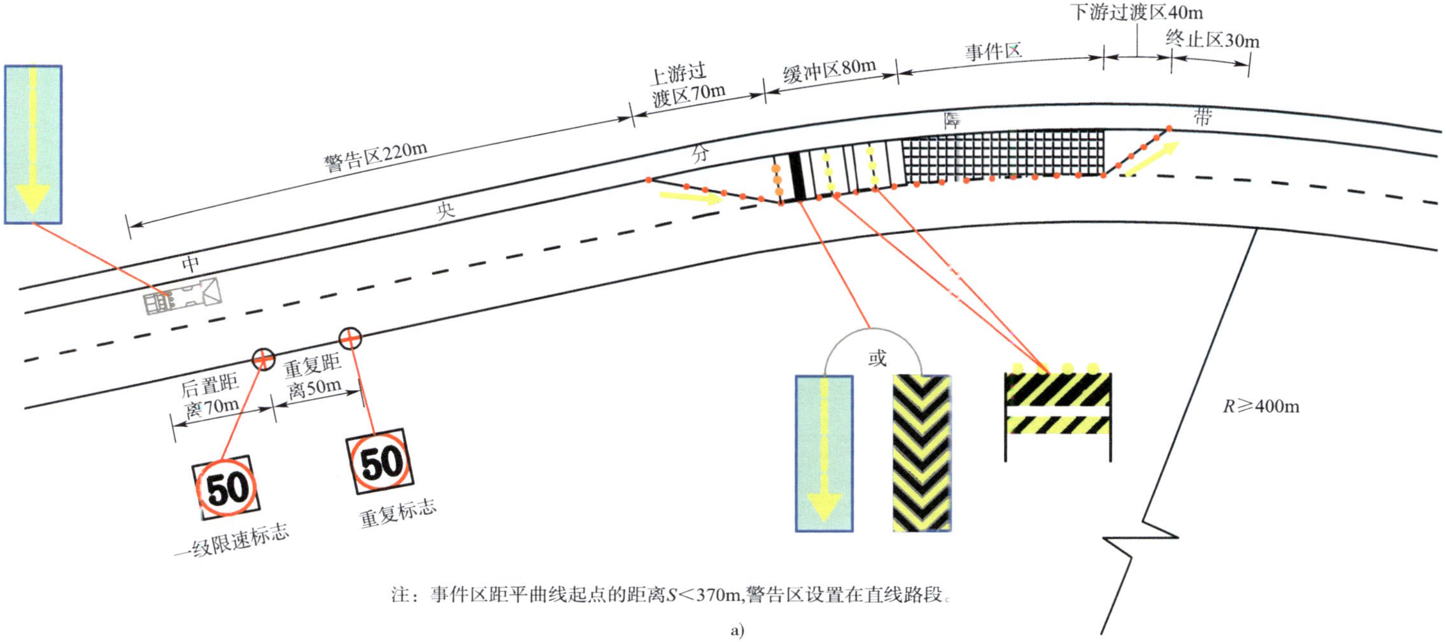

注：事件区距平曲线起点的距离$S<370$m，警告区设置在直线路段。

a)

图　5.1

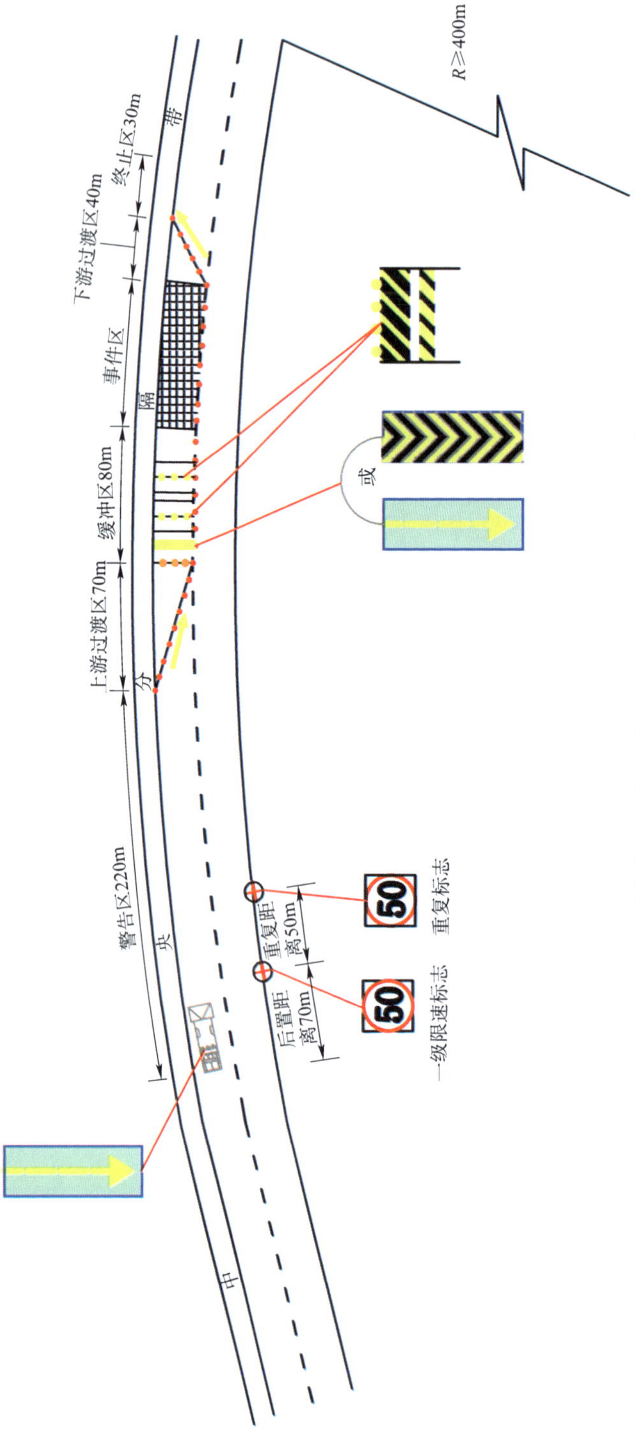

注：事件区距平曲线起点的距离$S>370\mathrm{m}$,警告区设置在曲线路段。

b)

图 5.1

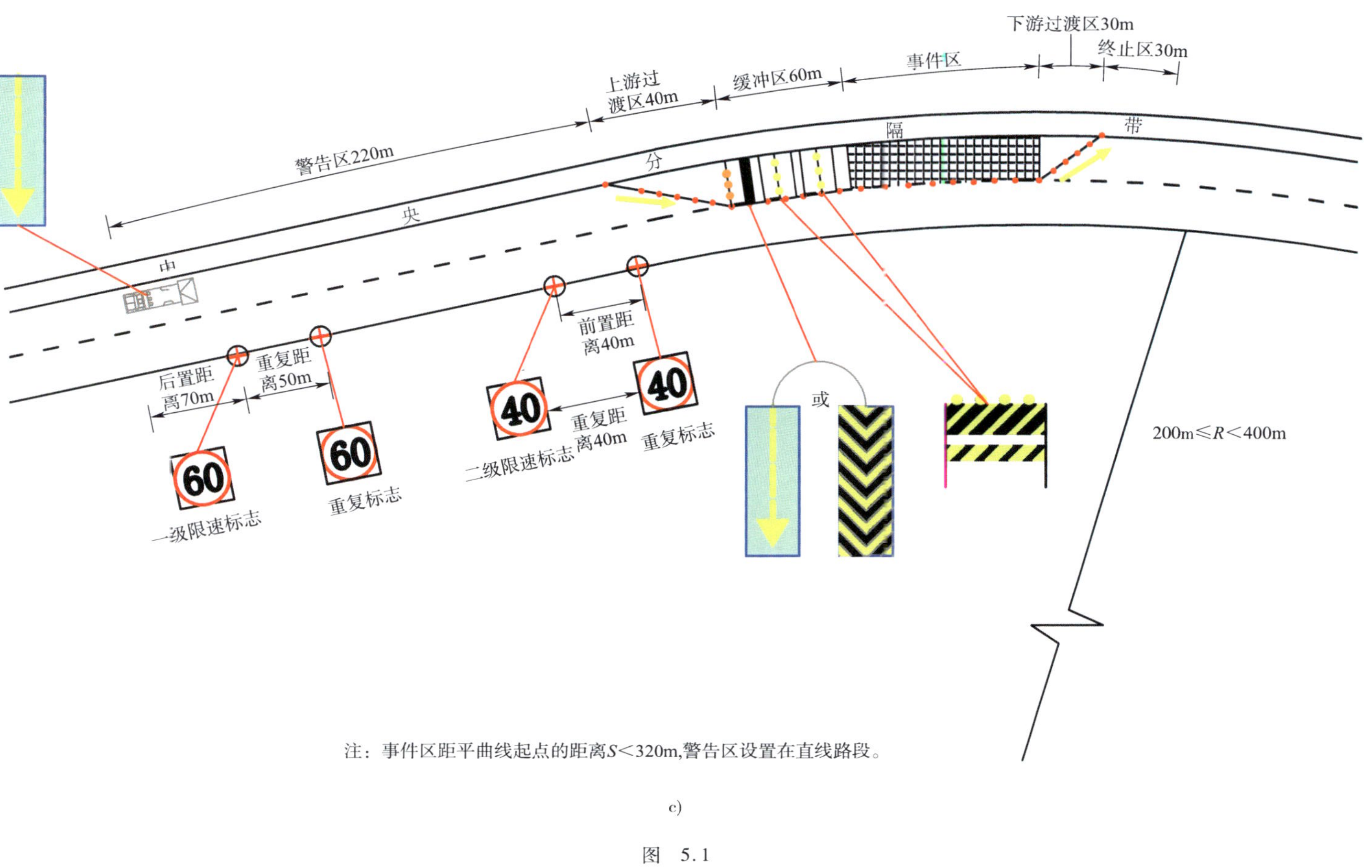

注：事件区距平曲线起点的距离S＜320m,警告区设置在直线路段。

c)

图 5.1

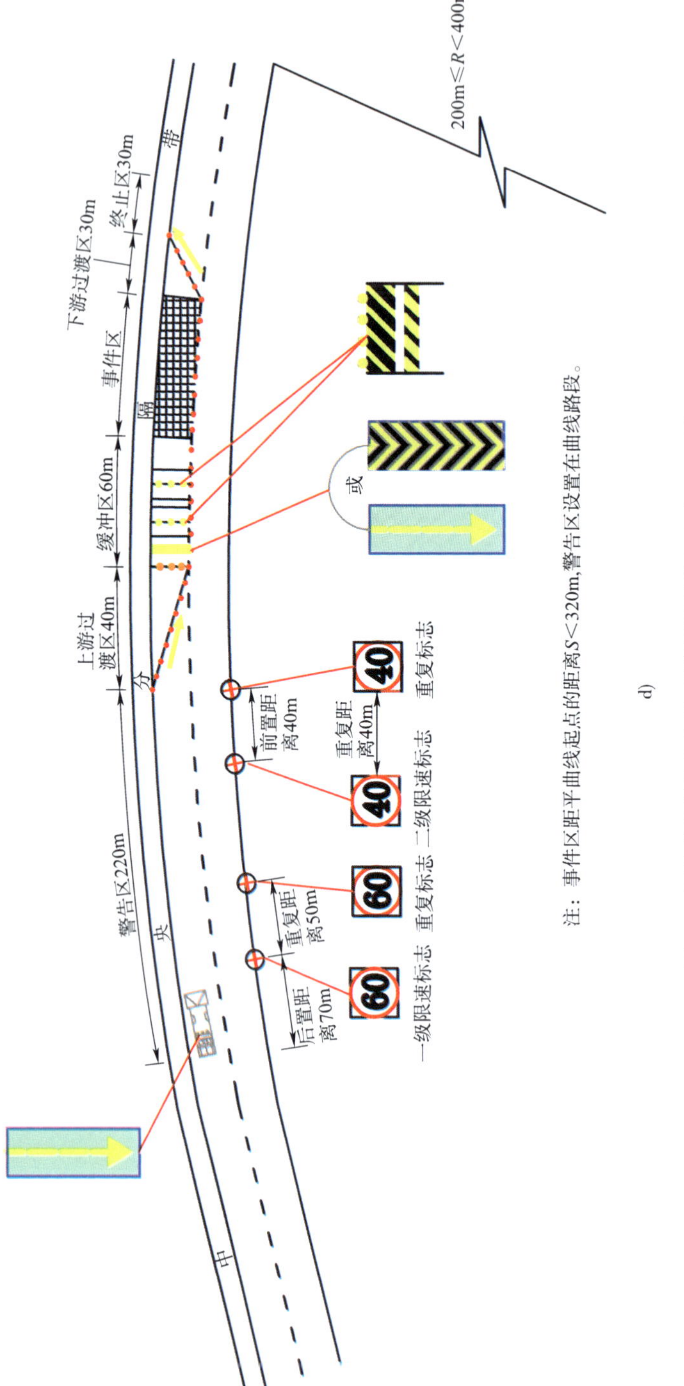

注：事件区距平曲线起点的距离$S<320$m,警告区设置在曲线路段。

d)

图 5.1　平曲线路段发生事件时限速设置（设计车速 80km/h）

5.2 设计速度 100km/h 时限速设置

平曲线路段发生事件时限速设置(设计车速 100km/h)见图 5.2。

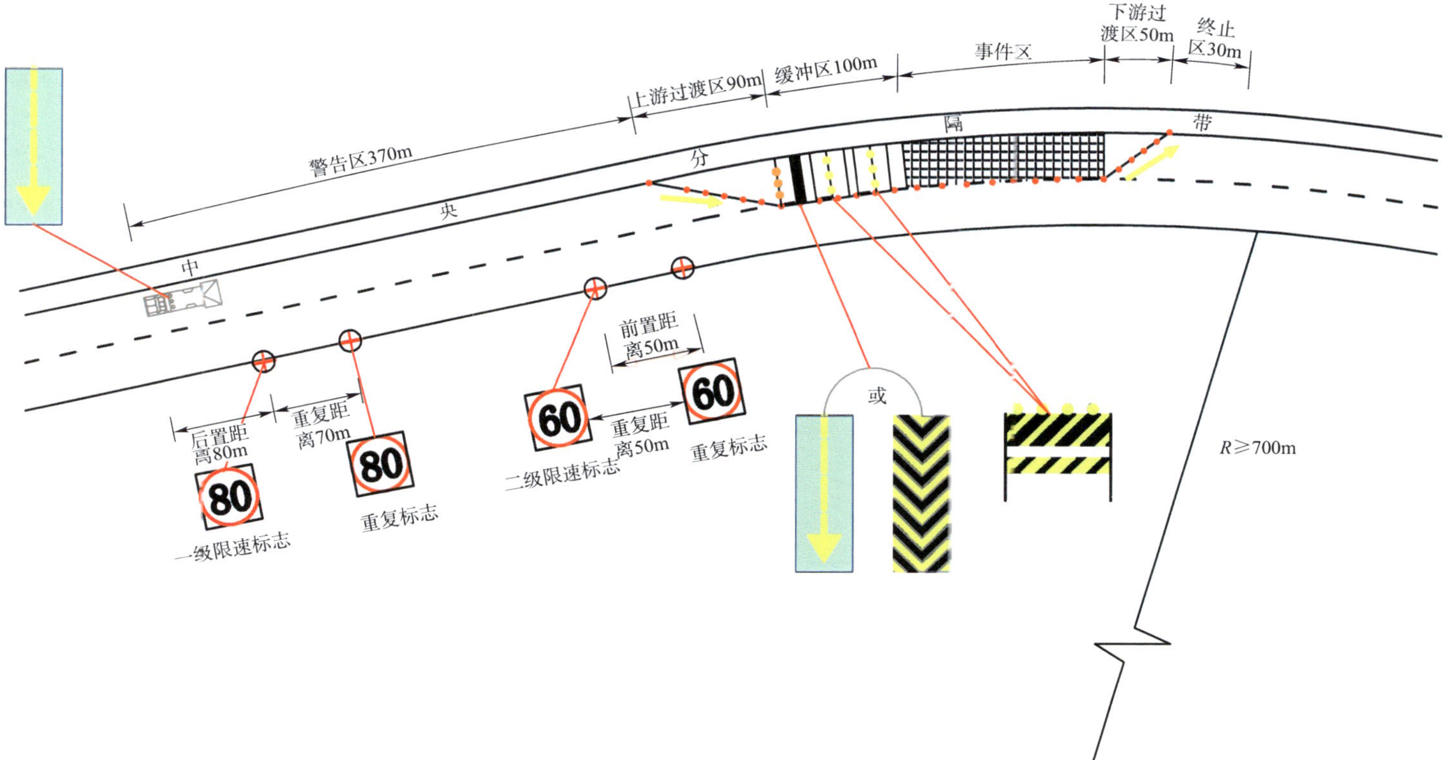

注：事件区距平面线起点的距离$S<560$m,警告区设置在直线路段。

a)

图 5.2

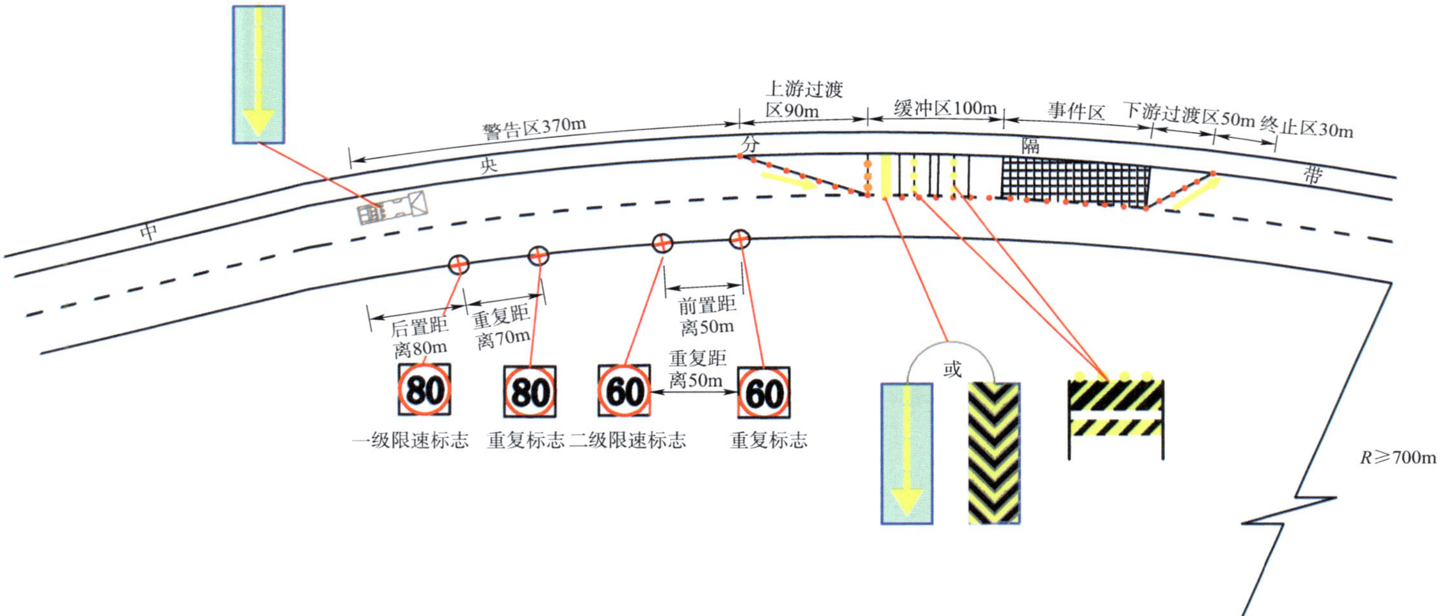

注：事件区距平曲线起点的距离$S>560$m,警告区设置在曲线路段。

b)

图 5.2

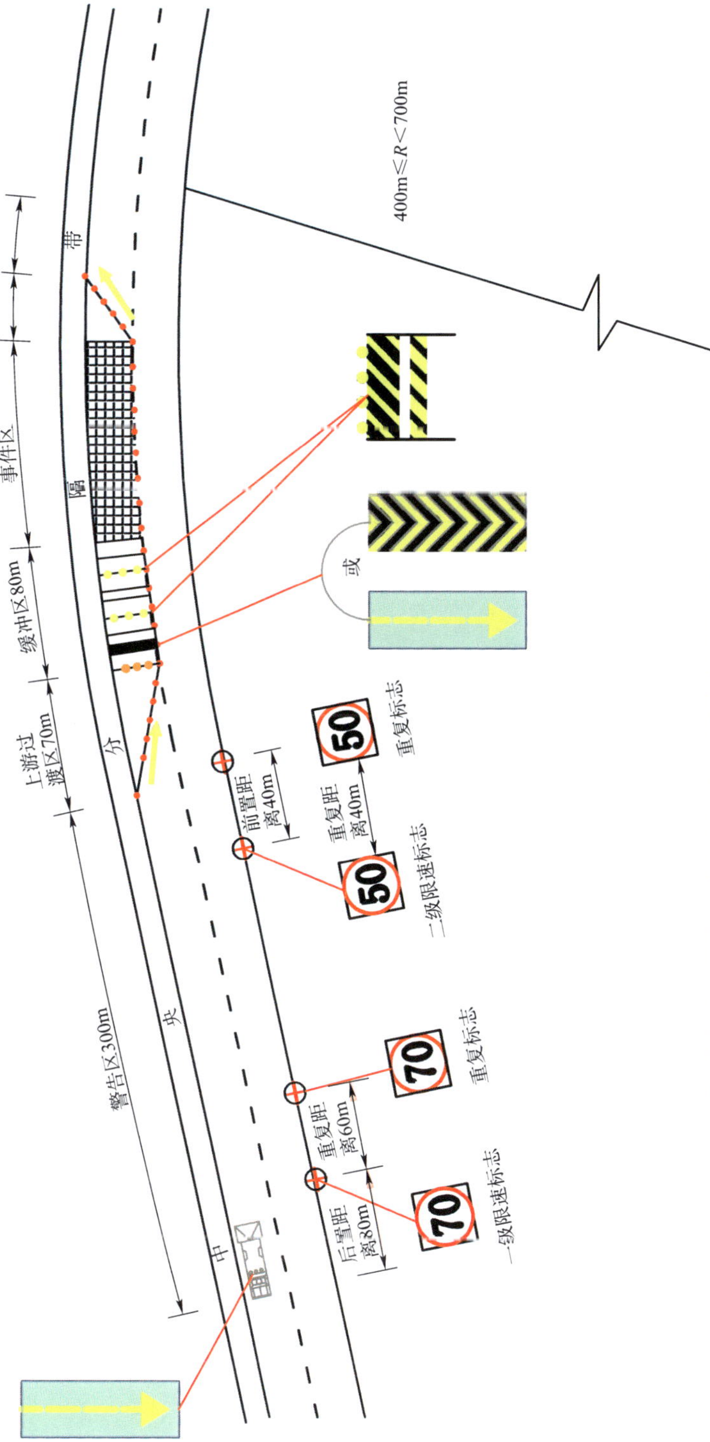

下游过渡区40m
终止区30m
事件区
缓冲区80m
上游过渡区70m
警告区300m
中央分隔带
400m≤R<700m
或
前置距离40m
重复距离40m
重复标志
二级限速标志
重复距离60m
后置距离80m
重复标志
一级限速标志
50
50
70
70

注：事件区距平曲线起点的距离S<450m,警告区设置在直线路段。

c)

图　5.2

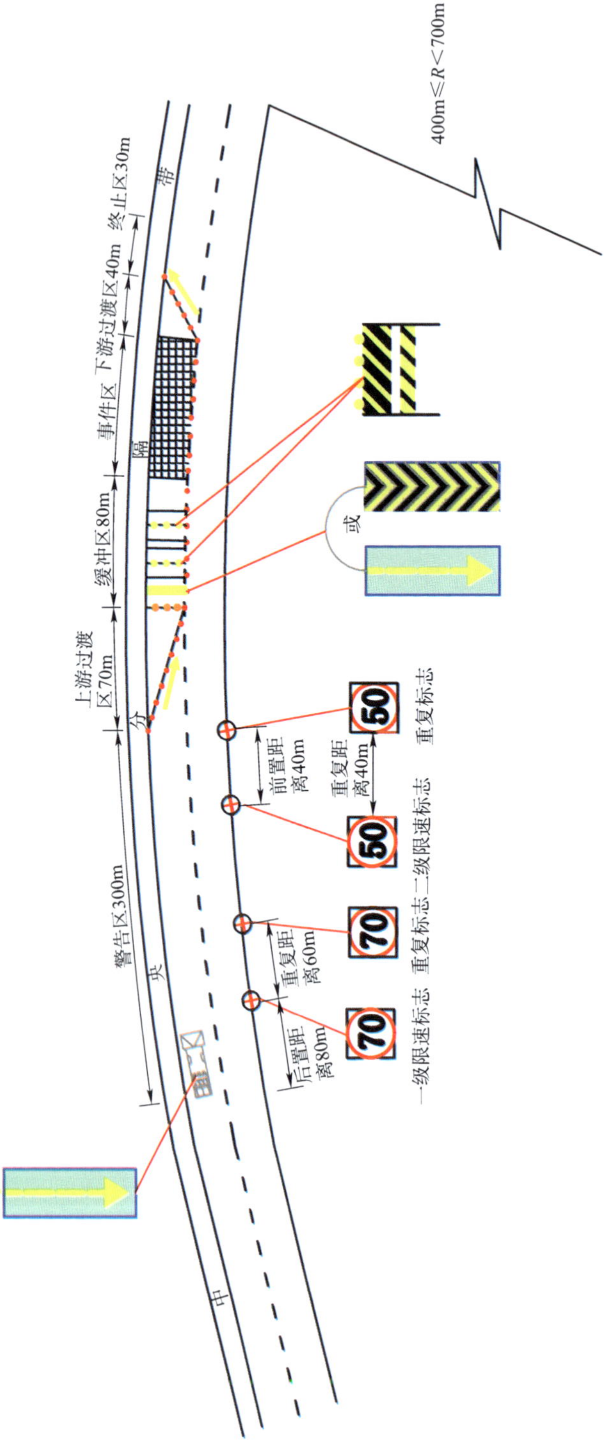

注：事件区距平曲线起点的距离$S>560$m,警告区设置在曲线路段。

d)

图 5.2　平曲线路段发生事件时限速设置(设计车速 100km/h)

5.3 设计速度 120km/h 时限速设置

平曲线路段发生事件时限速设置(设计车速 120km/h)见图 5.3。

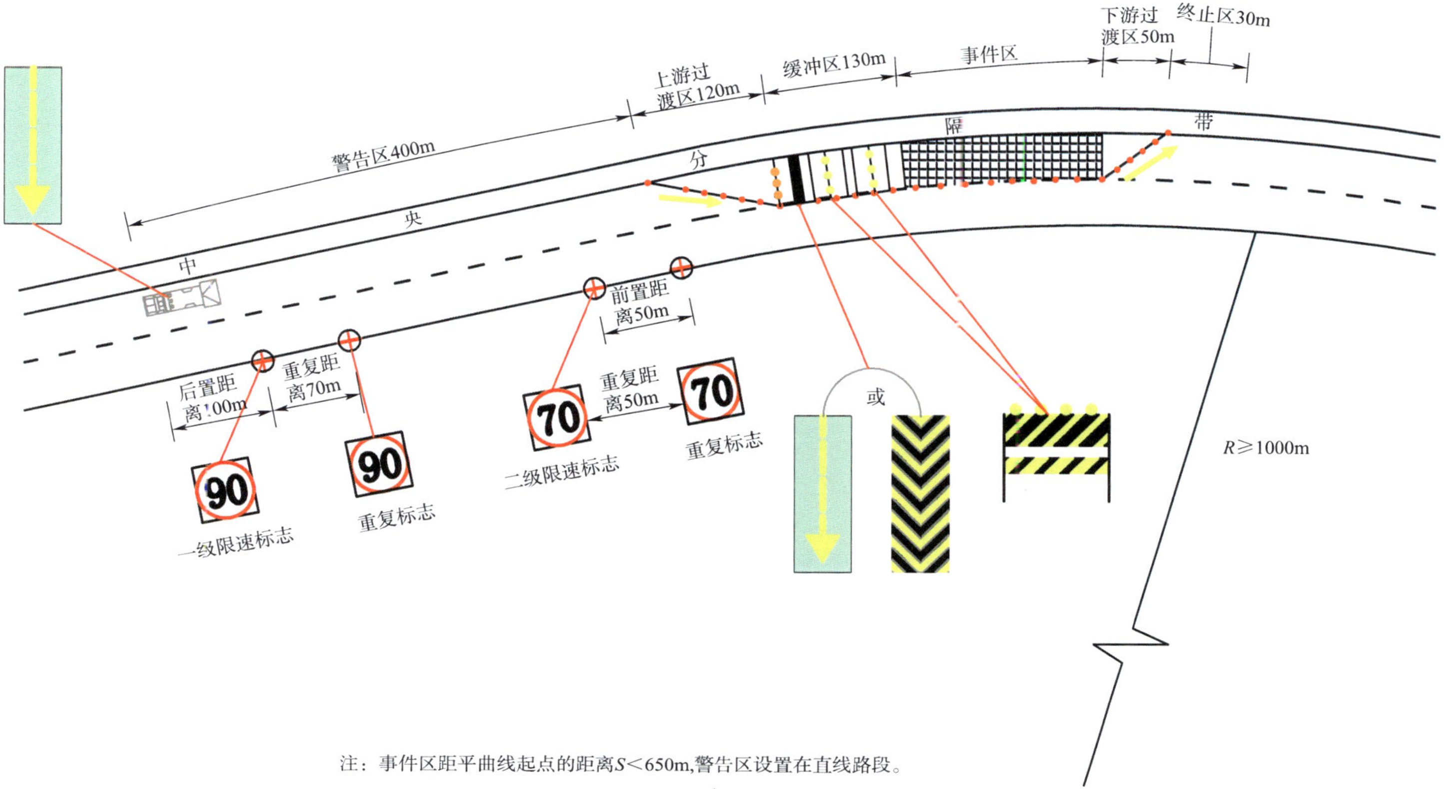

注：事件区距平曲线起点的距离$S<650$m,警告区设置在直线路段。

a)

图 5.3

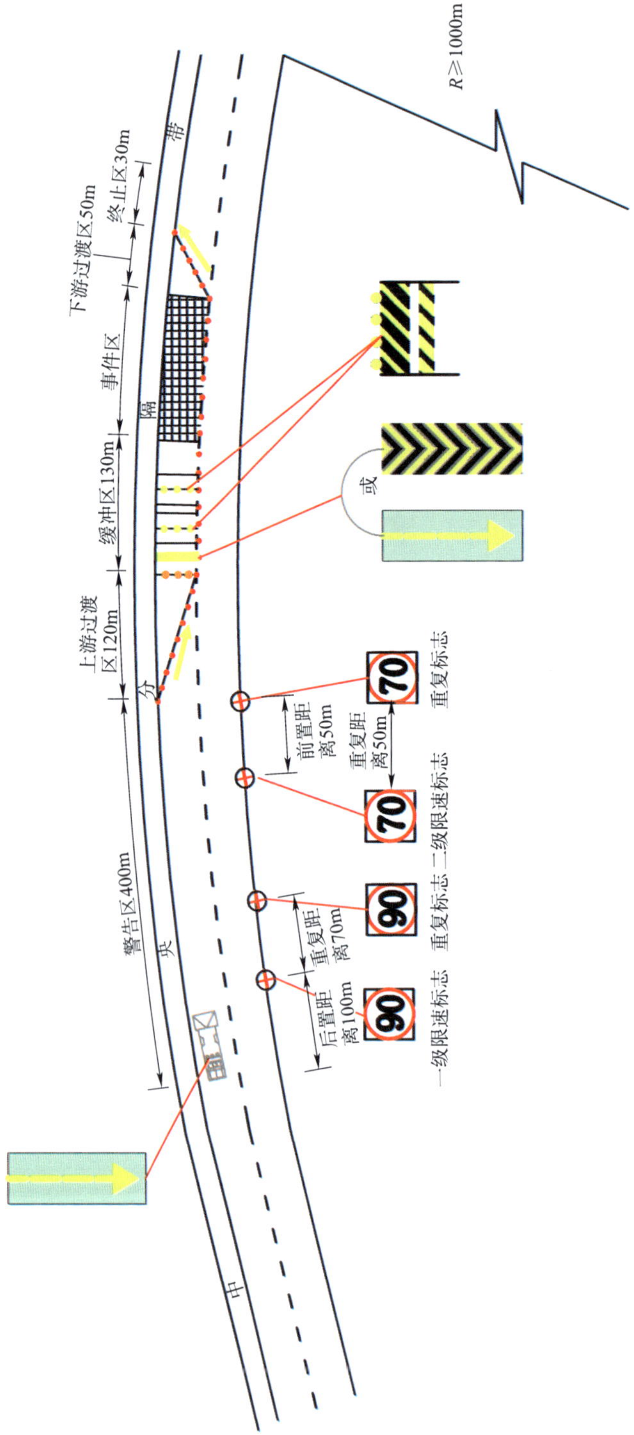

注：事件区距平曲线起点的距离$S>650$m,警告区设置在曲线路段。

b)

图 5.3

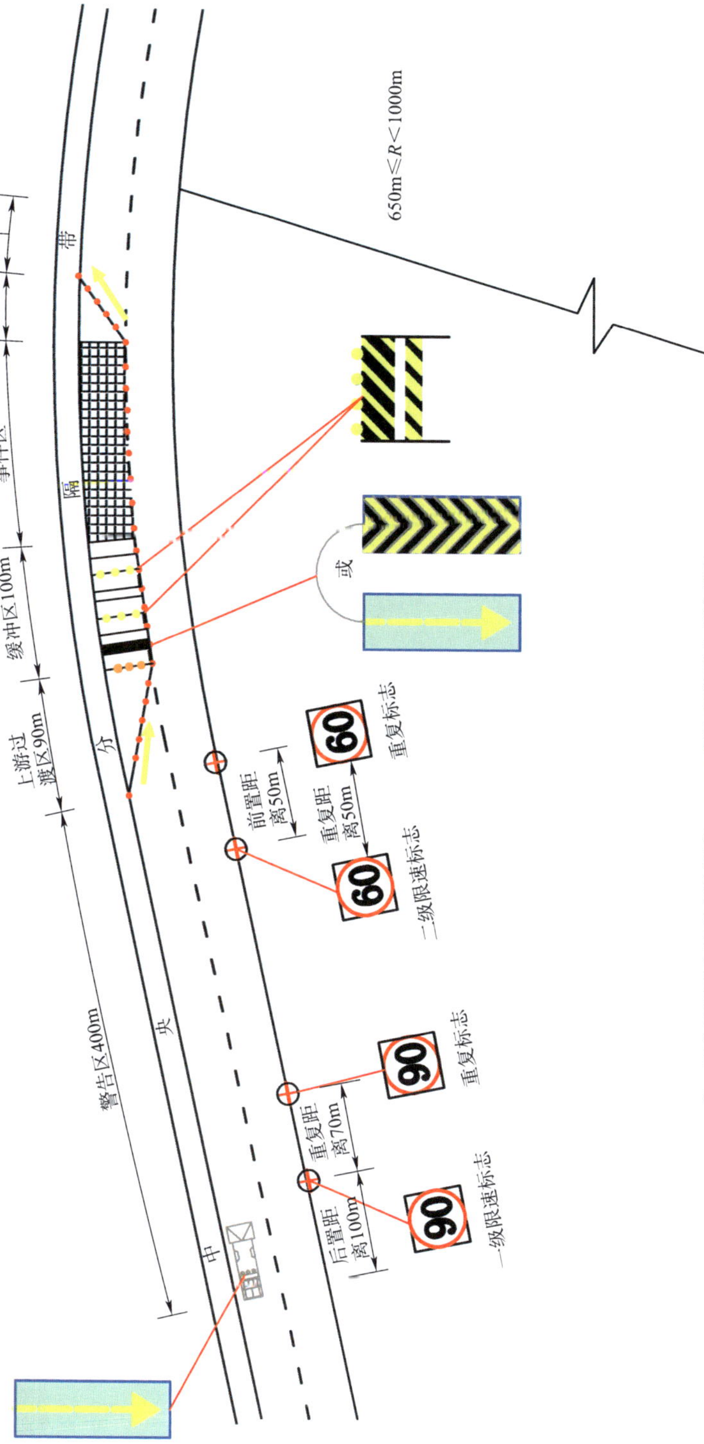

注：事件区距平曲线起点的距离S＜590m，警告区设置在直线路段。

c)

图　5.3

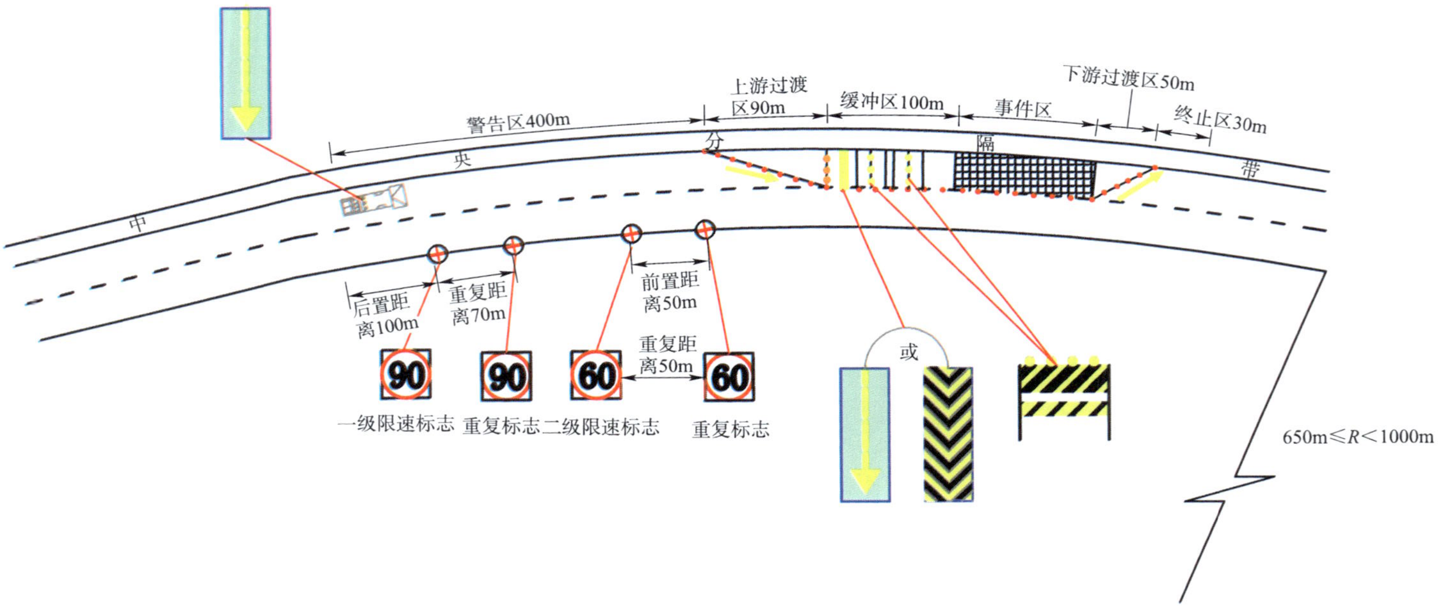
警告区400m
上游过渡区90m
缓冲区100m
事件区
下游过渡区50m
终止区30m
中
央
分
隔
带
后置距离100m
重复距离70m
前置距离50m
重复距离50m
90
90
60
60
一级限速标志
重复标志
二级限速标志
重复标志
或
650m≤R<1000m

注：事件区距平曲线起点的距离$S>590$m,警告区设置在曲线路段。

d)

图5.3　平曲线路段发生事件时限速设置（设计车速120km/h）

参 考 文 献

[1] 中华人民共和国行业标准. JTG B01—2014 公路工程技术标准[S]. 北京:人民交通出版社,2014.

[2] 中华人民共和国行业标准. JTG D20—2006 公路路线设计规范[S]. 北京:人民交通出版社,2006.

[3] 中华人民共和国行业推荐标准. JTG/T B05—2004 公路项目安全性评价指南[S]. 北京,人民交通出版社,2004.

[4] 中华人民共和国行业标准. JTG H30—2004 公路养护安全作业规程[S]. 北京:人民交通出版社,2004.

[5] 中华人民共和国行业标准 JTG D7—2004 公路隧道设计规范[S]. 北京:人民交通出版社,2004.

[6] 中华人民共和国行业推荐标准. JTG/T D0/2-01—2014 公路隧道照明设计规范[S]. 北京:人民交通出版社,2014.

[7] 中华人民共和国行业推荐标准. JTG/T D70/2-02—2014 公路隧道通风设计细则[S]. 北京:人民交通出版社,2014.

[8] 中华人民共和国国家标准. GB 1589—2004 道路车辆外廓尺寸、轴荷及质量限值[S]. 北京:人民交通出版社,2004.

[9] 中华人民共和国交通部. 超限运输车辆行驶公路管理规定(交通部令 2000 年第 2 号). 北京:人民交通出版社,2000.

[10] 中华人民共和国行业标准. JTG/T F50—2011 公路桥涵施工技术规范[S]. 北京:人民交通出版社,2011.

[11] 美国交通研究委员会. 道路通行能力手册 HCM2000[M]. 北京工业大学交通研究中心,等,译. 北京:人民交通出版社,2000.

[12] U. S. Department of Transportaton. Manual on Uniform Traf fic Control Devices[M]. Datamotion Publishing LLC,2013.

[13] 梁国华,马荣国. 交通工程设计理论与方法[M]. 北京:人民交通出版社,2009.

[14] 于仁杰. 交通事件下高速公路限速行为问题研究[D]. 长安大学,2014.

[15] 刘博航,张通,安桂江. 交通仿真实验教程[M]. 北京:人民交通出版社,2012.

[16] 徐飞,施晓红. MATLAB 应用图像处理[M]. 西安:西安电子科技大学出版社,2002.

[17] 杨宏志,胡庆谊,许金良. 高速公路长大下坡路段安全设计与评价方法[J]. 交通运输工程学报,2010, 10(3): 10-16.

[18] 徐吉谦,陈学武. 交通工程总论[M]. 北京:人民交通出版社,2008.